工业和信息产业科技与教育专著出版资金资助出版

协同认知推理技术丛书

异类数据关联与融合

关 欣 衣 晓 孙贵东 李双明 等著

電子工業出版社
Publishing House of Electronics Industry
北京·BEIJING

内 容 简 介

本书聚焦综合信息系统智能化的关键和难点，摒弃传统的处理模式，充分利用数据的不确定性信息，就区间、序列、直觉模糊、犹豫模糊、语义等不同类型数据的相似度量、粒层转化、识别决策等开展了较为系统、深入的研究，构建异类数据间统一的粒层转换框架，解决不同类型数据间的相似度量、跨层关联与融合问题。全书共分 15 章，第 1 章介绍问题的来源和研究思路；第 2 章介绍相关数学知识；第 3～5 章介绍利用数据的不确定性，基于异类数据之间的相关度量，进行雷达、ESM 等异步航迹的直接抗差关联；第 6～10 章讨论了直觉模糊、犹豫模糊、语义等类型数据的相似度量；第 11～14 章讨论了特征层、决策层上的粒层统一、粒层转换、关联与融合问题；第 15 章为回顾与展望。

本书基础理论与实际应用、一般模型与特殊情况、实例与算例并重，按照从具体到抽象、先部分后整体、先单数据粒后多源数据粒的思路，由浅入深，层层递进。

本书可为多源信息融合、智能推理决策等相关领域的科技工作者、工程技术人员提供参考。

图书在版编目（CIP）数据

异类数据关联与融合/关欣等著. —北京：电子工业出版社，2022.8
（协同认知推理技术丛书）
ISBN 978-7-121-44179-0

Ⅰ. ①异… Ⅱ. ①关… Ⅲ. ①智能控制－管理信息系统－研究 Ⅳ. ①TP273

中国版本图书馆 CIP 数据核字（2022）第 153227 号

责任编辑：曲 昕
印　　刷：北京捷迅佳彩印刷有限公司
装　　订：北京捷迅佳彩印刷有限公司
出版发行：电子工业出版社
　　　　　北京市海淀区万寿路 173 信箱　邮编：100036
开　　本：720×1 000　1/16　印张：22.75　字数：400 千字
版　　次：2022 年 8 月第 1 版
印　　次：2024 年 1 月第 3 次印刷
定　　价：145.00 元

凡所购买电子工业出版社图书有缺损问题，请向购买书店调换。若书店售缺，请与本社发行部联系，联系及邮购电话：（010）88254888，88258888。

质量投诉请发邮件至 zlts@phei.com.cn，盗版侵权举报请发邮件至 dbqq@phei.com.cn。

本书咨询联系方式：（010）88254468，quxin@phei.com.cn。

前　言

20 世纪中叶，Shannon、Wiener 分别从不同的角度解释信息的含义，信息论将信息视为对事物认识的前后差别；控制论认为信息是指主体与客体之间相互联系的一种形式。随着科学技术的飞速发展，特别是信息技术的广泛应用，人们对两位先生给出的抽象凝练概念的理解也不断加深，"对事物状态和特征的描述"很好地诠释了信息的本质。

信息系统具有输入、存储、处理、输出等功能。输入多源、存储多元、处理多模、输出多样等变化和趋势持续推动着信息系统的进步，使其经历了简单、综合、智能等发展阶段。智能信息系统与传统信息系统的重要区别体现在环境适应能力和推理决策水平上。事物处于不断发展变化之中，不确定性是事物的自然属性。采用异构传感器描述事物的同一或不同特征时，原始数据来源分散，在空间、时间上不一致，信息系统的输入越来越多地以异类数据显现，包括区间数、序列数、模糊数等，甚至是语音和图像等。在对抗环境和干扰存在时，获取数据残缺模糊，特征提取、推理决策、信息融合的难度大且要求高，这是复杂条件复杂环境下对复杂关系描述的客观现实，给信息系统带来了新的挑战。但另一方面，异类数据蕴含的不确定性也为信息系统的寻解提供了新的机遇。

比如，多源信息融合中的航迹关联问题，经典的航迹关联算法都以航迹的时间、空间对齐为前提，不考虑传感器数据在空间、时间上的不一致。然而，在实际应用中，不同传感器的数据率不同、开机时机不同、系统误差存在且未知，不得不面对异步与系统误差这两个棘手的问题。传统的做法是先进行时空配准，再运用经典算法处理，然而，把空间、时间和形式上的"不一致"数据"一致"化，会产生人为误差，且误差会发生传播，这种传播与滤波误差交织纠缠，难以进行精确描述和衡量，给航迹关联的结果带来不可知、不可控的影响。

自 2011 年开始，我们从"数据不确定性"的角度进一步深入研究多源信息融合中的航迹关联。既然不确定性是事物的自然属性，那么同源航迹空间、时间和形式上“不一致”的背后，一定蕴含着同源目标的确定性与唯一性，因此我们大胆地设想利用不确定性避开时空配准，通过保留甚至适当放大原始数据的不确定性，以实数、区间灰数混合组成的不等长序列的相似性反映航迹间的同源相似性。并且异步、系统误差这两个时间和空间上的不相关问题，在数据不确定性的表示下，可以一并处理，即带有系统误差的异步航迹可以直接进行关联判定。

国家最高科学技术奖获得者王小谟院士对“‘利用’不确定性‘直接’关联”的创新思想给予了充分认可，实际的优异效果也进一步激励我们将该思路方法由信息融合数据层向特征层拓展。考虑区间、序列、直觉模糊、犹豫模糊等类型数据，研究建立统一的异类数据相似性描述，我们立足信息融合中特征层和决策层融合问题，以粒计算思想和方法为指导，划分了特征层和决策层上的数据粒，分别研究了不同层次上数据粒的结构关系，建立了粒层统一的框架，不仅实现了单一结构层（特征层或决策层）上异类数据的关联与融合，还通过异类数据粒层转化的纽带，实现不同结构层间异类数据的关联与融合。

《异类数据关联与融合》是近十年来我们对该问题研究成果的提炼总结，能够为复杂系统问题的分析建模、识别决策提供理论基础，拓展了信息处理的方法和手段，能够实现经验知识、确定数据、不确定数据的统一建模和灵活处理。

全书共分为 15 章，第 1 章介绍了异类数据的问题来源及本书的研究思路。第 2 章介绍了距离度量、灰色系统理论、模糊数学、语义计算及云模型等相关数学知识。第 3 章主要介绍了异步雷达航迹关联的传统处理方式，讨论了异步雷达航迹的区间化描述、相似度量，建立了无须时域配准的异步雷达航迹直接关联模型。第 4 章主要分析了系统误差对雷达航迹关联的影响，讨论了系统误差的区间描述、系统误差下雷达航迹的相似度量，实现了异步和系统误差同时存在下的雷达航迹关联。第 5 章主要针对雷达和 ESM 异类传感器航迹关联问题，讨论了异地配置、同地配置的雷达与 ESM 异步航迹关联、修正极坐标系下雷达与 ESM 航迹的对准关联、系统误差对同地配置雷达与 ESM 航迹关联的影响、同地配置的雷达与 ESM 航迹对准关联、同地配置的雷达与 ESM 航迹抗差关联及异地配置的雷达与 ESM 航迹抗差关联。第 6 章主要讨论了基于区间证据理论和基于直觉模糊集的区间数据关联问题。第 7 章主要讨论了直觉模糊数的二维/三维几何表示、去模糊化的距离测度，提出了用于目标识别和多属性决策问题的关联算法。第 8 章分析了现有犹豫模糊相关系数的局限性，定义了犹豫模糊数和犹豫模糊集的方差和长度率，在均值相关系数、方差相关系数、长度率相关系数的基础上，提出了基于犹豫模糊综合相关系数的改进型 TOPSIS 决策方法。第 9 章主要讨论了犹豫模糊数的特征距离以及犹豫模糊集的特征距离，提出了基于犹豫模糊特征距离测度的改进 TODIM 决策方法。第 10 章主要讨论了连续概率犹豫模糊语义标签、基于标签效能组合的 CPHFLTS 距离测度、基于概率标签组合的 CPHFLTS 距离测度以及基于语义标签测度的改进型 VIKOR 决策方法。第 11 章在异类数据的粒结构划分基础上，讨论了特征层上的区间粒层统一、决策层上的区间粒层统一和犹豫粒层统一、粒层转化的数据关联及粒层并行的数据关联。第 12 章主要讨论了短时序列、累积量测序列和区间数据的关联问题。第 13 章主要讨论了基于靶心距和基于信任区间交互式多属性的异类数据关联。第 14 章为解决决策层多源融合结果可能出现反逻辑的问题，讨论了互补信度融合规则和信度区间融合规则。第 15 章为回顾与展望。

本书由关欣、衣晓、孙贵东、李双明、杜金鹏、张怀巍共同撰写；另外彭彬彬、韩健越、周威等为部分实验进行仿真，王海滨副教授、于昊天讲师等为全书校对做了大量工作。沈昌祥院士、赵晓哲院士、陆军院士在本书的撰写过程中提出了宝贵的意见和建议，徐泽水教授、廖虎昌研究员、刘培德教授、文成林教授、刘伟峰教授、刘准钆教授、焦连猛副教授、赵娜副教授、西班牙 Granada 大学杰出教授 Enrique Herrera-Viedma 在研究过程中给予了无私的帮助，在此表示衷心感谢！同时感谢山东省“泰山学者”人才工程、国家自然科学基金青年科学基金项目（62001503）、工业和信息产业科技与教育专著出版资金对研究和出版工作的资助。

拙作付梓，瑕疵难免，谬误或存，恳请读者批评指正。

关　欣

2022 年 7 月于芝罘

目　　录

第1章 绪　论

1.1　问题的来源

电子技术不断发展、电磁环境日益复杂，使得信息的不确定性越来越强，突出体现在数据类型繁杂、数据表示模糊、数据结构参差等方面。

1．量测数据的固有特性

传感器的系统误差、测量环境中的随机误差、传感器采样速率的差异以及通信系统的时延等诸多因素，都会造成量测值存在误差，且各传感器向融合中心上报的量测数据不同步，因此误差性和异步性是量测数据的固有特性，是不可消除的。例如，在多传感器多目标跟踪系统中的航迹关联问题上，未知的传感器系统误差必然引起目标定位的空间不确定性，造成不同传感器上报的同一个目标航迹之间有明显的偏差，使得同一目标的航迹很可能由于偏差较大而被认为是两个不同目标，出现目标“分裂”现象。另一方面，量测数据时间上的不同步必然引起目标航迹在空间上的差异，在传统的处理方法中，非同步的上报数据一般不能直接进行关联分析，须先进行时域配准[1-3]。

如果利用误差和异步造成的数据不确定性，避开异步航迹关联中的误差标校、时域配准等问题，就必须将确定数据变换得到异类数据，以灰度、区间、模糊等表示方法，获得基于确定数据难以获得的问题最优解。

2．先验信息的异构特性

在目标识别技术中，数据库中的先验信息尤为重要，其优劣程度能够直接决定识别结果的成败。先验信息主要分为两类：基于传感器量测数据的先验信息和基于专家知识的先验信息。随着电磁环境的日益复杂，传感器种类多样化，包括雷达、ESM、红外、声呐、遥感、支援情报等，并出现了许多新体制传感器，其量测信息不仅局限于数值型数据，还包括图像、视频、语音、文本等信息。专家知识来源于对客观事物的认识，并把这种初步的认识加以提炼形成知识，由于客观事物的复杂性和不确定性、人类认识的局限性和人类思维的模糊性，人类对许多事物的认识是不确定的，因此基于专家知识的先验信息以模糊信息的形式呈现，如普通模糊型数据、直觉模糊型数据、犹豫模糊型数据和复杂模糊语义型数据等[4]。先验信息的多模异构性主要体现为：

（1）信息来源的模式多样性。

（2）信息类型的结构相异性。

（3）信息表达的高度不确定性。

3．决策指标的复杂特性

决策是智能信息系统的灵魂，要根据一定的规则选择出最优的结果（结论），决策属性、权重值和信息集结方式等是影响决策的重要方面。应用的环境复杂，可能的情况多变，使得决策属性不断拓展，属性值囊括区间数、模糊数、语言变量及混合类型数等众多类型；权重值难以精确确定且可能需要动态变化；信息集结覆盖了特征层和决策层。决策需要面对不同数据类型的决策指标完成对结果的判断、方案的优选。对不确定信息的处理能力和水平是信息系统智能化程度的重要体现[5]。

同时，一些针对确定性数据的关联和融合方法在性能提升方面已经陷入瓶颈[6]，而通过引入类型变化、粒度转化等不确定性处理，处理结果能够在某些方面显示出独特优势。

1.2 面临的挑战

关联，即同源性判断。异类数据关联指的是通过异类数据之间的距离测度、相似性测度或相关性测度等度量函数，得到单周期测量或多周期测量属性上的距离、相似度，并按照一定的信息集结或融合方法，在某给定判别准则的条件下，结合相应的决策方法，得到最优分类结果的过程。本书中的“航迹关联”，是判断来自不同局部节点的两条航迹是否代表同一目标，是异类数据关联的应用领域之一；异类数据关联中的“关联”是广义的，解决异类数据之间的距离或相似度量问题，度量要实现两个目标或两个类别的比较，来获取它们之间的区分程度（也可称为相似程度或可辨别程度），达到分类或决策的目的。

在异类数据关联的过程中，也涉及信息的融合，这里的融合指的是单传感器不同属性上或单决策者不同准则上的信息集结，目的是获得关于某个目标或某个决策方案总的度量因子或相关系数，是狭义上的“融合”。而异类数据的融合，指的是在异类数据关联结果的基础之上，将来自异类传感器的量测信息或不同决策者的决策信息等，经过粒层统一后在决策层进行的融合。

要实现异类数据的关联与融合，必须解决以下问题。

（1）不同数据类型间统一的相似度量。

无论是距离度量，如 Euclid 距离、Minkowski 距离、Hausdorff 距离等，还是相似系数度量，如数量积法、夹角余弦法、相关系数法或指数相似法等，应用对象都是同种数据类型，一些区间数之间的度量函数也是根据实数间的度量函数加以扩展。此外，各种直觉模糊度量方法都存在不同程度的反直觉性；犹豫模糊相关系数和距离度量都存在主动延拓补值和重排序的问题，改进方法也仅仅为一种偏测度度量。对于区间型、序列类型、语义类型及模糊类型等异类数据，建立统一的相似度量关系是异类数据关联与融合的关键。

（2）复杂情况下数据不确定性的统一表征。

在数据的融合过程中，为了融合的正确进行，来自多个传感器的初始数据必须要变换到相同的时空参照系中。但在实际情况中，各个传感器之间存在偏差，并且在量测数据的过程中会引入误差，所以我们试图把不同的传感器数据转换到相同的时空参照系中时，很难保证精度，同时也很难发挥多传感器的优越性。此类时空上的信息误差本质为不确定性，需要研究不确定性的统一表征，以解决传统方法处理复杂情况下的关联问题。

（3）异类数据粒层转换的统一处理框架。

粒是指一群具有不可分辨关系、相似关系、邻近关系或功能关系形成的集合，而粒度是这些不确定集合之间的度量关系[7-8]，将异类数据划分为多粒度数据并将其纳入粒结构层次框架，一方面实现异类数据的粒层划分表示；另一方面给出多粒度数据的粒度计算框架，可为异类数据的关联提供理论依据。但是，现有数据的粒层转化存在单向转化的问题，并且鲜有涉及犹豫模糊数等新兴模糊集样式的转化关系，对特征层和决策层的数据粒层划分不清晰，缺乏跨结构功能层的异类数据关联方法。

1.3 相关研究情况

传统的描述不确定问题的方法有随机、统计或模糊分析等[9-10]。随机过程的分布函数、统计中的抽象函数和模糊数学的隶属度函数，往往不易确定，这就造成了处理过程中的主观偏差、计算误差，加之环境扰动，容易出现数据缺失和错误。

区间、模糊、序列、语义等数据类型是不确定性数据的重要表现形式，它们之间的相似度量、排序分析、统一转换等是异类数据关联与融合的关键。

应用区间数描述不确定性信息的处理过程中，要解决区间数的度量和排序问题[11-12]。常见区间数的度量包括距离、熵测度及包含度或优势度。区间数排序关系问题的研究大致可分为 5 类：一是从数学的角度，以区间数的公理化界定，基于区间数的基本定义和运算关系，探究区间数序关系的条件；二是从区间点集的角度，依据集值统计理论的中心点法、密度法等，基于区间中点、区间宽度或概率分布进行排序；三是从函数的角度，在区间数上设定成立某种显性排序函数关系，依据函数表达式在量化的基础上对区间数实施优劣、次序判定；四是从几何的角度，通过引入刻画区间数大小的度量，利用区间数的两两比较实现区间数的排序；五是从经典方法的角度，依据运筹学中的理想点法，通过计算区间理想方案的贴近程度进行排序[13]。

自模糊理论的创始人、不确定理论的先驱 Zadeh 提出模糊集[14]以后，模糊集理论得到了广泛的研究和应用，也相继产生了许多著名的模糊集样式，如区间模糊集[15]、模糊多重集[16]、直觉模糊集[17]、区间直觉模糊集、犹豫模糊集[18-20]和对偶犹豫模糊集[21]等。

经典的粗糙集理论[22]以两个精确的上、下近似集作为边界线来刻画目标集的不确定性，只需要问题所需要处理的数据集合，而不需要其他的先验信息；能够处理、表达不完备的信息，能在保留所需信息不变的情况下进行属性约简，进而提取出规则；能挖掘出数据表中的隐含信息。粗糙集的基础是等价关系（不可区分关系），而许多实际问题中缺乏可以有效利用的等价关系，为此许多学者将粗糙集进行了拓展：把被近似的集合从经典的集合推广到模糊集、直觉模糊集；把研究的论域从一个推广到两个，进而推广到多个；把等价关系推广到优势关系、模糊关系、直觉模糊关系、相容关系等；把信息系统的属性值，推广到了模糊值、区间值、集值等。

灰色系统理论以部分信息已知、部分信息未知的小样本、贫信息、不确定性的系统作为研究对象，提取本质的规律信息，实现对系统运行行为、演化规律的正确描述[23-24]。它包括以灰色朦胧集为基础的理论体系，以灰色关联空间为依托的分析体系，以灰色序列生成为支撑的方法体系。在灰色系统理论中，区间灰数是一个非常重要的概念，由区间灰数建立起来的灰色线性空间具有与实数线性空间相类似的性质和分析方法。灰色序列预测就是通过原始数据的处理和灰色模型的建立，发现、掌握系统发展规律，对系统的未来状态（系统变量的未来行为）做出科学的定量预测。

模糊语义作为一种定性信息表示方法，在某些情况下相比数值型定量模糊样式能够更好地描述不确定信息，符合人们对事物的理解和认知，已得到了广泛研究，并且模糊语义从初始的单隶属度语义标签表示方法逐渐发展为二元语义、犹豫模糊语义标签、概率模糊语义等多种表示方法。

区间、模糊、灰色等相关理论的研究有很多交叉、交错、交联之处，并且在多属性决策、数据挖掘的实际应用中，也以多种的混合数据类型出现。比如针对实数型、区间型和序列类型的混合多属性识别方法；针对直觉模糊数、梯形模糊数、区间数以及实数的扩展线性规划模型方法；从犹豫模糊集的角度，针对犹豫模糊数、直觉模糊数、区间数和实数的犹豫模糊统计相关系数识别方法等。Zheng 等人[25]提出的基于直觉模糊集和证据推理（ER）的案例检索方法，能够处理包含实数、区间数、多粒度语言变量和直觉模糊数的混合属性值。Fan 等人[26]提出的混合相似性测度能够处理 5 种类型的属性值：明确符号、实数、区间数、模糊语言变量和随机变量。Wang 等人[27]对含有布尔、类别、实数、区间数、图像、决策或缺失值的混合属性信息系统，提出了不确定性测度，并应用到属性约简问题上。文献[28]研究了区间模糊集之间的距离、相似度、包含度、熵度量及相互转换关系等。曾文艺等人在此基础上研究了区间模糊集之间的度量关系；邓聚龙、刘思峰等人将灰色关联理论与区间理论结合；文献[29]则将区间相似度与证据理论结合。针对混合数据类型的统一转换问题，Cheng 等人[30]基于确定数、区间数与三角模糊数的异构公理设计（HAD）方法，通过距离测度，将不同格式的数据（模糊语言项、模糊数、区间数）全部转化成三角模糊数的形式；Wang 等人[31]面向异构语言信息环境的复杂系统，设计了将语言术语集转化为梯形非对称云模型的算法。Alkhamisi 和 Saleh[32]提出了基于新的语义本体的异构数据源集成模型，从数据源中提取潜在的信息，基于核函数的相似度学习计算异类数据源之间的相似度。

信息粒涉及的相关智能计算称作粒计算（Granular Computing），它从多层次、多角度研究处理不确定信息，有着突出的优势。其基本要素包括：粒、层次、分层结构、粒结构[33-35]。粒是粒计算的初始概念，是粒计算研究对象的单位，是求解问题的基本单位，等同于数据库中的记录、集合中的元素或子集。粒存在于特定的层次中，人们在粒计算的不同层次中研究不同类型的粒，这些粒之间是有联系的，同一层次的粒与粒之间可以是相交的关系，也可以是层叠的关系，它们是该层次上研究的主体。分层结构由若干个层次组成，层次间的递进反映了由表及里、由抽象到具体、由粗糙到细致、由笼统到清晰的变化。粒计算强调的是全面、整体的观点，而不是局部、离散的观点，若要达到该目标，不仅要考虑一个分层结构中的多个层次，还需要将多个分层结构综合考虑。粒计算借助其他学科的哲学思想和方法论，并将它们抽象成为与具体领域无关的方法和策略，其独特之处体现在用系统的、结构化的理解和方法解决复杂问题。对复杂问题的全面理解通常是多视角的，从每一个视角着眼的理解又是多层次的。由此可以看出，粒计算的过程就是对复杂问题的求解过程，它的结构表现为一个多视角、多层次的粒结构，这个粒结构是对复杂问题的系统的且近似的描述和解答。因此，粒计算的基本思想是：当人们面对复杂的、难以准确把握的问题时，由于能力有限、手段不足、方法无解等诸多因素，通常不是采用系统、精确的方法去追求问题的最优解，而是通过逐步的办法达到有限的、合理的目标，也就是采用由粗到细、不断求精的多粒度分析方法，避免复杂的计算，从而获得期望的优化解或近似解，使得原来看似非多项式的难题迎刃而解。

近年来，信号与信息处理领域关于“异类”“异构”方面的研究热度陡增，多个国际著名期刊相继从不从的角度出版了专刊[36]，比如 *Information Fusion* 2019 年的“*data fusion in Heterogeneous Networks*”；*Signal Processing* 2016 年的“*Signal Processing For Heterogeneous Sensor Networks*”、2018 年的“*Multimodal Quality Model: New Methods And Applications*”；*Applied Soft Computing* 2018 年的“*Recent Advances In Soft Set Decision Making: Theories And Applications*”、2019 年的“*Soft Hybrid Image Study*”和 2020 年的“*Data-Driven Decision Making - Theory, Methods, And Applications*”；*Information Sciences* 2018 年的“*Multi-Modal Fusion*”等，其中很多研究涉及异类信源、异构网络的关联、识别、转换、融合等问题，也直接或间接地反映了异类数据关联与融合研究的需求、意义和前景。

1.4　本书的概貌

异类数据一方面是主观引入的不确定性数据，作为解决问题的一种方式，另一方面是客观存在的不确定性数据。无论哪种情况，都要面临如何解决异类数据的关联问题。本书尝试将粒计算的思想和方法应用到异类数据的关联与融合问题上，首先对异类数据进行划分，每种类型数据划分为一个粒，称为数据粒，单独研究不同数据粒的结构关系：度量函数、属性权重及信息融合、判别方法，形成单独的数据层次结构，这样就将异类数据的关联问题分解成不同数据粒上的关联问题；然后，考虑建立不同粒层统一表示的理论框架，即从一个数据粒到另一个数据粒，实现不同数据粒之间的自由转化；再在不同的结构层次上，通过决策层的信息融合方法，把不同关联方法得到的决策结果进行融合，减少结果中的不确定因素，实现异类数据的关联与融合。研究思路及结构示意图如图 1.1 所示。

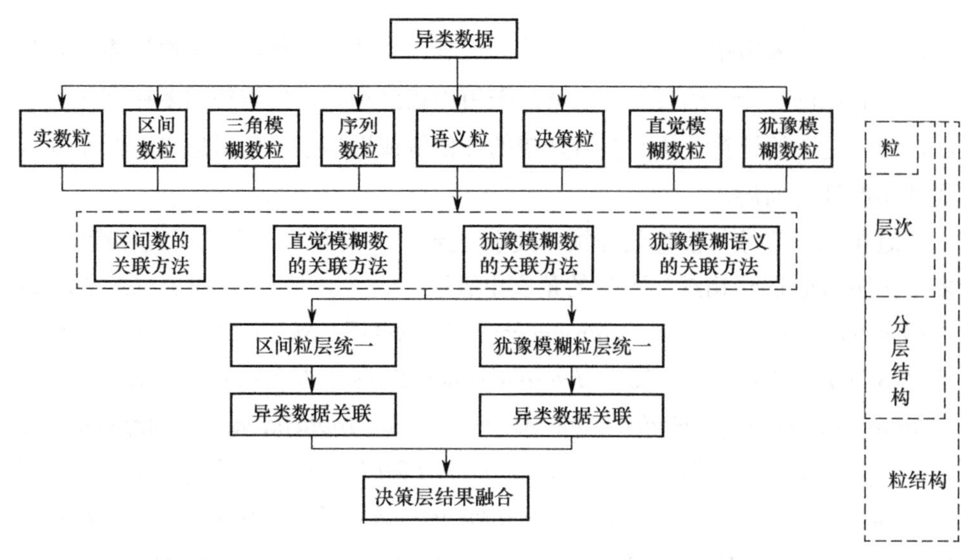

图 1.1　异类数据关联与融合问题的研究思路及结构示意图

全书共 15 章，主要内容包括：绪论；相关的数学基础；异步雷达航迹的直接关联；异步雷达航迹的抗差关联；雷达与 ESM 航迹的关联；区间数据的关联；直觉模糊数据的关联；犹豫模糊型数据关联中的加权综合相关系数法；犹豫模糊数据关联中的特征距离测度法；语义数据的关联；异类数据的粒层转化；序列数据和区间数据的关联；多源异类数据的关联；决策层数据的融合；回顾与展望。本书按照从具体到抽象的渐进撰写思路，对异类数据的关联与融合进行讨论。

第 1 章绪论，介绍了异类数据的问题来源、面临的挑战及相关研究情况。**第 2 章相关的数学基础**，介绍了距离度量、灰色系统理论、模糊数学、语义计算及云模型等理论知识，这些内容为读者提供了本书以后各章需要的数学基础。**第 3 章异步雷达航迹的直接关联**，主要介绍了异步雷达航迹关联的传统处理方法，讨论了异步雷达航迹的区间化描述、相似度量，建立了异步雷达航迹直接关联模型，实现了复杂情况下异步雷达航迹的直接关联。**第 4 章异步雷达航迹的抗差关联**，主要分析了系统误差对雷达航迹关联的影响，讨论了系统误差的区间描述、系统误差下雷达航迹的相似度量、同步雷达航迹抗差关联及异步雷达航迹抗差关联中的串行处理方式和直接处理方式。**第 5 章雷达与 ESM 航迹的关联**，主要讨论了异地配置的雷达与 ESM 异步航迹关联、修正极坐标系下雷达与 ESM 航迹的对准关联、系统误差对同地配置雷达与 ESM 航迹关联的影响、同地配置的雷达与 ESM 航迹对准关联、同地配置的雷达与 ESM 航迹抗差关联及异地配置的雷达与 ESM 航迹抗差关联。**第 6 章区间数据的关联**，主要讨论了基于区间证据理论的区间数据关联和基于直觉模糊集的区间数据关联，前者主要包括问题描述、基于区间数的 BPA 生成及关联算法形成，后者主要包括问题描述、云模型数字特征、隶属度与非隶属度的生成、动态权重和判决方法。**第 7 章直觉模糊数据的关联**，主要讨论了直觉模糊数的二维/三维几何表示、去模糊化的距离测度，提出了目标识别和多属性决策问题中的关联算法。**第 8 章犹豫模糊型数据关联中的加权综合相关系数法**，首先分析了现有模糊相关的局限性，定义了犹豫模糊数和犹豫模糊集的方差和长度率，在均值相关系数、方差相关系数、长度率相关系数的基础上，提出了综合相关系数和加权综合相关系数，研究了基于犹豫模糊综合相关系数的改进型 TOPSIS 决策方法。**第 9 章犹豫模糊型数据关联中的特征距离测度法**，主要讨论了现有比较法则的局限性，定义了新的比较法则及犹豫模糊集的特征距离，提出了基于犹豫模糊特征距离测度的改进 TODIM 决策方法。**第 10 章语义数据的关联**，主要讨论了连续概率犹豫模糊语义标签、基于标签效能组合的 CPHFLTS 距离测度、基于概率标签组合的 CPHFLTS 距离测度以及基于语义标签测度的改进型 VIKOR 决策方法。**第 11 章异类数据的粒层转化**，主要讨论了异类数据的粒结构划分、特征层上的区间粒层统一、决策层上的区间粒层统一和犹豫粒层统一、粒层转化的数据关联及粒层并行的数据关联。**第 12 章序列数据和区间数据的关联**，主要讨论了短时序列型数据和区间数的关联以及基于云变换的累积量测序列数据和区间数的关联。**第 13 章多源异类数据的关联**，主要讨论了两种异类数据的关联情况，一种是以特征层上的异类数据粒层转化为基础，提出基于靶心距的异类数据关联方法；另外一种是以决策层上的异类数据粒层转化为基础，提出基于信任区间交互式多属性的异类数据关联方法。**第 14 章决策层数据的融合**，针对融合结果出现反逻辑的问题，讨论了互补信度融合规则和信度区间融合规则。**第 15 章回顾与展望**，回顾和总结了本书的研究成果，并提出进一步研究的建议。

全书的章节组织结构图如图 1.2 所示。

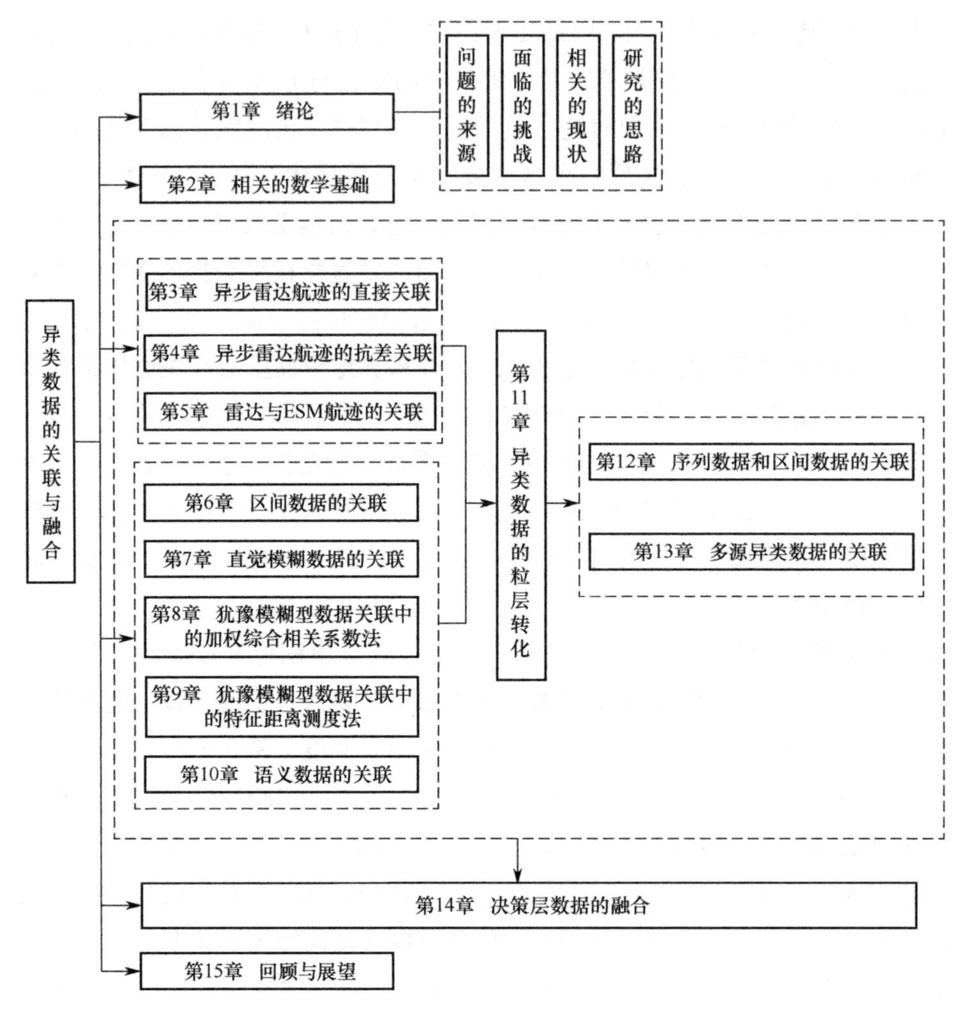

图 1.2 全书章节组织结构图

第 2 章

相关的数学基础

2.1 引言

本章介绍了异类数据关联与融合相关的主要数学概念与数学方法，包括度量空间、灰色系统、模糊数学、语义计算、云模型、粒计算等理论，这些都是成熟的数学基础，后续第 3 章至第 14 章的内容会涉及相关概念，故在此引用归纳。

2.2 度量空间与常用距离

在 Euclid 空间中常用 Euclid 长度来衡量向量的大小、两个向量之间的距离等。度量空间是基本的拓扑结构，它是最接近 Euclid 空间的抽象空间。

2.2.1 度量空间

定义 2.1[37]对于非空集 X 。若对任意的 $x,y\in X$ ，存在 $\rho(x,y)\in\mathbb{R}$ （实数集）与它们对应，并且满足如下条件：

（1）正定性： $\rho(x,y)\geqslant 0$ ，当且仅当 $x=y$ 时，有 $\rho(x,y)=0$ ；

（2）三角不等式： $\rho(x,y)\leqslant\rho(x,z)+\rho(y,z)$ ， $z\in X$ ；

则称 $\rho(x,y)$ 是 x,y 之间的距离，并称 X 按距离 ρ 成为度量空间，记为 (X,ρ) 。

在此定义基础上，有以下性质：

（1）对称性： $\rho(x,y)=\rho(y,x)$ ， $x,y\in X$ ；

（2）三角不等式： $|\rho(x,y)-\rho(y,z)|\leqslant\rho(x,z)$ ， $x,y,z\in X$ 。

2.2.2 常用距离

以下给出两种常用的距离定义：Minkowski 距离和 Hausdorff 距离，它们分别描述了点与点、集合与集合之间的距离。在相关研究中，很多距离定义是从这两种距离发展出来的。

（1）Minkowski 距离。

Minkowski 距离是欧氏空间中的广义距离度量，它不是一种距离，而是一种距离定义。对于 n 维欧氏空间 $\mathfrak{R}^n$ 中的任意两个向量 $\boldsymbol{X}=\left(x_1,x_2,\cdots,x_n\right)$ 和 $\boldsymbol{Y}=\left(y_1,y_2,\cdots,y_n\right)$，其 Minkowski 距离定义为

$$d_{\mathrm{M}}\left(\boldsymbol{X},\boldsymbol{Y}\right)=\left(\sum_{i=1}^{n}\left|x_i-y_i\right|^p\right)^{\frac{1}{p}} \tag{2.1}$$

特别地，当 $p=1$ 时，Minkowski 距离转化为 Manhattan 距离，其计算公式为

$$d_{\mathrm{Ma}}\left(\boldsymbol{X},\boldsymbol{Y}\right)=\sum_{i=1}^{n}\left|x_i-y_i\right| \tag{2.2}$$

在信息领域，Manhattan 距离与 Hamming 距离是一致的；当 $p=2$ 时，Minkowski 距离转化为 Euclid 距离，即

$$d_{\mathrm{E}}\left(\boldsymbol{X},\boldsymbol{Y}\right)=\left[\sum_{i=1}^{n}\left(x_i-y_i\right)^2\right]^{\frac{1}{2}} \tag{2.3}$$

（2）Hausdorff 距离。

Hausdorff 距离描述了度量空间中真子集之间的距离。某度量空间中两个真子集 X 、Y 的 Hausdorff 距离定义为

$$d_{\mathrm{H}}\left(X,Y\right)=\max\left\{\sup_{x\in X}\inf_{y\in Y}d\left(x,y\right),\sup_{y\in Y}\inf_{x\in X}d\left(x,y\right)\right\} \tag{2.4}$$

式（2.4）中，$d_{\mathrm{H}}(X,Y)$ 是度量空间中两个元素之间的距离。该距离可以理解为一个子集内元素到另一个子集最短距离的最大值。在实际应用中，该距离常用来度量实数轴上两个区间之间的距离。如果 $X=[x_l,x_u]$、$Y=[y_l,y_u]$ 表示两个实数区间，它们的 Hausdorff 距离为

$$d_{\mathrm{H}}\left(X,Y\right)=\max\left(\left|x_l-y_l\right|,\left|x_u-y_u\right|\right) \tag{2.5}$$

2.3 灰色系统

灰色系统理论[38]中的“灰”指的是信息部分确知，部分不确知，或者说是信息不完全。“灰”是与表示信息完全确知的“白”和表示信息完全不确知的“黑”相对应的。灰色系统理论主要通过对“部分”已知信息的生成、开发，提取有价值的信息，实现对系统运行行为、演化规律的正确描述和有效监控。

在处理实际问题时，往往是灰比白更好些。灰色系统不同于“黑箱”和“模糊数学”。“黑箱”建模方法是着重系统外部行为数据的处置方法，而灰色建模方法是着重系统内部行为数据间、内在关系挖掘量化的方法。“模糊数学”着重外延不明确、内涵明确的对象，而灰色系统着重外延明确、内涵不明确的对象。灰色系统正在农业、计划、经济、社会、科教、史学、行政等各个方面得到日益广泛的应用。军事系统更是充满灰现象的系统。

2.3.1 区间灰数与灰关联分析

由于灰的特点是信息不完全，信息不完全的结果是非唯一，由此可派生出灰色系统理论的两条基本原理。

（1）信息不完全原理。

信息不完全原理的应用是“少”与“多”的辩证统一，是“局部”与“整体”的转化。

（2）过程非唯一原理。

由于灰色系统理论的研究对象信息不完全，准则具有多重性，从前因到后果，往往是多-多映射，因而表现为过程非唯一性。具体表现是解的非唯一、辨识参数的不唯一、决策方法及结果非唯一等。例如，非唯一性在决策上的体现是灰靶思想。灰靶是目标非唯一与目标可约束的统一，是目标可接近、信息可补充、方案可完善、关系可协调、思维可多向、认识可深化、途径可优化的表现。又如非唯一性在建立灰色系统理论模型（GM 模型）上的表现为参数非唯一、模型非唯一、建模步骤方法非唯一等。

非唯一性的求解过程，是定性和定量的统一。面对许多可能的解，可通过信息补充、定性分析来确定一个或几个满意的解。定性方法与定量分析相结合，是灰色系统的求解途径。

1．灰数与区间灰数

灰数，即一类只知道大概范围而不知道确切值的数，在应用中，通常指在某一个区间或某一个数集内取值的不确定数。在灰色理论中，区间灰数是一个非常重要的概念，由区间灰数建立起来的灰色线性空间具有与实数线性空间相类似的性质和分析方法。这里只对区间灰数进行讨论。

定义 2.2 设 $\mathbb{R}$ 为实数集，$a^l,a^u\in\mathbb{R}$，$a^l\leqslant a^u$，如果某个数是在闭区间 $[a^l,a^u]$ 内取得，且取值方式不定但真值唯一，那么称该数为区间灰数，记为 $\tilde{a}$ 或 $\otimes(a)$，将 $[a^l,a^u]$ 称为 $\tilde{a}$ 的数值覆盖区间。

定义 2.3 若灰数 $\tilde{a}$ 在 $[a^l,a^u]$ 内只能够取到有限个值或可数个值，则称 $\tilde{a}$ 为离散型区间灰数，记为 $\tilde{a}\ddot{\in}[a^l,a^u]$；反之，若 $\tilde{a}$ 可以取到 $[a^l,a^u]$ 内一切实数，则称 $\tilde{a}$ 为连续型区间灰数，记为 $\tilde{a}\in[a^l,a^u]$，并将 a^l 和 a^u 分别称作 $\tilde{a}$ 的下界和上界。

对于区间灰数 $\tilde{a}\in[a^l,a^u]$，如果 $a^l=a^u$，那么 $\tilde{a}$ 退化为实数，也就是说，实数可以看作区间灰数的一个特例。不过，区间灰数与一般的区间数有着本质的区别：区间灰数有唯一的真值和非唯一的形态，在真值出现前，区间灰数存在区间形式的覆盖，真值出现后，覆盖立即蜕化为实数；而区间数的真值布满整个区间，且只有唯一的区间形态。我们讨论区间灰数一般是在真值出现前，因此表面上看它与区间数并无明显区别。

灰数域是全体区间灰数构成的一个特殊灰色线性空间，在该空间内，基于灰数的连续覆盖可以定义区间灰数二元关系运算，如：

（1）加法运算。

$$\tilde{a}+\tilde{b}\in[a^l+b^l,a^u+b^u] \tag{2.6}$$

（2）减法运算。

$$\tilde{a}-\tilde{b}\in[a^l-b^u,a^u-b^l] \tag{2.7}$$

（3）乘法运算。

$$\tilde{a}\cdot\tilde{b}\in[\min\{a^lb^l,a^lb^u,a^ub^l,a^ub^u\},\max\{a^lb^l,a^lb^u,a^ub^l,a^ub^u\}] \tag{2.8}$$

（4）除法运算（$b^l\neq 0,b^u\neq 0$,且 $b^lb^u>0$）

$$\tilde{a}/\tilde{b}\in\left[\min\{\frac{a^l}{b^l},\frac{a^l}{b^u},\frac{a^u}{b^l},\frac{a^u}{b^u}\},\max\{\frac{a^l}{b^l},\frac{a^l}{b^u},\frac{a^u}{b^l},\frac{a^u}{b^u}\}\right] \tag{2.9}$$

不难发现，在这种定义下的运算结果使灰数覆盖范围进一步扩大，但区间灰数的不确定度更大，不利于问题的白化显化分析。那么，该如何对区间灰数进行分析呢？一种可行的办法是在灰色线性空间内引入范数度量的概念，通过对区间灰数覆盖信息的差异量化实化，然后利用灰序列算子的作用探索事物的本质规律。

2．区间灰数的距离度量

定义 2.4　n 维灰区域的距离

设 $\tilde{X}$、$\tilde{Y}$ 是 n 维空间中的灰区域，记 $\tilde{X}=\left([x_1^l,x_1^u],[x_2^l,x_2^u],\cdots,[x_n^l,x_n^u]\right)$，$\tilde{Y}=\left([y_1^l,y_1^u],[y_2^l,y_2^u],\cdots,[y_n^l,y_n^u]\right)$，且有 $x_i^l<x_i^u$，$y_i^l<y_i^u$，则称

（1）$d_1(\tilde{X},\tilde{Y})=\sum_{k=1}^{n}\frac{1}{2}\left(|x_k^l-y_k^l|+|x_k^u-y_k^u|\right)$ 为 $\tilde{X}$ 与 $\tilde{Y}$ 的 1-范数距离；

（2）$d_2(\tilde{X},\tilde{Y})=\left\{\sum_{k=1}^{n}\frac{1}{2}\left[|x_k^l-y_k^l|^2+|x_k^u-y_k^u|^2\right]\right\}^{1/2}$ 为 $\tilde{X}$ 与 $\tilde{Y}$ 的 2-范数距离（欧氏距离）；

（3）$d_p(\tilde{X},\tilde{Y})=\left\{\sum_{k=1}^{n}\frac{1}{2}\left[|x_k^l-y_k^l|^p+|x_k^u-y_k^u|^p\right]\right\}^{1/p}$ 为 $\tilde{X}$ 与 $\tilde{Y}$ 的 p-范数距离；

（4）$d_\infty(\tilde{X},\tilde{Y})=\max\limits_{k}\left\{\frac{1}{2}\left(|x_k^l-y_k^l|+|x_k^u-y_k^u|\right)\right\}$ 为 $\tilde{X}$ 与 $\tilde{Y}$ 的 ∞-范数距离。

显然，上述的几种距离都是以灰数的连续覆盖作为基础的，即在未知对象真值的情况下，比较它们的覆盖区域，若二者覆盖区域接近，则认为它们之间距离小；相反，若覆盖区域相差较大，则它们之间距离也大。

定义 2.5　若有区间灰数构成的向量 $\boldsymbol{A}=\left[\tilde{a}_1,\tilde{a}_2,\cdots,\tilde{a}_i,\cdots,\tilde{a}_n\right]^{\mathrm{T}}$，$\boldsymbol{B}=\left[\tilde{b}_1,\tilde{b}_2,\cdots,\tilde{b}_i,\cdots,\tilde{b}_n\right]^{\mathrm{T}}$，称

$$D(\boldsymbol{A},\boldsymbol{B})=\sum_{i=1}^{n}d\left(\tilde{a}_i,\tilde{b}_i\right)\tag{2.10}$$

为区间灰数向量 $\boldsymbol{A}$ 与 $\boldsymbol{B}$ 的距离。

实数与区间灰数在范数度量上是统一的，实数与区间灰数的距离是区间灰数间距离的一个特例。当实数在区间以外时，二者是分离的，距离可用实数与区间灰数覆盖区域的直接比较来描述，即将实数视作区间灰数。当实数在区间内时，二者是融在一起的，区间灰数的真值唯一却无任何统计规律，无法评价

区间灰数本身与其覆盖区间内各实数点的距离差异；但必须肯定，它小于区间灰数与区间外部一切实数间的距离。因此，采用实数在区间外时两者的距离下限值作为区间灰数与区间内部实数的距离，这种做法是合理的。

3．区间灰数的差异度量

（1）区间相离度。

为了便于在后文中描述，对一维灰色空间中的 1-范数距离和 2-范数距离给予特殊的称谓。即，当 $\tilde{a}\in[a^l,a^u]$、$\tilde{b}\in[b^l,b^u]$ 时，称

$$d_1(\tilde{a},\tilde{b})=\frac{1}{2}(|a^l-b^l|+|a^u-b^u|) \tag{2.11}$$

为 $\tilde{a}$ 与 $\tilde{b}$ 的绝对距离；称

$$d_2(\tilde{a},\tilde{b})=\frac{\sqrt{2}}{2}\sqrt{(a^l-b^l)^2+(a^u-b^u)^2} \tag{2.12}$$

为 $\tilde{a}$ 与 $\tilde{b}$ 的区间相离度。

再对一维灰色空间中实数与区间灰数的这两种距离进行讨论。

定义 2.6 设 $a\in\mathbb{R}$，$\tilde{b}\in[b^l,b^u]$，称

$$d_1(a,\tilde{b})=\begin{cases}\frac{1}{2}\left|b^u-b^l\right| & ,a\in[b^l,b^u]\\ \left|a-\frac{1}{2}\left(b^u+b^l\right)\right| & ,a\notin[b^l,b^u]\end{cases} \tag{2.13}$$

为实数 a 与区间灰数 $\tilde{b}$ 的绝对距离；称

$$d_2(a,\tilde{b})=\begin{cases}\sqrt{\frac{(b^u-b^l)^2}{2}} & ,\ a\in[b^l,b^u]\\ \sqrt{\frac{(a-b^l)^2+(a-b^u)^2}{2}} & ,\ a\notin[b^l,b^u]\end{cases} \tag{2.14}$$

为实数 a 与区间灰数 $\tilde{b}$ 的相离度。

（2）区间重叠度。

设区间灰数 $\tilde{x}$ 论域为 Ω，$\mu(\tilde{x})$ 为区间灰数 $\tilde{x}$ 取值数域的测度，称

$$g^{\circ}(\tilde{x})=\mu(\tilde{x})/\mu(\Omega) \tag{2.15}$$

为区间灰数 $\tilde{x}$ 的灰度。

灰数的灰度反映对灰色系统认识的不确定程度，其取值在[0,1]区间内。规定白数的灰度为 0，灰数论域的灰度为 1，当灰数 $\tilde{x}$ 论域一定时，$\tilde{x}$ 取值数域的

测度越大，则 $\tilde{x}$ 的灰度越大。

定义 2.7 区间灰数的交和并。

设 $\tilde{a}\in[a^l,a^u]$，$a^l<a^u$；$\tilde{b}\in[b^l,b^u]$，$b^l<b^u$；则称

$\tilde{a}\cap\tilde{b}\in\{\xi\mid\xi\in[a^l,a^u]且\xi\in[b^l,b^u]\}$ 为区间灰数 $\tilde{a}$ 与区间灰数 $\tilde{b}$ 的交；

$\tilde{a}\cup\tilde{b}\in\{\xi\mid\xi\in[a^l,a^u]或\xi\in[b^l,b^u]\}$ 为区间灰数 $\tilde{a}$ 与区间灰数 $\tilde{b}$ 的并。

区间灰数的交相当于对若干个区间灰数进行综合“加工”“提炼”，能够使人们对灰色系统的认识逐步深化，其结果是灰度减小；而区间灰数的并相当于对若干个区间灰数进行“组合”“归并”，其结果自然是灰度增大。

定义 2.8 区间重叠度。

设 $\tilde{a}\in[a^l,a^u]$，$a^l<a^u$；$\tilde{b}\in[b^l,b^u]$，$b^l<b^u$；$\mu(\tilde{x})\geqslant 0$ 为区间灰数 $\tilde{x}$ 取值数域的测度，则称 $\eta(\tilde{a},\tilde{b})=\dfrac{\mu(\tilde{a}\cap\tilde{b})}{\mu(\tilde{a}\cup\tilde{b})}$ 为区间灰数 $\tilde{a}$ 与区间灰数 $\tilde{b}$ 的区间重叠度，简称重叠度。

若 $\tilde{a}\cap\tilde{b}=\varnothing$，则 $\eta(\tilde{a},\tilde{b})=0$，表明区间灰数 $\tilde{a}$ 与区间灰数 $\tilde{b}$ 覆盖区间不存在交叠，它们的真值不存在相等的可能；若 $\tilde{a}\cap\tilde{b}\neq\varnothing$，则 $\eta(\tilde{a},\tilde{b})>0$，表明区间灰数 $\tilde{a}$ 与区间灰数 $\tilde{b}$ 覆盖区间有交叠，它们可能取到相同的真值，并且 $\eta(\tilde{a},\tilde{b})$ 越大，则它们取到相同真值的可能性就越大。

如果取区间的长度作为测度，那么区间灰数 $\tilde{a}$ 与区间灰数 $\tilde{b}$ 的重叠度为：

$$\eta(\tilde{a},\tilde{b})=\rho(\tilde{a},\tilde{b})\cdot\frac{\mu(\tilde{a}\cap\tilde{b})}{\mu(\tilde{a})+\mu(\tilde{b})-\mu(\tilde{a}\cap\tilde{b})} \tag{2.16}$$

式（2.16）中，$\rho(\tilde{a},\tilde{b})=\max\left\{\operatorname{sgn}(a^u-b^l)\cdot\operatorname{sgn}(b^u-a^l),\ 0\right\}$ 是个逻辑量，ρ 取 1 代表 $\tilde{a}$ 与 $\tilde{b}$ 覆盖区域存在交叠，ρ 取 0 代表 $\tilde{a}$ 与 $\tilde{b}$ 覆盖区域不存在交叠；$\mu(\tilde{a})=|a^u-a^l|$，$\mu(\tilde{b})=|b^u-b^l|$，$\mu(\tilde{a}\cap\tilde{b})=\min\{|a^u-b^l|,|a^u-a^l|,|b^u-a^l|,|b^u-b^l|\}$。

（3）灰关联公理与灰关联度。

定义 2.9 令 X 为灰关联因子空间，$X=\{x_i\mid x_i=(x_i(1),x_i(2),\cdots,x_i(k),\cdots x_i(n))\}$，$k\in K=\{1,2,\cdots,n\}$，$i\in I=\{0,1,2,\cdots,m\}$，$m\geqslant 2$，取 $x_0\in X$ 为参考序列，$d(\cdot,\cdot)$ 为度量空间上的某类度量，则

称 $\varDelta_{0i}(k)=d\big(x_i(k),x_0(k)\big)$ 为 X 上第 k 点 x_i 对 x_0 的差异信息，x_i 为比较序列。

称 $\varDelta_{0i}=\{\varDelta_{0i}(1),\varDelta_{0i}(2),\cdots,\varDelta_{0i}(n)\}$ 为差异信息序列；称 $\varDelta_{0i}(k)$ 的全体为差异信息集（记为 $\varDelta$）；

若令$\varDelta_{0i}(\max)=\max\limits_{i}\max\limits_{k}\varDelta_{0i}(k)$，$\varDelta_{0i}(\min)=\min\limits_{i}\min\limits_{k}\varDelta_{0i}(k)$，则称$\varDelta_{0i}(\max)$、$\varDelta_{0i}(\min)$分别为$\varDelta$上的两级上环境参数和两级下环境参数，称区间$[\varDelta_{0i}(\min),\varDelta_{0i}(\max)]$为$\varDelta$上的差异信息邻域。

若令$\rho\in[0,1]$，则$\rho\cdot\varDelta_{0i}(\max)$为加权上环境参数，称$\rho$为分辨系数；称$(\varDelta,\rho)$为灰关联差异信息空间，简记为$(\varDelta,\rho)=\varDelta_{\mathrm{GR}}$，或者$(\varDelta,\rho)=\varDelta_{\mathrm{GR}}$，$\varDelta_{\mathrm{GR}}=(\varDelta,\rho,\varDelta_{0i}(\min),\varDelta_{0i}(\max))$。

在灰关联差异信息空间$\varDelta_{\mathrm{GR}}$中，通常把点与点之间的比较测度称为灰关联系数，序列与序列间的比较测度称为灰关联度。灰关联度一般满足灰关联四公理，因此，灰关联空间实质上是满足灰关联公理的差异信息测度空间。

定义 2.10 设$X=@_{\mathrm{GRF}}$为灰关联因子集，$\varDelta_{\mathrm{GR}}$为灰关联差异信息空间，令$\xi(x_0(k),x_i(k))$为$\varDelta_{\mathrm{GR}}$上x_i与x_0在第k点上的比较测度，x_0为参考序列，x_i为比较序列；$\gamma(x_0,x_i)$为$\xi(x_0(k),x_i(k))$在$k\in K$上的平均值。若$\gamma(x_0,x_i)$满足：

（1）规范性。

$0<\gamma(x_0,x_i)\leqslant 1$，且$\gamma(x_0,x_i)=1\Leftrightarrow x_0=x_i$

（2）偶对称性。

$\gamma(x,y)=\gamma(y,x)$，当且仅当$X=\{x,y\}$

（3）整体性。

$\gamma(x_i,x_j)\overset{\text{often}}{\neq}\gamma(x_j,x_i)$，$x_i,x_j\in X$，$X=\{x_i\mid i\in I=\{1,2,\cdots,m,m\geqslant 3\}\}$

（4）接近性。

差异信息$\varDelta_{0i}(k)$越小，则$\xi(x_0(k),x_i(k))$越大

则称$\xi(x_0(k),x_i(k))$为k点x_i对于x_0的灰关联系数，称$\gamma(x_0,x_i)$为x_i对于x_0的灰关联度，并称上述四个条件为灰关联四公理，γ为灰关联映射。

灰关联公理表明，系统中任何两个行为序列都不可能是严格无关联的，而且灰关联度是有相对性的，对称原理不一定满足，讨论时须指明参考对象。关联性的强弱是随着环境的变化而变化的，环境不同，关联度也就不同，它与因素间的差异量呈反向相关的关系，与人们对事物的直观认识相符。

基于灰关联四公理，邓聚龙教授给出了一种灰色相似性度量，通常称为邓氏灰关联度，邓氏灰关联度是最典型也是最早的灰关联分析模型，其计算公式如下：

$$\gamma(X_0,X_i)=\frac{1}{n}\sum_{k=1}^{n}\xi(x_0(k),x_i(k)) \tag{2.17}$$

式中，

$$\xi(x_0(k),x_i(k))=\frac{\min\limits_i\min\limits_k\{\Delta_{0i}(k)\}+\rho\max\limits_i\max\limits_k\{\Delta_{0i}(k)\}}{\{\Delta_{0i}(k)\}+\rho\max\limits_i\max\limits_k\{\Delta_{0i}(k)\}} \tag{2.18}$$

为比较序列 X_i 与参考序列 X_0 在第 k 点（或指标）上的灰关联系数，$\Delta_{0i}(k)=d(x_i(k),x_0(k))$ 为序列 X_i 与序列 X_0 在第 k 点（或指标）上的距离差异，$\rho\in[0,1]$ 为分辨系数。

灰关联系数 $\gamma\left(x_0\left(k\right),x_i\left(k\right)\right)$ 是系统中点与点之间的比较参考测度，由它们共同得出的灰关联度 $\gamma\left(X_0,X_i\right)$ 则是整个序列之间的比较参考测度。而正是这些公理化的差异信息测度，构成了灰关联分析的基础。邓氏灰关联度在一定程度上能够很好地反映序列之间的相关程度，得到了广泛的认可，并被作为系统分析的理论依据。随着研究的不断深入，灰关联度相关理论得到了进一步扩展。

定义 2.11　已知变量 X_i 的时间行为序列为 $X_i=\left(x_i\left(1\right),x_i\left(2\right),\cdots,x_i\left(n\right)\right)$，定义序列算子 D，如果 X_iD 满足

$$X_iD=\left(x_i\left(1\right)d,x_i\left(2\right)d,\cdots,x_i\left(n\right)d\right) \tag{2.19}$$

式中，$x_i\left(k\right)d=x_i\left(k\right)-x_i\left(1\right)$，$k=1,2,\cdots,n$。

那么 D 被称为始点零化算子，X_iD 为对应在 D 作用下的始点零化像，且

$$X_iD=X_i^0=\left(x_i^0\left(1\right),x_i^0\left(2\right),\cdots,x_i^0\left(n\right)\right) \tag{2.20}$$

定义 2.12　设序列 X_0 与 X_i 长度相同，则 X_0 与 X_i 的灰色绝对关联度为

$$\varepsilon_{0i}=\frac{1+|s_0|+|s_i|}{1+|s_0|+|s_i|+|s_i-s_0|} \tag{2.21}$$

式中，$s_i=\int_1^n(X_i-x_i(1))\mathrm{d}t$，$s_0=\int_1^n(X_0-x_0(1))\mathrm{d}t$。

从几何意义上 s_i 可以理解为序列的始点零化像曲线 $(x_i(1)-x_i(1),x_i(2)-x_i(1),\cdots,x_i(n)-x_i(1))$ 与 x 轴构成闭合区域的面积。

通过始点零化像曲线的面积计算相似性度量，实际上反映的是系统行为序列相对于始点的绝对变化趋势。与基于初值像定义的度量不同的是，它在计算面积的过程中涵盖了数据的历史信息，所以灰色绝对关联度在分析浮动较大的系统行为序列时更有优势。另外，灰色绝对关联度不满足灰关联四公理中的整体性的要求，即当比较序列以外的环境发生改变时，灰色绝对关联度的值不受影响。

定义 2.13 设有等长的系统时间行为序列 X_0 与 X_i，其首项均不为 0，且初值化像分别为 X_0' 与 X_i'，则称 X_0' 与 X_i' 的绝对关联度为时间行为序列 X_0 与 X_i 的灰色相对关联度。

由于考虑了时间行为序列的初值像，灰色相对关联度对序列相对于初值的增长或衰减的速率更为敏感。灰色相对关联度与灰色绝对关联度反映的侧重点不一样，二者的值没有必然联系，但是当序列几何形状相似或平行时，其变化率相似。

定义 2.14 设有等长的系统时间行为序列 X_0 与 X_i，首项均不为 0，二者的灰色相对关联度和灰色绝对关联度分别为 r_{0i} 和 ε_{0i}，常数 $\theta \in [0,1]$，令

$$\rho_{0i} = \theta\varepsilon_{0i} + (1-\theta) r_{0i} \tag{2.22}$$

则称 ρ_{0i} 是 X_0 与 X_i 的灰色综合关联度。

灰色综合关联度结合了灰色绝对关联度对几何形状的敏感性与灰色相对关联度对序列变化速率的敏感性，能够从多个角度反映序列之间相互影响程度的大小，是衡量系统中各因素贡献度的一个综合性指标。

2.3.2 灰靶理论

灰靶理论（Grey Target Theory）是处理模式序列的灰关联分析理论，主要应用于模式关联、识别决策等领域。灰靶理论主要通过构造标准模式形成靶心，计算靶心度，通过排序进行决策，解决了标准模式模糊条件下的模式识别问题。

（1）构造标准模式。

设待评估对象集 $S = \{s_i | i = 1,2,\cdots,m\}$，评价指标集 $C = \{c_j | j = 1,2,\cdots,n\}$，由此得到对象 s_i（$i = 1,2,\cdots,m$）的模式序列 $\Omega_i = [\omega_i(1), \omega_i(2), \cdots, \omega_i(n)]$。对于不同的指标存在极大值极性、极小值极性和适中值极性，选取标准模式 $\Omega_0 = [\omega_0(1), \omega_0(2), \cdots, \omega_0(n)]$，其中

$$\omega_0(j) \begin{cases} \max\limits_i \{\omega_i(j)\}, & c_j\text{为极大值极性指标} \\ \min\limits_i \{\omega_i(j)\}, & c_j\text{为极小值极性指标} \\ \operatorname{avg}\limits_i \{\omega_i(j)\}, & c_j\text{为适中值极性指标} \end{cases} \tag{2.23}$$

式中，$\operatorname{avg}(\cdot)$ 表示取适中值函数，可以表示取中位数、平均值等计算。

（2）灰靶转换。

为消除各模式序列间的极性、量纲差异，对各模式序列进行灰靶转换：

$$x_{ij}=\frac{\min\left\{\omega_0\left(j\right),\omega_i\left(j\right)\right\}}{\max\left\{\omega_0\left(j\right),\omega_i\left(j\right)\right\}} \tag{2.24}$$

式中，$i=1,2,\cdots,m$，$j=1,2,\cdots,n$。并令矩阵 $\boldsymbol{X}=\left[x_{ij}\right]_{i=1,2,\cdots,m;j=1,2,\cdots,n}$ 表示决策灰靶。特别地，标准模式 Ω_0 转换为标准靶心 $X_0=\left(1,1,\cdots,1\right)$。

（3）差异信息空间。

对决策灰靶 $\boldsymbol{X}$ 进行偏差计算 $\delta_{ij}=\left|x_{0j}-x_{ij}\right|$，得到灰关联差异信息矩阵 $\boldsymbol{\varDelta}=[\delta_{ij}]_{i=1,2,\cdots,m;j=1,2,\cdots,n}$。

记灰关联差异信息空间 $\varDelta_{GR}=\left(\varDelta,\rho,\varDelta_{\max},\varDelta_{\min}\right)$。其中，$\rho\in\left[0,1\right]$ 表示分辨系数，是主观赋予的参数，在最小信息原理下，$\rho=0.5$；$\varDelta_{\max}=\max\limits_{i,j}\left\{\delta_{ij}\right\}$ 表示最大差异值；$\varDelta_{\min}=\min\limits_{i,j}\left\{\delta_{ij}\right\}$ 表示最小差异值。

（4）靶心度。

靶心度 r_i（$i=1,2,\cdots,m$）表示模式 s_i 与标准模式的接近程度，即 $r_i=\frac{1}{n}\sum\limits_{j=1}^{n}\xi_{ij}$，其中 ξ_{ij}（$j=1,2,\cdots,n$）是指标 c_j 的靶心系数，即

$$\xi_{ij}=\frac{\varDelta_{\min}+\rho\cdot\varDelta_{\max}}{\delta_{ij}+\rho\cdot\varDelta_{\max}} \tag{2.25}$$

（5）排序决策。

对所有待评估对象的靶心度进行排序，靶心度越大表示该对象与标准模式的接近度越大。

2.4　模糊数学

模糊性是客观事物所呈现的普遍现象。它主要是指客观事物差异中的中间过渡的“不分明性”，或者说是研究对象的类属边界或状态的不确定性。模糊数学[39]的目的是要使客观存在的一些模糊事物能够用数学的方法来处理。模糊集合理论给出了表示不确定性的一种方法，为那些含糊、不精确或不确定性事物的建模提供了有力工具。

2.4.1 模糊集及运算

模糊集合是经典集合的一种推广，由 Zadeh 于 1965 年首先提出用来对模糊现象或模糊概念进行刻画。所谓模糊现象，就是没有严格的界限划分而使得很难用精确的尺度来刻画的现象，而反映模糊现象的种种概念就称为模糊概念。模糊集合是具有不分明边界的集合，一般用隶属函数来表征。所谓的隶属函数是经典集合的特征函数的推广，是刻画模糊集合本质特征的映射。

设 X 是一个非空论域，X 上的模糊集合 $\tilde{A}$ 由映射 $\mu_{\tilde{A}}: X \rightarrow [0,1]$ 来定义，该映射称为 $\tilde{A}$ 的隶属函数，有时也称为模糊数。模糊集合由其隶属函数唯一确定，所以通常把隶属函数 $\mu_{\tilde{A}}$ 直接写成 $\tilde{A}$ 。

对于任意 $x \in X$ ，都有唯一确定的隶属度 $\tilde{A}(x) \in [0,1]$ 与之对应，反映了 X 中的每个元素 x 对于模糊集合 $\tilde{A}$ 的隶属程度。$\tilde{A}(x)$ 的值接近于 1，表示 x 隶属于 $\tilde{A}$ 的程度很高；$\tilde{A}(x)$ 的值接近于 0，表示 x 隶属于 $\tilde{A}$ 的程度很低。

当 $\tilde{A}(x)$ 的值域为 $\{0,1\}$ 二值时，$\tilde{A}(x)$ 即为经典集合的特征函数，而 $\tilde{A}$ 就是一个经典集合。

当论域 X 离散或有限时，模糊集合 $\tilde{A}$ 的习惯标记为：

$$\tilde{A} \equiv \frac{\tilde{A}(x_1)}{x_1} + \frac{\tilde{A}(x_2)}{x_2} + \cdots = \left\{ \sum_i \frac{\tilde{A}(x_i)}{x_i} \right\} \tag{2.26}$$

当论域 X 连续和无限时，模糊集合 $\tilde{A}$ 记作：$\tilde{A} = \int_{x \in X} \frac{\tilde{A}(x)}{x}$

给模糊变量赋予隶属度值或隶属函数的方法可能比给随机变量赋予概率密度函数所用的方法更多些，这种赋值过程直观，并可建立在一些算法或逻辑运算之上。

由于模糊集中没有点和集之间的绝对从属关系，所以其运算的定义只能以隶属函数间的关系来确定。

定义 2.15 设论域 X 上的模糊集 $\tilde{A},\tilde{B}$ ，如下定义包含和相等：

（1）$\tilde{A} \subseteq \tilde{B} \Leftrightarrow \tilde{A}(x) \subseteq \tilde{B}(x), \forall x \in X$ ；

（2）$\tilde{A} = \tilde{B} \Leftrightarrow \tilde{A}(x) = \tilde{B}(x), \forall x \in X$ 。

定义 2.16 设论域 X 上的模糊集 $\tilde{A},\tilde{B}$ ，如下定义交、并、补：

（1）$\left(\widetilde{A}\cup\widetilde{B}\right)(x)=\widetilde{A}(x)\vee\widetilde{B}(x)$，$\forall x\in X$；

（2）$\left(\widetilde{A}\cap\widetilde{B}\right)(x)=\widetilde{A}(x)\wedge\widetilde{B}(x)$，$\forall x\in X$；

（3）$\widetilde{A}^{c}(x)=1-\widetilde{A}(x)$，$\forall x\in X$。

2.4.2　三角模糊数和区间数

（1）三角模糊数。

三角模糊数函数形式如下：

$$\widetilde{A}(x)=\begin{cases}0, & x\leqslant c^{L}\\ \dfrac{x-c^{L}}{c^{M}-c^{L}}, & c^{L}<x\leqslant c^{M}\\ \dfrac{x-c^{U}}{c^{M}-c^{U}}, & c^{M}<x\leqslant c^{U}\\ 0, & x>c^{U}\end{cases} \tag{2.27}$$

三角模糊数函数图像如图 2.1 所示。

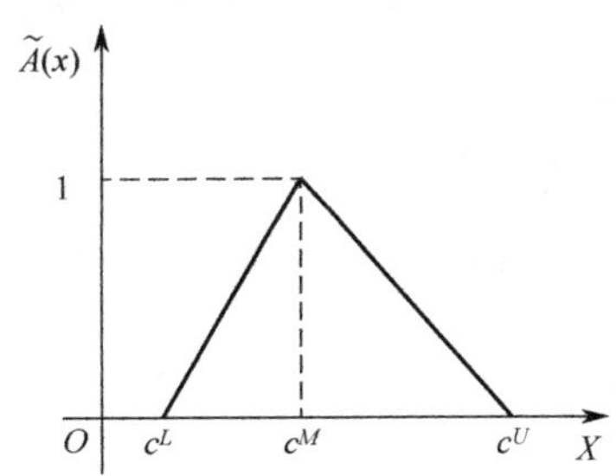

图 2.1　三角模糊数函数图像

三角模糊数在粒计算中可简记为 $\tilde{c}=\left[c^{L},c^{M},c^{U}\right]$。

（2）区间数。

区间数是指实数轴上的一个闭区间，它是一个特殊的模糊数，其函数形式如下：

$$\widetilde{A}(x)=\begin{cases}1, & x\in[a,b]\\ 0, & 其他\end{cases} \tag{2.28}$$

区间数函数图像如图 2.2 所示。

区间数在粒计算中可简记为 $\tilde{c}=[a,b]$。

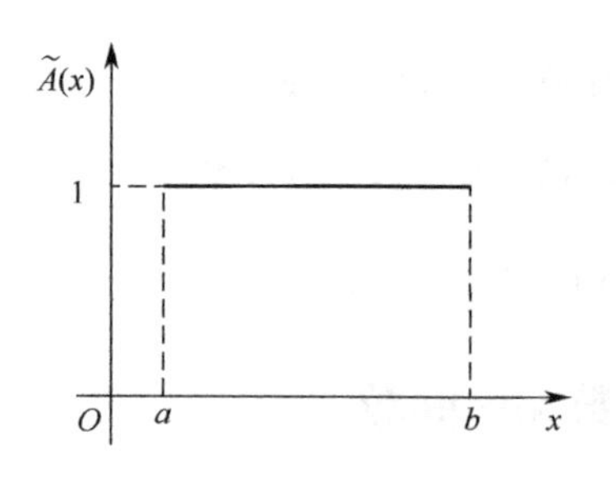

图 2.2　区间数函数图像

2.4.3　二型模糊集

模糊集的隶属函数或隶属度是被精确定义的，如果隶属函数或隶属度也是模糊定义的，这种推广的模糊集就是二型模糊集。如果二型模糊集隶属函数的隶属函数也是模糊定义的，就可以推广到三型模糊集，依次类推，可以推广至更高阶的模糊集。一般来说，m 型模糊集的隶属函数是 $m-1$ 型模糊集。

定义 2.17　设 A 是论域 X 到模糊集 $\mathcal{F}([0,1])$ 的一个映射，即

$$A:X\to\mathcal{F}([0,1]),\quad x\mapsto A(x)\in\mathcal{F}([0,1]) \tag{2.29}$$

称 A 是 X 上的二型模糊集。

X 上的二型模糊集可表示为

$$\begin{aligned}A&\equiv\int_{x\in X}A(x)/x=\int_{x\in X}\int_{r\in J_x}A(x)r/(x,r)\\&\equiv\int_{x\in X}\left[\int_{r\in J_x}A(x)(r)/r\right]\Big/x\end{aligned} \tag{2.30}$$

式中，$J_x=\mathrm{Supp}(A(x))=\{r\in[0,1]\,|\,A(x)(r)\neq0\}\subseteq[0,1]$ 称为主隶属函数，即次隶属函数 $A(x)$ 的支集。

2.4.4　区间值模糊集

如果二型模糊集的隶属函数值为区间，则称其为区间值模糊集。

定义 2.18　设 A 是论域 X 到 $\mathcal{I}([0,1])$ 的一个映射，即 $A:X\to\mathcal{I}([0,1])$，则称 A 是 X 上的区间值模糊集，其中 $\mathcal{I}([0,1])=\{a=[\underline{a},\overline{a}]\,|\,0\leqslant\underline{a}\leqslant\overline{a}\leqslant1,\ \underline{a},\overline{a}\in\mathrm{R}\}$。

如果 A 是 X 上的区间值模糊集，则 $A(x)$ 记为 $\left[\underline{A}(x),\ \overline{A}(x)\right]$，这里的 $\underline{A}(x)$、$\overline{A}(x)$ 是 X 上的（一型）模糊集，它们分别称为 A 的下隶属函数和上隶属函数。

区间值模糊集也具有并、交、补与序（包含）的关系。

定义 2.19　设 A 和 B 是 X 上的区间值模糊集，则

（1）$(A\cup B)(x)=\left[\underline{A}(x)\vee\underline{B}(x),\overline{A}(x)\vee\overline{B}(x)\right]$，$\forall x\in X$；

（2）$(A\cap B)(x)=\left[\underline{A}(x)\wedge\underline{B}(x),\overline{A}(x)\wedge\overline{B}(x)\right]$，$\forall x\in X$；

（3）$A^c(x)=\left[1-\overline{A}(x),1-\underline{A}(x)\right]$，$\forall x\in X$；

（4）$A\subseteq B\Leftrightarrow\underline{A}\subseteq\underline{B}\ \&\ \overline{A}\subseteq\overline{B}$。

并且这些定义满足

$$\underline{A\cup B}=\underline{A}\cup\underline{B}，\quad\underline{A\cap B}=\underline{A}\cap\underline{B}，$$
$$\overline{A\cup B}=\overline{A}\cup\overline{B}，\quad\overline{A\cap B}=\overline{A}\cap\overline{B}，$$
$$\underline{A^c}=\left(\overline{A}\right)^c，\quad\overline{A^c}=\left(\underline{A}\right)^c$$

2.4.5　直觉模糊集

直觉模糊集（Intuitionistic Fuzzy Sets，IFSs）的概念由 Atanassov 于 1986 年首次提出，直觉模糊集被认为是一种能够有效地处理不精确、不完整信息的模糊集样式。在传统模糊集的概念中，仅用隶属度来表示信息特征，而直觉模糊集给出了信息三个特征：隶属度、非隶属度和犹豫度。直觉模糊集作为模糊集的重要组成部分，由于在不确定性描述方面的优势使其得到了广泛研究，应用于聚类分析、模式识别、图像融合和属性决策等领域。

1．直觉模糊集的定义与运算

定义 2.20　论域 X 上的一个直觉模糊集记为

$$A=\left\{\left(x,\mu_A(x),\nu_A(x)\right)\middle|x\in X\right\}\tag{2.31}$$

式中，$\mu_A:X\to[0,1]$ 和 $\nu_A:X\to[0,1]$ 分别为 x 属于 A 的隶属度和非隶属度，并且满足条件 $\mu_A(x)+\nu_A(x)\leqslant1$，$\forall x\in X$。

特别地，直觉模糊集可简记为 $A=(\mu_A,\nu_A)$，利用模糊集的表示方法，有

$$A=\sum_i\frac{\left(\mu_A(x_i),\nu_A(x_i)\right)}{x_i}\tag{2.32}$$

此外，也可以用区间 $\left[\mu_A(x),1-\nu_A(x)\right]$ 表示隶属函数的下限和上限。

同时，为了更好地衡量直觉模糊集的不确定性，定义犹豫度函数 $\pi_A=1-\mu_A-\nu_A$ 表示 x 属于 A 的犹豫度，显然 $\pi_A\in[0,1]$。犹豫度越小，直觉模

糊集的不确定性越小，当$\pi_A=0$时，直觉模糊集退化为一般的模糊集。

Xu 等人提出，如果$\mu_\alpha,\nu_\alpha\in[0,1]$且$\mu_\alpha+\nu_\alpha\leqslant 1$，则称数对$\alpha=(\mu_\alpha,\nu_\alpha)$为直觉模糊数（Intuitionistic Fuzzy Value，IFV）。

直觉模糊集也具有并、交、补与包含的关系。

定义 2.21 设A和B是X上的区间值模糊集，则

（1）$(A\cup B)(x)=\{(x,\max\{\mu_A(x),\mu_B(x)\},\min\{\nu_A(x),\nu_B(x)\})\}$，$\forall x\in X$；

（2）$(A\cap B)(x)=\{(x,\min\{\mu_A(x),\mu_B(x)\},\max\{\nu_A(x),\nu_B(x)\})\}$，$\forall x\in X$；

（3）$A^c(x)=\{x,\nu_A(x),\mu_A(x)\}$，$\forall x\in X$；

（4）$A\subseteq B\Leftrightarrow \mu_A\subseteq\mu_B\ \&\ \nu_A\supseteq\nu_B$。

2．直觉模糊数的比较方法

在实际运算中，模糊信息的比较方法是一个十分重要的概念，为比较直觉模糊集，广泛采用记分函数$s(\alpha)$和精确函数$h(\alpha)$。

$$s(\alpha)=\mu_\alpha-\nu_\alpha \tag{2.33}$$

$$h(\alpha)=\mu_\alpha+\nu_\alpha \tag{2.34}$$

基于此，直觉模糊数α_1和α_2之间的比较法则描述为

（1）如果$s(\alpha_1)<s(\alpha_2)$，则$\alpha_1<\alpha_2$；

（2）如果$s(\alpha_1)>s(\alpha_2)$，则$\alpha_1>\alpha_2$；

（3）如果$s(\alpha_1)=s(\alpha_2)$，分为三种情况：

①如果$h(\alpha_1)<h(\alpha_2)$，则$\alpha_1<\alpha_2$；

②如果$h(\alpha_1)>h(\alpha_2)$，则$\alpha_1>\alpha_2$；

③如果$h(\alpha_1)=h(\alpha_2)$，则$\alpha_1=\alpha_2$。

3．直觉模糊数的基本距离和相似度

距离和相似度能够描述两个子集之间的差异性，是直觉模糊集重要的度量方法。传统距离的公理性定义应当满足下列条件。

设A、B、C是论域X上的直觉模糊集，如果度量d满足

（1）$0\leqslant d(A,B)\leqslant 1$，当且仅当$A=B$时，$d(A,B)=0$；

（2）$d(A,B)=d(B,A)$；

（3）如果$A\subseteq B\subseteq C$，则$d(A,B)\leqslant d(A,C)$且$d(B,C)\leqslant d(A,C)$，

则称d为距离度量。由于相似度和距离度量之间是互补的关系，因此如果

给出距离度量$d(A,B)$，则相似度$s(A,B)=1-d(A,B)$。

4．现有的直觉模糊集距离度量

（1）规范化的 Minkowski 型距离。

$$d_{\mathrm{M}}^{1}(A,B)=\left(\frac{1}{n}\sum_{i=1}^{n}\left|\mu_A(x_i)-\mu_B(x_i)\right|^p\right)^{\frac{1}{p}} \tag{2.35}$$

$$d_{\mathrm{M}}^{2}(A,B)=\left[\frac{1}{n}\sum_{i=1}^{n}\left(\left|\mu_A(x_i)-\mu_B(x_i)\right|^p+\left|\nu_A(x_i)-\nu_B(x_i)\right|^p\right)\right]^{\frac{1}{p}} \tag{2.36}$$

$$d_{\mathrm{M}}^{3}(A,B)=\left[\frac{1}{n}\sum_{i=1}^{n}\left(\left|\mu_A(x_i)-\mu_B(x_i)\right|^p+\left|\nu_A(x_i)-\nu_B(x_i)\right|^p+\left|\pi_A(x_i)-\pi_B(x_i)\right|^p\right)\right]^{\frac{1}{p}} \tag{2.37}$$

式（2.35）至式（2.37）中，$p>0$。如果$p=1$，该型距离退化为 Manhattan 距离（Hamming 距离）；如果$p=2$，该型距离退化为 Euclid 距离。

（2）规范化的 Hausdorff 型距离。

$$d_{\mathrm{H}}^{2}(A,B)=\left(\frac{1}{n}\sum_{i=1}^{n}\max\left\{\left|\mu_A(x_i)-\mu_B(x_i)\right|^p,\left|\nu_A(x_i)-\nu_B(x_i)\right|^p\right\}\right)^{\frac{1}{p}} \tag{2.38}$$

$$d_{\mathrm{H}}^{3}(A,B)=\left(\frac{1}{n}\sum_{i=1}^{n}\max\left\{\left|\mu_A(x_i)-\mu_B(x_i)\right|^p,\left|\nu_A(x_i)-\nu_B(x_i)\right|^p,\left|\pi_A(x_i)-\pi_B(x_i)\right|^p\right\}\right)^{\frac{1}{p}} \tag{2.39}$$

（3）规范化的混合型距离。

$$d_{\mathrm{H}}^{2}(A,B)=\left\{\frac{1}{n}\sum_{i=1}^{n}\left[\max\left\{\begin{matrix}\left|\mu_A(x_i)-\mu_B(x_i)\right|^p,\\ \left|\nu_A(x_i)-\nu_B(x_i)\right|^p\end{matrix}\right\}+\left(\begin{matrix}\left|\mu_A(x_i)-\mu_B(x_i)\right|^p+\\ \left|\nu_A(x_i)-\nu_B(x_i)\right|^p\end{matrix}\right)\right]\right\}^{\frac{1}{p}} \tag{2.40}$$

$$d_{\mathrm{H}}^{3}(A,B)=\left\{\frac{1}{n}\sum_{i=1}^{n}\left[\max\left\{\begin{matrix}\left|\mu_A(x_i)-\mu_B(x_i)\right|^p,\\ \left|\nu_A(x_i)-\nu_B(x_i)\right|^p,\\ \left|\pi_A(x_i)-\pi_B(x_i)\right|^p\end{matrix}\right\}+\left(\begin{matrix}\left|\mu_A(x_i)-\mu_B(x_i)\right|^p+\\ \left|\nu_A(x_i)-\nu_B(x_i)\right|^p+\\ \left|\pi_A(x_i)-\pi_B(x_i)\right|^p\end{matrix}\right)\right]\right\}^{\frac{1}{p}} \tag{2.41}$$

（4）规范化的相关距离。

$$d_{\mathrm{C}}(A,B)=1-\frac{1}{n}\sum_{i=1}^{n}\frac{\mu_A(x_i)\mu_B(x_i)+\nu_A(x_i)\nu_B(x_i)}{\sqrt{\mu_A(x_i)^2+\nu_A(x_i)^2}\sqrt{\mu_B(x_i)^2+\nu_B(x_i)^2}} \tag{2.42}$$

（5）转化型距离。

$$d_{\mathrm{T}}(A,B)=\frac{\left|2\left(\mu_A(x_i)-\mu_B(x_i)\right)-\left(\nu_A(x_i)-\nu_B(x_i)\right)\right|}{3}\cdot\left(1-\frac{\pi_A(x_i)+\pi_B(x_i)}{2}\right)-\frac{\left|2\left(\nu_A(x_i)-\nu_B(x_i)\right)-\left(\mu_A(x_i)-\mu_B(x_i)\right)\right|}{3}\cdot\left(\frac{\pi_A(x_i)+\pi_B(x_i)}{2}\right) \tag{2.43}$$

在上述 5 种距离中，规范化的 Minkowski 型距离、规范化的 Hausdorff 型距离和规范化的相关距离分别为现有的 Minkowski 距离、Hausdorff 距离和相关系数在直觉模糊领域的拓展，规范化的混合型距离为规范化的 Minkowski 型距离和规范化的 Hausdorff 型距离组合定义，转化型距离是将直觉模糊集转化为某特定区域，用特定区域之间的距离表示直觉模糊集之间的距离。

5．直觉模糊集的基本集成算子

在直觉模糊集发展过程中，不容忽视的是基于各种集成算子的融合方法，直觉模糊集集成算子已经成为直觉模糊集的一个重要发展方向。

集成算子定义为论域上的非增算子，将 n 维向量映射为 1 维数值：$\mathrm{AO}:\mathbb{R}^n\to\mathbb{R}$，满足 $\mathrm{AO}(0,0,\cdots,0)=0$ 和 $\mathrm{AO}(1,1,\cdots,1)=1$。其中加权平均算子（Weighted Averaging Operator，WA operator）和有序加权平均算子（Ordered Weighted Averaging Operator，OWA operator）为两类常见的集成算子，在模式识别和多属性决策领域得到了广泛应用。

（1）WA 算子。

$$\mathrm{WA}(a_1,a_2,\cdots,a_n)=\sum_{i=1}^{n}w_ia_i \tag{2.44}$$

式中，$\boldsymbol{w}=(w_1,w_2,\cdots,w_n)^{\mathrm{T}}$ 为向量 $(a_1,a_2,\cdots,a_n)^{\mathrm{T}}$ 的权重，且 $\sum_{i=1}^{n}w_i=1$。

（2）OWA 算子。

$$\mathrm{WA}(a_1,a_2,\cdots,a_n)=\sum_{i=1}^{n}w_ib_i \tag{2.45}$$

式中，$\boldsymbol{w}=(w_1,w_2,\cdots,w_n)^{\mathrm{T}}$ 为向量 $(a_1,a_2,\cdots,a_n)^{\mathrm{T}}$ 降序排列向量 $(b_1,b_2,\cdots,b_n)^{\mathrm{T}}$ 的权重，且 $\sum_{i=1}^{n} w_i=1$。

（3）广义 WA（GWA）算子。

$$\mathrm{GWA}(a_1,a_2,\cdots,a_n)=\left(\sum_{i=1}^{n} w_i a_i^{\lambda}\right)^{\frac{1}{\lambda}} \tag{2.46}$$

式中，$\sum_{i=1}^{n} w_i=1$，$\lambda\in\mathbb{R}$。

（4）广义 OWA（GOWA）算子。

$$\mathrm{GOWA}(a_1,a_2,\cdots,a_n)=\mathrm{GWA}(b_1,b_2,\cdots,b_n)=\left(\sum_{i=1}^{n} w_i b_i^{\lambda}\right)^{\frac{1}{\lambda}} \tag{2.47}$$

基于上述基本的集成算子，可以组合和集成各种各样的距离样式，推广了距离定义的表示方法。此外，作为和基于距离测度平行发展的决策方法，集成算子也可以直接用于决策判定。

2.4.6 犹豫模糊集

1. 犹豫模糊集的定义

定义 2.22　论域 X 上的一个犹豫模糊集记为 $A=\{\langle x,h_A(x)\rangle | x\in X\}$，其中，$h_A: X\to P([0,1])$，即 $h_A(x)$ 是集合 $[0,1]$ 的子集。为了方便，称 $h_A(x)$ 为一个犹豫模糊数（Hesitant Fuzzy Elements）。

假设论域集合 $X=\{x_1,x_2,x_3\}$，该论域上的犹豫模糊数分别为 $h_A(x_1)=\{0.4,0.2\}$，$h_A(x_2)=\{0.5,0.4,0.3,0.6\}$，$h_A(x_3)=\{0.5,0.7,0.6\}$，则 X 上的犹豫模糊集为 $A=\{\langle x_1,\{0.4,0.2\}\rangle,\langle x_2,\{0.5,0.4,0.3,0.6\}\rangle,\langle x_3,\{0.6,0.5,0.7\}\rangle\}$。

通过上例注意到犹豫模糊集中隶属度可能值的数量不一定相同，令 $l(h_A(x))$ 表示 $h_A(x)$ 中可能值的数量，通常将其中的隶属度可能值降序排列，并令 $h_A^{\sigma(j)}(x)$ 表示其中排序为第 j 大的数值。部分研究通过数值延拓的方法将隶属度补齐。

2. 犹豫模糊相关系数

设论域 $X=\{x_1,x_2,\cdots,x_n\}$ 上的两个犹豫模糊数（元素降序排列）

$h_A(x_i)=\left\{a_{i1},a_{i2},\cdots,a_{il_A^{(i)}}\right\}$和$h_B(x_i)=\left\{b_{i1},b_{i2},\cdots,b_{il_B^{(i)}}\right\}$，$i=1,2,\cdots,n$。其中$l_A^{(i)}$和$l_B^{(i)}$分别表示$h_A(x_i)$和$h_B(x_i)$的元素个数。关于犹豫模糊的相关系数，不同文献给出了不同的描述方法。

（1）如果对每一个元素x_i都有$l_A^{(i)}=l_B^{(i)}$，那么两个犹豫模糊数之间的相关表示为[40]

$$C\left(h_A(x_i),h_B(x_i)\right)=\frac{\sum_{j=1}^{l_A^{(i)}}a_{ij}b_{ij}}{\left(\sum_{j=1}^{l_A^{(i)}}\left(a_{ij}\right)^2\sum_{j=1}^{l_A^{(i)}}\left(b_{ij}\right)^2\right)^{1/2}} \tag{2.48}$$

如果对应的犹豫模糊集分别为A和B，那么两个犹豫模糊集之间的相关系数为

$$\rho_1(A,B)=\frac{C_1(A,B)}{\left(C_1(A,A)\right)^{1/2}\left(C_1(B,B)\right)^{1/2}}=\frac{\sum_{i=1}^{n}\left(\frac{1}{l_A^{(i)}}\sum_{j=1}^{l_A^{(i)}}a_{ij}b_{ij}\right)}{\left(\sum_{i=1}^{n}\left(\frac{1}{l_A^{(i)}}\sum_{j=1}^{l_A^{(i)}}a_{ij}^2\right)\right)^{1/2}\left(\sum_{i=1}^{n}\left(\frac{1}{l_A^{(i)}}\sum_{j=1}^{l_A^{(i)}}b_{ij}^2\right)\right)^{1/2}} \tag{2.49}$$

（2）文献[41]定义了犹豫模糊集的相关系数，如下。

犹豫模糊集A的均值为

$$\overline{A}=E(A)=\frac{1}{n}\sum_{i=1}^{n}\overline{h}_A(x_i)=\frac{1}{n}\sum_{i=1}^{n}\left(\frac{1}{l_A^{(i)}}\sum_{j=1}^{l_A^{(i)}}a_{ij}\right) \tag{2.50}$$

式中，$\overline{h}_A(x_i)$，$i=1,2,\cdots,n$表示犹豫模糊数$h_A(x_i)$的均值。

基于犹豫模糊集的均值，其方差表示为

$$\mathrm{Var}(A)=\frac{1}{n}\sum_{i=1}^{n}\left[\overline{h}_A(x_i)-\overline{A}\right]^2 \tag{2.51}$$

在均值与方差的基础上，犹豫模糊集A和B之间的相关表示为

$$C(A,B)=\frac{1}{n}\sum_{i=1}^{n}\left[\overline{h}_A(x_i)-\overline{A}\right]\left[\overline{h}_B(x_i)-\overline{B}\right] \tag{2.52}$$

在此基础上，它们之间的相关系数定义为

$$\rho(A,B)=\frac{C(A,B)}{\left(C(A,A)\right)^{1/2}\left(C(B,B)\right)^{1/2}} \tag{2.53}$$

（3）如果考虑论域 X 不同元素的权重，并记对应权重向量 $\boldsymbol{w}=(w_1\ w_2\cdots w_n)^{\mathrm{T}}$，满足 $\sum_{i=1}^{n}w_i=1$，那么“（1）”中的相关系数加权形式为

$$\rho_{1\boldsymbol{w}}(A,B)=\frac{C_{1\boldsymbol{w}}(A,B)}{\left(C_{1\boldsymbol{w}}(A,A)\right)^{1/2}\left(C_{1\boldsymbol{w}}(B,B)\right)^{1/2}}=\frac{\sum_{i=1}^{n}w_i\left(\frac{1}{l_A^{(i)}}\sum_{j=1}^{l_A^{(i)}}a_{ij}b_{ij}\right)}{\left(\sum_{i=1}^{n}w_i\left(\frac{1}{l_A^{(i)}}\sum_{j=1}^{l_A^{(i)}}a_{ij}^2\right)\right)^{1/2}\left(\sum_{i=1}^{n}w_i\left(\frac{1}{l_A^{(i)}}\sum_{j=1}^{l_A^{(i)}}b_{ij}^2\right)\right)^{1/2}} \tag{2.54}$$

同理，“（2）”中的相关描述加权形式为

犹豫模糊加权均值

$$\overline{A}_{\boldsymbol{w}}=\frac{1}{n}\sum_{i=1}^{n}w_i\overline{h}_A(x_i)=\frac{1}{n}\sum_{i=1}^{n}\left(\frac{w_i}{l_A^{(i)}}\sum_{j=1}^{l_A^{(i)}}a_{ij}\right) \tag{2.55}$$

犹豫模糊加权方差

$$\mathrm{Var}_{\boldsymbol{w}}(A)=\frac{1}{n}\sum_{i=1}^{n}\left[w_i\overline{h}_A(x_i)-\overline{A}_{\boldsymbol{w}}\right]^2 \tag{2.56}$$

犹豫模糊加权相关

$$C_{\boldsymbol{w}}(A,B)=\frac{1}{n}\sum_{i=1}^{n}\left[w_i\overline{h}_A(x_i)-\overline{A}_{\boldsymbol{w}}\right]\left[w_i\overline{h}_B(x_i)-\overline{B}_{\boldsymbol{w}}\right] \tag{2.57}$$

犹豫模糊加权相关系数

$$\rho_{\boldsymbol{w}}(A,B)=\frac{C_{\boldsymbol{w}}(A,B)}{\left(C_{\boldsymbol{w}}(A,A)\right)^{1/2}\left(C_{\boldsymbol{w}}(B,B)\right)^{1/2}} \tag{2.58}$$

3. 犹豫模糊集比较法则

在模糊识别和决策的实际应用中，犹豫模糊集的比较法则起着重要作用。Xia 和 Xu[42]首次定义了犹豫模糊数的计分函数对其进行比较。

对于犹豫模糊数 $h=\left\{\gamma_1,\gamma_2,\cdots,\gamma_k,\cdots,\gamma_{l_h}\right\}$，其计分函数记为

$$s(h)=\frac{1}{l_h}\sum_{k=1}^{l_h}{}_{\gamma_k\in h}\gamma_k \tag{2.59}$$

式中，l_h 为犹豫模糊数 h 中的隶属度个数。

对于犹豫模糊数 h_A 和 h_B，

（1）如果 $s(h_A)>s(h_B)$，则 $h_A>h_B$；

（2）如果 $s(h_A)=s(h_B)$，则 $h_A=h_B$。

然而，在许多情况下，仅依靠计分函数不能够很好地区分犹豫模糊数，为此 Liao 等人[43-44]和 Chen 等人[45]分别基于犹豫模糊数的方差和偏离度的概念定义了犹豫模糊数新的比较法则。

对于犹豫模糊数 $h=\{\gamma_1,\gamma_2,\cdots,\gamma_k,\cdots,\gamma_{l_h}\}$，其方差函数记为

$$v(h)=\frac{1}{l_h}\sqrt{\sum{}_{\gamma_{k_1},\gamma_{k_2}\in h}(\gamma_{k_1}-\gamma_{k_2})^2} \tag{2.60}$$

基于方差函数，其比较法则描述为

对于犹豫模糊数 h_A 和 h_B，

（1）如果 $s(h_A)>s(h_B)$，则 $h_A>h_B$；

（2）如果 $s(h_A)=s(h_B)$，则进一步比较其方差函数：

如果 $v(h_A)>v(h_B)$，则 $h_A<h_B$；

如果 $v(h_A)=v(h_B)$，则 $h_A=h_B$。

对于犹豫模糊数 $h=\{\gamma_1,\gamma_2,\cdots,\gamma_k,\cdots,\gamma_{l_h}\}$，其偏离度函数记为

$$\sigma(h)=\frac{1}{l_h}\sqrt{\sum_{k=1}^{l_h}[\gamma_k-s(h)]^2}=\frac{1}{l_h}\sqrt{\sum_{k=1}^{l_h}\left[\gamma_k-\frac{1}{l_h}\sum_{k=1}^{l_h}{}_{\gamma_k\in h}\gamma_k\right]^2} \tag{2.61}$$

基于偏离度函数，其比较法则描述为

对于犹豫模糊数 h_A 和 h_B：

（1）如果 $s(h_A)>s(h_B)$，则 $h_A>h_B$；

（2）如果 $s(h_A)=s(h_B)$，则进一步比较其偏离度函数：

如果 $\sigma(h_A)>\sigma(h_B)$，则 $h_A<h_B$；

如果 $\sigma(h_A)=\sigma(h_B)$，则 $h_A=h_B$。

4．犹豫模糊集距离度量

距离度量是犹豫模糊集最有趣的度量测度，能够描述犹豫模糊数据之间的接近程度，被广泛应用于模式识别等多个领域。自 Xu 和 Xia[46-47]首次定义犹豫

模糊距离以来，许多学者提出了各种各样的犹豫模糊集的距离度量的表达式。

记论域 $X=\{x_1,x_2,\cdots,x_n\}$ 上的犹豫模糊集 A，B 和 O，$d(A,B)$ 称为 A 和 B 之间的犹豫模糊距离，若满足

（1）非负性：$0\leqslant d(A,B)\leqslant 1$，当且仅当 $A=B$ 时 $d(A,B)=0$；

（2）对称性：$d(A,B)=d(B,A)$；

（3）三角不等式：$d(A,B)\leqslant d(A,O)+d(O,B)$。

几个常用的犹豫模糊基本距离如下。

（1）归一化的犹豫模糊 Hamming 距离。

$$d_{\text{hnh}}(A,B)=\frac{1}{n}\sum_{i=1}^{n}\left[\frac{1}{l_{Ai}}\sum_{j=1}^{l_{Ai}}\left|\gamma_{Ai}^{\sigma(j)}-\gamma_{Bi}^{\sigma(j)}\right|\right] \tag{2.62}$$

（2）归一化的犹豫模糊 Euclid 距离。

$$d_{\text{hne}}(A,B)=\left[\frac{1}{n}\sum_{i=1}^{n}\left(\frac{1}{l_{Ai}}\sum_{j=1}^{l_{Ai}}\left|\gamma_{Ai}^{\sigma(j)}-\gamma_{Bi}^{\sigma(j)}\right|^{2}\right)\right]^{1/2} \tag{2.63}$$

（3）归一化的犹豫模糊 Minkowski 距离。

$$d_{\text{ghn}}(A,B)=\left[\frac{1}{n}\sum_{i=1}^{n}\left(\frac{1}{l_{Ai}}\sum_{j=1}^{l_{Ai}}\left|\gamma_{Ai}^{\sigma(j)}-\gamma_{Bi}^{\sigma(j)}\right|^{\lambda}\right)\right]^{1/\lambda},\lambda>0 \tag{2.64}$$

（4）归一化的犹豫模糊 Hausdorff 距离。

$$d_{\text{ghnh}}(A,B)=\left[\frac{1}{n}\sum_{i=1}^{n}\max_{j}\left|\gamma_{Ai}^{\sigma(j)}-\gamma_{Bi}^{\sigma(j)}\right|^{\lambda}\right]^{1/\lambda},\lambda>0 \tag{2.65}$$

式（2.62）至式（2.65）中，$l_{Ai}=l_{Bi}$，$\gamma_{Ai}^{\sigma(j)}$ 和 $\gamma_{Bi}^{\sigma(j)}$ 分别为犹豫模糊数 $h_A(x_i)$ 和 $h_B(x_i)$ 中第 j 大的数值，现有大多数距离主要基于上述四种距离的改进和组合，为此不再一一列出。

2.5 语义计算

语义识别主要包括语义的机器语言表示、语义计算和语义输出三个过程。其中重点是语义表示和语义计算，语义输出是语义表示的逆过程。

2.5.1 语义表示基本方法

Zadel 首次给出了语义变量的一种数学描述和计算方法。

语义变量为一个五元组$\left(X,S(X),U,G,M\right)$，其中$X$为语义变量名称，$U$为语义描述值$s$的论域，$S(X)$（简记为$S$）为由语义到语义描述值$s$的映射，$G$为产生语义描述值$s$的规则，$M$为反映语义描述值$s$的意义的语义规则，$M(s)$为$U$中的一个模糊集。

对于给定的论域U，S可以看成U的模糊划分，表示不确定性的粒度。通常用有序语义标签集描述不确定性语义，记粒度为$g+1$的语义标签为

$$S=\left\{s_0,s_1,\cdots,s_g \middle| s_0<s_1<\cdots<s_g\right\} \tag{2.66}$$

式中，s_i为第i个有序语言标签，$g+1$为标签个数，g一般为偶数。S满足如下性质：

（1）有序性：$i>j$，则$s_i>s_j$；

（2）存在逆算子：$\mathrm{Neg}(s_i)=s_{g-i}$；

（3）极大化运算：$s_i \succeq s_j$，则$\max\left\{s_i,s_j\right\}=s_i$；

（4）极小化运算：$s_i \preceq s_j$，则$\min\left\{s_i,s_j\right\}=s_i$。

特别地，7语义有序标签集可以表示为

$S=\{s_0:\text{none},s_1:\text{verylow},s_2:\text{low},s_3:\text{medium},s_4:\text{high},s_5:\text{veryhigh},s_6:\text{perfect}\}$

简记为$\{\mathrm{N,VL,L,M,H,VH,P}\}$，语义有序标签如图2.3所示。

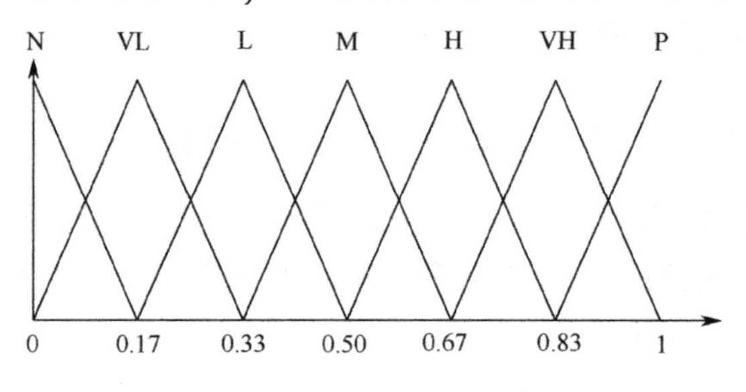

图2.3　语义有序标签

2.5.2　二元语义模型

F. Herrera 和 L. Martinez 提出二元语义的语义表示模型，用一组二元组(s_i,α)描述语义信息，s_i为基础语义描述标签，α为语义信息值与s_i之间的差距，满足$\alpha\in[-0.5.0.5)$。对于有序标签集满足$S=\left\{s_0,s_1,\cdots,s_g \middle| s_0<s_1<\cdots<s_g\right\}$，语义信息的数学描述$\beta$（$\beta\in[0,g]$）和二元组$(s_i,\alpha)$之间的等价转化关系表示为$\Delta:[0,g]\to S\times[-0.5,0.5)$，$\Delta(\beta)=(s_i,\alpha)$，其中$i=\mathrm{round}(\beta)$，$\alpha=\beta-i$。

2.5.3　犹豫模糊语义标签集

复杂情境中，单一的语义标签不能够很好地描述语义信息的不确定性，为此R.M. Rodríguez等人在犹豫模糊集和语义标签的基础上提出了犹豫模糊语义标签集（Hesitant Fuzzy Linguistic Term Sets, HFLTS）的概念。

对于给定的语义标签 $S=\left\{s_0,s_1,\cdots,s_g \middle| s_0<s_1<\cdots<s_g\right\}$，HFLTS 为 S 中的个数有限的连续有序子集，记为 $h_s=\left\{s_i,s_{i+1},\cdots,s_j \middle| 0\leqslant i\leqslant j\leqslant g\right\}$。

为了更好地与犹豫模糊集（HFS）的定义对应，Liao 等人结合 HFS 的定义对 HFLTS 进行描述：论域 $X=\{x_1,x_2,\cdots,x_n\}$，语义标签 $S=\left\{s_0,s_1,\cdots,s_g \middle| s_0<s_1<\cdots<s_g\right\}$，$X$ 上的 HFTLS 记为

$$H_S=\left\{\left\langle x_i,h_s\left(x_i\right)\right\rangle \middle| x_i\in X\right\} \tag{2.67}$$

式（2.67）中，犹豫模糊语义元素 $h_s\left(x_i\right)$ 为 S 中的一些可能语义标签值：

$$h_s\left(x_i\right)=\left\{s_{\phi_l} \middle| s_{\phi_l}\in S,l=1,2,\cdots,L\right\} \tag{2.68}$$

式（2.68）中，L 为 $h_s\left(x_i\right)$ 中基本语义标签的数量。

2.5.4　概率语义标签集

为了克服 HFLTS 中语义标签的重要性不一致的问题，Pang 等人拓展了HFLTS，考虑了语义标签的概率因素，提出了概率语义标签集（PLTS）的概念，并定义了 PLTS 的运算法则和集成方法，利用拓展的 TOPSIS 进行决策。

记语义标签 $S=\left\{s_0,s_1,\cdots,s_g \middle| s_0<s_1<\cdots<s_g\right\}$，PLTS 定义为

$$L(p)=\left\{L^{(k)}\left(p^{(k)}\right) \middle| L^{(k)}\in S,p^{(k)}\geqslant 0,k=1,2,\cdots,\#L(p),\sum_{k=1}^{\#L(p)}p^{(k)}\leqslant 1\right\} \tag{2.69}$$

式中，(k) 为语义标签下标表示，$L^{(k)}\left(p^{(k)}\right)$ 为具有概率 $p^{(k)}$ 的连续语义标签 $L^{(k)}$，$\#L(p)$ 为连续概率犹豫模糊语义标签的个数。注意，标签概率之和并不恒为 1，其原因在于已有信息对语义的解读并不总是完备的。

2.5.5　连续语义标签集

不确定语义标签（ULT）只能表示两个不确定标签的“between…and…”

关系，而犹豫模糊语义标签集（HFLTS）只能表示不确定标签的离散关系，为解决此种情形，Liao 等人提出了连续区间语义标签集（CIVLTS）的概念。

设论域 $X=\{x_1,x_2,\cdots,x_n\}$，语义标签 $S=\{s_\alpha|\alpha=-\tau,\cdots,-1,0,1,\cdots,\tau\}$，$X$ 上的 CIVLTS 记为

$$\tilde{H}_S=\{\langle x_i,\tilde{h}_s(x_i)\rangle|x_i\in X\} \tag{2.70}$$

式中，连续区间语义元素 $\tilde{h}_s(x_i)$ 为 S 中的连续区间语义标签值：

$$\tilde{h}_s(x_i)=\left[s_{L_i}(x_i),s_{U_i}(x_i)\right],L_i,U_i\in[-\tau,\tau],L_i\leqslant U_i \tag{2.71}$$

2.6 云模型

云模型[48]是由李德毅院士及其团队提出的，是定性概念到定量表示的不确定性模型，反映了概念中的随机性和模糊性，对理解定性概念的内涵和外延具有重要意义，得到了广泛应用。

2.6.1 定义及特征

定义 2.23 设 U 是一个用精确数值表示的定量论域，C 是 U 上的定性概念，若定量数值 $x\in U$ 是定性概念 C 的一次随机实现，x 对 C 的确定度 $\mu(x)\in[0,1]$ 是具有稳定倾向的随机数

$$\mu:U\to[0,1],\quad \forall x\in U,x\to\mu(x) \tag{2.72}$$

则 x 在论域 U 上的分布称为云（Cloud），记为 $C(x)$。每一个 x 称为一个云滴。

云模型一般用期望 Ex（Expected Value）、熵 En（Entropy）和超熵 He（Hyper Entropy）三个数字特征来整体表征一个概念。

期望 Ex：云滴在论域空间中分布的期望，是最能够代表定性概念的点，反映了相应的模糊概念的信息中心值。

熵 En：是定性概念不确定性的度量，由概念的随机性和模糊性共同决定。

超熵 He：所谓熵 En 的熵，是熵的不确定性度量，超熵间接反映了云的厚度。

在云模型理论中，除了上述三个数字特征之外，理论上还可以用更高阶的熵去刻画概念的不确定性。

2.6.2　正态云

从广义的角度来说，基于不同的概率分布可以构成不同的云。如均匀分布的均匀云、幂律分布的幂律云，以及目前研究和应用最广泛的正态分布的正态云（高斯云）。

定义 2.24　设U是一个定量论域，C是U上的定性概念，且C包含$p+1$个数字特征：$En_1(=Ex),En_2,\cdots,En_{p-1},En_p,He$，其中$He>0$，$R_N(\mu,\sigma)$表示以$\mu$为均值，$\sigma^2$为方差的正态随机变量$X$（即$X\sim N(\mu,\sigma^2)$）的一次正态随机实现，通过$p$次正态随机实现后得到的随机数$x_p$，即

$$x_i=\begin{cases}R_N\left(En_p,He\right), & i=1\\ R_N\left(En_{p-(i-1)},x_{i-1}\right), & 2\leqslant i\leqslant p\end{cases} \tag{2.73}$$

$x_p\in U$称为p阶正态云的一个云滴。所有云滴构成随机变量X_p的分布称为p阶正态云。

一般来说，正态云是指二阶正态云。它的分布特征分别为

（1）$E(X)=Ex$；

（2）$D(X)=En^2+He^2$。

2.6.3　云变换

对于任意给定的序列数据分布，云变换就是利用某种数学规则对数据进行统计变换，通过云分布来表示离散的序列数据。

定义 2.25　云变换是指对于任意一个不规则的数据分布，根据某种原则进行数学变换，使之成为若干个不同的云的叠加，即$g(x)\approx\sum_{j=1}^{m}c_j\cdot f_j(x)$（或$\left|g(x)-\sum_{j=1}^{m}c_j\cdot f_j(x)\right|<\varepsilon$），其中$g(x)$为数据的频率分布函数，$f_j(x)$为基于云的概率密度期望函数，$c_j$为系数，$\varepsilon$为用户定义的可允许的最大误差。

云变换分为两个基本步骤：一是对原数据进行云分解，即$g(x)\approx\sum_{j=1}^{m}g_j(x)$；二是求解每个云的数字特征，即$g_j(x)\to c_j\cdot C\left(Ex_j,En_j,He_j\right)$。

2.7 本章小结

本章介绍了异类数据关联与融合相关的主要数学基础，包括度量空间、灰色系统、模糊数学、语义计算、云模型、粒计算等基础理论，是研究和理解后续章节中异类数据关联的数学基础。

第3章 异步雷达航迹的直接关联

3.1 引言

分布式融合结构用于多雷达多目标跟踪时具有诸多优点[1, 49]，然而来自局部节点的航迹一般是异步的。引起航迹异步的因素很多，首先，局部节点的雷达根据控制命令开始工作，开机时间常常不一致；再者，由于雷达的性能不同、承担的任务不同，使得数据率不同或变化。此外，数据在由局部节点向融合中心传递的过程中可能存在延迟，在通信性能较差的情形下甚至可能出现数据顺序混乱，这进一步增加了航迹关联的难度。

对于航迹关联中的异步问题，经典的解决方法是时域配准[50]，即先将航迹时刻统一，再利用内插外推的方法得到等长航迹序列进行关联。以最小二乘[51]拟合为基础，与统计检验[52]、机器学习[53]等思想相结合，或以拉格朗日插值为基础，采用插值重构[54-55]校准时间，涌现出诸多算法，但所有算法的思路均是对异步航迹做同步化处理。同步化过程中产生的误差会发生传播，这种传播与滤波误差有一定相关性，难以进行精确描述，从而影响关联性能。

针对此问题，本章通过对异步雷达航迹进行不确定性描述，构建新的航迹相似度量，提出几种无须时域配准的航迹关联方法，实现了对异步雷达航迹的直接关联。

3.2 异步雷达航迹关联的传统处理方式

3.2.1 问题描述

设由两个局部节点和一个融合中心构成的分布式多目标跟踪系统，每个局部节点各有一部雷达，对公共观测区域内的 m 批目标实施跟踪，各雷达不同步且数据率不同，假定每部雷达产生的局部航迹数相同，都等于公共观测域内的目标数 m。为方便描述，将 k 时刻来自雷达 A 的第 i_A（$i_A \in \{1,2,\cdots,m\}$）条航迹记为 $X_{i_A}(k)$，则 k 时刻来自雷达 A 的全部航迹记为

$$\boldsymbol{X}_A(k)=\left\{X_1(k),X_2(k),\cdots,X_{i_A}(k),\cdots,X_m(k)\right\} \tag{3.1}$$

同理，k 时刻来自雷达 B 的全部航迹可记为

$$\boldsymbol{X}_B(k)=\left\{X_1(k),X_2(k),\cdots,X_{i_B}(k),\cdots,X_m(k)\right\} \tag{3.2}$$

设 T 为融合中心的处理周期，则在 $\left[(k-1)T,kT\right]$ 时间内，融合中心收到每个局部节点上报的 m 条航迹，每条航迹包含 n_A（或 n_B）个航迹点。那么，k 时刻来自雷达 A 的第 i_A 条航迹可进一步写为

$$\hat{\boldsymbol{X}}_{i_A}(k)=\left\{\hat{x}_{i_A}(k-\lambda_{A,k-1}^1),\hat{x}_{i_A}(k-\lambda_{A,k-1}^2),\cdots,\hat{x}_{i_A}(k-\lambda_{A,k-1}^{n_A})\right\} \tag{3.3}$$

$$\boldsymbol{P}_{i_A}(k)=\left\{\hat{p}_{i_A}(k-\lambda_{A,k-1}^1),\hat{p}_{i_A}(k-\lambda_{A,k-1}^2),\cdots,\hat{p}_{i_A}(k-\lambda_{A,k-1}^{n_A})\right\} \tag{3.4}$$

式（3.3）和式（3.4）中，$k-\lambda_{A,k-1}^l$ 表示融合中心在 $\left[(k-1)T,kT\right]$ 时间内接收到的来自雷达 A 的第 l 个上报数据的标记时刻，$\hat{x}_{i_A}(k-\lambda_{A,k-1}^l)$ 和 $\hat{p}_{i_A}(k-\lambda_{A,k-1}^1)$ 分别为对应时刻的状态估计和估计误差协方差。类似地，也可以写出 k 时刻来自雷达 B 的航迹。

$$\hat{\boldsymbol{X}}_{i_B}(k)=\left\{\hat{x}_{i_B}(k-\lambda_{B,k-1}^1),\hat{x}_{i_B}(k-\lambda_{B,k-1}^2),\cdots,\hat{x}_{i_B}(k-\lambda_{B,k-1}^{n_B})\right\} \tag{3.5}$$

$$\boldsymbol{P}_{i_B}(k)=\left\{\hat{p}_{i_B}(k-\lambda_{B,k-1}^1),\hat{p}_{i_B}(k-\lambda_{B,k-1}^2),\cdots,\hat{p}_{i_B}(k-\lambda_{B,k-1}^{n_B})\right\} \tag{3.6}$$

如果将来自雷达 A 的航迹数据称作参考序列，把来自雷达 B 的航迹数据称为比较序列，则航迹关联实际上转化为参考航迹序列与比较航迹序列的相似匹配问题。

3.2.2 时域配准

局部节点向融合中心传送数据时可能存在延迟，甚至可能出现数据顺序混乱。

（1）无通信延迟。

理想情况下，或数据传输延迟可以忽略不计时，系统只存在由雷达数据率差异和开机时刻不同而导致的异步问题，融合中心收到的来自局部节点的数据是顺序到达的，无通信时延异步不等速率数据示意图如图 3.1 所示。

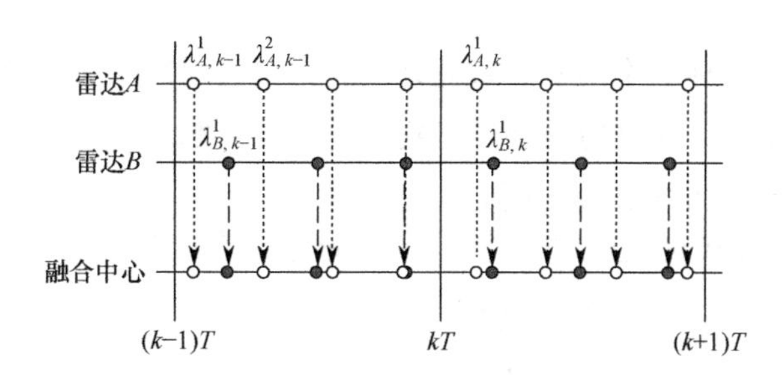

图 3.1 无通信时延异步不等速率数据示意图

（2）数据延迟顺序到达。

当通信延迟不能忽略时，系统除上述的两种非同步因素外，还具有通信引起的不确定延迟。局部节点的数据在传输过程中具有相等的时延，融合中心接收到的数据顺序不会发生错乱，相等通信时延有序数据示意图如图 3.2 所示。

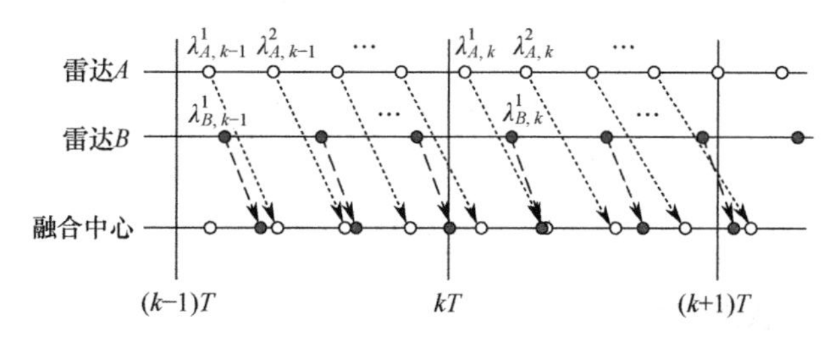

图 3.2 相等通信时延有序数据示意图

（3）数据乱序。

受网络数据传输不确定性的影响，各局部节点信息通过网络传输到达融合中心后可能呈现无序的状态。虽然局部节点雷达的采样具有固定次序，但数据延迟的随机性导致数据乱序现象的发生。故在分布式融合结构下，到达融合中心的上报信息不可预知，即传输延迟可能是短延迟、一步延迟和多步延迟等情况的随机交替出现，异步不等速率乱序数据示意图如图 3.3 所示。

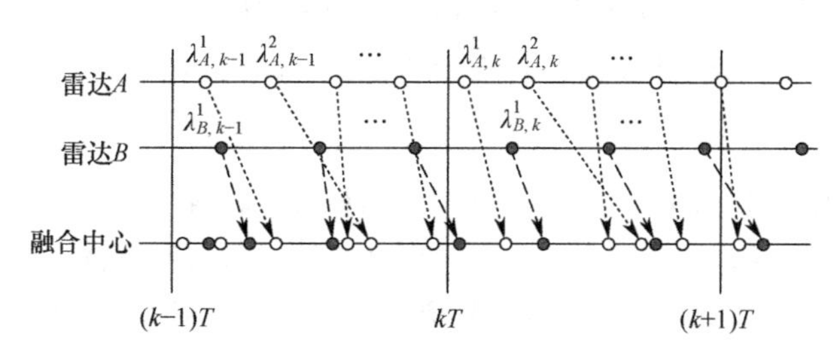

图 3.3 异步不等速率乱序数据示意图

一般地，时间标识不同的两条航迹不能直接被用来做关联分析，处理办法是先进行时域配准，通过内插外推得到同步等长的航迹。下面以常用的基于最小二乘的时域配准方法进行说明。

根据目标跟踪的状态方程，雷达 A 对局部航迹 i_A 在时刻 k 的状态 $x_{i_A}(k)$ 与 $[(k-1)T, kT]$ 时间内其他时刻的状态有如下关系

$$x_{i_A}(k-\lambda_A^l)=\boldsymbol{\Phi}^{-1}(k-\lambda_A^l\ ,\ k)x_{i_A}(k)+\boldsymbol{\Phi}^{-1}(k-\lambda_A^l\ ,\ k)w(k-\lambda_A^l) \tag{3.7}$$

其中，$\boldsymbol{\Phi}(k_1,k_2)$ 为状态转移矩阵，$w(k)$ 是零均值高斯噪声。这里为不引起歧义，略去 $\lambda_{A,k-1}^l$ 的下标 $k-1$，下同。

将 $[(k-1)T, kT]$ 时间内来自雷达 A 的航迹 i_A 状态写成向量

$$\hat{\boldsymbol{X}}_{i_A}(k)=\begin{bmatrix} \hat{x}_{i_A}(k-1) \\ \hat{x}_{i_A}(k-\lambda_A^1) \\ \hat{x}_{i_A}(k-\lambda_A^2) \\ \vdots \\ \hat{x}_{i_A}(k-\lambda_A^{n_A}) \end{bmatrix} \tag{3.8}$$

对应的真实状态向量为

$$\boldsymbol{X}_{i_A}(k)=\begin{bmatrix} x_{i_A}(k-1) \\ x_{i_A}(k-\lambda_A^1) \\ x_{i_A}(k-\lambda_A^2) \\ \vdots \\ x_{i_A}(k-\lambda_A^{n_A}) \end{bmatrix} \tag{3.9}$$

由于 $\hat{x}_{i_A}(k-\lambda_A^l)$ 是对 $x_{i_A}(k-\lambda_A^l)$ 的状态估计，所以有

$$\hat{x}_{i_A}(k-\lambda_A^l)=x_{i_A}(k-\lambda_A^l)+\delta_{i_A}(k-\lambda_A^l) \tag{3.10}$$

式中，$\delta_{i_A}(k-\lambda_A^l)$ 为估计误差，具有协方差 $\hat{p}_{i_A}(k-\lambda_A^l)$。

若令

$$\boldsymbol{F}_{i_A}(k)=\begin{bmatrix} \boldsymbol{\Phi}^{-1}(k-1\ ,\ k) \\ \boldsymbol{\Phi}^{-1}(k-\lambda_A^1\ ,\ k) \\ \boldsymbol{\Phi}^{-1}(k-\lambda_A^2\ ,\ k) \\ \vdots \\ \boldsymbol{\Phi}^{-1}(k-\lambda_A^{n_A}\ ,\ k) \end{bmatrix},\ \boldsymbol{V}_{i_A}(k)=\begin{bmatrix} \boldsymbol{\Phi}^{-1}(k-1\ ,\ k)w(k-1) \\ \boldsymbol{\Phi}^{-1}(k-\lambda_A^1\ ,\ k)w(k-\lambda_A^1) \\ \boldsymbol{\Phi}^{-1}(k-\lambda_A^2\ ,\ k)w(k-\lambda_A^2) \\ \vdots \\ \boldsymbol{\Phi}^{-1}(k-\lambda_A^{n_A}\ ,\ k)w(k-\lambda_A^{n_A}) \end{bmatrix}+\tilde{\boldsymbol{X}}_{i_A}(k)$$，其中，

$\tilde{\boldsymbol{X}}_{i_A}(k)=\begin{bmatrix}\tilde{x}_{i_A}(k-1)\\ \tilde{x}_{i_A}(k-\lambda_A^1)\\ \tilde{x}_{i_A}(k-\lambda_A^2)\\ \vdots\\ \tilde{x}_{i_A}(k-\lambda_A^{n_A})\end{bmatrix}$，则有

$$\boldsymbol{X}_{i_A}(k)=\boldsymbol{F}_{i_A}(k)x_{i_A}(k)+\boldsymbol{V}_{i_A}(k) \tag{3.11}$$

利用最小二乘法可以得到雷达 A 对航迹 i_A 在 kT 时刻的最优估计 $\hat{x}_{i_A}(k)$，为

$$\hat{x}_{i_A}(k)=[\boldsymbol{F}_{i_A}(k)^{\mathrm{T}}\boldsymbol{F}_{i_A}(k)]^{-1}\boldsymbol{F}_{i_A}(k)^{\mathrm{T}}\hat{\boldsymbol{X}}_{i_A}(k) \tag{3.12}$$

估计误差为

$$\tilde{x}_{i_A}(k)=\hat{x}_{i_A}(k)-x_{i_A}(k)=[\boldsymbol{F}_{i_A}(k)^{\mathrm{T}}\boldsymbol{F}_{i_A}(k)]^{-1}\boldsymbol{F}_{i_A}(k)^{\mathrm{T}}\boldsymbol{V}_{i_A}(k) \tag{3.13}$$

估计误差协方差为

$$\begin{aligned}\hat{p}_{i_A}(k)&=E\{\tilde{x}_{i_A}(k)\tilde{x}_{i_A}(k)^{\mathrm{T}}\}\\&=[\boldsymbol{F}_{i_A}(k)^{\mathrm{T}}\boldsymbol{F}_{i_A}(k)]^{-1}\boldsymbol{F}_{i_A}(k)^{\mathrm{T}}\boldsymbol{R}(k)\boldsymbol{F}_{i_A}(k)\left([\boldsymbol{F}_{i_A}(k)^{\mathrm{T}}\boldsymbol{F}_{i_A}(k)]^{-1}\right)^{\mathrm{T}}\end{aligned} \tag{3.14}$$

式中，

$$\boldsymbol{R}(k)=E\{\boldsymbol{V}_{i_A}(k)\boldsymbol{V}_{i_A}(k)^{\mathrm{T}}\}=\boldsymbol{R}_1(k)+\boldsymbol{R}_2(k) \tag{3.15}$$

$$\begin{aligned}\boldsymbol{R}_1(k)=\mathrm{diag}\Big(&\boldsymbol{\varPhi}^{-1}(k-1,k)\boldsymbol{Q}\left(\boldsymbol{\varPhi}^{-1}(k-1,k)\right)^{\mathrm{T}},\\&\boldsymbol{\varPhi}^{-1}(k-\lambda_A^1,k)\boldsymbol{Q}\left(\boldsymbol{\varPhi}^{-1}(k-\lambda_A^1,k)\right)^{\mathrm{T}},\cdots,\\&\boldsymbol{\varPhi}^{-1}(k-\lambda_A^{n_A},k)\boldsymbol{Q}\left(\boldsymbol{\varPhi}^{-1}(k-\lambda_A^{n_A},k)\right)^{\mathrm{T}}\Big)\end{aligned} \tag{3.16}$$

$$\boldsymbol{R}_2(k)=\mathrm{diag}\left(\hat{p}_{i_A}(k-1),\hat{p}_{i_A}(k-\lambda_A^1),\cdots,\hat{p}_{i_A}(k-\lambda_A^{n_A})\right) \tag{3.17}$$

从上述时间配准的过程看，被直接用作关联分析的数据是由第 k 时刻前的若干个数据推算而来的，而事实上，在该推算过程中状态估计误差也发生了传播，且这种误差与滤波误差混在一起并不断积累，很难建立准确的模型予以描述和估计，配准后数据的绝对精度也是不能保证的，能否满足传统关联算法的统计假设也无法考证。另外，数据的延迟或乱序可能导致配准精度的下降。

3.3　异步雷达航迹的区间化描述

3.3.1　点迹–区间描述

在第 2 章中已指出，区间灰数具有类似实数的属性，可以构成距离空间。

因此考虑把异步航迹序列转化为区间灰数描述，进而度量航迹序列间的差异。

将来自航迹集合 $\boldsymbol{U}_1$ 的参考序列

$$\boldsymbol{X}_A^{i_A}(k)=\{x_A^{i_A}(k),x_A^{i_A}\left(k-\lambda_i^1(k)\right),x_A^{i_A}\left(k-\lambda_i^2(k)\right),\cdots,x_A^{i_A}\left(k-\lambda_i^{n_i}(k)\right)\},j=1,2,\cdots,N \tag{3.18}$$

中每相邻两航迹点分别作为下限和上限，构成一个区间灰数，描述为

$$\begin{aligned}\tilde{\boldsymbol{X}}_A^{i_A}(k)=\{&[x_A^{i_A}(k),x_A^{i_A}\left(k-\lambda_1^1(k)\right)],[x_A^{i_A}\left(k-\lambda_1^1(k)\right),x_A^{i_A}\left(k-\lambda_1^2(k)\right)],\cdots,\\&[x_A^{i_A}\left(k-\lambda_1^{n_{k-1}}(k)\right),x_A^{i_A}\left(k-\lambda_1^{n_k}(k)\right)]\}\end{aligned} \tag{3.19}$$

不难看出，区间化变换前后序列长度没有改变，而区间灰数的时间标记是一个时间段，其中包含与参考序列对应航迹点的时刻，点迹–区间模型示意图如图 3.4 所示。

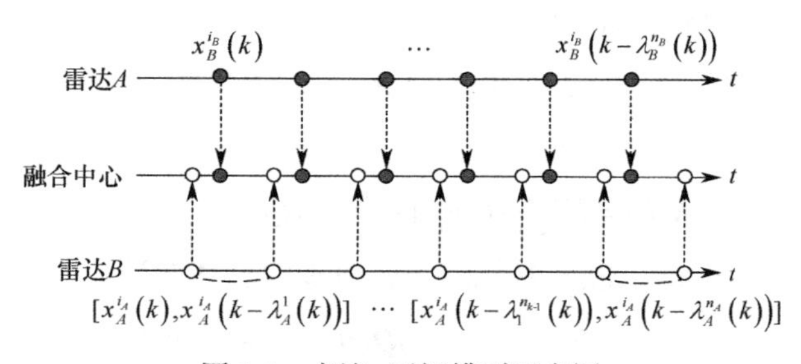

图 3.4　点迹–区间模型示意图

3.3.2　区间–区间描述

现实中的航迹是连续的，跟踪系统一般用离散序列来描述航迹，离散序列中的点越密集，就越接近真实的航迹曲线。雷达性能及系统误差一定，用区间灰数描述航迹会不会有更好的效果呢？除了上面提到的点迹与区间灰数的距离，更容易理解的是连续的区间灰数之间的距离。所以考虑将参考航迹序列与比较航迹序列均描述为区间灰数。

为了能够直接进行关联检测，对航迹进行区间化处理。这里以两部雷达为例，对于航迹 $\boldsymbol{X}_A^{i_A}(k)$ 和 $\boldsymbol{X}_B^{i_B}(k)$，在某一融合周期 $\left[kT,(k+1)T\right]$ 内，其同一个目标在不同雷达对应的航迹文件中，航迹点的数目是相同的，但其时间是未对准的。下面分别将两航迹中每两两相邻的航迹点分别作为下限和上限，构成区间灰数序列：

$$\tilde{\boldsymbol{X}}_A^{i_A}(k)=\{[x_A^{i_A}(k),x_A^{i_A}(k-\lambda_A^1(k))],[x_A^{i_A}(k-\lambda_A^1(k)),x_A^{i_A}(k-\lambda_A^2(k))],\cdots,\\ [x_A^{i_A}(k-\lambda_A^{n_{k-1}}(k)),x_A^{i_A}(k-\lambda_A^{n_k}(k))]\} \tag{3.20}$$

$$\tilde{\boldsymbol{X}}_B^{i_B}(k)=\{[x_B^{i_B}(k),x_B^{i_B}(k-\lambda_B^1(k))],[x_B^{i_B}(k-\lambda_B^1(k)),x_B^{i_B}(k-\lambda_B^2(k))],\cdots,\\ [x_B^{i_B}(k-\lambda_B^{n_{k-1}}(k)),x_B^{i_B}(k-\lambda_B^{n_k}(k))]\} \tag{3.21}$$

这里需要说明的是，对航迹进行区间化变换以后，得到的是由区间灰数组成的区间灰数序列，这些区间灰数首尾相连，且以“时间段”作为标识。其中，参考序列和比较序列中对应的区间灰数的时间标记有重叠的部分。这样，既保证了区间变换后的航迹序列在航迹数据数量上的一致性，保留了原航迹文件的全部信息，又保证了对应数据信息在理论上的相关性。同时，这种方式没有新的误差引入。

3.3.3　区实混合序列描述

在实际的离散序列区间化的过程中，根据实际情况的不同可以采用点迹–区间或者区间–区间描述法，也可以将两种描述法结合使用，故进一步提出区实混合序列[56]描述法。

定义 3.1　实序列的区实混合序列变换

对于实数时间序列 $\boldsymbol{X}=\{x(1),x(2),\cdots,x(i),\cdots,x(n)\}$，变换

$$\boldsymbol{X}\to\tilde{\boldsymbol{X}}=\{\tilde{x}(1),\tilde{x}(2),\cdots,\tilde{x}(i),\cdots,\tilde{x}(m)\}$$

如果满足

$$\begin{cases} m\leqslant n \\ \tilde{x}(i)\in\{x(i),[x(i),x(i+1)]\} \\ \tilde{x}(i)\cap\tilde{x}(i+1)\in\{x(i+1),\varnothing\} \\ \boldsymbol{X}\subseteq\bigcup\limits_{i=1}^{m}\tilde{x}(i)\subseteq[x(1),x(n)] \end{cases}$$

则称之为序列的区间数–实数混合序列变换，简称区实混合变换。

由定义可知，变换可以将实数序列变换为包含区间数和实数的区实混合序列，能够调整序列长度。例如：对于时间序列 $\boldsymbol{X}=\{1,3,8,15,19,20\}$，其某个区实混合变换的结果为 $\tilde{\boldsymbol{X}}=\{1,[3,8],15,[19,20]\}$。

由于数据率的差异，不同雷达在第 k 个融合周期内所形成的航迹文件包含

的航迹点数不相同，即融合中心直接得到的航迹序列长度不同。当来自雷达A和雷达B的每个航迹序列中分别含有n_A和n_B个数据时（$n_A > n_B$），应用定义3.1中所述方法，对序列$X_A^i(k)$的异步航迹做区间化变换得到区实混合序列。对于n_A/n_B的不同取值情况，在区实混合变换中长度选取和混合序列构造的原则为：

（1）长度相同原则，即确保将航迹数据变换为统一的长度，一个可行的方案是选取长度$L = \mathrm{INT}^u\left[n_A/n_0\right]$，$n_0 = \mathrm{INT}^u\left[n_A/n_B\right]$，其中$\mathrm{INT}^u[x]$为取大于$x$的最小整数运算。

（2）对称性原则，即每条航迹序列变换后生成的区间灰数呈中心对称分布。

（3）在满足条件（1）和（2）的前提下，尽可能减少新生成的航迹序列中相同时刻点和点对应的情况。

（4）以上原则的优先级（“$\succ$”表示优先级）排序：（1）$\succ$（2）$\succ$（3）。

例如，已知序列$\boldsymbol{X} = \{x_1, x_2, x_3, x_4, x_5\}$，$\boldsymbol{Y} = \{y_1, y_2, y_3, y_4\}$，这里的$M = 5$，$N = 4$，$n_0 = \mathrm{INT}^u\left[5/4\right] = 2$，$L = \mathrm{INT}^u\left[5/2\right]$=3。则根据上述原则，对应的区实混合序列变换分别为$\tilde{\boldsymbol{X}} = \{\tilde{x}_{1,2},\ \tilde{x}_3,\ \tilde{x}_{4,5}\}$，$\tilde{\boldsymbol{Y}} = \{y_1,\ \tilde{y}_{2,3},\ y_4\}$。需要特别说明的是，通过该方法确定变换序列的长度后，如果出现不对称的现象，满足变换原则要求的区实混合变换可能不唯一。例如，当$M = 7$，$N = 4$时，序列的变换可以是$\tilde{\boldsymbol{X}} = \{\tilde{x}_{1,2}, \tilde{x}_{3,4}, \tilde{x}_5, \tilde{x}_{6,7}\}$，$\tilde{\boldsymbol{Y}} = \{\tilde{y}_1, \tilde{y}_2, \tilde{y}_3, \tilde{y}_4\}$，或者$\tilde{\boldsymbol{X}} = \{\tilde{x}_{1,2}, x_3, \tilde{x}_{4,5}, \tilde{x}_{6,7}\}$，$\tilde{\boldsymbol{Y}} = \{\tilde{y}_1, \tilde{y}_2, \tilde{y}_3, \tilde{y}_4\}$。

3.3.4 搜索式区间灰数描述

由于分布式多雷达系统中不同雷达承担的任务可能调整变化，采样周期比往往是个不确定的量，即使当采样周期比一定时，雷达A的不同采样周期内对应雷达B的航迹点数也不一定相同。为了解决这种情况下的航迹关联问题，给出一种可以对任意采样周期比的异步航迹进行描述的方法。

当各雷达采样周期不同，在一定的处理周期内，雷达A与雷达B上报的航迹具有不等数量的航迹点，不妨设$T_A > T_B$，则处理周期内航迹点数$n_A < n_B$。航迹$\boldsymbol{X}_A^{i_A}$和航迹$\boldsymbol{X}_B^{i_B}$的状态可以分别表示为

$$\boldsymbol{X}_A^{i_A} = \{x_A^{i_A}\left(\lambda_A^1\right), x_A^{i_A}\left(\lambda_A^2\right), \cdots, x_A^{i_A}\left(\lambda_A^{n_A}\right)\}, i_A = 1, 2, \cdots, N_A \tag{3.22}$$

$$\boldsymbol{X}_B^{i_B} = \{x_B^{i_B}\left(\lambda_B^1\right), x_B^{i_B}\left(\lambda_B^2\right), \cdots, x_B^{i_B}\left(\lambda_B^{n_B}\right)\}, i_B = 1, 2, \cdots, N_B \tag{3.23}$$

将采样周期较大的 $\boldsymbol{X}_A^{i_A}$ 中两两相邻的航迹点组合成区间灰数，得

$$\tilde{\boldsymbol{X}}_A^{i_A}=\left\{\left[x_A^{i_A}\left(\lambda_A^1\right),x_A^{i_A}\left(\lambda_A^2\right)\right],\left[x_A^{i_A}\left(\lambda_A^2\right),x_A^{i_A}\left(\lambda_A^3\right)\right],\cdots,\left[x_A^{i_A}\left(\lambda_A^{n_A-1}\right),x_A^{i_A}\left(\lambda_A^{n_A}\right)\right]\right\} \tag{3.24}$$

同时，对来自雷达 B 的航迹 $\boldsymbol{X}_B^{i_B}$，以 T_s 为准将航迹 $\boldsymbol{X}_B^{i_B}$ 分割成小段序列，将每个小段序列中两端的航迹点作为下限和上限，组成区间灰数。

经过处理，实数构成的航迹序列 $\boldsymbol{X}_A^{i_A}$ 和 $\boldsymbol{X}_B^{i_B}$ 被表示为区间灰数序列 $\tilde{\boldsymbol{X}}_A^{i_A}$ 和 $\tilde{\boldsymbol{X}}_B^{i_B}$，这个描述的过程对任意采样周期比下的异步航迹序列均有效。因其根据不同雷达的采样周期进行“搜索式”划分区间，故称该方法为搜索式区间灰数描述法。

搜索式区间灰数描述法具体流程

步骤 1：比较 $\boldsymbol{X}_A^{i_A}$ 和 $\boldsymbol{X}_B^{i_B}$ 采样周期的大小，不妨设 $T_A > T_B$。

步骤 2：将周期较大的 $\tilde{\boldsymbol{X}}_A^{i_A}$ 中每两两相邻的两个航迹点作为下限和上限组成区间灰数，直接得到区间灰数序列 $\tilde{\boldsymbol{X}}_A^{i_A}$。

步骤 3：对 $\boldsymbol{X}_B^{i_B}$ 进行搜索式划分，

for m=1：n_A

　　for l=1：n_B

　　若 $\bmod\left(\dfrac{l\times T_A}{T_B}\right)<T_A$，则 $\tilde{\boldsymbol{X}}_B^i(m)^L=\boldsymbol{X}_B^i(l)$

　　若 $\bmod\left(\dfrac{l\times T_A}{T_B}\right)>T_B-T_A$，则 $\tilde{\boldsymbol{X}}_B^i(m)^U=\boldsymbol{X}_B^i(l)$，$m=m+1$

　　end

end

其中，$\bmod\left(\dfrac{A}{B}\right)$ 表示 A 除以 B 取余数的运算，上标 L 和 U 分别表示区间灰数的下限和上限。

3.4　异步雷达航迹的相似度量

3.4.1　区间灰数的灰关联度

异步不等速率所导致的后果是在一个融合周期内来自不同雷达的数据采

样时刻不对齐、数据量不等，但航迹曲线的形状趋势不会因异步而改变，而灰关联分析[38]的基本思想是根据序列曲线几何形状的相似程度来判断联系是否紧密，故灰关联方法适用于同源航迹的判定，灰关联度可以作为一种航迹相似度的度量指标。

1．邓氏灰关联度

在计算航迹间的邓氏灰关联度之前，需要求得参考航迹序列与比较航迹序列集合间的差异信息。记第 k 个处理周期内来自雷达 A 的第 i_A 个航迹数据为 $\tilde{\boldsymbol{X}}_{i_A}(k)$，则该处理周期内的所有航迹构成的集合为

$$\tilde{\boldsymbol{X}}_A(k)=\left\{\tilde{\boldsymbol{X}}_1(k),\tilde{\boldsymbol{X}}_2(k),\cdots,\tilde{\boldsymbol{X}}_{i_A}(k),\cdots,\tilde{\boldsymbol{X}}_m(k)\right\} \tag{3.25}$$

同理，第 k 个处理周期内，雷达 B 的航迹集合可记为

$$\tilde{\boldsymbol{X}}_B(k)=\left\{\tilde{\boldsymbol{X}}_1(k),\tilde{\boldsymbol{X}}_2(k),\cdots,\tilde{\boldsymbol{X}}_{i_B}(k),\cdots,\tilde{\boldsymbol{X}}_m(k)\right\} \tag{3.26}$$

每条航迹的状态由位置、速度和加速度等状态分量构成，状态分量值是区间灰数，记为 $\vec{x}_{i_A}(l)$。所以航迹状态分量序列分别记为

$$\tilde{\boldsymbol{X}}_{i_A}(k)=\left\{\vec{x}_{i_A}(1),\vec{x}_{i_A}(2),\cdots,\vec{x}_{i_A}(l),\cdots,\vec{x}_{i_A}(n)\right\} \tag{3.27}$$

$$\tilde{\boldsymbol{X}}_{i_B}(k)=\left\{\vec{x}_{i_B}(1),\vec{x}_{i_B}(2),\cdots,\vec{x}_{i_B}(l),\cdots,\vec{x}_{i_B}(n)\right\} \tag{3.28}$$

取 $\tilde{\boldsymbol{X}}_A(k)$ 中的航迹 i_A 与 $\tilde{\boldsymbol{X}}_B(k)$ 中每条航迹进行比较，得到关联矩阵

$$\tilde{\boldsymbol{A}}=\begin{bmatrix}\vec{x}_1(1) & \vec{x}_1(2) & \cdots & \vec{x}_1(n)\\ \vec{x}_2(1) & \vec{x}_2(2) & \cdots & \vec{x}_2(n)\\ \vdots & \vdots & \vdots & \vdots\\ \vec{x}_{i_B}(1) & \vec{x}_{i_B}(2) & \cdots & \vec{x}_{i_B}(n)\\ \vdots & \vdots & \vdots & \vdots\\ \vec{x}_m(1) & \vec{x}_m(2) & \cdots & \vec{x}_m(n)\\ \vec{x}_{i_A}(1) & \vec{x}_{i_A}(2) & \cdots & \vec{x}_{i_A}(n)\end{bmatrix} \tag{3.29}$$

采用定义 2.5 中的距离，将 $\tilde{\boldsymbol{A}}$ 中的每行分别与第 $m+1$ 行进行比较，可以得到各航迹间的差异信息矩阵 $\boldsymbol{V}=\left[v_{ij}\right]_{n\times m}$（$i=1,2,\cdots,n$；$j=1,2,\cdots,m$），$v_{ij}=\varDelta\left(\vec{x}_{i_s}(j),\vec{x}_i(j)\right)$。

关联矩阵 $\tilde{\boldsymbol{A}}$ 中的元素包含位置信息及其高维量，如速度、加速度等，假设它的 l 个分量分别为 $a_1,a_2,\cdots,a_i,\cdots,a_l$，将关联矩阵 $\tilde{\boldsymbol{A}}$ 中的元素分别进行处理，可以得到 $\tilde{\boldsymbol{A}}$ 的 l 个分量

$$\tilde{A}=\left\{\tilde{A}_{a_1},\tilde{A}_{a_2},\cdots\tilde{A}_{a_i},\cdots,\tilde{A}_{a_l}\right\} \tag{3.30}$$

在各个分量上求邓氏灰关联度：

$$\gamma_{a_i}(X_0,X_i)=\frac{1}{l}\sum_{k=1}^{l}\gamma_{a_i}\left(x_0\left(k\right),x_i\left(k\right)\right) \tag{3.31}$$

式中，$\gamma_{a_i}\left(x_0\left(k\right),x_i\left(k\right)\right)$ 为第 k 时刻 x_i 与 x_0 的灰关联系数：

$$\gamma_{a_i}\left(x_0\left(k\right),x_i\left(k\right)\right)=\frac{\min\limits_i\{\min\limits_k\{\varDelta(x_i(k),x_0(k))\}\}+\rho\max\limits_i\{\max\limits_k\{\varDelta(x_i(k),x_0(k))\}\}}{\varDelta(x_i(k),x_0(k))+\rho\max\limits_i\{\max\limits_k\{\varDelta(x_i(k),x_0(k))\}\}} \tag{3.32}$$

航迹 i_s 与航迹 i_w 在所有 l 个分量上的邓氏灰关联度记为 $\gamma_{a_1},\gamma_{a_2},\cdots,\gamma_{a_l}$。由于不同指标对关联结果的影响程度不同，在综合各分量指标的过程中，需要根据各分量的重要程度，给各分量分配不同的权重 c_i。例如，在匀速运动模型中给予位置分量更大的权重，在机动运动模型中则应给予加速度分量更大的权重。最终可求得航迹间的邓氏灰关联度为

$$\gamma=\frac{1}{l}\sum_{i=1}^{l}c_i\gamma_{a_i} \tag{3.33}$$

式中，$0<c_i<1$，且 $\sum c_i=1$。

2．灰色综合关联度

由于灰色综合关联度可结合灰色绝对关联度对几何形状的敏感性与灰色相对关联度对序列变化速率的敏感性，能够从多个角度反映航迹 i_A 与航迹 i_B 之间相互关联的程度。

（1）灰色绝对关联度。

为了计算灰色绝对关联度，首先要求航迹序列的始点零化像。实数序列的始点零化像在定义 2.11 中已经给出了明确定义。而本章将航迹序列描述为区间灰数序列，对于区间灰数序列的始点零化像，补充定义如下。

定义 3.2　设区间灰数构成的系统行为序列 $\tilde{\boldsymbol{X}}_i=\left(\tilde{x}_i\left(1\right),\tilde{x}_i\left(2\right),\cdots,\tilde{x}_i\left(n\right)\right)$，$\boldsymbol{D}$ 为始点零化算子，且

$$\tilde{\boldsymbol{X}}_i\boldsymbol{D}=\left(\tilde{x}_i\left(1\right)d,\tilde{x}_i\left(2\right)d,\cdots,\tilde{x}_i\left(n\right)d\right) \tag{3.34}$$

式中，$\tilde{x}_i\left(k\right)d=\varDelta\left(\tilde{x}_i\left(k\right),\tilde{x}_i\left(1\right)\right)$，$k=1,2,\cdots,n$。

因此，应用始点零化算子 $\boldsymbol{D}$ 作用于关联矩阵 $\tilde{\boldsymbol{A}}$，则可以得到它的始点零化像 $\boldsymbol{D}\tilde{\boldsymbol{A}}$

$$D\tilde{A}=\begin{bmatrix} \tilde{x}_1^0(1) & \tilde{x}_1^0(2) & \cdots & \tilde{x}_1^0(n) \\ \tilde{x}_2^0(1) & \tilde{x}_2^0(2) & \cdots & \tilde{x}_2^0(n) \\ \vdots & \vdots & \vdots & \vdots \\ \tilde{x}_{i_B}^0(1) & \tilde{x}_{i_B}^0(2) & \cdots & \tilde{x}_{i_B}^0(n) \\ \vdots & \vdots & \vdots & \vdots \\ \tilde{x}_{N_B}^0(1) & \tilde{x}_{N_B}^0(2) & \cdots & \tilde{x}_{N_B}^0(n) \\ \tilde{x}_{i_A}^0(1) & \tilde{x}_{i_A}^0(2) & \cdots & \tilde{x}_{i_A}^0(n) \end{bmatrix} \tag{3.35}$$

航迹的始点零化像 $D\tilde{A}$ 表征了航迹相对于始点的绝对距离，它是区间灰数的距离，因而是实数序列。

令 $s_{i_A}=\int_1^n \tilde{x}_{i_A}^0(t)\,\mathrm{d}t$ ，$s_{i_B}=\int_1^n \tilde{x}_{i_B}^0(t)\,\mathrm{d}t$ ，$s_{i_A}-s_{i_B}=\int_1^n (\tilde{x}_{i_A}^0(t)-\tilde{x}_{i_B}^0(t))\,\mathrm{d}t$ ，则航迹 i_A 与航迹 i_B 的灰色绝对关联度 $\varepsilon_{i_Ai_B}$ 为

$$\varepsilon_{i_Ai_B}=\frac{1+|s_{i_A}|+|s_{i_B}|}{1+|s_{i_A}|+|s_{i_B}|+|s_{i_A}-s_{i_B}|} \tag{3.36}$$

灰色绝对关联度 $\varepsilon_{i_Ai_B}$ 从航迹的形状上体现了航迹 $\tilde{\boldsymbol{X}}_{i_A}(k)$ 与航迹 $\tilde{\boldsymbol{X}}_{i_B}(k)$ 的同源的可能性。$\varepsilon_{i_Ai_B}$ 越大，表明二者为同源航迹的可能性越大，反之则越小。

（2）灰色相对关联度。

序列初值像的绝对关联度即为序列的相对关联度。用初值化算子作用于关联矩阵 $\tilde{A}$ ，则可以得到关联矩阵 $\tilde{A}$ 的初值像，记为 $\tilde{A}'=[a_{ij}]_{(N_B+1)\times n}$ ，其中：a_{ij} 为 $\tilde{a}_{ij}$ 的内核，且

$$\tilde{a}_{ij}=x_i^0(j)/x_i(1) \tag{3.37}$$

进而可以求得初值像 $\tilde{A}'$ 的始点零化像 $D\tilde{A}'$ 。根据式（3.36）按照计算灰色绝对关联度的方法，则可以得到灰色相对关联度，记为 $r_{i_Bi_A}$ 。

（3）灰色综合关联度。

令 $\theta\in[0,1]$，则航迹 i_A 与航迹 i_B 的综合关联度为

$$\rho_{i_Ai_B}=\theta\varepsilon_{i_Ai_B}+(1-\theta)r_{i_Ai_B} \tag{3.38}$$

一般取 $\theta=0.5$ ，如果航迹序列的走势对关联质量影响较大，则 θ 可取大一些；如果是机动目标航迹，航迹速度的区分度更大，则 θ 应取小一些。

3.4.2 加权滑窗序列的折线相似度

传统的航迹关联算法大多是对航迹点之间的距离差异信息进行度量比较

得到航迹相似度，未考虑航迹变化趋势。这里把融合周期内的航迹序列作为一个整体，将异步航迹关联转化为端点数目不同的折线段相似度求解问题，考虑将参考航迹序列划分为数个窗口航迹序列，进而建立滑动窗口模型[57-58]。进一步加权计算得到数个窗口中序列折线的相似度，作为航迹差异信息度量参数实现航迹关联。

1．序列差异信息度量

定义 3.3　若两个雷达的采样时刻不相同（即无法同时满足 $\lambda_A^{f_1} \neq \lambda_B^{f_1}$、$\lambda_A^{f_2} \neq \lambda_B^{f_2}$、$\lambda_A^{f_3} \neq \lambda_B^{f_3}$），则称航迹序列

$$\boldsymbol{S}_A^i = (\tilde{\boldsymbol{X}}_A^i(k+\lambda_A^{f_1}), \tilde{\boldsymbol{X}}_A^i(k+\lambda_A^{f_2}), \tilde{\boldsymbol{X}}_A^i(k+\lambda_A^{f_3})) \tag{3.39}$$

$$\boldsymbol{S}_B^j = (\tilde{\boldsymbol{X}}_B^j(k+\lambda_B^{f_1}), \tilde{\boldsymbol{X}}_B^j(k+\lambda_B^{f_2}), \tilde{\boldsymbol{X}}_B^j(k+\lambda_B^{f_3})) \tag{3.40}$$

为不对等航迹序列。式中，$\tilde{\boldsymbol{X}}_A^i(k+\lambda_A^{f_1})$ 表示雷达 A 第 k 个融合周期的 $\lambda_A^{f_1}$ 时刻得到的航迹 i 的目标状态；$\tilde{\boldsymbol{X}}_B^j(k+\lambda_B^{f_1})$ 表示雷达 B 在第 k 个融合周期的 $\lambda_B^{f_1}$ 时刻得到的航迹 j 的目标状态，$\lambda_B^{f_1}$、$\lambda_B^{f_2}$、$\lambda_B^{f_3}$ 为顺序相邻的三个探测时刻。

不对等航迹序列 $\boldsymbol{S}_A^i$、$\boldsymbol{S}_B^j$ 在时域上存在不固定的时间差异，但对于同一目标在不同采样时刻下的航迹序列，虽然存在时间差引起的未知位置偏差，但航迹本身有着目标真实位置变化的规律、趋势，因此采样时刻不同的航迹序列亦有可比性。将航迹序列的三个航迹量测值在空间上相连构成一条有向线段，用时域上相异的两条有向线段之间的距离来表征不对等航迹序列之间的差异。

定义 3.4　不对等航迹序列 $\boldsymbol{S}_A^i$、$\boldsymbol{S}_B^j$ 之间的 2-范数距离定义为

$$D^{ij} = \sum_{f=f_1}^{f_3} \left(\left\| \tilde{\boldsymbol{X}}_A^i(k+\lambda_A^f) - \tilde{\boldsymbol{X}}_B^j(k+\lambda_B^f) \right\| \right) \tag{3.41}$$

图 3.5 为不对等航迹序列时域差异示意图，图中 A_1、A_2、A_3 为雷达 A 的三个顺序采样时间点，B_1、B_2、B_3 为雷达 B 的三个顺序采样时间点，Δt_1、Δt_2、Δt_3 为不对等航迹序列的三个顺序采样时刻间的时间差。当总的采样时间差 $t = |\Delta t_1| + |\Delta t_2| + |\Delta t_3| = 0$ 时，两个不对等航迹序列之间时域差异最小，此时两航迹为同步航迹。

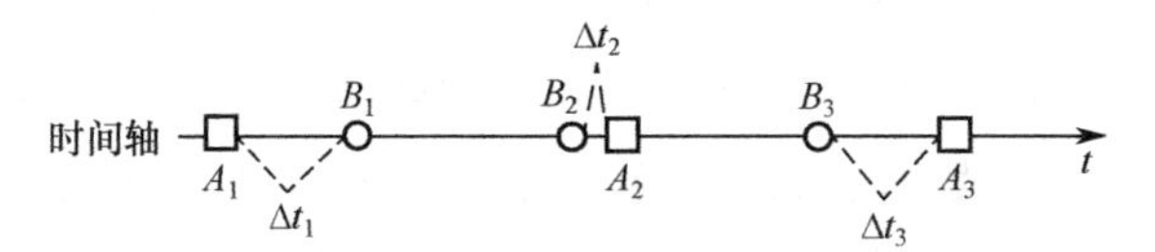

图 3.5　不对等航迹序列时域差异示意图

对于航迹序列 $\boldsymbol{S}_A^i$、$\boldsymbol{S}_B^j$ 来说，在持续时间较短的融合周期内，目标运动状态改变较小，目标可以近似看作匀速直线运动。以航迹序列 $\boldsymbol{S}_A^i$ 的第一个航迹值为原点，以其余两点的方向作为 x 轴正向建立笛卡儿坐标系，不对等航迹序列位置差异示意图如图 3.6 所示。

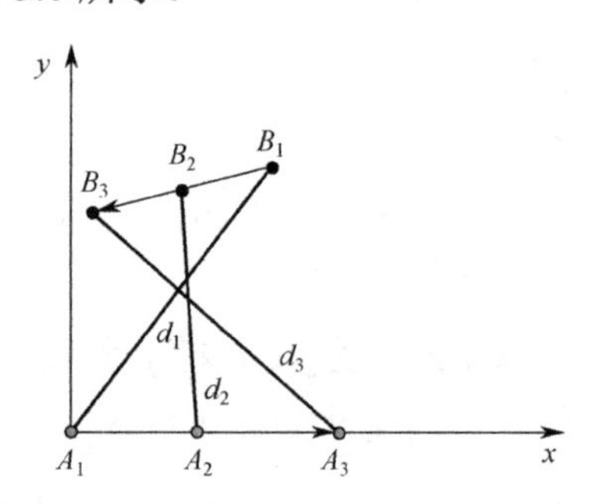

图 3.6　不对等航迹序列位置差异示意图

假设航迹序列 $\boldsymbol{S}_A^i$ 的航迹点坐标为 $A_1(0,0)$、$A_2(s,0)$、$A_3(2s,0)$，航迹序列 $\boldsymbol{S}_w^j$ 的航迹点坐标为 $B_1(x,y)$、$B_2(x+\Delta x, y+\Delta y)$、$B_3(x+2\Delta x, y+2\Delta y)$，则不对等航迹序列之间的距离为

$$d=\sqrt{x^2+y^2}+\sqrt{(x+\Delta x-s)^2+(y+\Delta y)^2}+\sqrt{(x+2\Delta x-2s)^2+(y+2\Delta y)^2} \tag{3.42}$$

式中，s 为常数。

（1）两航迹序列源于同一目标。

当 $y=0$、$\Delta y=0$ 时，

$$d=|x|+|x+\Delta x-s|+|x+2\Delta x-2s| \tag{3.43}$$

当两航迹序列的采样起始时刻以及采样间隔相同时，$d=0$，此时不对等序列距离最小；而随着两航迹序列采样起始时刻以及采样间隔差异的增大，不对等航迹序列间的距离增大。

（2）两航迹序列源于不同目标。

当航迹序列 $\boldsymbol{S}_B^j$ 的 x 轴坐标不变，即 x、Δx 为常数时。随着 $|y|$、$|y+\Delta y|$、$|y+2\Delta y|$ 的增大，也就是将航迹序列 $\boldsymbol{S}_B^j$ 的直线段向远离 x 轴的方向移动，此时航迹序列间位置差异增加，不对等航迹序列间的距离增大。y 轴方向上有类似的情况。

由于融合周期持续时间较短，当两航迹序列源自同一目标时，时域差异导致的不对等航迹序列距离与两序列源于不同目标的不对等航迹距离相比，前者明显要小。

2．航迹序列滑动窗口模型的建立

时间顺序相邻的每三个航迹点组合成为一个窗口航迹序列 $\boldsymbol{S}_A^i$，将参考航迹序列转化为 $s-2$ 个窗口航迹序列，分别和比较航迹序列求得滑窗折线相似度，作为 $s-2$ 个衡量航迹相似度的信息差异度量参数。

滑动窗口示意图如图 3.7 所示，将参考航迹序列的窗口航迹序列作为滑动窗口，与比较航迹序列时间顺序相邻的三个航迹点组成的比较航迹子序列进行比较，滑动窗口每次滑动一个单位直至遍历比较航迹序列。参考航迹序列的第 q 个窗口航迹序列记为

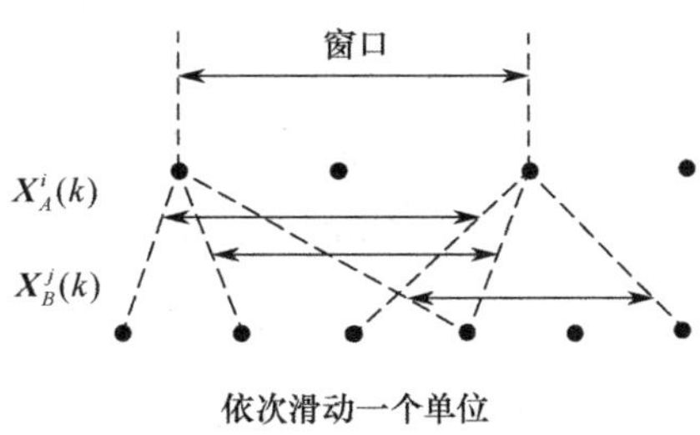

图 3.7　滑动窗口示意图

$$\mathbf{CK}_{Aq}^i=(\tilde{\boldsymbol{X}}_A^i(k+\lambda_A^{f_q}),\tilde{\boldsymbol{X}}_A^i(k+\lambda_A^{f_{q+1}}),\tilde{\boldsymbol{X}}_A^i(k+\lambda_A^{f_{q+2}}))\text{，}\quad q=1,2,\cdots,s-2 \tag{3.44}$$

在任意一个滑动窗口下，航迹 $\boldsymbol{X}_B^j(k)$ 的第 g 个比较航迹子序列为

$$\boldsymbol{S}_B^{jg}=(\tilde{\boldsymbol{X}}_B^j(k+\lambda_B^g),\tilde{\boldsymbol{X}}_B^j(k+\lambda_B^{g+1}),\tilde{\boldsymbol{X}}_B^j(k+\lambda_B^{g+2}))\text{，}\quad g=1,2,\cdots,l-2 \tag{3.45}$$

式中，$\tilde{\boldsymbol{X}}_B^j(k+\lambda_B^g)$ 为雷达 B 在第 k 个融合周期的 λ_w^g 时刻探测得到的航迹 j 的目标状态，航迹 $\boldsymbol{X}_B^j(k)$ 共有 $l-2$ 个比较航迹子序列。

在窗口滑动过程中，窗口航迹序列 $\mathbf{CK}_{Aq}^i$ 与第 g 个比较航迹子序列 $\boldsymbol{S}_B^{jg}$ 之间的相似度为

$$\mathrm{Sim}_{ij}^q(k+\lambda_B^g)=1-\frac{D_q^{ij}(k+\lambda_B^g)}{D_{q\max}^{ij}} \tag{3.46}$$

式中，$D_{q\max}^{ij}=\sum\limits_{g=1}^{l-2}\max D_q^{ij}(k+\lambda_B^g)$，$D_q^{ij}(k+\lambda_B^g)$ 为窗口航迹序列与第 g 个比较航迹子序列之间的不对等航迹序列距离；$D_{q\max}^{ij}$ 为窗口航迹序列 $\mathbf{CK}_{Aq}^i$ 与比较航迹子序列之间的不对等序列距离最大值。

若航迹序列源于同一目标，则对于在时域上与窗口航迹序列有交集的比较航迹子序列来说，两者之间距离较小，相似度较大；如果航迹序列在时域上没有交集，那么不对等航迹序列距离较大，相似度较小。

而对于窗口航迹序列相似度求解问题来说，只有在时域上存在交集的比较航迹子序列与窗口航迹序列相关性较强，而其他时间段的比较航迹子序列与窗

口航迹序列相关性较弱。在计算滑窗序列折线相似度时，采用加权方法突出高相似度不对等航迹序列在滑窗不等长航迹序列相似度求解中的比重。

定义 3.5 加权滑窗序列折线相似度定义为

$$\mathrm{Sim}_{ij}^{q}(k)=\sum_{g=1}^{l-1}\sigma_g\times\mathrm{Sim}_{ij}^{q}(k+\lambda_B^g) \tag{3.47}$$

式中，$\sigma_g=\dfrac{\mathrm{Sim}_{ij}^{q}(k+\lambda_B^g)}{\sum\limits_{t=1}^{l-2}\mathrm{Sim}_{ij}^{q}(k+\lambda_B^t)}$。

加权滑窗序列折线相似度在一定程度上能够表述窗口航迹序列与比较航迹之间的差异程度，加权滑窗序列的折线相似度越大，窗口航迹序列和比较航迹序列来自同一目标的可能性也就越大。

3.4.3 序列离散度

从本质上来说，上述航迹相似度度量指标是以局部航迹距离为航迹关联与否的判据的。由于离散度表征数据离散程度，航迹序列的离散度越小，说明航迹为同源航迹的可能性越大，即可判断航迹是否关联。故本节从数据本身的离散程度出发，将航迹序列作为数据集进行处理，利用混合航迹序列的离散度来判断两条航迹的相似程度。

定义 3.6 混合数据集的离散度

对两个数值型数据集 $X=\{x_1,x_2,\cdots,x_M\}$ 和 $Y=\{y_1,y_2,\cdots,y_N\}$，记 $(X,Y)=X\cup Y$ 为混合数据集，称

$$\Delta(X,Y)=\begin{cases}\max\limits_{\Pi_M^{nN}}V(X_{\Pi_M^{nN}}\cup nY)+\\ \max\limits_{\Pi_M^{nN}}V(X_{\Pi_M^n}^c\cup Y_{\Pi_N^m}),M\geqslant N\\ \Delta(Y,X),M<N\end{cases} \tag{3.48}$$

为混合数据集的离散度。式（3.48）中，$n=\mathrm{INT}^L[M/N]$，$\mathrm{INT}^L[x]$表示不大于 x 的最大整数；$m=M\bmod N$，$y\bmod x$ 表示 y 除以 x 的余数；$X\cup Y$ 为集合“并”运算。

对数据集 $\boldsymbol{X}=\{x_1,x_2,\cdots,x_p\}$，有 $V(\boldsymbol{X})=\dfrac{s}{\bar{x}}$ 为离散系数[59]；$\bar{x}=\sum\limits_{i=1}^{p}x_i/p$，

$s=\sqrt{\sum\limits_{i=1}^{p}(x_i-\bar{x})^2/p}$，且

$$\begin{cases} n\boldsymbol{X}=\left\{nx_1,nx_2,\cdots,nx_p\right\} \\ \boldsymbol{X}_{\Pi_p^q}=\left\{x_j^{\pi} \mid x_j^{\pi}\in X, j=1,2,\cdots,q\right\} \\ \boldsymbol{X}_{\Pi_p^q}^{c}=\boldsymbol{X}-\boldsymbol{X}_{\Pi_p^q} \end{cases} \tag{3.49}$$

式中，Π_p^q 表示从数据集 $\boldsymbol{X}$ 的 p 个元素中任取 q 个元素。

将雷达航迹作为数据集，根据式（3.48）即可计算航迹序列的离散度。

3.5 异步雷达航迹直接关联模型

假设由两部雷达对公共观测区域内的多个目标进行跟踪，雷达标号为 A,B，所得航迹标号集合为

$$U_A=\left\{1,2,\cdots,N_A\right\},U_B=\left\{1,2,\cdots,N_B\right\} \tag{3.50}$$

在第 k 个融合周期内，取来自雷达 A 的第 i 条航迹序列 $\boldsymbol{X}_A^i(k)$ 与来自雷达 B 的所有航迹序列集合 $\boldsymbol{X}_B(k)$ 组成航迹数据矩阵 $\boldsymbol{\Psi}_i(k)$，即

$$\boldsymbol{\Psi}_i(k)=\begin{bmatrix} \tilde{\boldsymbol{X}}_B^1(k+\lambda_B^1) & \tilde{\boldsymbol{X}}_B^1(k+\lambda_B^2) & \cdots & \tilde{\boldsymbol{X}}_B^1(k+\lambda_B^l) \\ \vdots & \vdots & \vdots & \vdots \\ \tilde{\boldsymbol{X}}_B^j(k+\lambda_B^1) & \tilde{\boldsymbol{X}}_B^j(k+\lambda_B^2) & \cdots & \tilde{\boldsymbol{X}}_B^j(k+\lambda_B^l) \\ \vdots & \vdots & \vdots & \vdots \\ \tilde{\boldsymbol{X}}_B^{N_s}(k+\lambda_B^1) & \tilde{\boldsymbol{X}}_B^{N_s}(k+\lambda_B^2) & \cdots & \tilde{\boldsymbol{X}}_B^{N_s}(k+\lambda_B^l) \\ \tilde{\boldsymbol{X}}_A^i(k+\lambda_A^1) & \tilde{\boldsymbol{X}}_A^i(k+\lambda_A^2) & \cdots & \tilde{\boldsymbol{X}}_A^i(k+\lambda_A^s) \end{bmatrix} \tag{3.51}$$

式中，$\tilde{\boldsymbol{X}}_A^i(k+\lambda_A^k)$ 为第 k 个探测时刻雷达 A 探测的第 i 条航迹的目标状态，$\tilde{\boldsymbol{X}}_B^j(k+\lambda_B^k)$ 为第 k 个探测时刻雷达 B 探测的第 j 条航迹的目标状态，$s<l$。

3.5.1 基于区间灰数灰关联度的异步航迹关联

对式（3.51）中的所有航迹进行区间化处理，得到区间灰数[60]序列。按照 3.4.1 节中的步骤求解邓氏灰关联度或灰色综合关联度（以下统称为灰关联度）。采用最大关联度准则，当比较航迹中某条航迹的灰关联度 γ 最大时，判定该航迹与参考航迹序列相关，即

$$\gamma_{j^*}=\max_{j\in U_B}\{\gamma\}\ 且\ \gamma_{j^*}>\varepsilon \tag{3.52}$$

则判定航迹 $j^*\left(j^*\in U_B\right)$ 为航迹 i 在航迹集合 U_B 中所对应的关联对，并且不再

与其他航迹做关联检测。ε 为阈值，$0.5<\varepsilon<1$。

为了加强对历史信息的利用，定义航迹关联质量 $m_{ij^*}(k)$。如果航迹 $i(i\in U_A)$ 与航迹 $j^*(j^*\in U_B)$ 在 k 时刻满足关联条件，令

$$m_{ij^*}(k)=m_{ij^*}(k-1)+1 \tag{3.53}$$

否则，

$$m_{ij^*}(k)=m_{ij^*}(k-1)-1 \tag{3.54}$$

式中，$m_{ij^*}(0)=0$。若 $m_{ij^*}(k)\geqslant 6$，则认为两航迹关联成功，终止对该参考航迹序列的检测。

基于区间灰数灰关联度的异步航迹关联算法流程图如图 3.8 所示。

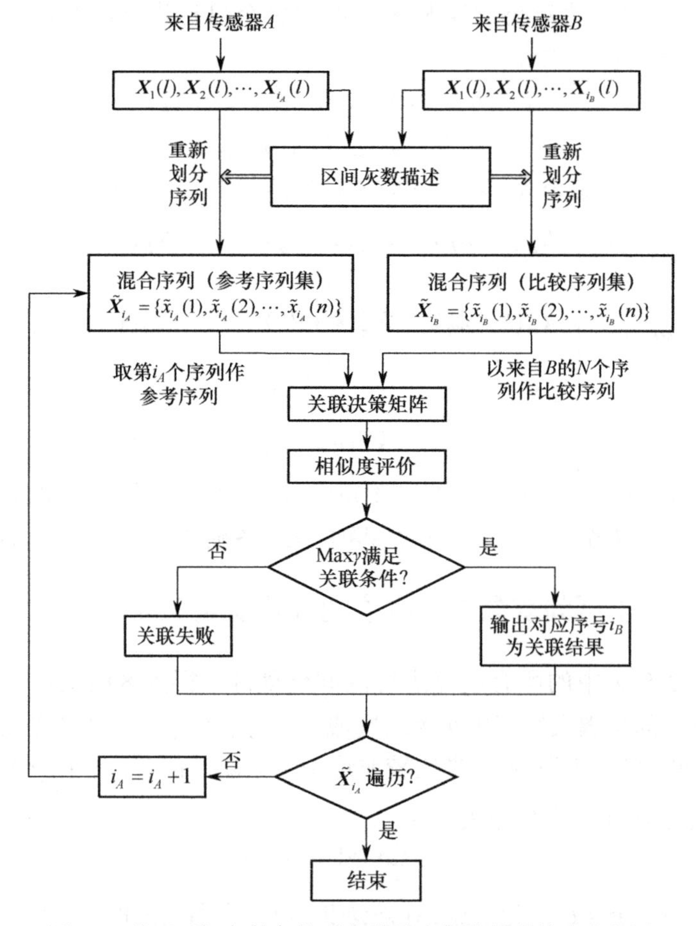

图 3.8 基于区间灰数灰关联度的异步航迹关联算法流程图

3.5.2 基于加权滑窗序列折线相似度的异步航迹关联

对于式（3.51）中的矩阵$\boldsymbol{\Psi}_i(k)$，按照 3.3.2 节中的处理步骤，将第N_A+1行每三个顺序相邻元素按照时间顺序组成$s-2$个窗口航迹序列，分别与前N_A行比较航迹，求得$s-2$个滑窗不等长航迹序列相似度，组成航迹信息差异判决矩阵

$$\boldsymbol{M}_i(k)=\begin{bmatrix} \mathrm{Sim}_{i1}^{1}(k) & \mathrm{Sim}_{i1}^{2}(k) & \cdots & \mathrm{Sim}_{i1}^{s-2}(k) \\ \vdots & \vdots & \vdots & \vdots \\ \mathrm{Sim}_{ij}^{1}(k) & \mathrm{Sim}_{ij}^{2}(k) & \cdots & \mathrm{Sim}_{ij}^{s-2}(k) \\ \vdots & \vdots & \vdots & \vdots \\ \mathrm{Sim}_{iN_A}^{1}(k) & \mathrm{Sim}_{iN_A}^{2}(k) & \cdots & \mathrm{Sim}_{iN_A}^{s-2}(k) \end{bmatrix} \tag{3.55}$$

式（3.55）中，$\mathrm{Sim}_{ij}^{2}(k)$为航迹i的第 2 个窗口航迹序列与比较航迹j之间的滑窗不等长航迹序列相似度。

根据灰系统理论，求参考航迹序列i与N_A条比较航迹序列之间关于第v个参数的灰关联系数

$$\zeta_{ij}^{v}(k)=\frac{\mathrm{Sim}_{ij}^{v}(k)+\rho\min\min\mathrm{Sim}_i(k)}{\max\max\mathrm{Sim}_i(k)+\rho\min\min\mathrm{Sim}_i(k)},\quad v=1,2,\cdots,s-2 \tag{3.56}$$

式中：$\mathrm{Sim}_{ij}^{v}(k)$为参考航迹序列i和比较航迹序列j的第v个滑窗不等长航迹序列相似度；$\min\min\mathrm{Sim}_i(k)$为航迹信息差异矩阵所有元素中的最小值；$\max\max\mathrm{Sim}_i(k)$为航迹信息差异矩阵所有元素中的最大值；$\rho$为分辨系数，$0<\rho<1$。

进而求得参考航迹序列i与比较航迹序列j之间的灰关联度

$$\gamma_{ij}=\sum_{v=1}^{s-2}\tau_v\cdot\zeta_{ij}^{v},\quad v=1,2,\cdots,s-2 \tag{3.57}$$

来自同一目标的窗口航迹序列与比较航迹序列之间的相似度与航迹时间行为顺序有关。若窗口航迹序列为参考航迹序列的开始阶段，则窗口航迹序列在滑动求相似度时，与最后一个比较航迹子序列相比在时间行为顺序上相去甚远，对航迹相似度求解来说参考意义不大；若窗口航迹序列处于参考航迹序列的中间，则在时间行为顺序上与两侧无时域交叉的比较航迹子序列较近，应增大其加权比例。

在时间行为顺序上越靠中间的窗口航迹序列贡献越大。因此，加权系数τ_v可设为

$$\tau_v = \frac{\dfrac{1}{\|(v-1)-(s-2-v)\|}}{\sum\limits_{c=1}^{s-2}\dfrac{1}{\|(c-1)-(s-2-c)\|}} \tag{3.58}$$

与 3.5.1 节中处理方法相同，引入航迹关联质量，采用最大关联度准则，即若$\gamma_{ij} = \max\limits_{g} \gamma_{ig}$，则判定参考航迹序列$i$与比较航迹序列$j$来自同一目标。

3.5.3 基于序列离散度的异步航迹关联

对于式（3.51），根据 3.3.3 节中数据集离散度的定义，可得参考航迹序列和比较航迹序列的离散度

$$\boldsymbol{\lambda} = \left[\lambda_{1,i}, \lambda_{2,i}, \cdots, \lambda_{N_A,i}\right]^{\mathrm{T}} \tag{3.59}$$

式中，$\lambda_{j,i} = \varDelta(\tilde{\boldsymbol{X}}_B^j, \tilde{\boldsymbol{X}}_A^i)$，$j=1,2,\cdots,N_B$，$i=1,2,\cdots,N_A$。

若航迹序列的航迹点包含$x,y,\dot{x},\dot{y}$四个分量，则先分别求解对于每一个分量航迹序列的离散度$\lambda_x,\lambda_y,\lambda_{\dot{x}},\lambda_{\dot{y}}$，再对多个分量离散度进行加权融合得到总离散度指标

$$\lambda = \alpha_1\lambda_x + \alpha_2\lambda_y + \beta_1\lambda_{\dot{x}} + \beta_2\lambda_{\dot{y}} \tag{3.60}$$

式中，加权系数α_1、α_2、β_1、β_2为非负实数，且满足$\alpha_1+\alpha_2+\beta_1+\beta_2=1$，其数值大小取决于位移和速度分量在航迹离散度中的影响程度。需要注意的是，由于同属性分量对离散度产生的影响相同，故位移分量和速度分量的加权系数应分别对应相等。

采用最小离散度关联准则，记最小离散度对应的航迹标号为j^*，当航迹j^*满足如下条件：

$$\lambda_{j^*} = \min_{j\in U_B}\left\{\lambda_j\right\} \text{ 且 } \lambda_{j^*} < \varepsilon \tag{3.61}$$

时，判断比较航迹序列j^*与参考航迹序列i为同源航迹。式中，ε为阈值门限。

考虑到多义性，若最小离散度对应的航迹存在两条及以上，则设置二次检验环节进行处理。记最小离散度对应的航迹标号为j_1^*, j_2^*（两条以上情况类似），两条航迹的分段数目记为$\boldsymbol{n}_{j_1^*}, \boldsymbol{n}_{j_2^*}$，若$\lambda_{j_1^*} = \lambda_{j_2^*}$，则令

$$\lambda' = \frac{1}{2}\lambda_x + \frac{1}{2}\lambda_y \tag{3.62}$$

即仅通过位移分量的离散度$\lambda'_{j_1^*}, \lambda'_{j_2^*}$进行比较，排除多义性。

基于序列离散度的异步航迹关联算法的流程图如图 3.9 所示。

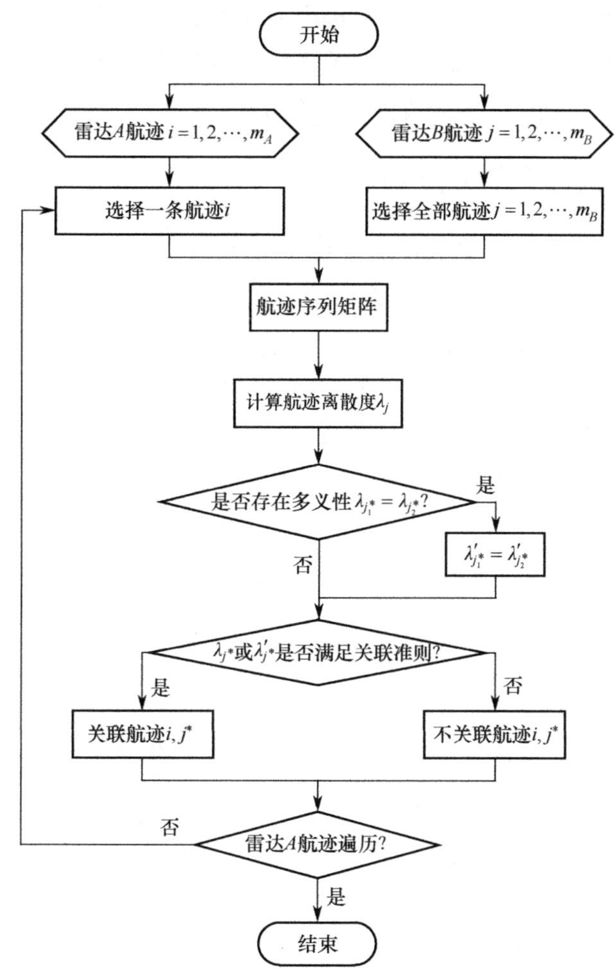

图 3.9　基于序列离散度的异步航迹关联算法的流程图

3.6　复杂情况异步雷达航迹的直接关联

3.6.1　航迹的分叉与合并

实际中，多目标编队可能会合批与分批，空中多目标还可能交叉，反映在航迹上是航迹的合并、分叉和交叉。在航迹交叉点或航迹分叉、合并前后的平行阶段，依靠局部航迹间的距离进行航迹关联往往会导致错误关联。

为避免复杂情况下的错误关联，借助序列离散度指标特性，将航迹序列作为数据集进行处理，利用分段混合航迹序列的离散度来判断两条航迹的接近程度。改进后的基于分段序列离散度的关联算法不仅可直接对异步不等速率航迹进行关联，并且航迹序列的分段处理可有效解决航迹交叉、分叉和合并问题。

3.6.2 区间序列的分段划分

由于离散度表征数据离散程度，当航迹l_2与l_3交叉时，如图 3.10（a）所示，航迹l_1与航迹l_2,l_3的几何中心w_{12},w_{13}几乎重合，由于几何对称性，其上航迹点的离散度基本相同，此时无法判断航迹的关联情况。如图 3.10（b）所示，但若将航迹序列分段，则产生的两段子序列几何中心不再重合，航迹l_1与航迹l_2关于几何中心w_{12}的平均离散度小于航迹l_1与航迹l_3关于几何中心w_{13}的平均离散度，可以正确判断航迹l_1与航迹l_2关联。

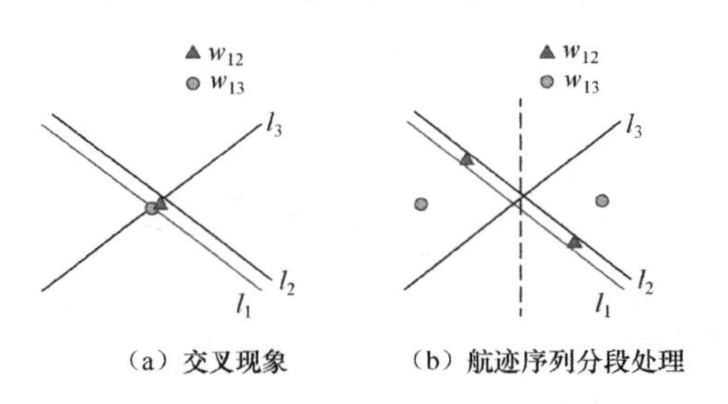

图 3.10　交叉分段处理示意图

定义 3.7　航迹序列的分段划分

对于航迹序列$\boldsymbol{X}=\{x_1,x_2,\cdots,x_M\}$，

$$\boldsymbol{X}\to\widehat{\boldsymbol{X}}=\left\{\widehat{\boldsymbol{X}}(1),\widehat{\boldsymbol{X}}(2),\cdots,\widehat{\boldsymbol{X}}(n)\right\}=\left\{\{\widehat{x}(1)\},\{\widehat{x}(2)\},\cdots,\{\widehat{x}(n)\}\right\} \tag{3.63}$$

如果满足

$$\begin{cases} M\geqslant n \\ \widehat{\boldsymbol{X}}(i)\cap\widehat{\boldsymbol{X}}(j)=\varnothing,i\neq j \\ \widehat{\boldsymbol{X}}(1)\cup\widehat{\boldsymbol{X}}(2)\cup\cdots\cup\widehat{\boldsymbol{X}}(n)=\boldsymbol{X} \\ \widehat{\boldsymbol{X}}(j)=\{\widehat{x}(j)\}=\left\{x_i\mid i\in(\dfrac{j-1}{n}M,\dfrac{j}{n}M]\right\},j=1,2,\cdots,n \end{cases} \tag{3.64}$$

则称$\widehat{\boldsymbol{X}}$为航迹序列$\boldsymbol{X}$的分段划分。

经过划分可将航迹序列分为n段子序列，假设两部雷达异步，数据率不一致但恒定，则两部雷达所得航迹的航迹点数目不同，即航迹序列的长度不同。来自雷达 A 的每条航迹包含的航迹点数目记为 n_A^i，来自雷达 B 的每条航迹包含的航迹点数目记为 $n_B^j\left(n_A^i \neq n_B^j\right)$，根据定义 3.7，对每条航迹序列进行分段划分，得到分段航迹序列。根据 n_B^j / n_A^i 取值的不同，给出不等长航迹序列分段过程中的分段原则：

（1）确保分段后同一组对比序列具有相同的段数，分段数目为 $n_j = \mathrm{INT}^L[n_B^j / n_A^i]+2$，其中，$\mathrm{INT}^L[x]$ 表示不大于 x 的最大整数。

（2）序列分段时，尽可能保证每个分段航迹子序列所含航迹点数目相等。

（3）尽量避免某分段航迹子序列只包含单一航迹点。

（4）原则优先级为（1）$\succ$（2）$\succ$（3）。

根据以上原则，可保证航迹序列至少分为两段，分段后每组对比子序列航迹点数目之比与原始序列航迹点数目之比基本不变。故针对航迹中心交叉问题，只需根据定义 3.7 对航迹序列进行分段，再根据定义 3.6 分别计算各航迹序列的离散度，之后按照 3.5.3 节中的步骤进行处理即可判断航迹是否关联。

3.7　算法仿真与性能分析

3.7.1　仿真环境设置

本章提出了基于区间灰数灰关联度（Gray Correlation Degree of Gray Interval Numbers, GCD-GIN）的异步航迹关联算法、基于加权滑窗序列折线相似度（Polyline Similarity of Weighted Sliding Window Sequences, PS-WSWS）的异步航迹关联算法和基于序列离散度（Discrete Degree of Sequence, DD-S）的异步航迹关联算法，这些算法均无须时域配准，可对异步航迹直接关联，现结合传统的基于最小二乘的时域配准算法进行仿真，研究比较算法的性能。

假设由两部异地配置的2D雷达构成的跟踪系统对公共区域进行观测，目标持续观测时间为 $30\ \mathrm{s}$。雷达 A、B 位置坐标分别为 $(0,0)$、$(100\,\mathrm{km},0)$，雷达 A 的采样时间间隔为 $T_1 = 0.2\ \mathrm{s}$，雷达 B 的采样时间间隔为 $T_2 = 0.5\ \mathrm{s}$，并且雷达 B 比雷达 A 晚开机 $0.1\ \mathrm{s}$。

目标在二维平面匀速直线运动，初始方向在 $0 \sim 2\pi\ \mathrm{rad}$ 内随机分布，初始速度在 $200 \sim 400\ \mathrm{m/s}$ 内随机分布。雷达 A 的测距和测角误差分别为

$\sigma_{r1}=150\ \text{m}$、$\sigma_{\theta1}=0.03\ \text{rad}$；雷达 B 的测距和测角误差分别为 $\sigma_{r2}=180\ \text{m}$、$\sigma_{\theta2}=0.02\ \text{rad}$。

进行 M 次 Monte Carlo 仿真实验，采用正确关联率对航迹关联效果进行评价：

$$\text{Ec}(k)=\frac{\sum_{i=1}^{M}C_i(k)}{MN} \tag{3.65}$$

式中：$C_i(k)$ 为第 k 个处理周期内正确关联的航迹数目；M 为 Monte Carlo 仿真实验的次数；N 为每次仿真实验的目标航迹数目。

3.7.2 算法性能比较

图 3.11 给出了四种算法正确关联率的比较。可以看出，三种直接关联算法的正确关联率普遍高于传统的时域配准算法。其中，GCD-GIN 算法所用指标为灰关联度，适合处理小样本的数据，故在采样初期数据量较低时就能进行较好的关联。PS-WSWS 算法虽然也使用灰关联度，但由于进行了加权滑窗的设置，在滑窗内综合考虑多个点的数据信息，故算法稳定后准确率高于 GCD-GIN 算法。在采样初期，DD-S 算法关联效果较差，这是由于 DD-S 算法的离散度属于统计量，采样初期数据点较少，对关联的效果影响大，但影响持续时间较短，且与另外三种算法相比，DD-S 算法具有最高的正确关联率。

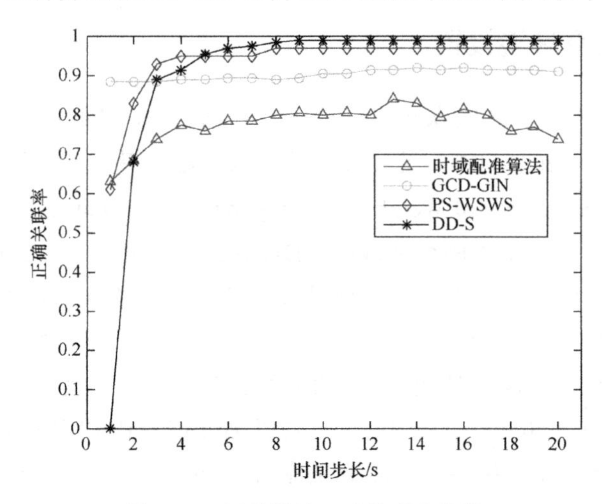

图 3.11 四种算法正确关联率比较

改变两部雷达的采样率之比，图 3.12 给出了不同采样率之比对三种算法的影响。其中，DD-S 算法利用同源航迹数据集波动性小的特点进行关联判定，只关乎航迹点的同源性，航迹点数目（满足一定数据量后）并不会对关联结果产生影响，故雷达采样率不一致对算法无明显影响，关联效果最佳。而以灰关联度为基础的 GCD-GIN 和 PS-WSWS 算法也具有相对稳定的关联结果。从图中可以看出，随着采样率相差越来越大，时域配准算法的正确关联率下降较为明显，这是由于采样率相差越大，在进行时域配准时引入累积的误差越大。

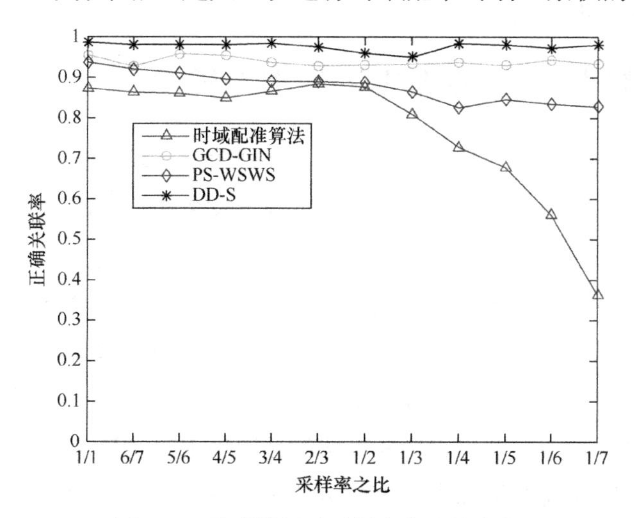

图 3.12　关联结果随采样率之比的变化

图 3.13 所示为目标数目的不同对各算法耗时的影响。从中可以看出，DD-S 算法与 GCD-GIN 算法耗时明显高于 PS-WSWS 算法和时域配准算法。且 DD-S 算法耗时略高于 GCD-GIN 算法；时域配准算法耗时最低。

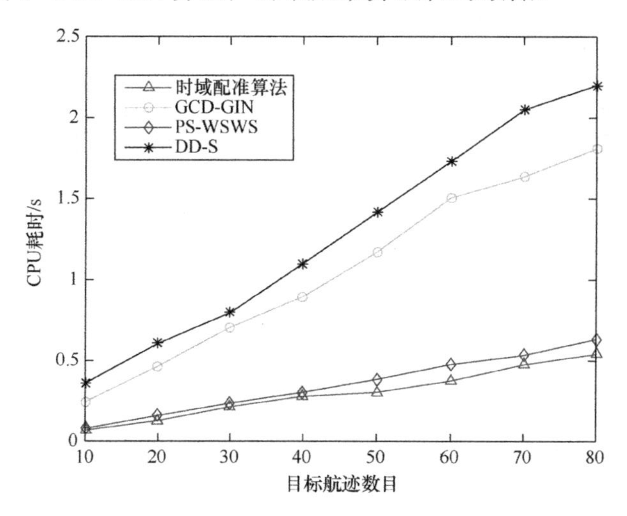

图 3.13 不同算法的耗时对比

综合以上仿真可以看出，DD-S 算法、GCD-GIN 算法和 PS-WSWS 算法无须时域配准，没有误差的积累，在多种异步情况下均保持较佳的关联效果；但无论将异步问题转化为区间灰数还是计算新的相似度量指标的做法，耗时均高于传统的时域配准算法。

3.7.3 航迹分叉合并情况的可辨性分析

当目标航迹存在大量交叉、分叉和合并现象时，以航迹间距离作为关联依据的传统算法，在航迹交叉点或平行阶段容易发生错误关联。航迹存在分叉合并时的正确关联率对比如图 3.14 所示，可以看出，GCD-GIN 算法和 PS-WSWS 算法的正确关联率相较于匀速直线模型有所下降，由于 PS-WSWS 算法将点迹转化为折线段，导致受航迹分叉合并的影响更大；而改进 DD-S 算法由于不依赖距离进行判定，故仍保持较佳的关联效果。

为更加直观地说明改进 DD-S 算法的分段处理对解决分叉、合并现象的有效性，对算法所涉及的指标离散度与分段处理进行研究。图 3.15（a）、（b）分别给出了航迹分叉、合并的情况示意图。

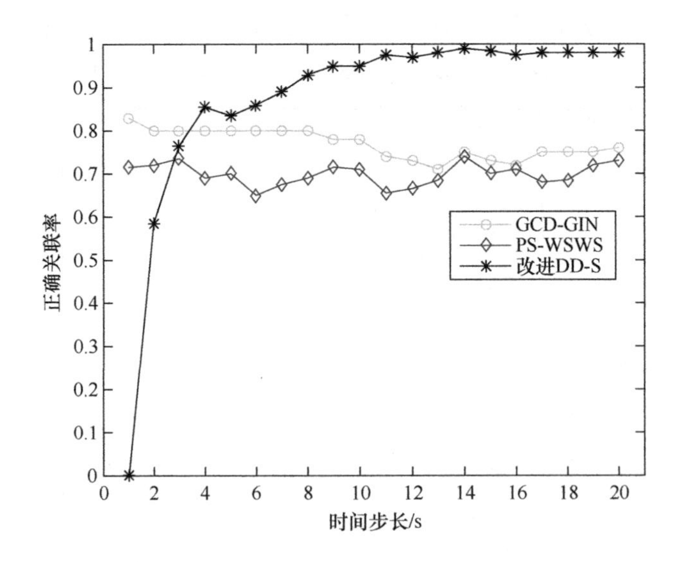

图 3.14 航迹存在分叉、合并时的正确关联率对比

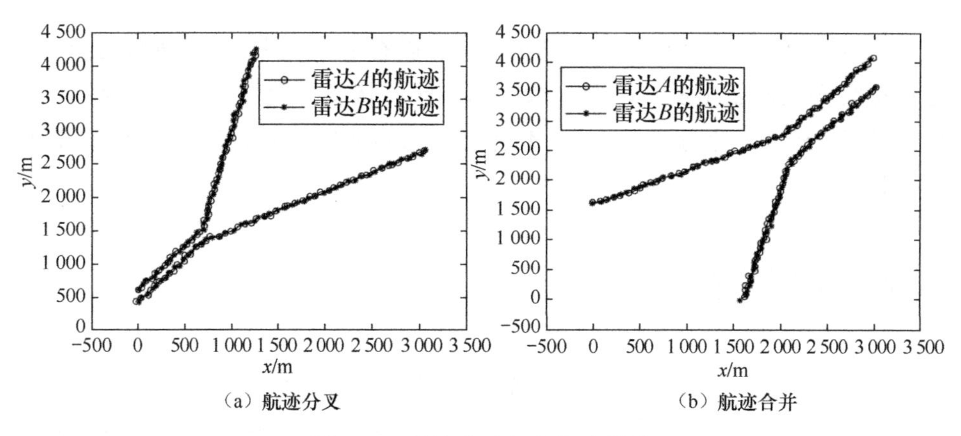

（a）航迹分叉　　（b）航迹合并

图 3.15　航迹分叉与合并示意图

图 3.16 仿真了航迹分叉和合并过程中同源航迹$\{A_1,B_1\}$、$\{A_2,B_2\}$和非同源航迹$\{A_1,B_2\}$、$\{A_2,B_1\}$对应的各分段航迹序列相对离散度的变化趋势。为直观反映算法对处理目标运动状态发生突变现象的灵敏程度，对细化航迹序列分段为 25 段予以说明。

从图 3.16（a）中可以看出，在目标进行平行飞行时，同源航迹和非同源航迹的相对离散度均较小，无法进行有效关联。但目标航迹分叉后，同源航迹$\{A_1,B_1\}$、$\{A_2,B_2\}$的相对离散度并未产生变化，而非同源航迹$\{A_1,B_2\}$、$\{A_2,B_1\}$的相对离散度却迅速增大。同样，从图 3.16（b）中可以看出平行飞行时非同源航迹$\{A_1,B_2\}$、$\{A_2,B_1\}$的相对离散度较大，同源航迹$\{A_1,B_1\}$、$\{A_2,B_2\}$的相对离散度较小；但随着航迹的合并，非同源航迹的相对离散度迅速下降，接近同源航迹的相对离散度。

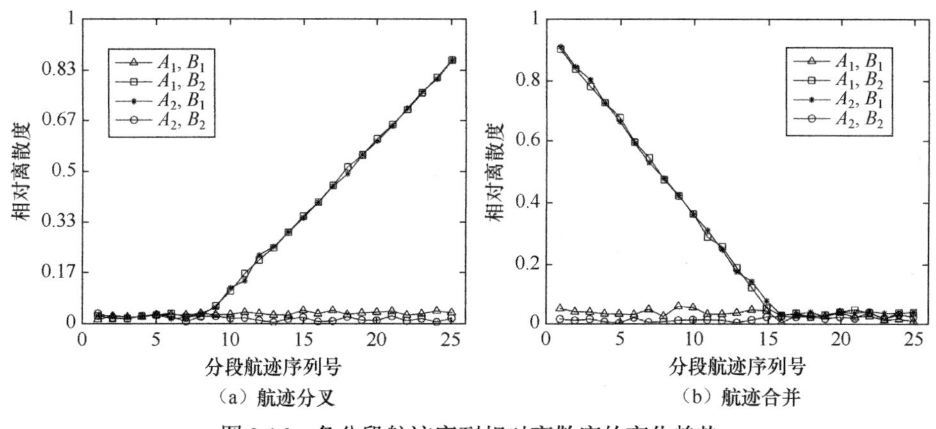

（a）航迹分叉　　（b）航迹合并

图 3.16　各分段航迹序列相对离散度的变化趋势

从航迹交叉、合并现象的仿真实验中可以看出，分段航迹离散度可以对航迹状态突变迅速做出反应，即算法在判断航迹状态突变中具有灵敏度高的特点。即使航迹存在平行飞行阶段，依据各分段航迹的相对离散度，仍可以准确地关联。

3.8 本章小结

针对异步航迹关联问题，本章简要介绍了传统时域配准方法的原理与不足，指出研究异步航迹直接关联算法的意义。从灰关联分析入手，给出多种实数型数据与区间型数据的转化方法，将航迹异步问题转化为带有不确定性的区间灰数或滑窗内折线段，通过计算灰关联度进行异步航迹直接关联。以离散度作为航迹相似度度量指标，从根本上脱离时间指标，消除航迹异步对关联的影响，实现异步航迹的直接关联。并且借助离散度本身的性质将序列进行分段处理后的改进 DD-S 算法可有效解决航迹分叉、合并时的关联问题。

第4章 异步雷达航迹的抗差关联

4.1 引言

传感器的系统误差是普遍存在的，直接面向产生机理的系统误差模型很难建立，系统误差配准与航迹正确关联互为前提。为了克服系统误差对航迹关联的影响，各种航迹对准算法相继提出，包括：通过牛顿算法[61]优化标准函数、利用顺序成对关联思想和高斯随机向量的统计特征[62]进行距离统计检测、利用真实状态对消得到等价量测方程[63]进行分级聚类或是利用Fourier 变换[64]或 Radon 变换[65]等方法。由于系统误差主要影响目标的绝对位置而非相对位置，因而基于目标拓扑结构的空间不变性[66]，将目标状态转化为角度的旋转和距离的伸缩或利用非刚性变换描述航迹间的结构差异，可以建立混合整数非线性规划模型[67]估计变换参数，更多的抗差航迹[51]关联算法被提出。

上述算法的前提均是航迹同步，本章提出区间灰数描述法、区间离散度等多种描述系统误差的不确定性方法，与对准关联不同，此类方法为抗差关联。针对异步与系统误差并存的问题，提出了系统误差下无须时域配准的串行处理方法和直接处理方法。

4.2 系统误差对雷达航迹关联的影响

4.2.1 问题描述

本节的问题描述与 3.2.1 节相同，也假设由两个局部节点和一个融合中心构成的分布式多目标跟踪系统，每个局部节点各有一部雷达，分别为雷达 A 和

雷达 B。

记雷达 A 的笛卡儿坐标为 $(x_{as},0)$，雷达 B 的笛卡儿坐标为 $(x_{bs},0)$；两部雷达的测距和测方位角系统误差分别为 $(\Delta r_A,\Delta\theta_A)$、$(\Delta r_B,\Delta\theta_B)$。设 k 时刻目标的位置为 $\left(x(k),y(k)\right)$，对应在两部雷达中的斜距和方位分别为 $r_A(k)$、$r_B(k)$，$\theta_A(k)$、$\theta_B(k)$，则有

$$\begin{cases} x(k)=r_A(k)\sin\theta_A(k)+x_{as}=r_B(k)\sin\theta_B(k)+x_{bs} \\ y(k)=\ \ r_A(k)\cos\theta_A(k)\quad\ =\ \ r_B(k)\cos\theta_B(k) \end{cases} \tag{4.1}$$

实际上，系统误差影响下由雷达上报的目标位置为

$$\begin{cases} \hat{x}_A(k)=(r_A(k)+\Delta r_A)\sin(\theta_A(k)+\Delta\theta_A)+x_{as} \\ \hat{y}_A(k)=(r_A(k)+\Delta r_A)\cos(\theta_A(k)+\Delta\theta_A) \end{cases} \tag{4.2}$$

$$\begin{cases} \hat{x}_B(k)=(r_B(k)+\Delta r_B)\sin(\theta_B(k)+\Delta\theta_B)+x_{bs} \\ \hat{y}_B(k)=(r_B(k)+\Delta r_B)\cos(\theta_B(k)+\Delta\theta_B) \end{cases} \tag{4.3}$$

分别将式（4.2）和式（4.3）展开，并将式（4.1）代入展开式，整理得

$$\begin{cases} \hat{x}_A(k)=x(k)\cos(\Delta\theta_A)+y(k)\sin(\Delta\theta_A)+\Delta r_A\sin(\theta_A(k)+\Delta\theta_A)+x_{as}(1-\cos(\Delta\theta_A)) \\ \hat{y}_A(k)=-x(k)\sin(\Delta\theta_A)+y(k)\cos(\Delta\theta_A)+\Delta r_A\cos(\theta_A(k)+\Delta\theta_A)+x_{as}\sin(\Delta\theta_A) \end{cases} \tag{4.4}$$

$$\begin{cases} \hat{x}_B(k)=x(k)\cos(\Delta\theta_B)+y(k)\sin(\Delta\theta_B)+\Delta r_B\sin(\theta_B(k)+\Delta\theta_B)+x_{bs}(1-\cos(\Delta\theta_B)) \\ \hat{y}_B(k)=-x(k)\sin(\Delta\theta_B)+y(k)\cos(\Delta\theta_B)+\Delta r_B\cos(\theta_B(k)+\Delta\theta_B)+x_{bs}\sin(\Delta\theta_B) \end{cases} \tag{4.5}$$

可见，在系统误差的影响下，两部雷达的上报航迹相对于目标的真实航迹发生了不同程度的旋转和平移。

4.2.2 对系统误差的处理

对于以统计学为基础的航迹关联算法，系统误差的存在会导致测量误差的分布发生变化，导致性能下降甚至算法失效。当前对系统误差的处理方法可以大致分为两类。

第一类方法是误差配准后再航迹关联。采用数理原理或公式推导得到系统误差估计值，利用状态方程对消或添加补偿量减小系统误差的影响。此类方法需要得到系统误差估计值，由于系统误差先验信息少，在实际复杂情况下误差估计使用有很大限制。

第二类方法是无须对系统误差进行估计的抗差关联。通过航迹相似度量或

将系统误差的不确定性转化为区间灰数、拓扑信息等模糊信息，直接对包含系统误差的数据进行处理，实现关联。此类方法效率较高，且对系统误差先验信息要求低，适用性更广。

4.3　系统误差的区间描述

4.3.1　区间描述原理

系统误差客观存在，也是有范围的，考虑雷达可能的最大系统误差（$\varDelta_{\max}>0$），在给定系统误差范围内研究航迹的特点。

仍假设为二维情况

$$\begin{cases}\Delta r_A\in[0,\Delta r_{Am}]\\ \Delta\theta_A\in[0,\Delta\theta_{Am}]\\ \Delta r_B\in[0,\Delta r_{Bm}]\\ \Delta\theta_B\in[0,\Delta\theta_{Bm}]\end{cases}\tag{4.6}$$

考虑式（4.6）确定范围内任意偏差，在任意的时刻k，目标的真值范围可由雷达的上报数据来确定（以雷达A为例），即

$$\begin{cases}\min\{\hat{r}_A(k),\hat{r}_A(k)-\Delta r_{Am}\}\leqslant\sqrt{[x(k)-x_{as}]^2+y(k)^2}\leqslant\max\{\hat{r}_A(k),\hat{r}_A(k)-\Delta r_{Am}\}\\ \min\{\hat{\theta}_A(k),\hat{\theta}_A(k)-\Delta\theta_{Am}\}\leqslant\arctan\dfrac{x(k)-x_{as}}{y(k)}\leqslant\max\{\hat{\theta}_A(k),\hat{\theta}_A(k)-\Delta\theta_{Am}\}\end{cases}\tag{4.7}$$

目标的位置是个“贫信息”的不确定量。换句话说，目标的真实位置在式（4.7）所确定的区域内，但取值不具有明确的统计规律。这种取值方式与区间灰数的概念相似，因此将其称为二维区域灰数，对应的取值区域称作灰色区域[60]，记作G。表现在直角坐标系中，G是一块圆环段区域（如图 4.1 所示），C'为k时刻雷达对目标的上报位置，C为根据最大可能偏差$(\Delta r_{Am},\Delta\theta_{Am})$反推得到的目标离上报位置$C'$最远的位置。

针对 3D 雷达的情形，可以给出类似的分析，得到的灰色区域G是一“球体切块”（如图 4.2 所示）。图中用φ表示雷达俯仰角，$\Delta\varphi$为对应的雷达俯仰方向可能的系统误差最大值。

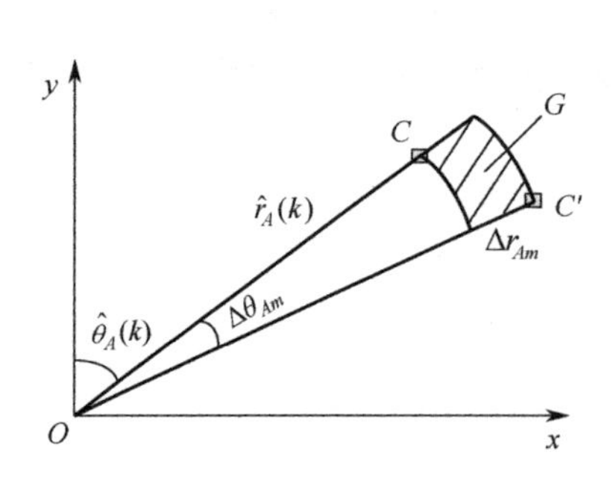

图 4.1　2D 雷达目标灰色区域示意图

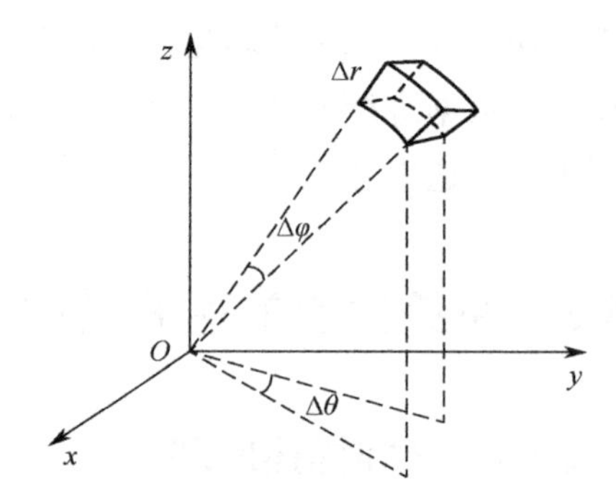

图 4.2　3D 雷达目标灰色区域示意图

这里，为了便于后文进行航迹关联分析，将航迹的灰色区域G分解成不同的坐标分量，也即采用多个区间灰数联合对灰色区域进行近似描述。

4.3.2　矩形投影法

如图 4.3 (a) 所示，笛卡儿坐标系中灰色区域G在坐标轴上的投影为闭区间，利用闭区间端点所确定的一对区间灰数可以对G进行描述，称此方法为矩形投影法。

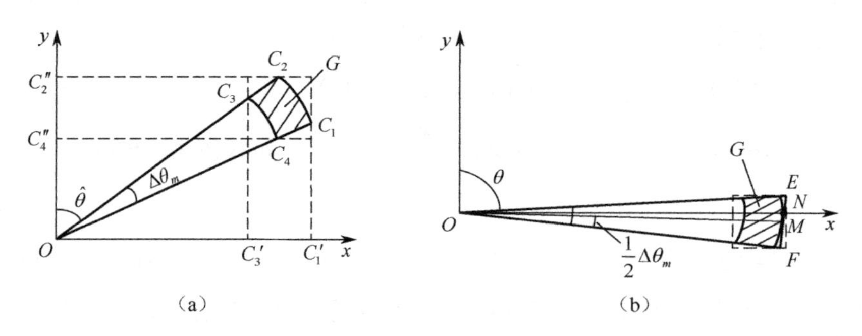

图 4.3　矩形投影示意图

以二维的情况为例，分两种情况给出投影结果：

当G与坐标轴不存在交点时，不妨设G的顶点分别为C_1、C_2、C_3、C_4，则它们的投影坐标为

$$\begin{bmatrix} \boldsymbol{X} \\ \boldsymbol{Y} \end{bmatrix} = \boldsymbol{K} \cdot \boldsymbol{L} \tag{4.8}$$

式中，$\boldsymbol{X} = [x_{C_1}, x_{C_2}, x_{C_3}, x_{C_4}]$，$\boldsymbol{Y} = [y_{C_1}, y_{C_2}, y_{C_3}, y_{C_4}]$，

$$\boldsymbol{K}=\begin{bmatrix}\hat{r} & 0 & \hat{r}+\Delta r_m & 0\\ 0 & \hat{r} & 0 & \hat{r}+\Delta r_m\end{bmatrix},\quad \boldsymbol{L}=\begin{bmatrix}\sin\hat{\theta} & \sin(\hat{\theta}+\Delta\theta_m) & & \\ \cos\hat{\theta} & \cos(\hat{\theta}+\Delta\theta_m) & & \\ & & \sin(\hat{\theta}+\Delta\theta_m) & \sin\hat{\theta}\\ & & \cos(\hat{\theta}+\Delta\theta_m) & \cos\hat{\theta}\end{bmatrix}。$$

此时，G 向坐标轴投影的结果可表示成

$$G\xrightarrow{\text{proj.}}\begin{cases}\tilde{x}_G\in[\min(\boldsymbol{X}),\max(\boldsymbol{X})]\\ \tilde{y}_G\in[\min(\boldsymbol{Y}),\max(\boldsymbol{Y})]\end{cases}\tag{4.9}$$

式中，$\tilde{x}_G$、$\tilde{y}_G$ 均表示一维区间灰数。

当 G 与坐标轴存在交点时，不妨以 x 轴正半轴为例分析。

由圆弧的曲率特征和投影的知识，G 的外侧圆弧与 x 轴的交点（记作 N）是它在 x 轴上投影区间的右端点。用一个略大的区间代替 x 轴上的投影区间，如图 4.3 (*b*) 所示，取 $\Delta\theta_m$ 的角平分线，记其与 G 的外侧圆弧交于 M 点，过 M 点作圆弧的切线，与两测量半径的延长线分别交于 E、F 两点，记

$$\boldsymbol{X}_0^{\mathrm{T}}=\begin{bmatrix}x_E\\ x_F\end{bmatrix}=\begin{bmatrix}\dfrac{r_m}{\cos(\frac{1}{2}\Delta\theta_m)}\sin\hat{\theta}\\ \dfrac{r_m}{\cos(\frac{1}{2}\Delta\theta_m)}\sin(\hat{\theta}+\Delta\theta_m)\end{bmatrix}\tag{4.10}$$

$$\boldsymbol{Y}_0^{\mathrm{T}}=\begin{bmatrix}y_E\\ y_F\end{bmatrix}=\begin{bmatrix}\dfrac{r_m}{\cos(\frac{1}{2}\Delta\theta_m)}\cos\hat{\theta}\\ \dfrac{r_m}{\cos(\frac{1}{2}\Delta\theta_m)}\cos(\hat{\theta}+\Delta\theta_m)\end{bmatrix}\tag{4.11}$$

在式（4.10）和式（4.11）中，$r_m=\max\{\hat{r},\hat{r}+\Delta r_m\}$。

易知，E、F 中至少存在一点在 x 轴上的投影落在 N 点右侧，那么考虑到实际中 $\Delta\theta_m$ 通常较小，且 $\hat{r}(k)\gg\Delta r_m$，G 就可由如下区间灰数对近似表示：

$$G\xrightarrow{\text{proj.}}\begin{cases}\tilde{x}_G\in[\min\{\boldsymbol{X},\boldsymbol{X}_0\},\max\{\boldsymbol{X},\boldsymbol{X}_0\}]\\ \tilde{y}_G\in[\min\{\boldsymbol{Y},\boldsymbol{Y}_0\},\max\{\boldsymbol{Y},\boldsymbol{Y}_0\}]\end{cases}\tag{4.12}$$

另一种可行的办法是采用方位搜索算法，找出弧顶的坐标进而得到灰区间，具体实现流程如下。

方位搜索算法流程

步骤 1：取搜索方位角步长为 $d_\theta = \dfrac{\Delta\theta_m}{100}$，斜距 $r_m = \max\{\hat{r}, \hat{r} + \Delta r_m\}$；

步骤 2：判断灰色区域 G 交于 x 轴 or y 轴？

步骤 3：For i=1：100

若 G 交于 x 轴，则计算 $x(i) = r_m \times \sin(\hat{\theta} + i \times d_\theta) + x_s$，

若 G 相交于 y 轴，则 $y(i) = r_m \times \cos(\hat{\theta} + i \times d_\theta) + y_s$；

步骤 4：若 G 交于 x 轴，则令 $x_E = \max(x)$，$x_F = \min(x)$，$y_E = y_F = y_D$，

若 G 交于 y 轴，则令 $y_E = \max(y)$，$y_F = \min(y)$，$y_E = y_F = y_D$；

步骤 5：由式（4.12），给出灰区间

对于三维情况，同理求出区域 G 的八个顶点，并找到对应 x、y 和 z 轴坐标的最大值和最小值即可确定投影区间；而坐标轴附近的情况，可采用方位搜索算法找出相应的极值点，再与八个顶点共同确定投影区间，不再赘述。

4.3.3 圆覆盖法

在极坐标系下也可以对灰色区域 G 做区间描述。

设 O、Q 分别为雷达 A、B 的坐标位置，在系统误差影响下，雷达 A、B 对公共观测区域内目标 P 的定位灰色区域分别记为 G_A 和 G_B，它们在极坐标系中的参数范围，可分别表示为

$$\begin{cases} \tilde{r}_A \in \left[\min\{\hat{r}_A, \hat{r}_A + \Delta r_{Am}\}, \max\{\hat{r}_A, \hat{r}_A + \Delta r_{Am}\}\right] \\ \tilde{\theta}_A \in \left[\min\{\hat{\theta}_A, \hat{\theta}_A + \Delta\theta_{Am}\}, \max\{\hat{\theta}_A, \hat{\theta}_A + \Delta\theta_{Am}\}\right] \end{cases} \tag{4.13}$$

$$\begin{cases} \tilde{r}_B \in \left[\min\{\hat{r}_B, \hat{r}_B + \Delta r_{Bm}\}, \max\{\hat{r}_B, \hat{r}_B + \Delta r_{Bm}\}\right] \\ \tilde{\theta}_B \in \left[\min\{\hat{\theta}_B, \hat{\theta}_B + \Delta\theta_{Bm}\}, \max\{\hat{\theta}_B, \hat{\theta}_B + \Delta\theta_{Bm}\}\right] \end{cases} \tag{4.14}$$

由于 G_A、G_B 所属不同参考系，不能直接用来做关联分析，因此可先将 G_B 转换到雷达 A 参考系下。如图 4.4 所示，设 G_B 的重心为 W，那么 W 在公共坐标系下的笛卡儿坐标 (x_W, y_W) 可表示为

$$\begin{cases} x_W = r_W \sin\theta_W + x_{bs} \\ y_W = r_W \cos\theta_W \end{cases} \tag{4.15}$$

式（4.15）中，$r_W = \hat{r}_B + \dfrac{1}{2}\Delta r_{Bm}$，$\theta_W = \hat{\theta}_B + \dfrac{1}{2}\Delta\theta_{Bm}$。

以 W 为圆心，取尽可能小且完全覆盖 G_B 的圆，则半径 R 可表示为

$$R = \max\{\overline{C_1W}, \overline{C_2W}, \overline{C_3W}, \overline{C_4W}\} \tag{4.16}$$

式（4.16）中，C_1、C_2、C_3、C_4 分别为 G_B 的四个顶点，$\overline{C_1W}, \overline{C_2W}, \overline{C_3W}, \overline{C_4W}$ 分别表示对应线段的长度。

记转换后 G_B 在雷达 A 观测域内的新量测为 $(\hat{r}_B', \hat{\theta}_B')$，则在 $\hat{r}_B' \gg \Delta r_{Am}$，$\hat{r}_B' \gg R$ 的情况下，G_B 在雷达 A 的视野中可用以下区间灰数对近似表示

$$\begin{cases} \tilde{r}_B' \in [\ r_{WA} - R\ ,\ r_{WA} + R\ ] \\ \tilde{\theta}_B' \in [\ \theta_{WA} - \dfrac{R}{r_{WA}}\ ,\ \theta_{WA} + \dfrac{R}{r_{WA}}\ ] \end{cases} \tag{4.17}$$

式（4.17）中，$r_{WA} = \sqrt{(x_W - x_{as})^2 + {y_W}^2}$，$\tan\theta_{WA} = \dfrac{x_W - x_{as}}{y_W}$。

值得注意的是，为减小近似误差，一般应选择将距目标较近的雷达上报航迹的灰色区域转换到另一部雷达参考系下。覆盖法推广到三维的情形，只需将用于覆盖灰色区域的圆面换作正球体，其余过程类似。

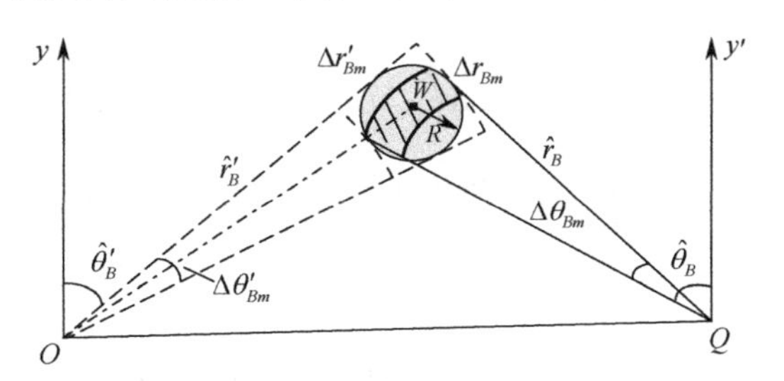

图 4.4　圆覆盖法示意图

4.3.4　微分法

上述两种区间化的方法都是基于几何特征的，也可以直接通过代数计算的方法进行区间化。

将雷达测距和测方位角系统误差写为列向量的形式

$$\boldsymbol{b}_k = [\Delta r_k, \Delta\theta_k]^{\mathrm{T}} \tag{4.18}$$

式（4.18）中，k 为时刻标记。

假定 $\boldsymbol{b}_k$ 是加性误差，则目标的真实坐标与雷达量测之间的关系可以写为

$$\boldsymbol{Z}_k = \hat{\boldsymbol{Z}}_k - \boldsymbol{B}_k \cdot \boldsymbol{b}_k + \boldsymbol{W}_k \tag{4.19}$$

式（4.19）中，$\boldsymbol{Z_k}=[x_k,y_k]^{\mathrm{T}}$表示目标真实坐标，$\boldsymbol{W_k}=[\delta_x,\delta_y]^{\mathrm{T}}$为随机误差，$\boldsymbol{B_k}$为转换矩阵，把极坐标系下的系统误差，通过一阶泰勒展开转换到直角坐标系下。

考虑4.2节所描述的系统误差，$\boldsymbol{b_k}$是区间灰数向量，则由式（4.19）所确定目标位置也是区间灰数向量。由式（4.19）易得全微分增量

$$\begin{cases}\Delta x_k=-(\sin\hat{\theta}_k\cdot\Delta r_k+\hat{r}_k\cos\hat{\theta}_k\cdot\Delta\theta_k)\\ \Delta y_k=-(\cos\hat{\theta}_k\cdot\Delta r_k-\hat{r}_k\sin\hat{\theta}_k\cdot\Delta\theta_k)\end{cases}\tag{4.20}$$

式（4.20）中，

$$\begin{cases}\Delta r_k\ \in\ [0,\Delta r_m]\\ \Delta\theta_k\ \in\ [0,\Delta\theta_m]\end{cases}\tag{4.21}$$

那么，$\boldsymbol{Z_k}=[x_k,y_k]^{\mathrm{T}}$的范围就相当于解一个线性最优化问题，即在式（4.21）的条件下求目标函数式（4.20）的最大值或最小值。根据目标方位角$\hat{\theta}_k$不同，可分四种情况给出上述问题的解，并写成区间灰数的形式。

（1）当$0\leqslant\hat{\theta}_k<\dfrac{\pi}{2}$时，

$$\begin{cases}-\Delta\tilde{x}_k\ \in\ \left[0\ ,\ \sin\hat{\theta}_k\cdot|\Delta r_m|+\hat{r}_k\cos\hat{\theta}_k\cdot|\Delta\theta_m|\right]\\ -\Delta\tilde{y}_k\ \in\ \left[-\hat{r}_k\sin\hat{\theta}_k\cdot|\Delta\theta_m|\ ,\ \cos\hat{\theta}_k\cdot|\Delta r_m|\right]\end{cases}\tag{4.22}$$

（2）当$\dfrac{\pi}{2}\leqslant\hat{\theta}_k<\pi$时，

$$\begin{cases}-\Delta\tilde{x}_k\ \in\ \left[\hat{r}_k\cos\hat{\theta}_k\cdot|\Delta\theta_m|\ ,\ \sin\hat{\theta}_k\cdot|\Delta r_m|\right]\\ -\Delta\tilde{y}_k\ \in\ \left[\cos\hat{\theta}_k\cdot|\Delta r_m|-\hat{r}_k\sin\hat{\theta}_k\cdot|\Delta\theta_m|\ ,\ 0\right]\end{cases}\tag{4.23}$$

（3）当$-\dfrac{\pi}{2}\leqslant\hat{\theta}_k<0$时，

$$\begin{cases}-\Delta\tilde{x}_k\ \in\ \left[\sin\hat{\theta}_k\cdot|\Delta r_m|\ ,\ \hat{r}_k\cos\hat{\theta}_k\cdot|\Delta\theta_m|\right]\\ -\Delta\tilde{y}_k\ \in\ \left[0\ ,\ \cos\hat{\theta}_k\cdot|\Delta r_m|-\hat{r}_m\sin\hat{\theta}_k\cdot|\Delta\theta_m|\right]\end{cases}\tag{4.24}$$

（4）当$-\pi\leqslant\hat{\theta}_k<-\dfrac{\pi}{2}$时，

$$\begin{cases}-\Delta\tilde{x}_k\ \in\ \left[\sin\hat{\theta}_k\cdot|\Delta r_m|+\hat{r}_k\cos\hat{\theta}_k\cdot|\Delta\theta_m|\ ,\ 0\right]\\ -\Delta\tilde{y}_k\ \in\ \left[\cos\hat{\theta}_k\cdot|\Delta r_m|\ ,\ -\hat{r}_k\sin\hat{\theta}_k\cdot|\Delta\theta_m|\right]\end{cases}\tag{4.25}$$

由此，k 时刻航迹位置可用一组区间灰数表示，即

$$\begin{cases}\tilde{x}_k = \hat{x}_k - \Delta\tilde{x}_k \\ \tilde{y}_k = \hat{y}_k - \Delta\tilde{y}_k\end{cases} \tag{4.26}$$

至于三维的情形，可以给出如下形式的全微分增量

$$\Delta x \approx \cos\hat{\phi}\cdot\cos\hat{\theta}\cdot\Delta r - \hat{r}\cos\hat{\phi}\cdot\sin\hat{\theta}\cdot\Delta\theta - \hat{r}\sin\hat{\phi}\cdot\cos\hat{\theta}\cdot\Delta\phi \tag{4.27}$$

$$\Delta y \approx \cos\hat{\phi}\cdot\cos\hat{\theta}\cdot\Delta r + \hat{r}\cos\hat{\phi}\cdot\cos\hat{\theta}\cdot\Delta\theta - \hat{r}\sin\hat{\phi}\cdot\sin\hat{\theta}\cdot\Delta\phi \tag{4.28}$$

$$\Delta z \approx \sin\hat{\phi}\cdot\Delta r + \hat{r}\cos\hat{\phi}\cdot\Delta\phi \tag{4.29}$$

针对任一种可能出现的系统误差情形，可根据方位角 θ 和俯仰角 ϕ 的取值分八种情况确定 Δx、Δy、Δz 的范围，进而给出航迹的区间描述。

综上所述，系统误差下任意时刻的航迹都可以用一组区间灰数描述。于是在任取一段时间内，依次求出第 $1,2,\cdots,n$ 时刻航迹对应的区间灰数，可以得到系统误差影响下航迹的时间区间序列。

4.3.5 区间描述的精度分析

由 4.3.1 节～4.3.4 节可知，使用区间灰数描述后，无论直角坐标系下的 $[x^l,x^u]\times[y^l,y^u]$（或 $[x^l,x^u]\times[y^l,y^u]\times[z^l,z^u]$），还是极坐标系下的 $[r^l,r^u]\times[\theta^l,\theta^u]$（或 $[r^l,r^u]\times[\theta^l,\theta^u]\times[\phi^l,\phi^u]$），相比原来的灰色区域 G 而言，灰度都是增大的。

为了定量地分析区间描述前后的差异，根据灰度的概念，原灰度为

$$g_0^{\circ} = \frac{\mu(G_A)+\mu(G_B)}{\mu(\Omega)} \tag{4.30}$$

采用区间灰数描述后的新灰度为

$$g^{\circ} = \frac{\mu([\ ]_A\times[\ ]_A)+\mu([\ ]_B\times[\ ]_B)}{\mu(\Omega)} \tag{4.31}$$

则区间灰数描述后灰度的相对增量为

$$\delta(g^{\circ}) = \frac{g^{\circ}-g_0^{\circ}}{g_0^{\circ}} \tag{4.32}$$

将式（4.30）和式（4.31）代入式（4.32），得

$$\delta(g^{\circ}) = \frac{\mu([\ ]_A\times[\ ]_A)+\mu([\ ]_B\times[\ ]_B)}{\mu(G_A)+\mu(G_B)} - 1 \tag{4.33}$$

可见，灰度的相对增量与描述前后不确定区域的测度直接相关，因此，找到

对不确定区域的统一测度就可以很容易地给出灰度的相对增量。利用灰数连续覆盖的概念，取覆盖区域的面积作为测度衡量的标准，可依次求解灰数测度如下：

（1）原灰色区域G是一个圆环段区域，其面积为

$$S_G = \frac{1}{2}(2r+\Delta r_m)\cdot|\Delta r_m|\cdot|\Delta\theta_m| \approx r\cdot|\Delta r_m|\cdot|\Delta\theta_m| \tag{4.34}$$

（2）当采用矩形投影法或者微分法时，由区间灰数$\tilde{x}$和$\tilde{y}$所确定的区域是一个矩形，其面积可分别由式（4.35）和式（4.36）求得。

$$S_R = \mu(\tilde{x}_G)\cdot\mu(\tilde{y}_G) \tag{4.35}$$

$$S_D = \mu(\Delta\tilde{x})\cdot\mu(\Delta\tilde{y}) \tag{4.36}$$

式中，μ取相应区间的长度。

（3）当采用圆覆盖法时，由区间灰数$\tilde{r}$和$\tilde{\theta}$所确定的区域与原灰色区域G形状相同，且$\Delta r_m' = 2R \ll r'$，$\Delta\theta_m' \approx \dfrac{2R}{r'}$，故有

$$S_C = \frac{1}{2}(r'+\Delta r_m')^2\cdot|\Delta\theta_m'| - \frac{1}{2}(r')^2\cdot|\Delta\theta_m'| \approx 4R^2 \tag{4.37}$$

因此，联合式（4.30）~式（4.37）可分别计算二维空间中任意位置处三种描述方法的灰度相对增量。在一定程度上，$\delta(g^{\circ})$反映了区间描述的精度，$\delta(g^{\circ})$越小，描述越精确。

在$\Delta r_m = 1.5\,\text{km}$、$\Delta\theta_m = 1.5°$时仿真生成区间灰数相对增量，描述$\delta(g^{\circ})$空间场分布，如图4.5～图4.7所示。由图可以清晰地看到，三种描述方法的$\delta(g^{\circ})$都是大于零的，说明灰度均增大，增大的幅度与目标所处的位置有关。一般而

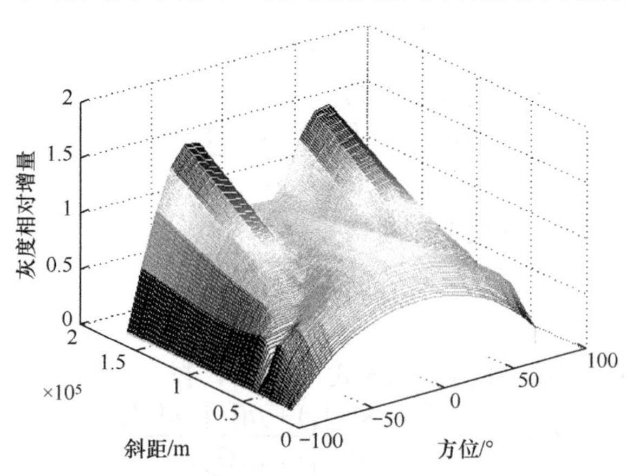

图4.5　矩形投影法灰度相对增量空间分布图

言，目标位置越远灰度相对增量越大；且 $\delta(g^{o})$ 在方位上具有一定的选择性，矩形投影法和微分法性能相似，在 $\pm\pi/4$ 方向附近出现两个波峰，而圆覆盖法只会在远场处 0°方位（两部雷达连线的中垂线方向）附近出现显著的峰值。这也从一定程度上说明圆覆盖法的近似效果略好于其他两种方法。

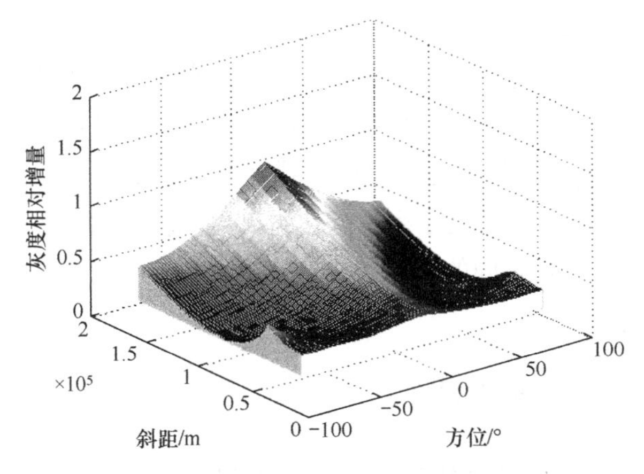

图 4.6　圆覆盖法灰度相对增量空间分布图

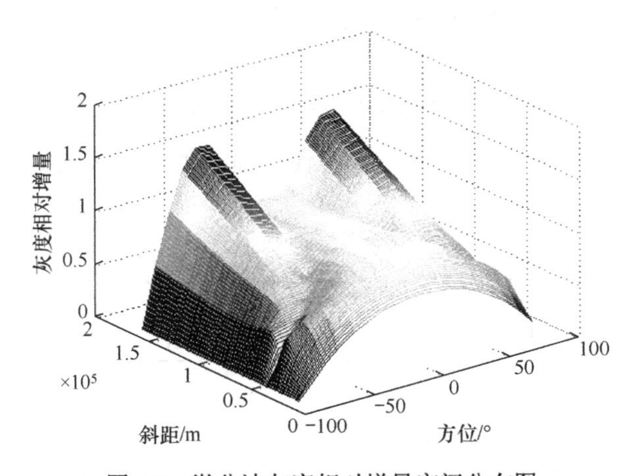

图 4.7　微分法灰度相对增量空间分布图

4.4　系统误差下雷达航迹的相似度量

4.4.1　区间灰数的灰关联度

在多传感器目标跟踪系统中，雷达系统误差的存在常常使探测到的目标航迹相对于真实航迹有一定的偏差，文献[68-70]将恒定或缓慢漂移的系统误差对传感器组网下航迹的影响看作固定的旋转和平移，然而这个旋转和平移量较难估计。通过前一节对航迹序列区间灰数描述的研究不难发现，用矩形投影或圆形区域覆盖的方法表示系统误差，用区间灰数的灰关联度作为航迹相似度量，可以不用估计系统误差。

此处与第 3 章对应章节存在联系。两章的区别在于第 3 章旨在利用区间灰数不确定性处理异步航迹时间上的差异，而本章处理的是系统误差导致的空间上的差异；3.3 节异步雷达航迹的区间化描述与 4.3 节系统误差的区间化描述中的具体方法大不相同；航迹序列区间化得到区间灰数后，有关航迹相似度量灰关联度的求解部分是相同的，相关内容在 3.4.1 节中已有详尽介绍，此章相应部分不再重复。

4.4.2 区域集合相似度

根据航迹量测值以及系统误差范围可推算出目标真实位置存在区域（如式（4.9）），下文简称目标区域。航迹集合 $\boldsymbol{X}$ 通过上述方式可转化为区域集合，记为

$$\boldsymbol{T}_A=\left\{\boldsymbol{T}_A(1),\boldsymbol{T}_A(2),\cdots,\boldsymbol{T}_A(i),\cdots,\boldsymbol{T}_A(k)\right\},\quad i=1,2\cdots,k \tag{4.38}$$

式（4.38）中，$\boldsymbol{T}_A(i)$ 表示 i 时刻雷达探测的航迹的目标区域集合。

雷达 A 的目标区域中心为

$$\begin{cases} x_{oA}=(\hat{r}_A-\dfrac{\Delta r_{Am}}{2})\times\cos(\hat{\theta}_A-\dfrac{\Delta\theta_{Am}}{2}) \\ y_{oA}=(\hat{r}_A-\dfrac{\Delta r_{Am}}{2})\times\sin(\hat{\theta}_A-\dfrac{\Delta\theta_{Am}}{2}) \end{cases} \tag{4.39}$$

定义 4.1 目标区域间的绝对距离

称雷达 A 和雷达 B 的目标区域中心之间的 Euclid 距离为目标区域间的绝对距离，将两雷达量测值转化到同一笛卡儿坐标系，则区域间绝对距离为

$$d_1=\sqrt{(x_{oA}-x_{oB})^2+(y_{oA}-y_{oB})^2} \tag{4.40}$$

式（4.40）中，x_{oA}、y_{oA} 以及 x_{oB}、y_{oB} 分别为两部雷达的目标区域中心坐标。

当目标区域大小固定时，目标区域间的绝对距离越大，两目标区域也就越远；反之越近。而两区域的位置关系亦与目标区域大小有关，当目标区域间的

绝对距离一定时，区域越大，两目标区域也就越近，反之越远。

取区域内任意一点到区域中心的 Euclid 距离最大值为区域测度，即

$$\sigma = \max\{\overline{OA}, \overline{OB}, \overline{OC}, \overline{OD}\} \tag{4.41}$$

式（4.41）中，O 为区域中心点，而 A、B、C、D 为目标区域的四个端点。

定义 4.2　目标区域间的相对距离

$$d = \frac{d_1}{\sigma_A + \sigma_B} \tag{4.42}$$

雷达 A 和雷达 B 的采样周期不同，那么同一时间段内航迹集合中的航迹值个数也就不同。在第 g 个融合周期内，雷达 A 和雷达 B 的航迹集合如式（4.43）和式（4.44）所示。

来自雷达 A 的局部目标区域集合 $\boldsymbol{T}_A^{\bullet}(g)$ 为

$$\boldsymbol{T}_A^{\bullet}(g) = \left\{\boldsymbol{T}_A(j+1), \cdots, \boldsymbol{T}_A(j+i), \cdots, \boldsymbol{T}_A(j+s)\right\} \tag{4.43}$$

式（4.43）中，$\boldsymbol{T}_A(j+i)$ 表示在 $j+i$ 时刻根据雷达 A 的航迹值得到的目标区域集合。

来自雷达 B 的局部目标区域集合 $\boldsymbol{T}_B^{\bullet}(g)$ 为

$$\boldsymbol{T}_B^{\bullet}(g) = \left\{\boldsymbol{T}_B(k+1), \cdots, \boldsymbol{T}_B(k+h), \cdots, \boldsymbol{T}_B(k+l)\right\} \tag{4.44}$$

式（4.44）中，$\boldsymbol{T}_B(k+h)$ 表示在 $k+h$ 时刻雷达 B 的目标区域集合。

同一时间段内集合 $\boldsymbol{T}_A^{\bullet}(g)$、$\boldsymbol{T}_B^{\bullet}(g)$ 内包含的目标区域集合个数分别为 s、l 个，且 $s<l$。航迹集合包含的元素个数不同，因此引入目标区域集合相似度的概念。

定义 4.3　目标区域集合相似度

$$\kappa_{cf} = \frac{1}{s}\sum_{i=1}^{s}(\min_h d_{ih}^{cf}) \tag{4.45}$$

式（4.45）中，d_{ih}^{cf} 表示来自雷达 A 的第 c 条航迹 $j+i$ 时刻的目标区域 $\boldsymbol{T}_A^c(j+i)$ 和来自雷达 B 的第 f 条航迹 $k+h$ 时刻的目标区域 $\boldsymbol{T}_B^f(k+h)$ 之间的相对距离。

目标区域集合相似度能够反映两灰色区域集合间的相对位置关系。区域集合相似度越大，两灰色区域集合越近；反之越远。对于来自不同传感器的局部航迹集合，两航迹集合间相对距离越近，两航迹集合相似度越高，来自同一目标的概率也就越大，故目标区域集合相似度可作为航迹相似度量。

4.4.3 区间序列离散度

在 3.4.3 节中分析了离散度可以判定航迹接近程度的原理，但仅限于数值型数据的定义，系统误差的区间化处理会产生区间型数据，这里针对区间型数据给出区间序列离散度定义。

定义 4.4 区间数据集的平均区间

对任意区间数据集 $X=\left\{[x_1^{\mathrm{l}},x_1^{\mathrm{u}}],[x_2^{\mathrm{l}},x_2^{\mathrm{u}}],\cdots,[x_n^{\mathrm{l}},x_n^{\mathrm{u}}]\right\}$，称

$$x_i^{\mathrm{m}}=\frac{1}{2}(x_i^{\mathrm{l}}+x_i^{\mathrm{u}})，\quad r_i=\frac{1}{2}(x_i^{\mathrm{u}}-x_i^{\mathrm{l}})，\quad [\overline{x}^{\mathrm{l}},\overline{x}^{\mathrm{u}}]=[\overline{x}^{\mathrm{m}}-\overline{r},\overline{x}^{\mathrm{m}}+\overline{r}] \tag{4.46}$$

分别为区间中点、区间半径、平均区间。

式（4.46）中，$\overline{x}^{\mathrm{m}}=\frac{1}{n}\sum_{i=1}^{n}x_i^{\mathrm{m}}$，$\overline{r}=\frac{1}{n}\sum_{i=1}^{n}r_i$。

定义 4.5 区间距离

对任意两个区间 $[x_i^{\mathrm{l}},x_i^{\mathrm{u}}],[x_j^{\mathrm{l}},x_j^{\mathrm{u}}]$，称

$$d_{\mathrm{q}}=\sqrt{[(x_i^{\mathrm{l}}-x_j^{\mathrm{l}})^2+(x_i^{\mathrm{u}}-x_j^{\mathrm{u}})^2]/2} \tag{4.47}$$

为区间距离。

定义 4.6 区间离散系数

对任意区间数据集 $X=\left\{[x_1^{\mathrm{l}},x_1^{\mathrm{u}}],[x_2^{\mathrm{l}},x_2^{\mathrm{u}}],\cdots,[x_n^{\mathrm{l}},x_n^{\mathrm{u}}]\right\}$，称

$$V_{\mathrm{q}}=\sqrt{s_{\mathrm{q}}^2}/\overline{x}_{\mathrm{q}} \tag{4.48}$$

为区间离散系数。其中

$$s_{\mathrm{q}}^2=\frac{1}{2n}\sum_{i=1}^{n}[(x_i^{\mathrm{l}}-\overline{x}^{\mathrm{l}})^2+(x_i^{\mathrm{u}}-\overline{x}^{\mathrm{u}})^2]，\quad \overline{x}_{\mathrm{q}}=\overline{x}^{\mathrm{m}}+2\overline{r} \tag{4.49}$$

分别为区间均值、区间方差。

性质 4.1 对区间型数据集，若区间半径相等，则区间方差、区间中点方差、区间上界方差、区间下界方差均相等。

证明：

对区间型数据集 $\left\{[x_1^{\mathrm{l}},x_1^{\mathrm{u}}],[x_2^{\mathrm{l}},x_2^{\mathrm{u}}],\cdots,[x_n^{\mathrm{l}},x_n^{\mathrm{u}}]\right\}$，区间方差为 s_{q}^2。其区间上界和区间下界集合分别为 $\left\{x_1^{\mathrm{u}},x_2^{\mathrm{u}},\cdots,x_n^{\mathrm{u}}\right\}$，$\left\{x_1^{\mathrm{l}},x_2^{\mathrm{l}},\cdots,x_n^{\mathrm{l}}\right\}$，相应的区间上下界方差记为 s_{u}^2，s_{l}^2。当区间半径相等即 $r_i=r$ 时，其区间中点集合为 $\left\{x_1^{\mathrm{m}},x_2^{\mathrm{m}},\cdots,x_n^{\mathrm{m}}\right\}$，区间中点方差记为 s_{m}^2。

因为$\overline{x}^{\mathrm{l}}=\overline{x}^{\mathrm{m}}-\overline{r},\overline{x}^{\mathrm{u}}=\overline{x}^{\mathrm{m}}+\overline{r},\overline{r}=r$，所以$\overline{x}^{\mathrm{u}}=\overline{x}^{\mathrm{l}}+2r$，又因$x_i^{\mathrm{u}}=x_i^{\mathrm{l}}+2r$，则

$$
\begin{aligned}
s_{\mathrm{q}}^2&=\frac{1}{2n}\sum_{i=1}^{n}[(x_i^{\mathrm{l}}-\overline{x}^{\mathrm{l}})^2+(x_i^{\mathrm{u}}-\overline{x}^{\mathrm{u}})^2]\\
&=\frac{1}{2n}\sum_{i=1}^{n}[(x_i^{\mathrm{l}}-\overline{x}^{\mathrm{l}})^2+(x_i^{\mathrm{l}}+2r-\overline{x}^{\mathrm{l}}-2r)^2]\\
&=\frac{1}{2n}\sum_{i=1}^{n}[2(x_i^{\mathrm{l}}-\overline{x}^{\mathrm{l}})^2]=s_{\mathrm{l}}^2
\end{aligned}
$$

对集合 X，方差性质满足 $s^2(X+c)=s^2(X)$（c 为常数），因为 $x_i^{\mathrm{u}}=x_i^{\mathrm{l}}+2r=x_i^{\mathrm{m}}+r$，所以$s_{\mathrm{u}}^2=s_{\mathrm{l}}^2=s_{\mathrm{m}}^2$。综上，当区间半径相等时，$s_{\mathrm{q}}^2=s_{\mathrm{u}}^2=s_{\mathrm{l}}^2=s_{\mathrm{m}}^2$，证毕。

定义 4.7 混合区间数据集的离散度

对任意两个区间型数据集 $X=\{[x_1^{\mathrm{l}},x_1^{\mathrm{u}}],[x_2^{\mathrm{l}},x_2^{\mathrm{u}}],\cdots,[x_M^{\mathrm{l}},x_M^{\mathrm{u}}]\}$ 和 $Y=\{[y_1^{\mathrm{l}},y_1^{\mathrm{u}}],[y_2^{\mathrm{l}},y_2^{\mathrm{u}}],\cdots,[y_N^{\mathrm{l}},y_N^{\mathrm{u}}]\}$，记$(X,Y)=X\cup Y$为混合区间数据集，称

$$
\Delta(X,Y)=\begin{cases}\max\limits_{\Pi_M^{nN}}V_{\mathrm{q}}(X_{\Pi_M^{nN}}\cup nY)+\max\limits_{\Pi_M^{nN}}V_{\mathrm{q}}(X_{\Pi_M^{n}}^{c}\cup Y_{\Pi_N^{m}}),M\geqslant N\\ \Delta(Y,X),M<N\end{cases}\tag{4.50}
$$

为混合区间数据集的离散度。

式中，$n=\mathrm{INT}^{\mathrm{u}}[M/N]$，$\mathrm{INT}^{\mathrm{u}}[x]$表示不大于$x$的最大整数；$m=M\bmod N$，表示 M 除以 N 的余数；$X\cup Y$ 为集合"并"运算。对区间数据集 $X=\{[x_1^{\mathrm{l}},x_1^{\mathrm{u}}],[x_2^{\mathrm{l}},x_2^{\mathrm{u}}],\cdots,[x_p^{\mathrm{l}},x_p^{\mathrm{u}}]\}$，有 $nX=\{[nx_1^{\mathrm{l}},nx_1^{\mathrm{u}}],[nx_2^{\mathrm{l}},nx_2^{\mathrm{u}}],\cdots,[nx_p^{\mathrm{l}},nx_p^{\mathrm{u}}]\}$；$X_{\Pi_p^q}=\{[x_j^{\mathrm{l}\pi},x_j^{\mathrm{u}\pi}]\,|\,[x_j^{\mathrm{l}\pi},x_j^{\mathrm{u}\pi}]\in X,j=1,2,\cdots,q\}$；$\Pi_p^q$ 表示从数据集X 的 p 个元素中任取q个元素；$X_{\Pi_p^q}^c=X-X_{\Pi_p^q}$；$V_{\mathrm{q}}=\sqrt{s_{\mathrm{q}}^2}/\overline{x}_{\mathrm{q}}$为定义 4.6 中的区间离散系数。

根据系统误差的偏差方向是否已知，可对雷达观测数据进行不同的区间化处理。如果雷达的系统误差偏差方向已知，即$\Delta\rho\in(0,\Delta\rho_{\mathrm{m}})$，$\Delta\theta\in(0,\Delta\theta_{\mathrm{m}})$。则目标真实位置可能的分布区域由区间$(\hat{\rho}-\Delta\rho_{\mathrm{m}},\hat{\rho})$和$(\hat{\theta}-\Delta\theta_{\mathrm{m}},\hat{\theta})$共同确定，称为单侧区间化。如果雷达的系统误差偏差方向未知，则目标真实位置分布区域由区间$(\hat{\rho}-\Delta\rho_{\mathrm{m}},\hat{\rho}+\Delta\rho_{\mathrm{m}})$和$(\hat{\theta}-\Delta\theta_{\mathrm{m}},\hat{\theta}+\Delta\theta_{\mathrm{m}})$共同确定，称为双侧区间化。

雷达A对目标i和雷达B对目标j的航迹观测序列记为$\hat{X}_A^i,\hat{X}_B^j$，则先对观

测序列区间化 $\tilde{X}_A^i,\tilde{X}_B^j$，再根据定义 4.7 计算混合区间数据集的离散度

$$\lambda_{ij}=\Delta(\tilde{X}_A^i,\tilde{X}_B^j) \tag{4.51}$$

λ_{ij} 越小说明航迹 i,j 为同源航迹的可能性越大。

4.5 同步雷达航迹的抗差关联

记两局部节点雷达上报航迹号集合分别为

$$\boldsymbol{U}_1=\{1,2,\cdots,n_1\},\ \boldsymbol{U}_2=\{1,2,\cdots,n_2\} \tag{4.52}$$

由于环境的复杂和雷达性能的差异，来自两雷达的航迹数目不同，不妨设 $n_1\leqslant n_2$。将来自局部节点 A 的第 $i(i\in\boldsymbol{U}_1)$ 条航迹看作参考航迹序列，将来自局部节点 B 的 n_2 条航迹看作是比较航迹序列。在公共笛卡儿坐标系中记雷达 A 的坐标为 $(x_{as},0)$，雷达 B 的坐标为 $(x_{bs},0)$；两雷达的测距和测方位角系统误差分别为 $(\Delta r_A,\Delta\theta_A)$、$(\Delta r_B,\Delta\theta_B)$。

在第 k 个融合周期内，取来自传感器 A 的第 i 条航迹序列 $\boldsymbol{\Gamma}_A^i(k)$ 与来自传感器 B 的所有航迹序列集合 $\boldsymbol{\Gamma}_B^j(k)$ 组成航迹数据矩阵 $\boldsymbol{\Psi}_i(k)$，即

$$\boldsymbol{\Psi}_i(k)=\begin{bmatrix}\tilde{\boldsymbol{X}}_B^1(k+\lambda_B^1) & \tilde{\boldsymbol{X}}_B^1(k+\lambda_B^2) & \cdots & \tilde{\boldsymbol{X}}_B^1(k+\lambda_B^l)\\ \vdots & \vdots & \vdots & \vdots\\ \tilde{\boldsymbol{X}}_B^j(k+\lambda_B^1) & \tilde{\boldsymbol{X}}_B^j(k+\lambda_B^2) & \cdots & \tilde{\boldsymbol{X}}_B^j(k+\lambda_B^l)\\ \vdots & \vdots & \vdots & \vdots\\ \tilde{\boldsymbol{X}}_B^{n_2}(k+\lambda_b^1) & \tilde{\boldsymbol{X}}_B^{n_2}(k+\lambda_B^2) & \cdots & \tilde{\boldsymbol{X}}_B^{n_2}(k+\lambda_B^l)\\ \tilde{\boldsymbol{X}}_A^i(k+\lambda_A^1) & \tilde{\boldsymbol{X}}_A^i(k+\lambda_A^2) & \cdots & \tilde{\boldsymbol{X}}_A^i(k+\lambda_A^s)\end{bmatrix} \tag{4.53}$$

式（4.53）中，$\tilde{\boldsymbol{X}}_A^i(k+\lambda_A^k)$ 为第 k 个探测时刻传感器 A 探测的第 i 条航迹的目标状态估计，$\tilde{\boldsymbol{X}}_B^j(k+\lambda_B^k)$ 为第 k 个探测时刻传感器 B 探测的第 j 条航迹的目标状态估计。

4.5.1 基于区间灰数的航迹抗差关联

1. 系统误差区间化

这里以矩形投影法对系统误差进行区间化描述，k 时刻节点 A 的第 i 条航迹数据与节点 B 的 n_2 条航迹数据组成区间灰数关联矩阵为

$$\tilde{\boldsymbol{A}}=\begin{bmatrix} [\lambda_{1,1}^{\mathrm{l}}(k)\ ,\ \lambda_{1,1}^{\mathrm{u}}(k)] & [\lambda_{1,2}^{\mathrm{l}}(k)\ ,\ \lambda_{1,2}^{\mathrm{u}}(k)] & \cdots & [\lambda_{1,m}^{\mathrm{l}}(k)\ ,\ \lambda_{1,m}^{\mathrm{u}}(k)] \\ [\lambda_{2,1}^{\mathrm{l}}(k)\ ,\ \lambda_{2,1}^{\mathrm{u}}(k)] & [\lambda_{2,2}^{\mathrm{l}}(k)\ ,\ \lambda_{2,2}^{\mathrm{u}}(k)] & \cdots & [\lambda_{2,m}^{\mathrm{l}}(k)\ ,\ \lambda_{2,m}^{\mathrm{u}}(k)] \\ \vdots & \vdots & \ddots & \vdots \\ [\lambda_{n_2,1}^{\mathrm{l}}(k)\ ,\ \lambda_{n_2,1}^{\mathrm{u}}(k)] & [\lambda_{n_2,2}^{\mathrm{l}}(k)\ ,\ \lambda_{n_2,2}^{\mathrm{u}}(k)] & \cdots & [\lambda_{n_2,m}^{\mathrm{l}}(k)\ ,\ \lambda_{n_2,m}^{\mathrm{u}}(k)] \\ [\lambda_{n_2+1,1}^{\mathrm{l}}(k),\lambda_{n_2+1,1}^{\mathrm{u}}(k)] & [\lambda_{n_2+1,2}^{\mathrm{l}}(k),\lambda_{n_2+1,2}^{\mathrm{u}}(k)] & \cdots & [\lambda_{n_2+1,m}^{\mathrm{l}}(k),\lambda_{n_2+1,m}^{\mathrm{u}}(k)] \end{bmatrix} \tag{4.54}$$

式（4.54）中，$[\lambda_{i,j}^{\mathrm{l}}(k),\lambda_{i,j}^{\mathrm{u}}(k)]$表示$k$时刻的航迹数据，$i$为航迹标号，$i=1,2,\cdots,n_2$代表比较航迹（来自节点$B$），$i=n_2+1$代表所选参考航迹（来自节点$A$）；$j=1,2,\cdots,m$为指标标号，$\lambda$为相应的比较指标，$\lambda$可选取直角坐标参数（$x,y,\cdots$）或者极坐标参数（$r,\theta,\cdots$）；上标l、u 分别表示区间灰数的下界和上界。

2．区间灰数灰关联度

为消除不同物理量纲对关联结果的影响，采用向量规范化法对$\tilde{\boldsymbol{A}}$作规范化处理，得到规范化的区间灰数关联矩阵，记为$\boldsymbol{\mathfrak{R}}=[\tilde{r}_{i,j}]_{(n_2+1)\times m}$，其中$\tilde{r}_{i,j}=[r_{i,j}^{\mathrm{l}},r_{i,j}^{\mathrm{u}}]$，且

$$\begin{cases} r_{i,j}^{\mathrm{l}}=\lambda_{i,j}^{\mathrm{l}}\Big/\sqrt{\sum\limits_{i=1}^{n_2+1}(\lambda_{i,j}^{\mathrm{u}})^2} \\ r_{i,j}^{\mathrm{u}}=\lambda_{i,j}^{\mathrm{u}}\Big/\sqrt{\sum\limits_{i=1}^{n_2+1}(\lambda_{i,j}^{\mathrm{l}})^2} \end{cases},\quad i=1,2,\cdots,n_2+1,\ \ j=1,2,\cdots m \tag{4.55}$$

区间灰数$\tilde{a}\in[a^{\mathrm{l}},a^{\mathrm{u}}]$与$\tilde{b}\in[b^{\mathrm{l}},b^{\mathrm{u}}]$的相离度[71]为

$$d(\tilde{a},\tilde{b})=\frac{1}{\sqrt{2}}\sqrt{(a^{\mathrm{l}}-b^{\mathrm{l}})^2+(a^{\mathrm{u}}-b^{\mathrm{u}})^2} \tag{4.56}$$

它可以表征$\tilde{a}$与$\tilde{b}$之间的差异信息。将其引用到航迹关联问题中，相离度d可以衡量参考航迹与比较航迹之间位置上的差异，求出各个时刻参考航迹与各比较航迹间的相离度$d_{i,j}(k)$，得到航迹相离度矩阵$\boldsymbol{D}=[d_{i,j}(k)]_{n_2\times m}$，其中，

$$d_{i,j}(k)=\frac{1}{\sqrt{2}}\sqrt{[r_{i,j}^{\mathrm{l}}(k)-r_{n_2+1,j}^{\mathrm{l}}(k)]^2+[r_{i,j}^{\mathrm{u}}(k)-r_{n_2+1,j}^{\mathrm{u}}(k)]^2} \tag{4.57}$$

式（4.57）中，$i=1,2,\cdots,n_2$，$j=1,2,\cdots,m$。

k时刻参考航迹$i(i\in\boldsymbol{U}_1)$与比较航迹$j(j\in\boldsymbol{U}_2)$的灰关联系数为

$$\xi_{i,j}(k)=\frac{\min\limits_{i}\min\limits_{j}\{d_{i,j}(k)\}+\rho_0\max\limits_{i}\max\limits_{j}\{d_{i,j}(k)\}}{d_{i,j}(k)+\rho_0\max\limits_{i}\max\limits_{j}\{d_{i\ ,j}(k)\}} \tag{4.58}$$

式（4.58）中，$\rho_0 \in [0,1]$ 为分辨系数。

若参数指标权重向量 $\boldsymbol{W} = (w_1\ w_2\ \cdots\ w_m)^{\mathrm{T}}$ 已知，则 k 时刻参考航迹 $i(i \in \boldsymbol{U}_1)$ 与比较航迹 $j(j \in \boldsymbol{U}_2)$ 的区间灰关联度为

$$\gamma_{i,j}(k) = \sum_j w_j \cdot \xi_{i,j}(k), \quad j = 1,2,\cdots,m \tag{4.59}$$

$\gamma_{i,j}(k)$ 直接反映 k 时刻雷达 A 中第 i 条航迹与雷达 B 中第 j 条航迹的相似程度，$\gamma_{i,j}(k)$ 越大两航迹来自同一个目标的可能性越大。

3. 航迹关联准则

对航迹的关联性判决，可采用最大关联度原则，对区间灰关联度从大到小排序，取最大灰关联度所对应的航迹对作为关联对，即若 $\gamma_{i,j^*} = \max\limits_j \gamma_{i,j}$，则判决航迹 i 与航迹 j 关联。为了控制航迹关联检测的完结与终止，可利用航迹关联质量 $m_{ij^*}(k)$，具体可参考 3.5.1 节内容。

4. 算法适用性分析

航迹灰色区域关联示意图如图 4.8 所示。设某时刻雷达 A 的航迹 i 与雷达 B 的航迹 j 关联，由雷达 A 的上报航迹 i 得到的航迹灰色区域为 G_1，由雷达 B 的航迹 j^* 得到的灰色区域为 G_2，则 G_1 与 G_2 必存在公共区域（参见图 4.8（a）），航迹的真实位置必在该公共区域之内。

这里，假定 G_1 已被选定，来考虑 G_2 的可能位置。由雷达 B 系统误差 Δr 和 $\Delta\theta$ 的时变范围分别为 $0 \sim \Delta r_{Bm}$ 和 $0 \sim \Delta\theta_{Bm}$，不妨设 $\Delta r_{Bm} > 0$，$\Delta\theta_{Bm} < 0$，则由雷达 B 上报航迹点 M 所确定的灰色区域必在 M 的逆时针且远离雷达 B 的方向；相反，由真实航迹点所确定的雷达 B 的可能量测区域必在该点的顺时针且靠近雷达 B 的方向。

据此，在两部雷达都收到目标航迹数据的前提下，由极端的关联情形（G_1 和 G_2 有且仅有一个公共点），遍历 G_1 的边界点可以得到航迹 j^* 的所有可能的量测点集合，记由该集合投影区域所确定的矩形为 H_1（如图 4.8（b）所示）；同理，可以得到所有可能引起误关联的真实航迹点的集合，记由该集合投影区域所确定的矩形为 H_2（如图 4.8（c）所示）。

因此，要得到可靠的关联结论，只需保证在 H_2 范围内至多有一个目标。或者说公共观测区域的目标密集度 κ 与算法的航迹分辨率 D 满足

$$\kappa < D \tag{4.60}$$

式中，$\kappa = N/S_1$，N 为公共观测区域内目标总批数，S_1 为公共观测区域的面积；$D = 1/S_2$，S_2 为矩形 H_2 的面积，可通过以下各式近似计算得到

$$S_2 = (L_{x1} + L_{x2})(L_{y1} + L_{y2}) \tag{4.61}$$

$$L_{x1} = |\Delta r_{Am}||\sin\theta_A| + r_A|\Delta\theta_{Am}||\cos\theta_A| \tag{4.62}$$

$$L_{y1} = |\Delta r_{Am}||\cos\theta_A| + r_A|\Delta\theta_{Am}||\sin\theta_A| \tag{4.63}$$

$$L_{x2} = |\Delta r_{Bm}||\sin\theta_B| + r_B|\Delta\theta_{Bm}||\cos\theta_B| \tag{4.64}$$

$$L_{y2} = |\Delta r_{Bm}||\cos\theta_B| + r_B|\Delta\theta_{Bm}||\sin\theta_B| \tag{4.65}$$

由式（4.61）至式（4.65）知，算法的航迹分辨率与目标的斜距、方位角以及雷达的系统误差等多个因素有关。并且在目标密度一定的情况下，以上各因素相互制约。在实际应用中，考量算法可用性的可行做法是，取公共探测区域中的点来估算算法的航迹分辨率 D，如果 D 与 κ 满足式（4.60），则算法可用。

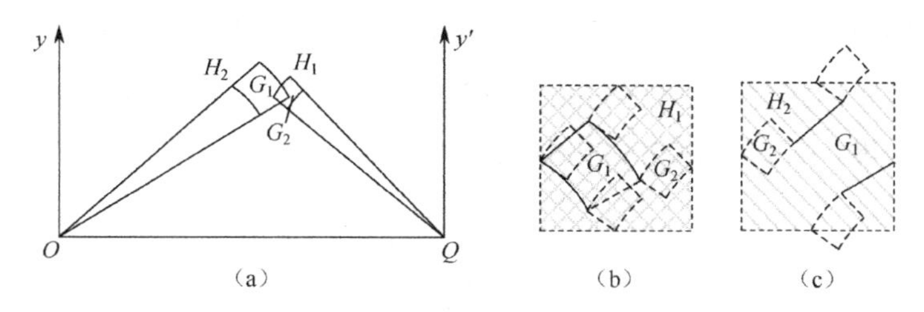

图 4.8　航迹灰色区域关联示意图

4.5.2　基于区域集合相似度的航迹抗差关联

根据 4.4.2 节，将航迹集合 $\boldsymbol{X} = \{\boldsymbol{X}(1), \boldsymbol{X}(2), \cdots, \boldsymbol{X}(i), \cdots, \boldsymbol{X}(k)\}$ 转化为目标区域集合

$$\boldsymbol{T} = \{\boldsymbol{T}(1), \boldsymbol{T}(2), \cdots, \boldsymbol{T}(i), \cdots, \boldsymbol{T}(k)\} \tag{4.66}$$

同理，将目标区域集合转化为区域中心坐标及区域测度集合

$$\begin{aligned} \boldsymbol{O}_x &= \{\boldsymbol{O}_x(1), \boldsymbol{O}_x(2), \cdots, \boldsymbol{O}_x(i), \cdots, \boldsymbol{O}_x(k)\} \\ \boldsymbol{O}_y &= \{\boldsymbol{O}_y(1), \boldsymbol{O}_y(2), \cdots, \boldsymbol{O}_y(i), \cdots, \boldsymbol{O}_y(k)\} \\ \boldsymbol{\Omega}_\sigma &= \{\boldsymbol{\Omega}_\sigma(1), \boldsymbol{\Omega}_\sigma(2), \cdots, \boldsymbol{\Omega}_\sigma(i), \cdots, \boldsymbol{\Omega}_\sigma(k)\} \end{aligned} \tag{4.67}$$

式（4.67）中，$\boldsymbol{O}_x(i)$、$\boldsymbol{O}_y(i)$、$\boldsymbol{\Omega}_\sigma(i)$ 分别为 i 时刻的区域中心 x、y 坐标集合以及区域测度集合。

在第 g 个融合周期内，取来自雷达 B 的一条航迹与来自雷达 A 的航迹集合 $\boldsymbol{T}_A^{\bullet}(g)$ 组成决策矩阵

$$\boldsymbol{\Psi}(g)=$$

$$\begin{bmatrix} O_{xy}^{A1}(j)、\sigma^{A1}(j) & \cdots & O_{xy}^{A1}(j+i)、\sigma^{A1}(j+i) & \cdots & O_{xy}^{A1}(j+s)、\sigma^{A1}(j+s) \\ \vdots & & \vdots & & \vdots \\ O_{xy}^{Ac}(j)、\sigma^{Aj}(j) & \cdots & O_{xy}^{Ac}(j+i)、\sigma^{Ac}(j+i) & \cdots & O_{xy}^{Ac}(j+s)、\sigma^{Ac}(j+s) \\ \vdots & & \vdots & & \vdots \\ O_{xy}^{AN}(j)、\sigma^{AN}(j) & \cdots & O_{xy}^{AN}(j+i)、\sigma^{AN}(j+i) & \cdots & O_{xy}^{AN}(j+s)、\sigma^{AN}(j+s) \\ O_{xy}^{Bf}(k)、\sigma^{Bf}(k) & \cdots & O_{xy}^{Bf}(k+h)、\sigma^{Bf}(k+h) & \cdots & O_{xy}^{Bf}(k+l)、\sigma^{Bf}(k+l) \end{bmatrix}$$

（4.68）

式（4.68）中，$O_{xy}^{Ac}(j+i)$为雷达A于$j+i$时刻探测的第c条航迹的目标区域中心坐标，$\sigma^{Ac}(j+i)$为雷达A于$j+i$时刻探测的第c条航迹的目标区域测度；$O_{xy}^{Bf}(k+h)$为雷达B于$k+h$时刻探测的第f条航迹的目标区域中心坐标，$\sigma^{Bf}(k+h)$为雷达B于$k+h$时刻探测的第f条航迹的目标区域测度；$s \neq l$。

将第$N+1$行分别与前N行进行比较，采用定义4.2和定义4.3计算得到区域集合相似度，构成区域集合相似度矩阵

$$\boldsymbol{P}_1=\begin{bmatrix} \kappa_{f1} \\ \vdots \\ \kappa_{fc} \\ \vdots \\ \kappa_{fN} \end{bmatrix} \tag{4.69}$$

进而计算雷达B的第f条航迹与雷达A的第c条航迹之间的灰关联系数

$$\xi_{fc}=\frac{\min\limits_{v}(\kappa_{fv})+\rho\max\limits_{v}(\kappa_{fv})}{\kappa_{fc}+\rho\max\limits_{v}(\kappa_{fv})} \tag{4.70}$$

式（4.70）中，$\rho\in(0,1)$为分辨系数。

ξ_{fc}直接反应了两航迹之间的相对位置关系，ξ_{fc}越大两航迹越近，来自同一目标的可能性也就越大。与4.4.1节相同，设置航迹关联质量，采取最大相似度准则，若$\xi_{fc}=\max\limits_{v}\xi_{fv}$，则判决航迹$f$和航迹$c$来自同一目标。

4.5.3 基于区间序列离散度的航迹抗差关联

对于式（4.53）中的矩阵$\boldsymbol{\Psi}_i(k)$，根据4.4.3节中区间序列离散度的定义，可得参考航迹和比较航迹的离散度

$$\lambda = \left[\lambda_{1,i}, \lambda_{2,i}, \cdots, \lambda_{n_2,i}\right]^{\mathrm{T}} \tag{4.71}$$

式（4.71）中，$\lambda_{j,i} = \Delta(\tilde{\boldsymbol{X}}_B^j, \tilde{\boldsymbol{X}}_A^i)$，$j = 1,2,\cdots,n_2, i = 1,2,\cdots,n_1$。

若航迹序列的航迹点包含 $x, y, \dot{x}, \dot{y}$ 四个分量，则先分别求解对于每一个分量航迹序列的离散度 $\lambda_x, \lambda_y, \lambda_{\dot{x}}, \lambda_{\dot{y}}$，再对多个分量离散度进行加权融合得到总离散度指标。

$$\lambda = \alpha_1 \lambda_x + \alpha_2 \lambda_y + \beta_1 \lambda_{\dot{x}} + \beta_2 \lambda_{\dot{y}} \tag{4.72}$$

式(4.72)中，加权系数 α_1、α_2、β_1、β_2 为非负实数，且满足 $\alpha_1 + \alpha_2 + \beta_1 + \beta_2 = 1$。其数值大小取决于位移和速度分量在航迹离散度中的影响程度。需要注意的是，由于同属性分量对离散度产生的影响相同，故位移分量和速度分量的加权系数应分别对应相等。

采用最小离散度关联准则，记最小离散度对应的航迹标号为 j^*，当航迹 j^* 满足如下条件时

$$\lambda_{j^*} = \min_{j \in U_2} \left\{\lambda_j\right\} \text{ 且 } \lambda_{j^*} < \varepsilon \tag{4.73}$$

判断比较航迹 j^* 与参考航迹 i 为同源航迹。式（4.73）中，ε 为阈值门限，取值可以通过仿真确定。

考虑到多义性，若最小离散度对应的航迹存在两条及以上，则设置二次检验环节进行处理。记最小离散度对应的航迹标号记为 j_1^*, j_2^*（两条以上情况类似），两条航迹的分段数目记为 $n_{j_1^*}, n_{j_2^*}$，若 $\lambda_{j_1^*} = \lambda_{j_2^*}$，则令

$$\lambda' = \frac{1}{2}\lambda_x + \frac{1}{2}\lambda_y \tag{4.74}$$

即仅通过位移分量的离散度 $\lambda'_{j_1^*}, \lambda'_{j_2^*}$ 进行比较排除多义性。

4.6 异步雷达航迹的抗差关联

4.6.1 串行处理方式

航迹关联的两大核心问题是航迹异步与系统误差，当两者并存时，现有的算法往往采用串行处理方式。根据对航迹异步问题处理方式的不同，串行处理方式可以分为两种。

第一种是先时域配准再处理系统误差的传统处理方法。此类方法利用最小

二乘、滤波插值等处理手段将不等速率航迹序列调整为等长序列，在时域中将开机时延对齐（详见 3.2 节）以解决异步问题，之后再根据不同的方法对系统误差进行处理，进行航迹关联。

第二种是连续区间化的处理方法。针对异步问题，根据点–区间、区间–区间、区实混合序列[56]、搜索式区间灰数等描述法（详见 3.3 迹）将异步问题转化为带有不确定性的区间灰数。针对系统误差，根据矩形投影法、圆覆盖法、微分法等方法（详见 4.3 节）将系统误差的影响转化为区间灰数。经过连续两次串行区间化处理后对系统误差下的异步航迹实现关联[72]。

串行处理方式异步雷达航迹抗差关联算法流程图如图 4.9 所示。串行处理方式在一定程度上耗时较高，算法效率较低。对于第一种方法，滤波误差在时域配准的过程中会迅速积累；第二种方法的两次区间化会连续放大区间灰数的不确定性，均对关联效果产生一定影响。

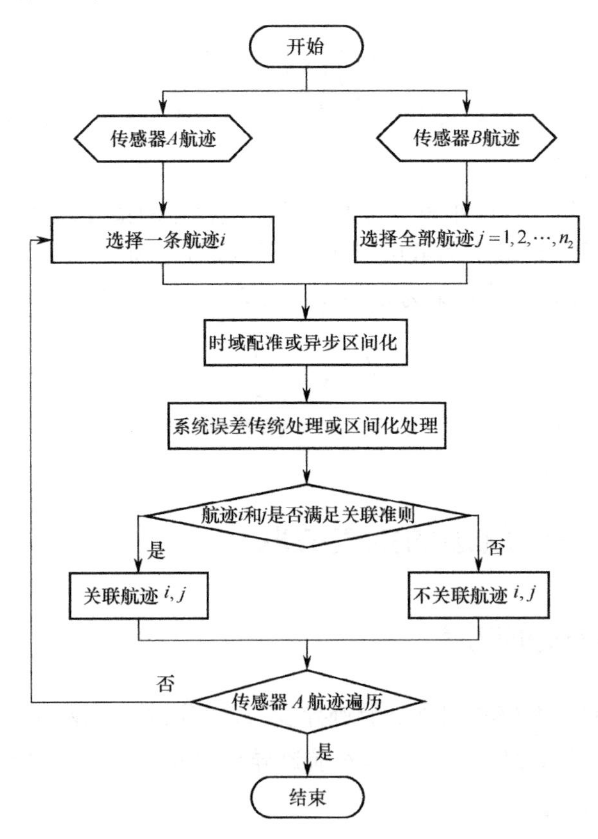

图 4.9　串行处理方式异步雷达航迹抗差关联算法流程图

4.6.2　直接处理方式

与串行处理方式不同，本书提出的航迹相似度量指标离散度可直接处理异步和系统误差并存时的航迹关联问题。

离散度是基于数据统计特性的物理量，离散度的大小反应数据集合的离散程度，当待关联航迹与已知航迹同源时，航迹序列数据集合的离散度小；在判别原理上离散度不依赖时间变量，即航迹异步并不影响数据分布的离散度，故时间错位带来的异步问题对该离散度本身无影响。根据 4.4.3 节中对区间序列离散度的补充定义及对系统误差的两种区间化处理方式，可用区间序列描述系统误差的不确定性，实现航迹的抗差关联。

与图 4.9 所示的串行处理方式相比，基于区间序列离散度的关联算法可在系统误差下实现对异步航迹的直接关联，即处理流程中没有时域配准或异步区间化步骤，在不影响算法准确性的前提下大大提高了算法效率。

4.7　算法仿真与性能分析

4.7.1　仿真环境设置

在前面几节已经给出了基于区间灰数（Interval Grey Number）的抗差航迹关联算法、基于区域集合相似度（Region Set Similarity, RSS）的抗差航迹关联算法和基于区间序列离散度（Discrete Degree of Interval Sequence, DD-IS）的抗差航迹关联算法。现对上述算法进行仿真，研究比较算法的性能，其中基于区间灰数的抗差航迹关联算法处理系统误差时采用矩形投影区间化法（Rectangular Projecting Interval Method, RPIM）。

假设由两部异地配置的2D雷达构成的跟踪系统对公共区域进行观测，目标持续观测时间为30 s。雷达 1、2 位置坐标分别为$(0,0)$、$(100\,\text{km},0)$，雷达 1 和雷达 2 的采样时间间隔均为$T=0.2\ \text{s}$。目标在二维平面匀速直线运动，初始方向在$0\sim 2\pi$ rad 内随机分布，初始速度在$200\sim 400$ m/s 内随机分布。雷达 1 的测距和测角误差分别为$\sigma_{r1}=150\ \text{m}$、$\sigma_{\theta 1}=0.03\ \text{rad}$；雷达 2 的测距和测角误差分别为$\sigma_{r2}=180\ \text{m}$、$\sigma_{\theta 2}=0.02\ \text{rad}$。进行 100 次 Monte Carlo 仿真实验。

4.7.2　算法性能比较

1. 区间离散度区间化处理方法比较与分析

基于区间灰数的抗差航迹关联算法中的矩形投影法、圆覆盖法以及微分法的比较已在 4.3.5 节中进行分析。而基于区间序列离散度的抗差航迹关联算法存在 4.4.3 节中所述的两种区间化处理方法，在此先对两种区间化方法进行研究。

设两部雷达测角系统误差最大值分别为 0.5°和 1°，改变两部雷达的测距系统误差最大值，且单侧区间化中的测距系统误差最大值满足 $\Delta\rho \in (0, \Delta\rho_{\mathrm{m}})$，对两种区间化方式进行比较。

图 4.10 给出不同区间化处理方法关联结果的比较。对观测数据的区间化处理会增加不确定度，相较于单侧区间化，双侧区间化处理后数据的不确定度更大。但从图中可知，在两部雷达最大测距系统误差不同时，两种区间化处理方法的关联效果相当。由于双侧区间化处理方法对最大系统误差的先验信息要求低，故整体性能优于单侧区间化处理方法。

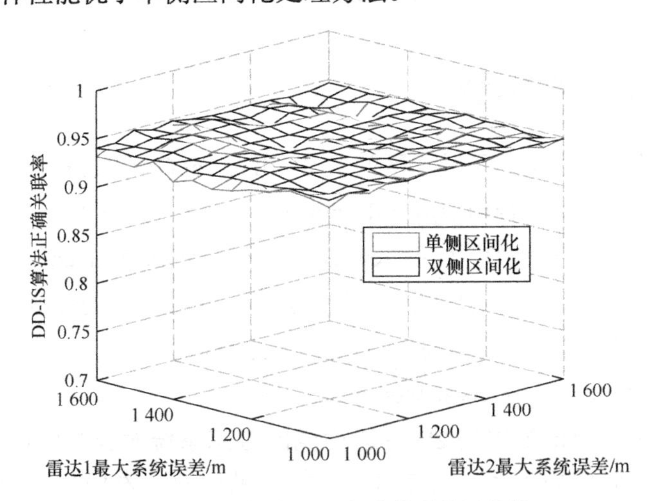

图 4.10　区间化处理方法关联结果比较

取定一组关联航迹数据，在不同的最大测距系统误差下，比较区间离散度相对于原始数据离散度的增量。从图 4.11 中可以看出，由于副对角线方向两部雷达的最大系统误差差值不变，故离散度增量保持一致。而主对角线方向的最大系统误差的差值对称变化，故离散度增量呈对称变化。当最大系统误差相等时，各区间长度相等，由性质 4.1 可知区间方差等于区间中点方差，等于区间上下界方差。而由于区间均值等于中点均值与两倍的区间半径之和，此时区间离散度小于原始数据离散度，故离散度增量存在负值。

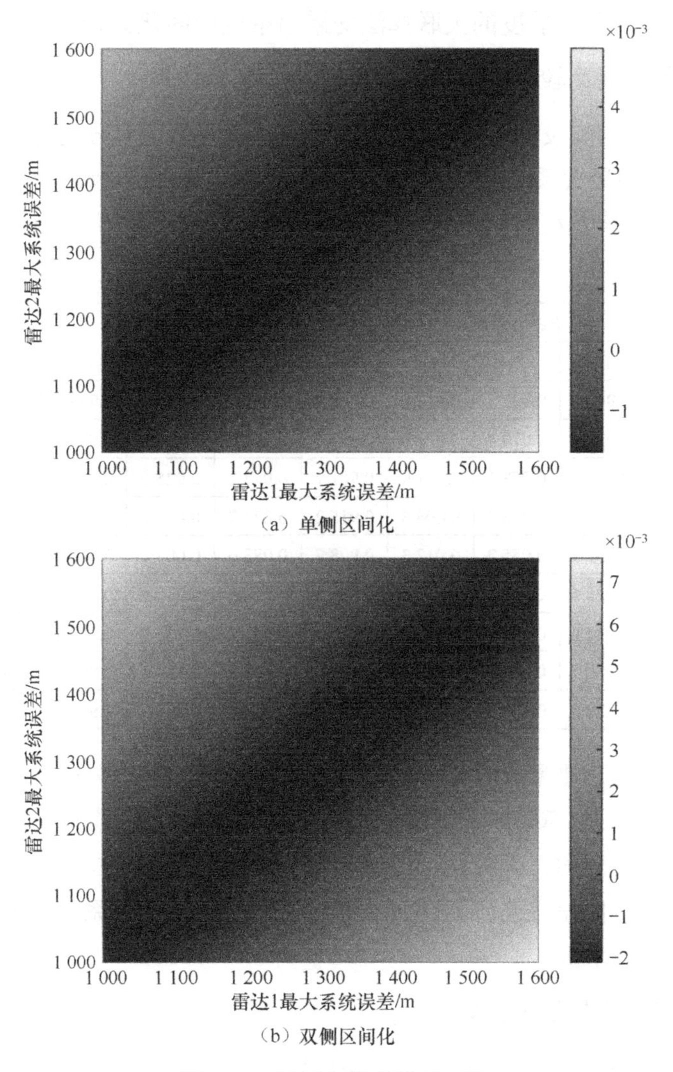

图 4.11　区间离散度增量对比

如图 4.11 所示，双侧区间化处理后数据的不确定度较大，其离散度增量大约是单侧区间化处理的两倍，但对于不同大小的系统误差，两种区间化处理方法导致的增量变化趋势相同。利用最小离散度准则进行关联判别，取决于离散度的相对大小而非绝对大小，故两种区间化处理方法离散度增量的变化趋势相同决定了其关联效果相当。

由于两种区间化处理方法关联效果相当，故在之后与其他算法的仿真比较中，基于区间序列离散度的关联算法均采用单侧区间化处理方法。

2. 抗差性能比较

在仿真环境中，设置雷达 1 测距和测角的最大系统误差分别为 1 000 m、1°，雷达 2 取不同的最大系统误差，比较算法的抗差性能。不同系统误差下的关联率如表 4.1 所示，表中 E_c 为正确关联率，E_e 为错误关联率，E_s 为漏关联率。

表 4.1 不同系统误差下的关联率

最大系统误差		RPIM 算法			RSS 算法			DD-IS 算法		
测距/m	测角/°	E_c	E_e	E_s	E_c	E_e	E_s	E_c	E_e	E_s
500	0.5	0.942 5	0.047 5	0.010 0	0.930 0	0.044 1	0.025 9	0.943 2	0.006 5	0.050 3
1 000	0.5	0.927 6	0.070 4	0.002 0	0.916 4	0.077 6	0.006 0	0.943 0	0.006 0	0.051 0
1 500	0.5	0.900 0	0.088 1	0.011 9	0.901 7	0.072 7	0.025 6	0.945 2	0	0.054 8
100	1	0.957 0	0.038 7	0.004 3	0.915 2	0.073 7	0.011 1	0.948 5	0.001 0	0.050 5
100	1.5	0.932 5	0.055 2	0.012 3	0.908 7	0.083 6	0.007 7	0.948 5	0.001 3	0.050 2
100	2	0.928 5	0.051 0	0.020 5	0.889 5	0.097 9	0.012 6	0.939 2	0.010 0	0.050 8
500	1	0.942 0	0.054 7	0.003 3	0.794 7	0.068 3	0.137 0	0.949 7	0	0.050 3
1 000	1.5	0.930 7	0.066 0	0.003 3	0.751 8	0.058 5	0.189 3	0.944 0	0.004 0	0.052 0
1 500	2	0.880 0	0.107 3	0.012 7	0.729 6	0.067 5	0.202 9	0.936 0	0.012 5	0.051 5

可以看出，三种算法均能有效解决系统误差下的航迹关联问题。但随着最大系统误差的增大，RPIM 算法和 RSS 算法的正确关联率有所下降，而 DD-IS 算法一直保持较高的正确关联率。且 RPIM 算法和 RSS 算法需要知道最大系统误差和系统误差偏差方向，而 DD-IS 算法只需要知道最大系统误差，对系统误差先验信息的要求低。

3. 异步航迹的抗差关联

根据 4.6 节，结合第 3 章中对异步问题的处理，进行串行连续区间化处理后的 RPIM 算法和 RSS 算法可在系统误差下对异步航迹实现抗差关联；而 DD-IS 算法则可直接对异步航迹实现抗差关联。在仿真环境中，保持雷达 1、2 测距和测角的最大系统误差为 1 000 m、1°，改变雷达采样率和雷达 2 的开机时延，研究异步航迹对算法性能的影响。

从图 4.12 和表 4.2 中可以看出，由于离散度本身不依赖时间指标求解，采样率不同以及开机时延对 DD-IS 算法的关联效果几乎没有影响。在对异步航迹和系统误差进行串行连续区间化处理后的RPIM算法和RSS算法在系统误差下对异步航迹进行关联时，由于两次区间化处理加大了区间灰数的不确定性，正确关联率下降。

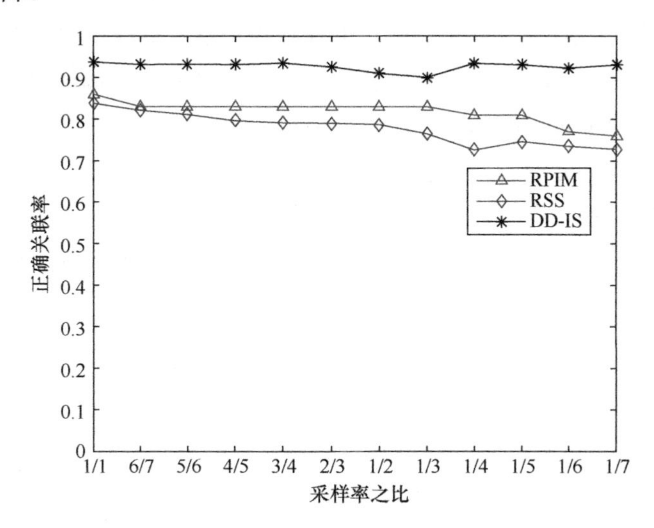

图 4.12　正确关联率随采样率之比的变化

表 4.2　不同开机时延的正确关联率

雷达 2 时延/s	RPIM 算法	RSS 算法	DD-IS 算法
Δt=0.1	0.8422	0.8383	0.9327
Δt=0.2	0.8338	0.8325	0.9323
Δt=0.3	0.8327	0.8242	0.9452
Δt=0.4	0.8242	0.8185	0.9345
Δt=0.5	0.8155	0.8075	0.9390
Δt=0.6	0.8073	0.7868	0.9470
Δt=0.7	0.7965	0.7828	0.9355

4.8　本章小结

根据对系统误差处理方式的不同，系统误差下的航迹关联问题可分为系统误差估计配准和系统误差抗差两类关联。针对异步航迹与系统误差并存的情况，根据处理流程的不同将抗差关联算法归类为串行处理方式和直接处理方式。

本章以灰关联分析为基本方法，提出矩形投影法、圆覆盖法、微分法等区间描述方法处理系统误差，并对区间描述方法的精度进行分析，提出了基于区间灰数灰关联度和区域集合相似度的抗差关联方法。

结合第 3 章，对传统串行处理方式中先进行时域配准再进行抗差航迹关联的方法进行改进，提出连续区间化的串行处理方法，实现了对系统误差下异步航迹的直接关联。通过构建全新航迹相似度量—区间序列离散度，利用离散度本身性质消除异步航迹的影响，并针对区间离散度提出两种系统误差区间化处理方法，实现直接处理的异步航迹抗差关联。

仿真比较显示，经过连续区间化的灰关联算法或基于区间序列离散度的直接关联算法，可有效解决系统误差和航迹异步并存的关联问题，可在多种误差场景下实现稳定关联，具有良好的抗差特性。

第5章

雷达与ESM航迹的关联

5.1 引言

雷达与电子支援措施（Electronic Support Measurements，ESM）航迹关联是异类传感器航迹关联的重要研究内容[1]。两类传感器工作方式不同，获得目标状态信息的完整性也不同，ESM 被动工作只能获取角度信息而无法获取距离信息。

根据雷达与 ESM 位置的不同，可分为同地和异地配置。同地配置时，对雷达和 ESM 量测进行滤波处理后，可利用位置和速度构造关联统计量，但关联阈值[53]大多根据经验设置。采用模糊综合理论[73]与统计理论相结合的方法，可推导阈值的解析表达式，进而对算法性能进行改善。与同地配置不同，除了存在基于角度和距离统计量的统计类航迹关联算法，异地配置时可利用交叉定位原理，根据雷达与 ESM 的几何位置[74]建立航迹关联函数，或将交叉定位与统计双门限关联思想[75]相结合实现航迹关联。

考虑到传感器受到缓慢变化的系统误差的影响，以角度统计量[76]和位置统计量[77]为基础，借助最大似然准则等方法进行抗差关联，或基于系统误差的统计特性估计系统误差偏移量[78]，对偏移量补偿后进行航迹对准关联，均在一定程度上提高了算法在系统误差下的正确关联率；对于异步航迹问题，传统算法均是通过时域配准将航迹时刻统一，利用内插外推的方法得到等长航迹序列再进行关联。

本章根据采样率不同于开机时延对航迹关联的影响，提出无须时域配准的异步航迹关联算法；详细分析了系统误差对雷达 ESM 关联的影响，提出了修正极坐标系下的雷达 ESM 对准关联算法；根据对系统误差处理方式的不同，提出对误差估计补偿的航迹对准算法和带误差关联的抗差算法。

5.2 异地配置的雷达与 ESM 异步航迹关联

5.2.1 异步航迹交叉定位的区间化处理

假设位于公共笛卡儿坐标系中异地配置的两传感器 A 和 B（A 为雷达，B 为 ESM）和一个融合中心构成信息融合系统，对公共观测区域内的多个目标进行跟踪，雷达位于 (x_A, y_A) 处，ESM 位于 (x_B, y_B) 处。在二维平面直角坐标系下利用交叉定位原理进行目标定位，若不考虑测量误差，在时域配准的前提下，雷达与 ESM 的测向线交点即目标定位位置。

当雷达与 ESM 上报航迹异步时，其角度观测值存在时延。图 5.1 中虚线所示为时域配准下某时刻传感器的角度测量值，将该时刻前后各传感器的临近角度测量值记为 θ_A^1, θ_A^2 与 θ_B^1, θ_B^2，其中 θ_A^1 与 θ_B^1 的观测时间存在时延（θ_A^2 与 θ_B^2 同理）。

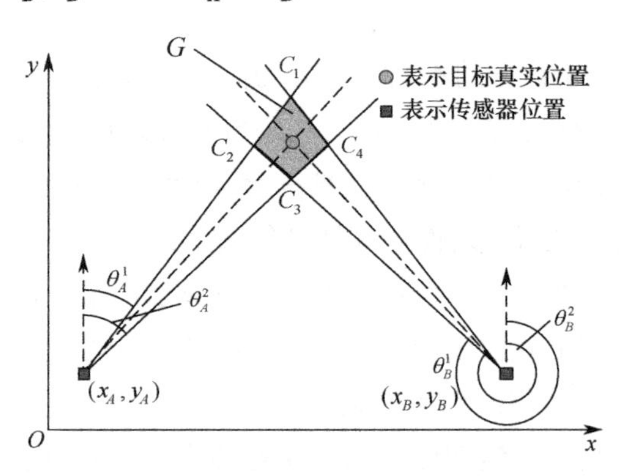

图 5.1 异步航迹交叉定位示意图

由于对运动目标进行连续观测时，其角度变化也是连续的，则目标可能存在的区域 G 可由雷达邻近角度测量值 θ_A^1, θ_A^2 和 ESM 邻近角度测量值 θ_B^1, θ_B^2 共同确定，角度测量值以正北为参考方向，顺时针方向为正方向，易得区域 G 的顶点坐标为

$$
\begin{cases}
x_{C_i} = \dfrac{(x_A \cot \alpha_i - y_A) - (x_B \cot \beta_i - y_B)}{\cot \alpha_i - \cot \beta_i} \\
y_{C_i} = \dfrac{(y_A \tan \alpha_i - x_A) - (y_B \tan \beta_i - x_B)}{\tan \alpha_i - \tan \beta_i}
\end{cases} \tag{5.1}
$$

式（5.1）中，$\alpha_i=\begin{cases}\theta_A^1 & i=1,2\\ \theta_A^2 & i=3,4\end{cases},\beta_i=\begin{cases}\theta_B^1 & i=2,3\\ \theta_B^2 & i=1,4\end{cases}$。

将区域 G 向直角坐标系坐标轴投影，得到两个连续闭区间，闭区间端点可确定矩形区域，此矩形区域为雷达与 ESM 航迹异步时目标可能存在的区域，投影区间坐标记为 $[x_e^{\mathrm{l}},x_e^{\mathrm{u}}],[y_e^{\mathrm{l}},y_e^{\mathrm{u}}]$，其中，

$$\begin{cases}x_e^{\mathrm{l}}=\min\left\{x_{C_1},x_{C_2},x_{C_3},x_{C_4}\right\}\\ x_e^{\mathrm{u}}=\max\left\{x_{C_1},x_{C_2},x_{C_3},x_{C_4}\right\}\\ y_e^{\mathrm{l}}=\min\left\{y_{C_1},y_{C_2},y_{C_3},y_{C_4}\right\}\\ y_e^{\mathrm{u}}=\max\left\{y_{C_1},y_{C_2},y_{C_3},y_{C_4}\right\}\end{cases}\tag{5.2}$$

对异步航迹序列进行上述区间化处理时，要求航迹序列等长且各临近角度测量值区间具有对应性。故针对传感器采样率不同以及开机时延的问题，需要对航迹序列进行长度统一和临近角度测量值的区间划分。

5.2.2　不等长航迹序列的等长区间变换

（1）初始无时延、不等采样率情况下的航迹序列区间变换。

记雷达采样率为 f_A，ESM 采样率为 f_B，定义采样率检测量 $\kappa_{A,B}$，

$$\kappa_{A,B}=\begin{cases}1\ ,\ f_A\leqslant f_B\\ 0\ ,\ f_A>f_B\end{cases}\tag{5.3}$$

雷达和 ESM 不等长航迹示意图如图 5.2 所示，为方便表述，将雷达和 ESM 上报的不等长航迹序列[57]简记为 $X=\left\{x_1,x_2,\cdots,x_M\right\}$ 和 $Y=\left\{y_1,y_2,\cdots,y_N\right\}$，以 $\kappa_{A,B}$=1 即 $M\leqslant N$ 为例，取 $n=M-1$，进行 n 段划分。

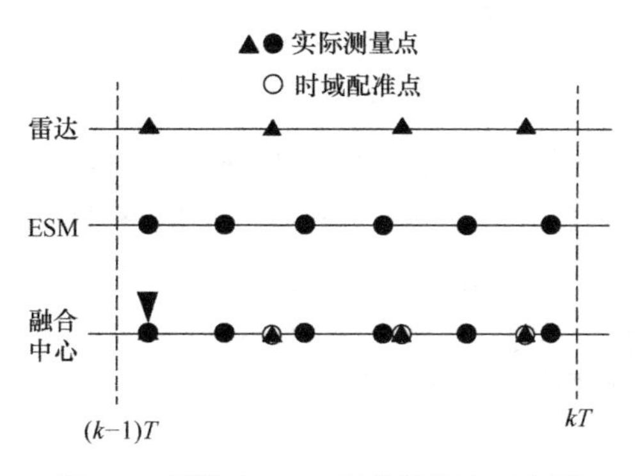

图 5.2　雷达和 ESM 不等长航迹示意图

对长度较短的雷达航迹序列，取相邻测量点两两组合构成区间数据，记为区间变换 H_1，有

$$\begin{cases}\tilde{X}=H_1(X)=\{\tilde{x}_1,\tilde{x}_2,\cdots,\tilde{x}_n\}\\ \tilde{x}_i=[x_i^l,x_i^u]=[x_i,x_{i+1}],i=1,2,\cdots,n\end{cases} \tag{5.4}$$

对长度较长的 ESM 航迹序列，取与各雷达测量点对应时刻前后的临近测量值作为分界点，两两组合构成区间数据，根据取整方式的不同，记向前取整区间变换为 H_2，有

$$\begin{cases}\tilde{Y}=H_2(Y)=\{\tilde{y}_1,\tilde{y}_2,\cdots,\tilde{y}_n\}\\ \varepsilon=(N-1)/n\\ j(k)=\mathrm{INT}^u[1+(k-1)\varepsilon],k=1,2,\cdots,n+1\\ \tilde{y}_i=[y_i^l,y_i^u]=[y_{j(i)},y_{j(i+1)}],i=1,2,\cdots,n\end{cases} \tag{5.5}$$

记向后取整区间变换为 H_3，有

$$\begin{cases}\tilde{Y}=H_3(Y)=\{\tilde{y}_1,\tilde{y}_2,\cdots,\tilde{y}_n\}\\ \varepsilon=(N-1)/n\\ j(k)=\mathrm{INT}^u[1+(k-1)\varepsilon]+1,k=1,2,\cdots,n\\ j(n+1)=N\\ \tilde{y}_i=[y_i^l,y_i^u]=[y_{j(i)},y_{j(i+1)}],i=1,2,\cdots,n\end{cases} \tag{5.6}$$

式（5.6）中，$\mathrm{INT}^u[x]$ 表示不大于 x 的最大整数。

（2）等采样率情况下初始时延对航迹序列区间变换的影响。

在第 k 个处理周期 $\left[(k-1)T,kT\right]$ 内，雷达和 ESM 上报至融合中心的航迹起始测量点的时刻分别记为 $t(x_1)$、$t(y_1)$，定义传感器时延检测量为 $\tau_{A,B}$，有

$$\tau_{A,B}=\begin{cases}1\ ,\ t(x_1)\leqslant t(y_1)\\ 0\ ,\ t(x_1)>t(y_1)\end{cases} \tag{5.7}$$

传感器时延示意图如图 5.3 所示，以 $\tau_{A,B}=1$ 为例，则在传感器采样率一致的情况下，相较于雷达航迹序列，ESM 航迹序列测量点均存在偏后的时延，故对 ESM 航迹序列进行区间变换时须进行向前取整区间变换。

（3）存在初始时延不等采样率情况下的航迹序列区间变换。

由上述分析可知，不等长航迹序列的等长区间变换取决于传感器采样率和初始时延，根据采样率检测量 $\kappa_{A,B}$ 和时延检测量 $\tau_{A,B}$ 的不同，可得异步不等长航迹序列的等长区间变换为

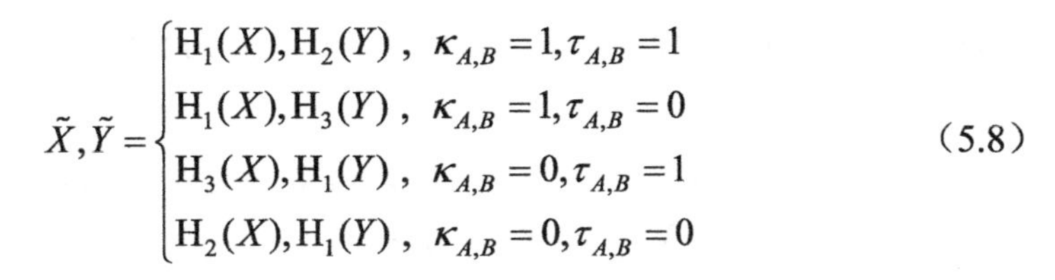

$$\tilde{X},\tilde{Y}=\begin{cases}\mathrm{H}_1(X),\mathrm{H}_2(Y)，\ \kappa_{A,B}=1,\tau_{A,B}=1\\ \mathrm{H}_1(X),\mathrm{H}_3(Y)，\ \kappa_{A,B}=1,\tau_{A,B}=0\\ \mathrm{H}_3(X),\mathrm{H}_1(Y)，\ \kappa_{A,B}=0,\tau_{A,B}=1\\ \mathrm{H}_2(X),\mathrm{H}_1(Y)，\ \kappa_{A,B}=0,\tau_{A,B}=0\end{cases} \tag{5.8}$$

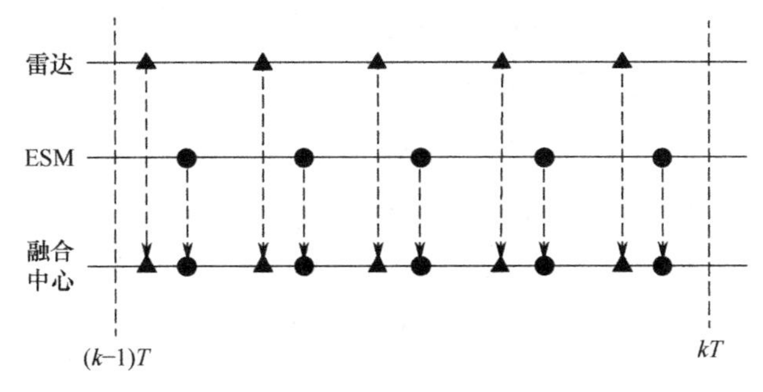

图 5.3 传感器时延示意图

5.2.3 基于区间离散度的异地配置的雷达与 ESM 异步航迹关联

设 T 为融合中心的处理周期，在第 k 个处理周期 $\left[(k-1)T,kT\right]$ 内雷达与 ESM 上报的航迹集合 $\boldsymbol{X}(k)$ 记为

$$\boldsymbol{X}_A(k)=\left\{\boldsymbol{X}_1(k),\boldsymbol{X}_2(k),\cdots,\boldsymbol{X}_{i_A}(k),\cdots,\boldsymbol{X}_m(k)\right\}$$

$$\boldsymbol{X}_B(k)=\left\{\boldsymbol{X}_1(k),\boldsymbol{X}_2(k),\cdots,\boldsymbol{X}_{j_B}(k),\cdots,\boldsymbol{X}_m(k)\right\}$$

假设来自雷达的每条航迹包含的航迹点数目为 n_A^i，来自 ESM 的每条航迹包含的航迹点数目为 $n_B^j\left(n_A^i\neq n_B^j\right)$，雷达的第 i 条和 ESM 的第 j 条航迹分别记为 $\hat{\boldsymbol{X}}_{i_A}=\left\{\hat{x}_{i_A}(1),\hat{x}_{i_A}(2),\cdots,\hat{x}_{i_A}(n_A^i)\right\}$， $\hat{\boldsymbol{X}}_{j_B}=\left\{\hat{x}_{j_B}(1),\hat{x}_{j_B}(2),\cdots,\hat{x}_{j_B}(n_B^j)\right\}$。

雷达状态估计 $\hat{\boldsymbol{X}}_{i_A}$ 包含距离估计 $\hat{\boldsymbol{\rho}}_A^i$ 和方位角估计 $\hat{\boldsymbol{\theta}}_A^i$，ESM 状态估计 $\hat{\boldsymbol{X}}_{j_B}$ 仅包含方位角估计 $\hat{\boldsymbol{\theta}}_B^j$，记为

$$\begin{cases}\hat{\boldsymbol{\rho}}_A^i=\left\{\hat{\rho}_A^i(1),\hat{\rho}_A^i(2),\cdots,\hat{\rho}_A^i(n_A^i)\right\}\\ \hat{\boldsymbol{\theta}}_A^i=\left\{\hat{\theta}_A^i(1),\hat{\theta}_A^i(2),\cdots,\hat{\theta}_A^i(n_A^i)\right\}\\ \hat{\boldsymbol{\theta}}_B^j=\left\{\hat{\theta}_B^j(1),\hat{\theta}_B^j(2),\cdots,\hat{\theta}_B^j(n_B^j)\right\}\end{cases} \tag{5.9}$$

将来自雷达的第 i 条航迹 $\hat{\boldsymbol{X}}_{i_A}$ 和来自 ESM 的第 j 条航迹 $\hat{\boldsymbol{X}}_{j_B}$，根据 $\kappa_{A,B}$、$\tau_{A,B}$ 的不同取值对航迹序列进行等长区间变换得到区间序列 $\tilde{\boldsymbol{\rho}}_A^i,\tilde{\boldsymbol{\theta}}_A^i,\tilde{\boldsymbol{\theta}}_B^j$，再对角

度区间序列 $\tilde{\boldsymbol{\theta}}_A^i,\tilde{\boldsymbol{\theta}}_B^j$ 进行异步区间化处理，得到直角坐标系下交叉定位投影区间序列 $\tilde{\boldsymbol{X}}_e^j,\tilde{\boldsymbol{Y}}_e^j$ 。

对雷达测量值进行直角坐标转换，得雷达测量值区间序列为

$$\begin{aligned}\tilde{\boldsymbol{X}}_A^i &= \tilde{\boldsymbol{\rho}}_A^i\cdot\sin(\tilde{\boldsymbol{\theta}}_A^i) = \\ &\left\{[x_i^{\rm l},x_i^{\rm u}]\right\} = \left\{[\rho_i^{\rm l}\cdot\sin\theta_i^{\rm l},\rho_i^{\rm u}\cdot\sin\theta_i^{\rm u}]\right\} \\ \tilde{\boldsymbol{Y}}_A^i &= \tilde{\boldsymbol{\rho}}_A^i\cdot\cos(\tilde{\boldsymbol{\theta}}_A^i) = \\ &\left\{[x_i^{\rm l},x_i^{\rm u}]\right\} = \left\{[\rho_i^{\rm l}\cdot\cos\theta_i^{\rm l},\rho_i^{\rm u}\cdot\cos\theta_i^{\rm u}]\right\}\end{aligned} \tag{5.10}$$

分别求解航迹序列在各分量上的区间离散度，计算平均区间离散度

$$\begin{cases}\lambda_x = \varDelta(\tilde{\boldsymbol{X}}_A^i,\tilde{\boldsymbol{X}}_e^j) \\ \lambda_y = \varDelta(\tilde{\boldsymbol{Y}}_A^i,\tilde{\boldsymbol{Y}}_e^j) \\ \lambda_{ij} = (\lambda_x+\lambda_y)/2\end{cases} \tag{5.11}$$

式（5.11）中，$\varDelta(X,Y)=V_{\rm q}(X\cup Y)$，$X\cup Y$ 为集合“并”运算，$V_{\rm q}$ 为定义 4.6 中的区间离散系数。

离散度表征数据的离散程度，λ_{ij} 越小说明航迹 i,j 为同源航迹的可能性越大。对于雷达和 ESM 上报的 m_A、m_B 条航迹分别计算区间离散度，构成 $m_A\times m_B$ 维矩阵，由此将问题转化为全体航迹的分类问题。

令

$$\vartheta_{ij}=\begin{cases}1\\0\end{cases} \tag{5.12}$$

式（5.12）中，$\vartheta_{ij}=1$ 表示航迹 i 与航迹 j 关联；$\vartheta_{ij}=0$ 表示二者不关联。目标函数记为

$$L(k)=\sum_i^{m_A}\sum_j^{m_B}\vartheta_{ij}\lambda_{ij}(k) \tag{5.13}$$

则形成二维分配问题[79]

$$\begin{cases}\min\limits_{\vartheta_{ij}}\sum\limits_i^{m_A}\sum\limits_j^{m_B}\vartheta_{ij}\lambda_{ij}(k) \\ \sum\limits_{j=1}^{m_B}\vartheta_{ij}=1\quad,\quad\forall i=1,2,\cdots,m_A \\ \sum\limits_{i=1}^{m_A}\vartheta_{ij}=1\quad,\quad\forall j=1,2,\cdots,m_B\end{cases} \tag{5.14}$$

分配问题的本质为约束条件下求解目标函数最值，可用匈牙利算法、拍卖算法等经典方法求解，此处不再赘述。

5.3　修正极坐标系下雷达与 ESM 航迹的对准关联

在直角坐标系下进行雷达 ESM 关联，为了确保滤波不发散要求 ESM 相对于目标做机动。而在修正极坐标系（MPC）下，当传感器与目标之间的相对加速度为零时，可观测的状态与不可观测的状态能自动解耦，故本节分析系统误差对修正极坐标系下状态量的影响，研究修正极坐标系下雷达与 ESM 的航迹对准关联。

5.3.1　雷达与 ESM 滤波方程

假设雷达与 ESM 位于同一平台，以平台中心为坐标原点建立直角坐标系对目标进行定位跟踪。平台在 k 时刻的位置为 $\left(x_p(k), y_p(k)\right)$。假设目标在传感器的监视区域内匀速直线运动，在直角坐标系的状态向量为 $\boldsymbol{X} = \begin{bmatrix} x_t & v_x & y_t & v_y \end{bmatrix}^{\mathrm{T}}$，则 k 时刻目标相对于平台的位置可写为

$$\begin{bmatrix} x(k) = x_t(k) - x_p(k) = x_0 + kTv_x - x_p(k) \\ y(k) = y_t(k) - y_p(k) = y_0 + kTv_y - y_p(k) \end{bmatrix} \tag{5.15}$$

式（5.15）中，(x_0, y_0) 为目标 t_0 时刻的位置。雷达量测由距离和方位角组成，且该量测受随机测量误差和系统误差的影响

$$\boldsymbol{Z}^A(k) = \boldsymbol{h}\left(\boldsymbol{X}(k)\right) + \boldsymbol{\Delta} + \boldsymbol{W}_k \tag{5.16}$$

式（5.16）中，$\boldsymbol{Z}^A(k) = \left[\tilde{r}_A(k)\ \ \tilde{\theta}_A(k)\right]^{\mathrm{T}}$，系统误差 $\boldsymbol{\Delta} = \left[\Delta r_A\ \ \Delta\theta_A\right]^{\mathrm{T}}$，随机测量误差 $\boldsymbol{W}_k$ 是零均值高斯白噪声，协方差为 $\boldsymbol{R} = \mathrm{diag}\left(\sigma_r^2, \sigma_{\theta A}^2\right)$，其中

$$\boldsymbol{h}\left(\boldsymbol{X}(k)\right) = \begin{bmatrix} h_1\left(\boldsymbol{X}(k)\right) \\ h_2\left(\boldsymbol{X}(k)\right) \end{bmatrix} \tag{5.17}$$

$$\begin{cases} h_1\left(\boldsymbol{X}(k)\right) = \sqrt{x^2(k) + y^2(k)} \\ h_2\left(\boldsymbol{X}(k)\right) = \arctan\left(\dfrac{x(k)}{y(k)}\right) \end{cases} \tag{5.18}$$

而在修正极坐标系中目标的状态向量通常为目标方位角变化率、距离变化

率与距离比（ITG）、方位角和距离的倒数，则 ESM 的状态向量表示为

$$\boldsymbol{Y}_B=\begin{bmatrix}y^1 & y^2 & y^3 & y^4\end{bmatrix}^{\mathrm{T}}=\begin{bmatrix}\dot{\theta}_B & \dfrac{\dot{r}_B}{r_B} & \theta_B & \dfrac{1}{r_B}\end{bmatrix}^{\mathrm{T}} \tag{5.19}$$

式（5.19）中，$\dot{\theta}_B=\dfrac{y\dot{x}-x\dot{y}}{x^2+y^2}$，$r_B=\sqrt{x^2+y^2}$，$\theta_B=\arctan\left(\dfrac{x}{y}\right)$，$\dot{r}_B=\dfrac{x\dot{x}+y\dot{y}}{\sqrt{x^2+y^2}}$。

由于状态向量第四个分量与前面三个分量相关，故只取前三个分量，则其离散状态下的状态方程为

$$\boldsymbol{Y}_B^{k+1}=f\left[\boldsymbol{Y}_B^k;k+1,k\right]=\begin{bmatrix}\left(s_2s_3-s_1s_4\right)/\left(s_1^2+s_2^2\right)\\ \left(s_1s_3+s_2s_4\right)/\left(s_1^2+s_2^2\right)\\ y_3+\arctan\left[s_3/s_4\right]\end{bmatrix} \tag{5.20}$$

式（5.20）中，$s_1=y_1(k)$，$s_2=y_2(k)$，$s_3=Ty_1(k)$，$s_4=1+Ty_2(k)$。

量测方程为

$$Z_k^B=\boldsymbol{H}_B\boldsymbol{Y}_B^k+\Delta\theta_B+\nu_k \tag{5.21}$$

式（5.21）中，$Z_k^B=\tilde{\theta}_B(k)$ 为 k 时刻 ESM 测得的方位角，$\boldsymbol{H}_B=\begin{bmatrix}0 & 0 & 1\end{bmatrix}$，$\Delta\theta_B$ 为 ESM 测角系统误差，ν_k 为随机测角误差且 $\nu_k\sim N\left(0,\sigma_{\theta B}^2\right)$。

5.3.2 构造关联统计量

将雷达在直角坐标系下的状态估计转换到 MPC 坐标系中，记为

$$\hat{\boldsymbol{Y}}_A(k)=\begin{bmatrix}\hat{\dot{\theta}}_A(k) & \dfrac{\hat{\dot{r}}_A(k)}{r_A(k)} & \hat{\theta}_A(k)\end{bmatrix}^{\mathrm{T}},$$

其中

$$\hat{\dot{\theta}}_A(k)=\frac{\hat{y}(k)\hat{\dot{x}}(k)-\hat{x}(k)\hat{\dot{y}}(k)}{\hat{x}^2(k)+\hat{y}^2(k)} \tag{5.22}$$

$$\frac{\hat{\dot{r}}_A}{r_A}=\frac{\hat{x}(k)\hat{\dot{x}}(k)+\hat{y}(k)\hat{\dot{y}}(k)}{\hat{x}^2(k)+\hat{y}^2(k)} \tag{5.23}$$

$$\hat{\theta}_A=\arctan\left(\frac{\hat{x}(k)}{\hat{y}(k)}\right) \tag{5.24}$$

同理，对雷达在直角坐标系下的状态估计协方差 $\boldsymbol{P}_{k,k}$ 进行转换，得到

$$\boldsymbol{P}_A(k)=\boldsymbol{G}_A\boldsymbol{P}_{k,k}\boldsymbol{G}_A^{\mathrm{T}},\quad \boldsymbol{G}_A=\begin{bmatrix}\dfrac{\partial g_1}{\partial\boldsymbol{X}} & \dfrac{\partial g_2}{\partial\boldsymbol{X}} & \dfrac{\partial g_3}{\partial\boldsymbol{X}}\end{bmatrix}_{\boldsymbol{X}=\hat{\boldsymbol{X}}_{k,k}}^{\mathrm{T}} \tag{5.25}$$

式（5.25）中，$\hat{\boldsymbol{X}}_{k,k}$ 为雷达目标在直角坐标系下的状态估计，g_{ij} 为 $\boldsymbol{G}_A$ 对应的元素，有

$$\begin{cases} g_{11}=g_{23}=\dfrac{\hat{x}_{k,k}^2\hat{\dot{y}}_{k,k}-\hat{y}_{k,k}^2\hat{\dot{y}}_{k,k}-2\hat{x}_{k,k}\hat{y}_{k,k}\hat{\dot{x}}_{k,k}}{\hat{x}_{k,k}^2+\hat{y}_{k,k}^2} \\ g_{12}=g_{24}=g_{31}=\dfrac{\hat{y}_{k,k}}{\hat{x}_{k,k}^2+\hat{y}_{k,k}^2} \\ g_{13}=-g_{21}=\dfrac{\hat{x}_{k,k}^2\hat{\dot{x}}_{k,k}-\hat{y}_{k,k}^2\hat{\dot{x}}_{k,k}+2\hat{x}_{k,k}\hat{y}_{k,k}\hat{\dot{y}}_{k,k}}{\left(\hat{x}_{k,k}^2+\hat{y}_{k,k}^2\right)^2} \\ g_{14}=-g_{22}=g_{33}=\dfrac{-\hat{x}_{k,k}}{\hat{x}_{k,k}^2+\hat{y}_{k,k}^2} \\ g_{32}=g_{34}=0 \end{cases} \tag{5.26}$$

在获得 k 时刻雷达和 ESM 在修正极坐标中的目标状态估计和相应协方差的基础上，设 $\hat{\boldsymbol{Y}}(k)=\hat{\boldsymbol{Y}}_A(k)-\hat{\boldsymbol{Y}}_B(k)$，则 k 时刻第 i 条雷达航迹与第 j 条 ESM 航迹的关联统计量表示为

$$\eta(k)=\hat{\boldsymbol{Y}}(k)^{\mathrm{T}}\left[\boldsymbol{P}_A(k)+\boldsymbol{P}_B(k)\right]^{-1}\hat{\boldsymbol{Y}}(k) \tag{5.27}$$

当给定门限 λ 时，雷达与 ESM 航迹是否关联的判定依据为

H_0：$\eta(k)>\lambda$，雷达与 ESM 航迹不关联；H_1：$\eta(k)\leqslant\lambda$，雷达与 ESM 航迹关联。

通常是给定漏关联概率 β，则可以得到决策门限为 $\lambda=\chi_{3,\beta}^2$，其中 $\chi_{3,\beta}^2$ 是自由度为 3 水平为 β 的卡方分布上侧分位点。

5.4　系统误差对同地配置雷达与 ESM 航迹关联的影响

5.4.1　系统误差对关联统计量的影响

定理 5.1[80]　对于系统误差下同地配置的雷达与 ESM，MPC 中状态估计的前两项，即角度变化率和距离变化率与距离比是近似无偏的，而角度估计量由于系统误差的影响存在固定偏差。

统计量 $\eta(k)\sim\chi^2\left(3,\delta(k)\right)$，其中 $\delta(k)=\left(\Delta\theta_A-\Delta\theta_B\right)^2 p(k)$，$p(k)$ 为 $\left(\boldsymbol{P}_A(k)+\boldsymbol{P}_B(k)\right)^{-1}$ 第 3 行 3 列的元素。

证明：k 时刻目标位于 $\left(x(k),y(k)\right)$，当雷达与 ESM 滤波效果良好，雷达目标在 MPC 的状态估计为 $\hat{\boldsymbol{Y}}_A(k)=\left[\hat{Y}_A^1(k)\quad \hat{Y}_A^2(k)\quad \hat{Y}_A^3(k)\right]^{\mathrm{T}}$，且

$$\hat{Y}_A^1(k)=\left(\dot{\theta}_A(k)+\Delta\dot{\theta}_A\right)=\dot{\theta}_A(k),\quad \hat{Y}_A^2(k)=\frac{\dot{r}_A(k)+\Delta\dot{r}_A}{r_A(k)+\Delta r_A}-\frac{\dot{r}_A(k)}{r_A(k)+\Delta r_A},$$

$$\hat{Y}_A^3(k)=\theta_A(k)+\Delta\theta_A \tag{5.28}$$

ESM 目标在 MPC 的状态估计为 $\hat{\boldsymbol{Y}}_B(k)=\left[\hat{Y}_B^1(k)\quad \hat{Y}_B^2(k)\quad \hat{Y}_B^3(k)\right]^{\mathrm{T}}$，且

$$\hat{Y}_B^1(k)=\left(\dot{\theta}_B(k)+\Delta\dot{\theta}_B\right)=\dot{\theta}_B(k),\quad \hat{Y}_B^2(k)=\frac{\dot{r}_B(k)}{r_B(k)},\quad \hat{Y}_A^3(k)=\theta_B(k)+\Delta\theta_B \tag{5.29}$$

若雷达航迹与 ESM 航迹来源于同一个目标，可知

$$\theta_A(k)=\theta_B(k)=\arctan\left(\frac{x(k)}{y(k)}\right),\quad r_A(k)=r_B(k)=\sqrt{x^2(k)+y^2(k)} \tag{5.30}$$

通常雷达的距离系统误差 Δr_A 远小于目标的距离 $r_A(k)$，所以可以近似认为 $\hat{Y}_A^2(k)$ 等于 $\hat{Y}_B^2(k)$，即

$$E\left\{\hat{\boldsymbol{Y}}(k)\,|\,H_1\right\}=E\left\{\begin{bmatrix}\hat{Y}_A^1(k)-\hat{Y}_B^1(k)\\ \hat{Y}_A^2(k)-\hat{Y}_B^2(k)\\ \hat{Y}_A^3(k)-\hat{Y}_B^3(k)\end{bmatrix}\right\}=\begin{bmatrix}0\\0\\c\end{bmatrix}=\boldsymbol{Q} \tag{5.31}$$

式（5.31）中，雷达与 ESM 测角系统误差的偏差 $c=\Delta\theta_A-\Delta\theta_B$，简称为测角系统误差，通常 c 并不等于零。系统误差对状态向量的前两项基本不影响，即角度变化率和 ITG 是近似无偏的，而角度估计由于系统误差的影响存在恒定偏差。所以 $\eta(k)$ 服从自由度为 3，非中心参数为 $\delta(k)$ 的非中心卡方分布，

$$\eta(k)\sim\chi^2\left(3,\delta(k)\right) \tag{5.32}$$

式（5.32）中，

$$\delta(k)=\boldsymbol{Q}^{\mathrm{T}}\left(\boldsymbol{P}_A(k)+\boldsymbol{P}_B(k)\right)^{-1}\boldsymbol{Q}=c^2p(k) \tag{5.33}$$

$p(k)$ 为 $\left(\boldsymbol{P}_A(k)+\boldsymbol{P}_B(k)\right)^{-1}$ 第 3 行 3 列的元素。证毕。

5.4.2 对非中心参数和正确关联概率的影响

性质 5.1[57] 非中心参数 $\delta(k)$ 随着 $\sigma_{\theta B}^2$ 、σ_r^2 或 $\sigma_{\theta A}^2$ 的减小，或 c^2 的增大而增大；随着 $\sigma_{\theta B}^2$ 、σ_r^2 或 $\sigma_{\theta A}^2$ 的增大，或 c^2 的减小而减小。

证明：对于式（5.33），显然随着c^2的增大，非中心参数$\delta(k)$增大；随着c^2的减小，非中心参数$\delta(k)$减小。说明非中心参数不是由雷达或 ESM 测角系统误差的具体值决定的，而是由雷达与 ESM 的测角系统误差共同决定的。现证明非中心参数与随机误差的关系。

获取式（5.33）中状态估计协方差的表达式$\left(\boldsymbol{P}_A(k)+\boldsymbol{P}_B(k)\right)^{-1}$是非常困难的，无法看出$\delta(k)$与传感器测量误差的关系。因此用雷达目标与 ESM 目标的克拉美罗下限$\mathbf{CRLB}_A(k)$与$\mathbf{CRLB}_B(k)$近似代替$\boldsymbol{P}_A(k)$与$\boldsymbol{P}_B(k)$，来分析传感器测量误差对非中心参数的影响[81]。

雷达目标在直角坐标系下k时刻的 Fisher 信息阵为

$$\boldsymbol{J}_A^0(k)=\sum_{n=1}^{k}\left[\nabla_{\boldsymbol{X}(t_0)}\boldsymbol{h}\left(\boldsymbol{X}(n)\right)\right]^{\mathrm{T}}\boldsymbol{R}^{-1}\left[\nabla_{\boldsymbol{X}(t_0)}\boldsymbol{h}\left(\boldsymbol{X}(n)\right)\right],\quad n=1,2,\cdots,k \tag{5.34}$$

式（5.34）中，

$$\nabla_{\boldsymbol{X}(t_0)}\boldsymbol{h}\left(\boldsymbol{X}(n)\right)=\begin{bmatrix}\dfrac{\partial\left(h_1\left(\boldsymbol{X}(n)\right)+\Delta r_A\right)}{\partial\boldsymbol{X}(t_0)}\\ \dfrac{\partial\left(h_2\left(\boldsymbol{X}(n)\right)+\Delta\theta_A\right)}{\partial\boldsymbol{X}(t_0)}\end{bmatrix}=\begin{bmatrix}\dfrac{\partial\left(h_1\left(\boldsymbol{X}(n)\right)\right)}{\partial\boldsymbol{X}(t_0)}\\ \dfrac{\partial\left(h_2\left(\boldsymbol{X}(n)\right)\right)}{\partial\boldsymbol{X}(t_0)}\end{bmatrix} \tag{5.35}$$

将其由直角坐标转换到 MPC 中，可得到雷达目标在 MPC 中的 Fisher 信息阵为

$$\boldsymbol{J}_A(k)=\sum_{n=1}^{k}\left[\frac{\partial\boldsymbol{Y}_A(k)}{\partial\boldsymbol{X}(t_0)}\right]^{\mathrm{T}}\left[\nabla_{\boldsymbol{X}(t_0)}\boldsymbol{h}\left(\boldsymbol{X}(n)\right)\right]\boldsymbol{R}^{-1}\left[\nabla_{\boldsymbol{X}(t_0)}\boldsymbol{h}\left(\boldsymbol{X}(n)\right)\right]\left[\frac{\partial\boldsymbol{Y}_A(k)}{\partial\boldsymbol{X}(t_0)}\right] \tag{5.36}$$

可以得到雷达目标在 MPC 中的克拉美罗下限为

$$\mathbf{CRLB}_A(k)=\boldsymbol{J}_A^{-1}(k) \tag{5.37}$$

ESM 目标在k时刻的 Fisher 信息阵为

$$\begin{aligned}\boldsymbol{J}_B(k)&=\frac{1}{\sigma_{\theta B}^2}\sum_{n=1}^{k}\left[\nabla_{\boldsymbol{Y}_B(t_0)}\left(y_3(k)+\Delta\theta_B\right)\right]^{\mathrm{T}}\left[\nabla_{\boldsymbol{Y}_B(t_0)}\left(y_3(k)+\Delta\theta_B\right)\right]\\&=\frac{1}{\sigma_{\theta B}^2}\sum_{n=1}^{k}\left[\nabla_{\boldsymbol{Y}_B(t_0)}y_3(k)\right]^{\mathrm{T}}\left[\nabla_{\boldsymbol{Y}_B(t_0)}y_3(k)\right]\end{aligned} \tag{5.38}$$

ESM 目标的克拉美罗下限为

$$\mathbf{CRLB}_B(k)=\boldsymbol{J}_B^{-1}(k) \tag{5.39}$$

对雷达目标的$\boldsymbol{J}_A(k)$而言，$\nabla_{\boldsymbol{X}(t_0)}\boldsymbol{h}\left(\boldsymbol{X}(n)\right)$是不含$\sigma_r^2$及$\sigma_{\theta A}^2$的函数，当不考虑雷达的测距系统误差时，$\dfrac{\partial\boldsymbol{Y}_A(k)}{\partial\boldsymbol{X}(t_0)}$是关于初始状态$\boldsymbol{X}(t_0)$的函数，所以处

理后具有如下形式

$$J_A(k)=\sum_{n=1}^{k}\begin{bmatrix}a(n) & b(n)\\ c(n) & d(n)\\ e(n) & f(n)\end{bmatrix}\begin{bmatrix}1/\sigma_r^2 & 0\\ 0 & 1/\sigma_{\theta A}^2\end{bmatrix}\begin{bmatrix}a(n) & b(n)\\ c(n) & d(n)\\ e(n) & f(n)\end{bmatrix}^{\mathrm{T}} \tag{5.40}$$

式（5.40）中，$a(n)$、$b(n)$、$c(n)$、$d(n)$、$e(n)$和$f(n)$为n时刻关于初始状态$X(t_0)$的函数。这里只是探究雷达与 ESM 传感器的误差对非中心参数的影响，所以并不需写出具体表达式。

$$J_A(k)=$$

$$\sum_{n=1}^{k}\begin{bmatrix}\frac{a^2(n)}{\sigma_r^2}+\frac{b^2(n)}{\sigma_{\theta A}^2} & \frac{a(n)d(n)}{\sigma_r^2}+\frac{b(n)e(n)}{\sigma_{\theta A}^2} & \frac{a(n)f(n)}{\sigma_r^2}+\frac{b(n)g(n)}{\sigma_{\theta A}^2}\\ \frac{a(n)d(n)}{\sigma_r^2}+\frac{b(n)e(n)}{\sigma_{\theta A}^2} & \frac{d^2(n)}{\sigma_r^2}+\frac{e^2(n)}{\sigma_{\theta A}^2} & \frac{d(n)f(n)}{\sigma_r^2}+\frac{g(n)e(n)}{\sigma_{\theta A}^2}\\ \frac{a(n)f(n)}{\sigma_r^2}+\frac{b(n)g(n)}{\sigma_{\theta A}^2} & \frac{f(n)d(n)}{\sigma_r^2}+\frac{g(n)e(n)}{\sigma_{\theta A}^2} & \frac{f^2(n)}{\sigma_r^2}+\frac{g^2(n)}{\sigma_{\theta A}^2}\end{bmatrix} \tag{5.41}$$

提取共同的分母，得到

$$J_A(k)=\sum_{n=1}^{k}\frac{A(n)}{\sigma_r^2}+\frac{B(n)}{\sigma_{\theta A}^2} \tag{5.42}$$

式（5.42）中，

$$A(n)=\begin{bmatrix}a^2(n) & a(n)d(n) & a(n)f(n)\\ a(n)d(n) & d^2(n) & d(n)f(n)\\ a(n)f(n) & f(n)d(n) & f^2(n)\end{bmatrix},$$

$$B(n)=\begin{bmatrix}b^2(n) & b(n)e(n) & b(n)g(n)\\ b(n)e(n) & e^2(n) & g(n)e(n)\\ b(n)g(n) & g(n)e(n) & g^2(n)\end{bmatrix} \tag{5.43}$$

可知$A(n)$和$B(n)$均为3×3的正定阵。对时间求和后

$$J_A(k)=\frac{C(k)}{\sigma_r^2}+\frac{D(k)}{\sigma_{\theta A}^2} \tag{5.44}$$

对于正定阵，加法运算后仍为正定阵，同样$C(k)$和$D(k)$为3×3的正定阵。同理，对 ESM 目标的$J_B(k)$进行类似处理，可以化简为

$$\boldsymbol{J}_B(k)=\frac{\boldsymbol{E}(k)}{\sigma_{\theta B}^2} \tag{5.45}$$

式（5.45）中，$\boldsymbol{E}(k)$ 为 3×3 的正定阵。所以

$$\boldsymbol{J}_A^{-1}(k)+\boldsymbol{J}_B^{-1}(k)=\left(\frac{\boldsymbol{C}(k)}{\sigma_r^2}+\frac{\boldsymbol{D}(k)}{\sigma_{\theta A}^2}\right)^{-1}+\left(\frac{\boldsymbol{E}(k)}{\sigma_{\theta B}^2}\right)^{-1} \tag{5.46}$$

从式（5.46）可以看出，三个随机误差 σ_r^2、$\sigma_{\theta A}^2$ 和 $\sigma_{\theta B}^2$ 对结果的影响类似，为方便分析，不妨假设三者相等且均为 σ^2。则式（5.46）可以写为

$$\boldsymbol{J}_A^{-1}(k)+\boldsymbol{J}_B^{-1}(k)=\sigma^2\left(\left(\boldsymbol{C}(k)+\boldsymbol{D}(k)\right)^{-1}+\boldsymbol{E}^{-1}(k)\right) \tag{5.47}$$

$$\left(\boldsymbol{J}_A^{-1}(k)+\boldsymbol{J}_B^{-1}(k)\right)^{-1}=\frac{1}{\sigma^2}\left(\left(\boldsymbol{C}(k)+\boldsymbol{D}(k)\right)^{-1}+\boldsymbol{E}^{-1}(k)\right)^{-1} \tag{5.48}$$

式（5.47）和式（5.48）中，$\boldsymbol{C}(k)$、$\boldsymbol{D}(k)$ 和 $\boldsymbol{E}(k)$ 均为正定阵，求逆运算后仍为正定阵，而正定阵的对角线元素均大于零，所以 $\left(\boldsymbol{J}_A^{-1}(k)+\boldsymbol{J}_B^{-1}(k)\right)^{-1}$ 的第 3 行 3 列元素大于零（可知非中心参数也大于零），结合式（5.33）和式（5.48）可知，随着 σ_r^2、$\sigma_{\theta A}^2$ 或 $\sigma_{\theta B}^2$ 的增大，非中心参数 $\delta(k)$ 减小。随着 σ_r^2、$\sigma_{\theta A}^2$ 或 $\sigma_{\theta B}^2$ 的减小，非中心参数 $\delta(k)$ 增大。证毕。

若给定漏关联概率，门限为 T 即为某个确定常数，得到正确关联概率为

$$P_c(k)=\int_0^T f\left(x,n,\delta(k)\right)\mathrm{d}x \tag{5.49}$$

结合图 5.4 可知，存在系统误差而未对准雷达与 ESM 时，传统关联方法随着 σ_r^2、$\sigma_{\theta A}^2$ 或 $\sigma_{\theta B}^2$ 的增大，或 c^2 的减小，非中心参数减小，式（5.49）积分

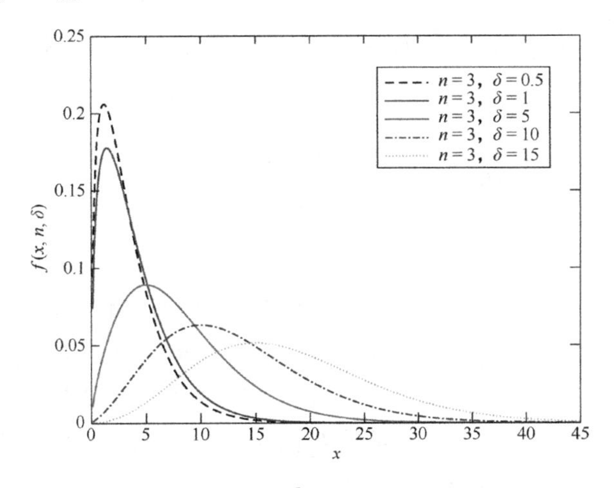

图 5.4　非中心 x^2 分布概率密度函数

值增大，即正确关联概率提高；随着σ_r^2、$\sigma_{\theta A}^2$或$\sigma_{\theta B}^2$的减小，或c^2的增大，非中心参数增大，式（5.49）积分值减小，即正确关联概率下降。

5.5 同地配置的雷达与 ESM 航迹对准关联

根据 5.4 节系统误差对 MPC 下状态估计量影响的讨论可知，系统误差基本不影响角度变化率和 ITG，只对角度估计量造成固定角度偏移，所以只要能将这个固定的偏移量估计出来，补偿后就可以采用经典的关联算法进行航迹关联。由于 ESM 的测角系统误差与其在 MPC 下的状态估计向量是线性相加的，当$\boldsymbol{d}$为某个常数向量时，对 ESM 的估计量进行常量补偿后，其协方差仍不变。先进行滤波处理会提高对测角系统误差的估计精度，具体过程为：

设k时刻雷达探测到N个目标，ESM 探测到M个目标，分别得到雷达与 ESM 的各个目标状态估计$\left\{\hat{\boldsymbol{Y}}_A^i(k), i=1,2,\cdots,N\right\}$和$\left\{\hat{\boldsymbol{Y}}_B^j(k), i=1,2,\cdots,M\right\}$。构建一个以角度为横坐标，角度变化率为纵坐标的目标映射空间，在此空间中按照角度递增的顺序连接雷达对目标的状态估计$\left\{\left(\hat{Y}_{3,A}^i(k), \hat{Y}_{1,A}^i(k)\right) | i=1,2,\cdots,N\right\}$，得到雷达的目标曲线函数为

$$F_1(\theta,k)=\begin{cases} f_1(\theta,k), n_1(k)\leqslant\theta\leqslant n_2(k) \\ 0, \quad 其他 \end{cases} \tag{5.50}$$

式(5.50)中，$n_1(k)=\min\left(\hat{Y}_{3,A}^i(k)\right), n_2(k)=\max\left(\hat{Y}_{3,A}^i(k)\right), i=1,2,\cdots,N$，$f_1(\theta,k)$是$n_1(k)\leqslant\theta\leqslant n_2(k)$时的目标函数，依次连接 ESM 目标的状态估计$\left\{\left(\hat{Y}_{3,B}^j(k), \hat{Y}_{1,B}^j(k)\right) | j=1,2,\cdots,M\right\}$，得到 ESM 的目标曲线函数为

$$F_2(\theta,k)=\begin{cases} f_2(\theta,k), m_1(k)\leqslant\theta\leqslant m_2(k) \\ 0, \quad 其他 \end{cases} \tag{5.51}$$

式（5.51）中，$m_1(k)=\min\left(\hat{Y}_{3,B}^j(k)\right)$，$m_2(k)=\max\left(\hat{Y}_{3,B}^j(k)\right)$，$f_2(\theta,k)$是$m_1(k)\leqslant\theta\leqslant m_2(k)$时的目标函数。目标曲线将所有目标视为一个整体，其形状包含了目标之间的相对位置信息，而与测角系统误差无关。由于定积分沿着积分轴具有平移不变性，所以以雷达目标曲线为参照，对$F_2(\theta,k)$沿着横轴进行平移，假设平移量为C，得到函数$F_2(\theta+C,k)$，则平移后雷达与 ESM 目标曲线的相似程度用积分重合度$S(C,k)$表示

$$S(C,k)=\int_{u_1}^{u_2}\left(F_1(\theta,k)-F_2(\theta+C,k)\right)^2\mathrm{d}\theta \tag{5.52}$$

式（5.52）中，$u_1=\min\left(n_1(k),m_1(k)+C\right)$，$u_2=\max\left(n_2(k),m_2(k)+C\right)$。积分上下限含有$C$，积分上下限取值表如表 5.1。

表 5.1　积分上下限取值表

不同情况	C 的范围	u_1	u_2
$n_1(k)-m_1(k)>$ $n_2(k)-m_2(k)$	$C<n_2(k)-m_2(k)$ $n_1(k)-m_1(k)\geqslant C\geqslant n_2(k)-m_2(k)$ $C>n_1(k)-m_1(k)$	$m_1(k)+C$　$m_1(k)+C$ $n_1(k)$	$n_2(k)$　$m_2(k)+C$ $m_2(k)+C$
$n_1(k)-m_1(k)=$ $n_2(k)-n_2(k)$	$C<n_2(k)-n_2(k)$ $C\geqslant n_2(k)-n_2(k)$	$m_1(k)+C$ $n_1(k)$	$n_2(k)$ $m_2(k)+C$
$n_1(k)-m_1(k)<$ $n_2(k)-m_2(k)$	$C<n_1(k)-m_1(k)$ $n_1(k)-m_1(k)\leqslant C\leqslant n_2(k)-n_2(k)$ $C>n_2(k)-n_2(k)$	$m_1(k)+C$ $n_1(k)$ $n_1(k)$	$n_2(k)$ $n_2(k)$ $m_2(k)+C$

使$S(C,k)$最小的$C_{\min}$即为k时刻雷达与 ESM 测角系统误差之差$\Delta\theta_A-\Delta\theta_B$的估计值。$S(C,k)$对$C$求导得到$S'(C,k)$，令$S'(C,k)=0$，当雷达测角系统误差大于 ESM 测角系统误差时，在区间$\left[n_1(k)-m_2(k),n_2(k)-m_1(k)\right]$有唯一解；当 ESM 测角系统误差大于雷达测角系统误差时，在区间$\left[m_1(k)-n_2(k),m_2(k)-n_1(k)\right]$有唯一解。

获得了雷达与 ESM 测角系统误差之差后，对 ESM 的估计量进行补偿$\boldsymbol{Y}_0=\begin{bmatrix}0 & 0 & C_{\min}\end{bmatrix}^{\mathrm{T}}$，补偿后为$\hat{\boldsymbol{Y}}(k)=\hat{\boldsymbol{Y}}_A(k)-\hat{\boldsymbol{Y}}_B(k)-\boldsymbol{Y}_0$，ESM 传感器的协方差不变，此时关联统计量$\eta(k)\sim\chi^2(3)$，然后按第 5.3.2 节进行关联判决。

5.6　同地配置的雷达与 ESM 航迹抗差关联

通过研究系统误差对关联统计量、非中心参数、正确关联率的影响，得到系统误差估计值进行补偿进而实现关联属于航迹对准类方法；不估计系统误差而是对包含系统误差的航迹进行关联，此类算法属于抗差关联方法。

假设二维情况下，位于同一平台的雷达与 ESM 共同对目标进行定位跟踪，k时刻的位置为$\left(x_s(k),y_s(k)\right)$，目标的位置为$\left(x_t(k),y_t(k)\right)$。雷达在$k$时刻量测由距离和方位角共同组成，且该量测同时受到时变系统误差和随机量测噪声

影响，则

$$\tilde{\boldsymbol{\eta}}_A(k)=\boldsymbol{\eta}_A(k)+\Delta\boldsymbol{\eta}_A(k)+\boldsymbol{\varepsilon}_A(k) \tag{5.53}$$

式（5.53）中，$\tilde{\boldsymbol{\eta}}_A(k)=\left[\tilde{r}_A(k)\quad \tilde{\theta}_A(k)\right]^{\mathrm{T}}$为极坐标系下的量测值，$\boldsymbol{\eta}_A(k)=\left[r_A(k)\quad \theta_A(k)\right]^{\mathrm{T}}$为目标相对于雷达的真实位置，$\Delta\boldsymbol{\eta}_A(k)=\left[\Delta r_A(k)\quad \Delta\theta_A(k)\right]^{\mathrm{T}}$为雷达的时变系统误差，随机量测噪声$\boldsymbol{\varepsilon}_A(k)=\left[\varepsilon_{rA}(k)\quad \varepsilon_{\theta A}(k)\right]^{\mathrm{T}}$是具有零均值、恒定方差为$\boldsymbol{R}_A=\mathrm{diag}\left[\sigma_{rA}^2\quad \sigma_{\theta A}^2\right]$的高斯白噪声。$\Delta\boldsymbol{\eta}_A(k)$虽然是随时间变化的，但是实际中传感器的系统误差是有范围的。因此，不妨假设雷达的最大系统误差为$\left[\Delta r_A^m\ \Delta\theta_A^m\right]$。

同理，ESM 在k时刻的量测为

$$\tilde{\theta}_B(k)=\theta_B(k)+\Delta\theta_B(k)+\varepsilon_B(k) \tag{5.54}$$

式（5.54）中，$\theta_B(k)$为目标相对于 ESM 的真实方位角，$\Delta\theta_B(k)$为 ESM 时变的测角系统误差，ESM 测角随机量测噪声$\varepsilon_B(k)$服从具有零均值、恒定方差为$\sigma_{\theta B}^2$的高斯分布。不妨假设 ESM 测角系统误差最大为$\Delta\theta_B^m$。

雷达与 ESM 分别进行跟踪，滤波效果良好忽略随机误差，k时刻得到的估计为$\hat{\boldsymbol{\eta}}_A(k)=\boldsymbol{\eta}_A(k)+\Delta\boldsymbol{\eta}_A(k)$，其中$\hat{\boldsymbol{\eta}}_A(k)=\left[\hat{r}_A(k)\quad \hat{\theta}_A(k)\right]^{\mathrm{T}}$，得到 ESM 角度估计为$\hat{\theta}_B(k)=\theta_B(k)+\Delta\theta_B(k)$。

5.6.1 系统误差下雷达与 ESM 航迹的区间描述

目标可能存在的区域称为不确定区域[60]，系统误差下测量的不确定区域如图 5.5 所示，对于雷达而言，目标不确定区域是一块圆环段区域，图中R为雷达目标的估计位置，R'为根据雷达的最大系统误差反推得到的最远的位置，目标以极大的概率位于此区域内。对于 ESM，由于 ESM 仅有角度信息，只能确定目标位于 ESM 角度估计和反推的角度之间。

假设k时刻，第i个雷达目标的距离不确定区间为$I_{Ar}^i(k)=[r_i^-(k),r_i^+(k)]$，称$r_i^-(k)$为$I_{Ar}^i(k)$的下限，$r_i^+(k)$为$I_{Ar}^i(k)$的上限，其中

$$\begin{cases}r_i^-(k)=\hat{r}_A(k)-\Delta r_A^m\\ r_i^+(k)=\hat{r}_A(k)\end{cases} \tag{5.55}$$

角度不确定区间为$I_{A\theta}^i(k)=[a_i^-(k),a_i^+(k)]$，其中

$$\begin{cases} a_i^+(k) = \hat{\theta}_A(k) \\ a_i^-(k) = \hat{\theta}_A(k) - \Delta\theta_A^m, \hat{\theta}_A(k) - \Delta\theta_A^m > 0 \\ a_i^-(k) = \hat{\theta}_A(k) - \Delta\theta_A^m + 2\pi, \hat{\theta}_A(k) - \Delta\theta_A^m < 0 \end{cases} \tag{5.56}$$

$i = 1,2,\cdots,n_A$，n_A 为雷达探测到目标的个数。由于目标的真实方位范围可能包含正北方向，即会出现角度值在 0 和 2π 之间的跳变，所以角度不确定区间代表从 $a_i^-(k)$ 顺时针到 $a_i^+(k)$ 的区间，而并不严格要求 $a_i^-(k) < a_i^+(k)$。

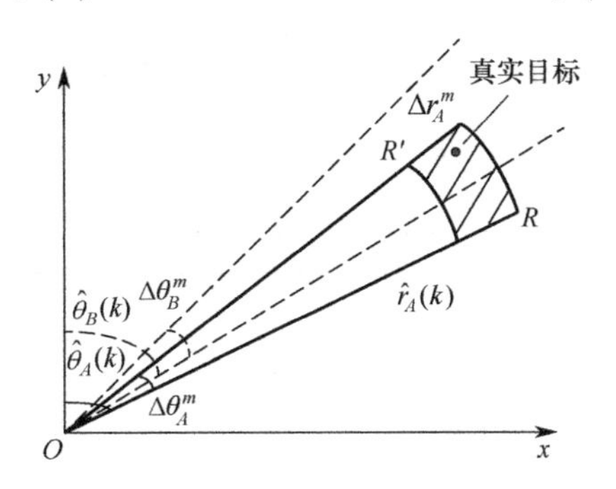

图 5.5　系统误差下测量的不确定区域

同理，对于第 j 个 ESM 目标角度不确定区间为 $I_B^j(k) = [b_j^-(k), b_j^+(k)]$，其中

$$\begin{cases} b_j^+(k) = \hat{\theta}_B(k) \\ b_j^-(k) = \hat{\theta}_B(k) - \Delta\theta_B^m, \hat{\theta}_B(k) - \Delta\theta_B^m > 0 \\ b_j^-(k) = \hat{\theta}_B(k) - \Delta\theta_B^m + 2\pi, \hat{\theta}_B(k) - \Delta\theta_B^m < 0 \end{cases} \tag{5.57}$$

$j = 1,2,\cdots,n_B$，n_B 为 ESM 探测到目标的个数。

5.6.2　基于区间重合度的雷达与 ESM 航迹抗差关联

雷达与 ESM 目标不确定区域重合度越大，源于同一个目标的可能性就越大。对于二维情况同地配置的雷达与 ESM，由于 ESM 不提供距离信息，所以目标不确定区域只考虑角度信息。

一维区间在实数范围内存在三种关系：相离、相交和包含。相离表示雷达与 ESM 目标不确定区域不存在重合，雷达与 ESM 航迹来自不同目标的可能性就越大；相交和包含表示雷达与 ESM 目标不确定区域存在重合，重合度越大航迹来自同一目标的可能性越大。

令 $\alpha(I)$ 表示区间 I 的长度，则 k 时刻第 i 个雷达航迹和第 j 个 ESM 航迹角度不确定区间的重合度[82]为

$$\mu_{ij}\left(I_A^i(k),I_B^j(k)\right)=\frac{\alpha\left(I_A^i(k)\cap I_B^j(k)\right)}{\alpha\left(I_A^i(k)\cup I_B^j(k)\right)}=\frac{\alpha\left(I_A^i(k)\cap I_B^j(k)\right)}{\alpha\left(I_A^i(k)\right)+\alpha\left(I_B^j(k)\right)-\alpha\left(I_A^i(k)\cap I_B^j(k)\right)} \tag{5.58}$$

式（5.58）中，$I_A \cap I_B$ 表示区间 I_A 和区间 I_B 的交，$I_A \cup I_B$ 表示区间 I_A 和区间 I_B 的并。

按照雷达或 ESM 的角度不确定区域是否包含正北方向，$\alpha\left(I_A^i(k)\cap I_B^j(k)\right)$ 的表达式有不同的形式，如表 5.2 所示。

表 5.2　$\alpha\left(I_A^i(k)\cap I_B^j(k)\right)$ 的表达式

<table>
<tr><th colspan="2">$I_A^i(k)$ 与 $I_B^j(k)$ 的相对位置</th><th>$\alpha\left(I_A^i(k)\cap I_B^j(k)\right)$</th></tr>
<tr><td rowspan="3">$a_i^+(k)-a_i^-(k)\neq\Delta\theta_a^m$
或
$b_j^+(k)-b_j^-(k)\neq\Delta\theta_b^m$</td><td>$a_i^+(k)-a_i^-(k)\neq\Delta\theta_a^m$
$b_j^+(k)-b_j^-(k)=\Delta\theta_b^m$</td><td>0，$b_j^-(k)<a_i^+(k)<b_j^+(k)$ 或 $b_j^-(k)\leqslant a_i^-(k)<b_j^+(k)$
$\min\left(\left|a_i^-(k)-b_j^+(k)\right|,\left|a_i^+(k)-b_j^-(k)\right|,\Delta\theta_b^m\right)$，其他</td></tr>
<tr><td>$b_j^+(k)-b_j^-(k)\neq\Delta\theta_b^m$
$a_i^+(k)-a_i^-(k)=\Delta\theta_a^m$</td><td>0，$a_i^-(k)<b_j^+(k)<a_i^+(k)$ 且 $a_i^-(k)\leqslant b_j^-(k)<a_i^+(k)$
$\min\left(\left|a_i^-(k)-b_j^+(k)\right|,\left|a_i^+(k)-b_j^-(k)\right|,\Delta\theta_a^m\right)$，其他</td></tr>
<tr><td>$a_i^+(k)-a_i^-(k)\neq\Delta\theta_a^m$
$b_j^+(k)-b_j^-(k)\neq\Delta\theta_b^m$</td><td>$2\pi+\min\left(a_i^+(k),b_j^+(k)\right)-\max\left(a_i^-(k),b_j^-(k)\right)$</td></tr>
<tr><td colspan="2">$a_i^+(k)-a_i^-(k)=\Delta\theta_a^m$
$b_j^+(k)-b_j^-(k)=\Delta\theta_b^m$</td><td>0，$\max\left(\left|a_i^-(k)-b_i^+(k)\right|,\left|a_i^+(k)-b_i^-(k)\right|\right)\geqslant\Delta\theta_a^m+\Delta\theta_b^m$
$\min\left(\left|a_i^-(k)-b_i^+(k)\right|,\left|a_i^+(k)-b_i^-(k)\right|,\Delta\theta_a^m,\Delta\theta_b^m\right)$，其他</td></tr>
</table>

ESM 探测到的目标对应于辐射源，通常某个平台（对应于雷达目标）上载有若干个辐射源，所以进行雷达与 ESM 航迹关联时，选取 ESM 的第 j 个航迹作为已知模式，雷达航迹 $i(i=1,2,\cdots,n_A)$ 作为待识别模式，由于来自同一目标的可能性越大，区间重合度越大，故定义 k 时刻两者的关联系数为

$$\xi_{ij}(k)=\frac{\min\limits_i\min\limits_k\left(1-\mu_{ij}\left(I_A^i(k),I_B^j(k)\right)\right)+\rho\max\limits_i\max\limits_k\left(1-\mu_{ij}\left(I_A^i(k),I_B^j(k)\right)\right)}{1-\mu_{ij}\left(I_A^i(k),I_B^j(k)\right)+\rho\max\limits_i\max\limits_k\left(1-\mu_{ij}\left(I_A^i(k),I_B^j(k)\right)\right)} \tag{5.59}$$

式（5.59）中，$\rho\in[0,1]$ 为分辨系数；此时 $0\leqslant 1-\mu_{ij}\left(I_A^i(k),I_B^j(k)\right)\leqslant 1$，且其值越小关联系数越大。

k 时刻 ESM 航迹 j 与雷达航迹 i 的灰关联度为

$$\varepsilon_{ij}(k)=\frac{1}{k}\sum_{t=1}^{k}\xi_{ij}(t) \tag{5.60}$$

采用最大关联判别原则，即 $\varepsilon_T(k)=\max\limits_{i}\varepsilon_{ij}(k)$，$i=1,2,\cdots,n_A$，则判断 k 时刻雷达航迹 i 与 ESM 航迹 j 关联。

5.7　异地配置的雷达与 ESM 航迹抗差关联

5.7.1　系统误差下雷达与 ESM 航迹的相似度量

1. 目标拓扑信息

雷达与 ESM 除了位于同一平台，往往也存在异地配置的情况。异地配置时交叉定位点[83]与雷达量测点具有类似的空间拓扑结构，通过灰关联分析来比较雷达目标与交叉定位点的拓扑结构[84]也可实现雷达 ESM 航迹关联。

假设异地配置的雷达和 ESM 在二维笛卡儿坐标系下对三个目标进行探测，雷达位于 (x_A,y_A) 处，ESM 位于 (x_B,y_B) 处，其余假设条件与 5.5 节中同地配置情况相同。

图 5.6 中 T^i 表示第 i 个真实目标，R^i 表示第 i 个雷达目标，C_j^i 表示第 i 个雷达目标和第 j 个 ESM 目标的交叉定位点。交叉定位点 $\{C_2^1,C_1^2,C_3^3\}$ 依次与雷达目标 $\{R^1,R^2,R^3\}$ 相关联。当存在系统误差时，交叉定位点发生了旋转和平移，但是并不影响目标间的相对位置，即目标空间的拓扑结构不受系统误差影响。

图 5.6 中共有 9 个交叉定位点，按照每个雷达目标只与一个 ESM 目标关联的原则，可以列出与 $\{R^1,R^2,R^3\}$ 关联的 6 种组合方式，即 $\{C_1^1,C_2^2,C_3^3\}$、$\{C_1^1,C_3^2,C_2^3\}$、$\{C_2^1,C_1^2,C_3^3\}$、$\{C_2^1,C_3^2,C_1^3\}$、$\{C_3^1,C_1^2,C_2^2\}$ 和 $\{C_3^1,C_2^2,C_1^3\}$。当目标增加到 n 个，交叉定位点会增加到 n^2 个，其中只有 n 个交叉定位点对应真实目标，而其余 $n(n-1)$ 个则为鬼点。共有 $n!$ 种交叉定位点的组合方式，其中必然有一组对应正确的关联。

2. 目标离散度信息

当雷达和 ESM 航迹为同源航迹时，航迹分量信息（距离、速度、角度）

应具有高度相关性。若将某一属性信息的观测数据作为数据集合，则同源航迹数据集合间的离散度较小。若将系统误差的不确定性转化为区间数据，则区间数据集合的离散度信息可作为航迹关联的判据，区间数据集的离散信息度量即为区间序列离散度，其定义同 4.4.3 节，此处不再赘述。

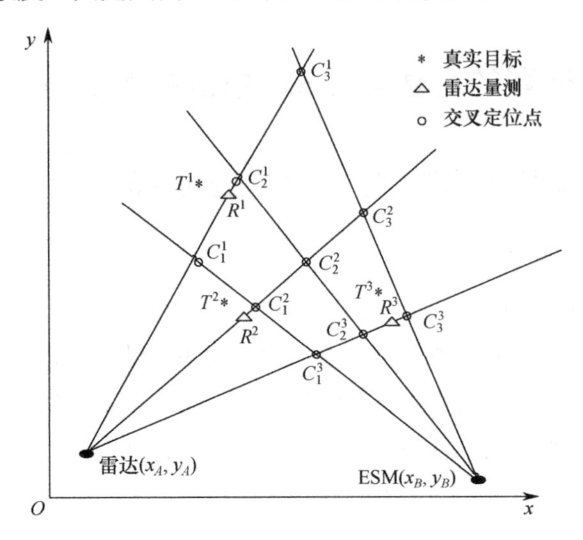

图 5.6　存在三个目标时雷达与 ESM 交叉定位示意图

5.7.2　基于目标拓扑信息的雷达与 ESM 航迹抗差关联

根据 5.7.1 节所述的目标拓扑信息进行系统误差下的航迹关联，然而当目标较多时，如果不加以处理，$n!$ 种组合方式产生的运算量会呈指数增加，因此先进行基于距离的局部粗关联处理。

第 i 个雷达目标与第 j 个 ESM 目标的交叉定位点与雷达之间的距离记为

$$d_{ij}(k)=\sqrt{\left(x_{ij}(k)-x_A\right)^2+\left(y_{ij}(k)-y_A\right)^2} \tag{5.61}$$

$d_{ij}(k)$的方差为

$$\begin{aligned}\sigma_{d_{ij}(k)}^2&=\begin{bmatrix}\dfrac{\partial d_{ij}(k)}{\partial\theta_i^A(k)} & \dfrac{\partial d_{ij}(k)}{\partial\theta_j^B(k)}\end{bmatrix}\begin{bmatrix}\sigma_{\theta_A}^2 & 0\\ 0 & \sigma_{\theta_B}^2\end{bmatrix}\begin{bmatrix}\dfrac{\partial d_{ij}(k)}{\partial\theta_i^A(k)} & \dfrac{\partial d_{ij}(k)}{\partial\theta_j^B(k)}\end{bmatrix}^{\mathrm{T}}\\ &=\sigma_{\theta_A}^2\left(\dfrac{\partial d_{ij}(k)}{\partial\theta_i^A(k)}\right)^2+\sigma_{\theta_B}^2\left(\dfrac{\partial d_{ij}(k)}{\partial\theta_j^B(k)}\right)^2\end{aligned} \tag{5.62}$$

$$\begin{cases}\dfrac{\partial d_{ij}(k)}{\partial \theta_i^A(k)}=\dfrac{\partial x_{ij}(k)}{\partial \theta_i^A(k)}\sin\left(\theta_i^A(k)\right)+\dfrac{\partial y_{ij}(k)}{\partial \theta_i^A(k)}\cos\left(\theta_i^A(k)\right)\\ \dfrac{\partial d_{ij}(k)}{\partial \theta_j^B(k)}=\dfrac{\partial x_{ij}(k)}{\partial \theta_j^B(k)}\sin\left(\theta_i^A(k)\right)+\dfrac{\partial y_{ij}(k)}{\partial \theta_j^B(k)}\cos\left(\theta_i^A(k)\right)\end{cases} \tag{5.63}$$

$$\begin{cases}\dfrac{\partial x_{ij}(k)}{\partial \theta_i^A(k)}=\dfrac{(x_A-x_B)\cot\left(\theta_j^B(k)\right)-(y_A-y_B)}{\left(\cot\left(\theta_i^A(k)\right)-\cot\left(\theta_j^B(k)\right)\right)^2\left(\sin\left(\theta_i^A(k)\right)\right)^2}\\ \dfrac{\partial x_{ij}(k)}{\partial \theta_j^B(k)}=\dfrac{(x_A-x_B)\cot\left(\theta_i^A(k)\right)-(y_B-y_A)}{\left(\cot\left(\theta_i^A(k)\right)-\cot\left(\theta_j^B(k)\right)\right)^2\left(\sin\left(\theta_j^B(k)\right)\right)^2}\\ \dfrac{\partial y_{ij}(k)}{\partial \theta_i^A(k)}=\dfrac{(y_A-y_B)\tan\left(\theta_j^B(k)\right)-(x_B-x_A)}{\left(\tan\left(\theta_i^A(k)\right)-\tan\left(\theta_j^B(k)\right)\right)^2\left(\cos\left(\theta_i^A(k)\right)\right)^2}\\ \dfrac{\partial y_{ij}(k)}{\partial \theta_j^B(k)}=\dfrac{(y_A-y_B)\tan\left(\theta_i^A(k)\right)-(x_A-x_B)}{\left(\tan\left(\theta_i^A(k)\right)-\tan\left(\theta_j^B(k)\right)\right)^2\left(\cos\left(\theta_j^B(k)\right)\right)^2}\end{cases} \tag{5.64}$$

令 $D_{ij}(k)=d_{ij}(k)-r_i(k)$，由于雷达角度与距离和 ESM 的角度之间的测量误差相互独立，所以 $D_{ij}(k)$ 的方差为 $\sigma_{D_{ij}(k)}^2=\sigma_{d_{ij}(k)}^2+\sigma_r^2$。

基于距离的局部粗关联处理规则为：当 $-6\sigma_{D_{ij}}\leqslant D_{ij}(k)\leqslant 6\sigma_{D_{ij}}$ 时，即认为第 i 个雷达目标与第 j 个 ESM 目标可能为同一个目标，即两航迹试验关联；当不满足时，认为第 i 个雷达目标与第 j 个 ESM 目标不可能为同一个目标。通过距离粗关联处理，可以排除一些不可能组合，为后面的全局关联减少大量的计算而基本不会出现漏关联情况。

借鉴文献[84]的思想，定义雷达与 ESM 可能航迹关联矩阵 $\boldsymbol{A}_{n\times n}$，$\boldsymbol{A}$ 的第 i 行第 j 列元素 a_{ij} 表示经粗关联处理后第 i 个雷达与第 j 个 ESM 航迹关联的情况，a_{ij} 是布尔型变量，$a_{ij}=1$ 表示满足粗关联条件，即第 i 个雷达与第 j 个 ESM 航迹可能关联；$a_{ij}=0$ 表示不满足粗关联条件，即第 i 个雷达与第 j 个 ESM 航迹不可能关联。

由于航迹关联矩阵 $\boldsymbol{A}$ 反映所有雷达与 ESM 航迹的可能关联情况，当得到雷达与 ESM 可能航迹关联矩阵 $\boldsymbol{A}$ 后，就可以列出所有 N 种雷达与 ESM 航迹关联的可能组合，将每一种可能组合描述为一个航迹关联事件矩阵 $\boldsymbol{B}_l$，$l=1,2,\cdots,N$，

$$\boldsymbol{B}_l=\left[b_{ij}^l\right]=\begin{bmatrix} b_{11}^l & b_{12}^l & \cdots & b_{1n}^l \\ b_{21}^l & b_{22}^l & \cdots & b_{2n}^l \\ \vdots & \vdots & \ddots & \vdots \\ b_{n1}^l & b_{n2}^l & \cdots & b_{nn}^l \end{bmatrix} \tag{5.65}$$

式（5.65）中，b_{ij}^l 为航迹关联事件矩阵 $\boldsymbol{B}_l$ 第 i 行第 j 列元素，也为布尔型变量。

采用全局灰关联对上述获得的 N 个航迹关联事件矩阵进行分析，寻找与雷达目标空间拓扑结构最相似的一个航迹关联事件。为了叙述方便，省略时间标识 k。以第 i 个雷达点迹的空间拓扑描述其与所有邻居的位置差向量序列 $\boldsymbol{V}_i=\begin{bmatrix}\boldsymbol{V}_i^1\\ \boldsymbol{V}_i^2\end{bmatrix}=\left\{\boldsymbol{Y}_j-\boldsymbol{Y}_i \middle| j=1,2,\cdots,n,j\neq i\right\}$，作为参考数列，$\boldsymbol{V}_i^1$ 和 $\boldsymbol{V}_i^2$ 分别为 $\boldsymbol{V}$ 的横纵轴坐标。拆分可能航迹关联矩阵可得到 N 个航迹关联事件矩阵对应的交叉定位点坐标序列，定义为 $\boldsymbol{W}_l=\left\{\boldsymbol{W}_l(i)\middle| i=1,2,\cdots,n\right\}$，$l=1,2,\cdots,N$，其中 $\boldsymbol{W}_l(i)$ 是第 l 个航迹关联事件矩阵的第 i 行唯一非零元素对应的坐标，可知

$$\boldsymbol{W}_l(i)=\begin{bmatrix} w_l^1(i) \\ w_l^2(i) \end{bmatrix}=\begin{cases}\begin{bmatrix} x_{ij} \\ y_{ij}\end{bmatrix} & b_{ij}^l=1 \\ \begin{bmatrix} 0 \\ 0\end{bmatrix} & b_{ij}^l=0\end{cases} \tag{5.66}$$

式（5.66）中，$w_l^1(i)$、$w_l^2(i)$ 分别为 $\boldsymbol{W}_l(i)$ 的横纵轴坐标，b_{ij}^l 为航迹关联事件矩阵 $\boldsymbol{B}_l$ 第 i 行第 j 列元素。则第 l 个航迹关联事件矩阵第 i 个目标的空间拓扑描述为

$$\boldsymbol{U}_{li}=\begin{bmatrix}\boldsymbol{U}_{li}^1\\ \boldsymbol{U}_{li}^2\end{bmatrix}=\left\{\boldsymbol{W}_l(j)-\boldsymbol{W}_l(i)\middle| j=1,2,\cdots,n-1\right\} \tag{5.67}$$

第 l 个航迹关联事件矩阵第 i 个目标与第 j 个雷达航迹的空间拓扑相关系数序列为

$$\xi_{li}^m(j)=\frac{\min\limits_l\min\limits_j\left|\boldsymbol{V}_i^m(j)-\boldsymbol{U}_{li}^m(j)\right|+\rho\max\limits_l\max\limits_j\left|\boldsymbol{V}_i^m(j)-\boldsymbol{U}_{li}^m(j)\right|}{\left|\boldsymbol{V}_i^m(j)-\boldsymbol{U}_{li}^m(j)\right|+\rho\max\limits_l\max\limits_j\left|\boldsymbol{V}_i^m(j)-\boldsymbol{U}_{li}^m(j)\right|} \tag{5.68}$$

式（5.68）中，$i=1,2,\cdots,n$，$l=1,2,\cdots,N$，$j=1,2,\cdots,n-1$，$m=1,2$。记 $\boldsymbol{\Delta}_{li}^m(j)=\left|\boldsymbol{V}_i^m(j)-\boldsymbol{U}_{li}^m(j)\right|$，则

$$\xi_{li}^m(j)=\frac{\min\limits_l\min\limits_i\boldsymbol{\Delta}_{li}^m(j)+\rho\max\limits_l\max\limits_i\boldsymbol{\Delta}_{li}^m(j)}{\boldsymbol{\Delta}_{li}^m(j)+\rho\max\limits_l\max\limits_i\boldsymbol{\Delta}_{li}^m(j)} \tag{5.69}$$

式（5.69）中，ρ 为分辨系数。

由于第 l 个航迹关联事件矩阵有 n 个交叉定位点，且每一个交叉定位点坐标序列都包含横纵轴两个相关系数序列分量，定义第 l 个航迹关联事件矩阵与雷达目标的空间拓扑的相似度的灰关联度为

$$\gamma_l = \frac{1}{2(n-1)}\sum_{i=1}^{n}\sum_{j=1}^{n-1}\sum_{m=1}^{2}\xi_{li}^{m}(j) \tag{5.70}$$

如果 $\gamma_s = \max\{\gamma_l \mid l = 1,2,\cdots,N\}$ 即第 s 个航迹关联事件矩阵对应的交叉定位点迹与雷达目标点迹空间拓扑相似程度最高，那么依据第 s 个航迹关联事件矩阵的非零元素可判定多目标情况下的各雷达与 ESM 航迹关联情况。

5.7.3　基于区间离散度的雷达与 ESM 航迹抗差关联

在 5.7.1 节异地配置的假设条件下，可以直接将系统误差下 ESM 传感器的角度观测数据转化为区间型数据 $\widehat{\theta}_B=[\theta_B^{\mathrm{l}},\theta_B^{\mathrm{u}}]=[\tilde{\theta}_B-\Delta\theta_B^m,\tilde{\theta}_B+\Delta\theta_B^m]$。根据传感器配置情况的不同，对雷达观测数据采取不同的区间化处理方式[85]。

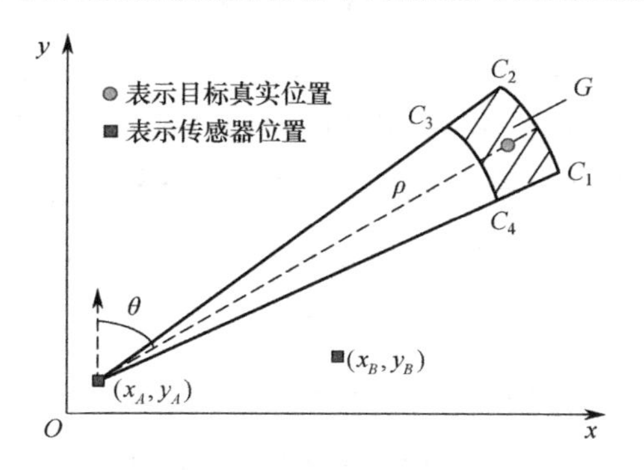

图 5.7　系统误差示意图

如图 5.7 所示，雷达航迹点 $(\tilde{r}_A,\tilde{\theta}_A)$ 可能的分布区域 G 是由目标真实位置根据最大系统误差外推得到的阴影区域，由区间 $(r-\Delta r_A^m, r+\Delta r_A^m)$ 和 $(\theta-\Delta\theta_A^m,\theta+\Delta\theta_A^m)$ 共同确定，区域顶点记为 C_1,C_2,C_3,C_4。

同理，由阴影区域 G 中任意点的 $(\tilde{r}_A,\tilde{\theta}_A)$ 外推得到的分布区域必定包含目标真实位置，该区域由区间 $(\tilde{r}-\Delta r_A^m,\tilde{r}+\Delta r_A^m)$ 和 $(\tilde{\theta}-\Delta\theta_A^m,\tilde{\theta}+\Delta\theta_A^m)$ 共同确定，区域顶点记为 C_1',C_2',C_3',C_4'，将顶点坐标转化到直角坐标系有

$$\begin{bmatrix}\boldsymbol{X}\\ \boldsymbol{Y}\end{bmatrix} = \boldsymbol{K}\cdot\boldsymbol{L} + \begin{bmatrix}x_s\\ y_s\end{bmatrix} \tag{5.71}$$

式（5.71）中，$\boldsymbol{X}=[x_{C_1'}\ x_{C_2'}\ x_{C_3'}\ x_{C_4'}]$，$\boldsymbol{Y}=[y_{C_1'}\ y_{C_2'}\ y_{C_3'}\ y_{C_4'}]$，

$$\boldsymbol{K}=\begin{bmatrix} \tilde{r}+\Delta r_A^m & 0 & \tilde{r}-\Delta r_A^m & 0 \\ 0 & \tilde{r}+\Delta r_A^m & 0 & \tilde{r}-\Delta r_A^m \end{bmatrix} \tag{5.72}$$

$$\boldsymbol{L}=\begin{bmatrix} \sin(\tilde{\theta}+\Delta\theta_A^m) & \sin(\tilde{\theta}-\Delta\theta_A^m) & 0 & 0 \\ \cos(\tilde{\theta}+\Delta\theta_A^m) & \cos(\tilde{\theta}-\Delta\theta_A^m) & 0 & 0 \\ 0 & 0 & \sin(\tilde{\theta}-\Delta\theta_A^m) & \sin(\tilde{\theta}+\Delta\theta_A^m) \\ 0 & 0 & \cos(\tilde{\theta}-\Delta\theta_A^m) & \cos(\tilde{\theta}+\Delta\theta_A^m) \end{bmatrix} \tag{5.73}$$

进一步得到ESM的角度转换测量值

$$\tilde{\theta}_i=\arctan\frac{x_{C_i'}-x_w}{y_{C_i'}-y_w}, i=1,2,3,4 \tag{5.74}$$

将系统误差区间化处理后的区间型数据记为

$$\begin{cases} \widehat{\theta}_A=[\theta_A^{\mathrm{l}},\theta_A^{\mathrm{u}}] \\ \theta_A^{\mathrm{l}}=\min\left\{\tilde{\theta}_1,\tilde{\theta}_2,\tilde{\theta}_3,\tilde{\theta}_4\right\} \\ \theta_A^{\mathrm{u}}=\max\left\{\tilde{\theta}_1,\tilde{\theta}_2,\tilde{\theta}_3,\tilde{\theta}_4\right\} \end{cases} \tag{5.75}$$

若雷达与ESM上报的航迹数目分别为m_A和m_B，来自雷达的每条航迹包含的航迹点数目为n_A^i，来自ESM的每条航迹包含的航迹点数目为$n_B^j\left(n_A^i\neq n_B^j\right)$。根据系统误差的不同，对雷达和ESM上报的航迹集合进行坐标转换和区间化处理，雷达和ESM区间化航迹序列集合分别记为$X_A=\left\{\widehat{\varphi}_A^1\ \widehat{\varphi}_A^2\ \cdots\ \widehat{\varphi}_A^{m_A}\right\}$，$X_B=\left\{\widehat{\varphi}_B^1\ \widehat{\varphi}_B^2\ \cdots\ \widehat{\varphi}_B^{m_B}\right\}$，其中，

$$\widehat{\varphi}_A^i=\left\{\widehat{\theta}_A^i(1)\ \widehat{\theta}_A^i(2)\ \cdots\ \widehat{\theta}_A^i(n_A^i)\right\}, i=1,2,\cdots,m_A \tag{5.76}$$

$$\widehat{\varphi}_B^j=\left\{\widehat{\theta}_B^j(1)\ \widehat{\theta}_B^j(2)\ \cdots\ \widehat{\theta}_B^j(n_B^j)\right\}, j=1,2,\cdots,m_B \tag{5.77}$$

由4.4.3节中定义计算区间序列离散度，记为

$$\lambda_{ij}=\varDelta(\widehat{\varphi}_A^i,\widehat{\varphi}_B^j) \tag{5.78}$$

采用最小离散度关联判别原则，即$\lambda=\min\limits_i\lambda_{ij}\left(i=1,2,\cdots,m_A\right)$，则判断$k$时刻雷达航迹$i$与ESM航迹$j$关联。

5.8 算法仿真与性能分析

针对异步航迹问题，提出了异地配置的雷达与电子支援措施异步航迹关联

算法（Asynchronous Track Association of Radar and Electronic Support Measurements at Different Sites, ATA-DS）。

针对系统误差的存在，当雷达与 ESM 同地配置时，提出了对系统误差估计补偿的修正极坐标系下雷达与 ESM 对准关联（Track Alignment-association of Radar and ESM in MPC, TA-MPC）和无需估计系统误差的基于区间重合度的雷达与 ESM 抗差关联算法（Anti-bias Track Association Algorithm of Radar and ESM Based on the Interval Overlap Ratio, ATAA-IOR）。当雷达与 ESM 异地配置时，根据交叉定位原理提出了基于目标拓扑信息的雷达与 ESM 抗差关联算法（Anti-bias Track Association Algorithm of Radar and ESM Based on Spatial Distribution Information, ATAA-SDI）。

而由全新度量指标提出的基于区间离散度的雷达与 ESM 抗差关联算法（Anti-bias Track Association Algorithm of Radar and ESM Based on Interval Dispersion, ATAA-ID）可同时适用于雷达与 ESM 异地或同地配置，并可同时解决异步航迹与系统误差问题。

现对各算法进行仿真，研究比较算法性能。

5.8.1　仿真环境设置

由雷达和 ESM 构成的跟踪系统对公共区域进行观测，目标持续观测时间为 300 s。雷达与 ESM 的采样时间间隔均为 $T=1\text{ s}$。异地配置时雷达与 ESM 传感器的位置坐标分别为 $(0,0)$ 和 $(100\text{km},0)$，同地配置时，雷达与 ESM 传感器的位置坐标均为 $(0,0)$。

目标在二维平面匀速直线运动，初始方向在 $0\sim2\pi$ rad 内随机分布，初始速度在 200 ~ 400 m/s 内随机分布。雷达测距和测角的随机测量误差为 $\varepsilon_{rA}=100\text{ m}$、$\varepsilon_{\theta A}=0.3°$。ESM 测角的随机测量误差为 $\varepsilon_{\theta B}=0.4°$。雷达测距和测角的最大系统误差为 $\Delta r_A^m=1\,000\text{ m}$、$\Delta\theta_A^m=0.5°$。ESM 测角的最大系统误差为 $\Delta\theta_B^m=0.5°$。进行 100 次 Monte Carlo 仿真实验。

5.8.2　算法性能比较

1．系统误差对关联统计量的影响

图 5.8 至图 5.10 为 TA-MPC 算法中对某个目标的状态估计。可以看出存在

系统误差时，修正极坐标系中状态估计的前两项，即角度变化率和 ITG 是近似无偏的，雷达与 ESM 能稳定跟踪，说明雷达测距系统误差对 MPC 下的 ITG 估计影响很小；而角度估计由于测角系统误差的影响，与真实状态存在固定偏差，与定理 5.1 中的结论相符。

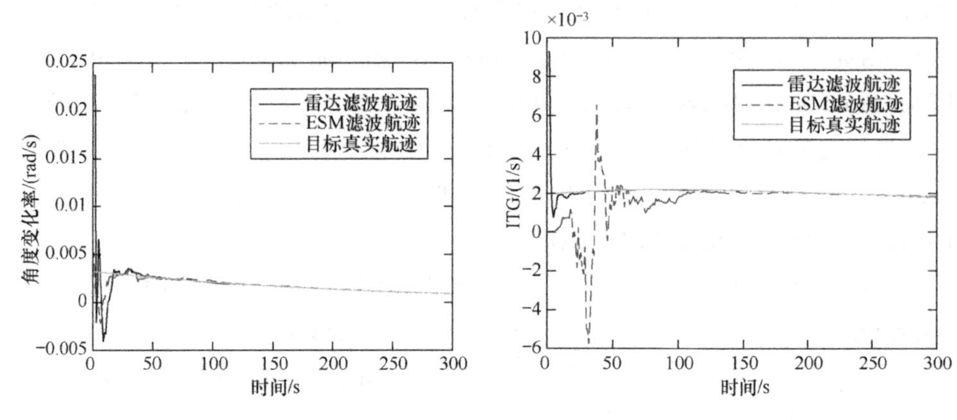

图 5.8 雷达与 ESM 目标的角度变化率估计

图 5.9 雷达与 ESM 目标的 ITG 估计

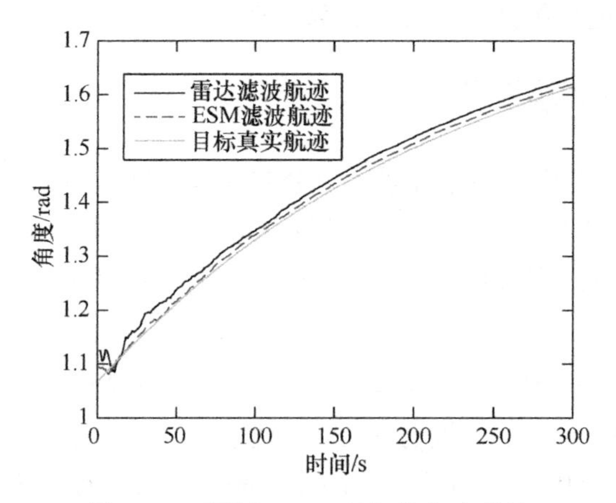

图 5.10 雷达与 ESM 目标的角度估计

2. 同地配置算法抗差性能比较

在仿真环境中改变雷达与 ESM 的系统误差，比较三种同地配置算法的抗差性能。系统误差取值如表 5.3 所示，结果如表 5.4 所示，表中 E_c 为正确关联率，E_e 为错误关联率，E_s 为漏关联率。

表 5.3 雷达与 ESM 系统误差取值表

实验编号	1	2	3	4	5	6	7	8	9	10	11	12
$\Delta\theta_A^m$ /°	0.5	0.5	0.5	1.0	1.5	2.0	0.5	0.5	0.5	1.5	1.0	1.5
$\Delta\theta_B^m$ /°	0.5	0.5	0.5	0.5	0.5	0.5	1.0	1.5	2.0	1.0	1.5	1.5
Δr_A^m / m	500	1 000	1 500	500	500	500	500	500	500	800	800	1 200

表 5.4 不同系统误差下的关联率

实验编号	ATAA-ID 算法			ATAA-IOR 算法			TA-MPC 算法		
	E_c	E_e	E_s	E_c	E_e	E_s	E_c	E_e	E_s
1	0.948	0.047	0.005	0.741	0.076	0.183	0.875	0.019	0.106
2	0.943	0.052	0.005	0.709	0.044	0.247	0.867	0.019	0.114
3	0.932	0.062	0.006	0.692	0.080	0.228	0.834	0.033	0.133
4	0.923	0.053	0.024	0.511	0.172	0.317	0.829	0.072	0.099
5	0.909	0.042	0.049	0.449	0.241	0.310	0.779	0.023	0.198
6	0.893	0.061	0.046	0.439	0.236	0.325	0.744	0.021	0.235
7	0.956	0.037	0.007	0.519	0.084	0.397	0.851	0.043	0.106
8	0.943	0.053	0.004	0.462	0.231	0.307	0.799	0.045	0.156
9	0.935	0.056	0.009	0.430	0.231	0.339	0.731	0.078	0.191
10	0.930	0.045	0.025	0.483	0.195	0.322	0.720	0.097	0.183
11	0.918	0.063	0.019	0.450	0.240	0.310	0.697	0.104	0.199
12	0.916	0.061	0.023	0.371	0.259	0.370	0.647	0.121	0.232

从表 5.4 中可以看出，ATAA-ID 算法的正确关联率整体高于 ATAA-IOR 算法和 TA-MPC 算法，由于对系统误差进行估计补偿，TA-MPC 算法的正确关联率高于 ATAA-IOR 算法。但随着系统误差的增大，ATAA-IOR 和 TA-MPC 算法的正确关联率都下降，而 ATAA-ID 算法一直保持较高的正确关联率。

对比实验 1～3 和实验 4～9，可以看出各算法受测角系统误差的影响较测距系统误差的影响更大。相对于雷达和 ESM 角度测量值，雷达径向距离测量值对角度的影响较小。对比实验 4～6 和实验 7～9 可以看出 ATAA-ID 算法受 ESM 系统误差的影响小于受雷达系统误差的影响。

图 5.11 给出了算法耗时的比较。由于 ATAA-ID 算法所用指标离散度求解简单，故具有较佳的运算效率。而 TA-MPC 算法以积分运算为主，且对系统误差偏移量进行估计补偿，处理流程复杂耗时较长。

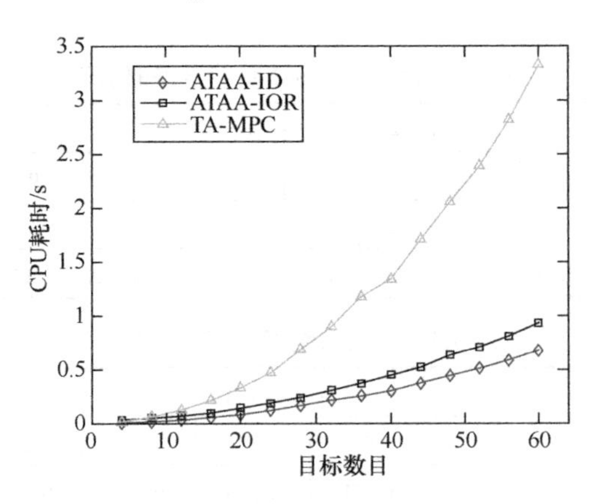

图 5.11 算法耗时比较

3. 异地配置算法抗差性能比较

将横纵轴坐标范围分别为(−100 km, 200 km)，(0 km, 200 km)的矩形公共探测区域，划分成 600 个10 km×10 km的单元区域，每个单元区域随机产生 20 个匀速直线运动目标，对各单元区域计算关联概率，比较两种异地配置算法的性能。

从图 5.12 中可以看出，对于 ATAA-SDI 算法，目标相对于雷达与 ESM 的位置影响算法的关联性能。当目标位于两平台连线中垂线上时关联效果较佳；而当目标位于雷达与 ESM 的基线及其延长线附近时关联效果会急剧下降。从图 5.13 中可以看出，ATAA-ID 算法的整体关联性能优于 ATAA-SDI 算法，在各区域内均能有效关联，克服了目标靠近基线时关联性能迅速下降的不足。

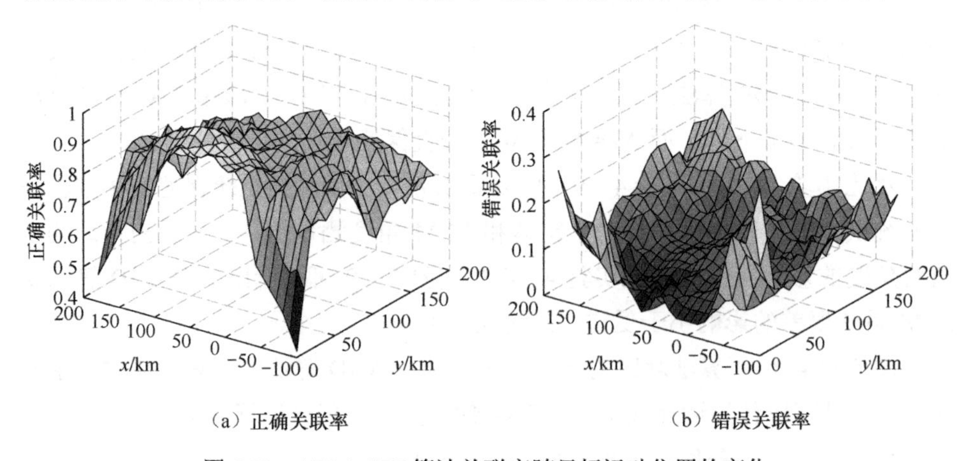

（a）正确关联率　　（b）错误关联率

图 5.12 ATAA-SDI 算法关联率随目标运动位置的变化

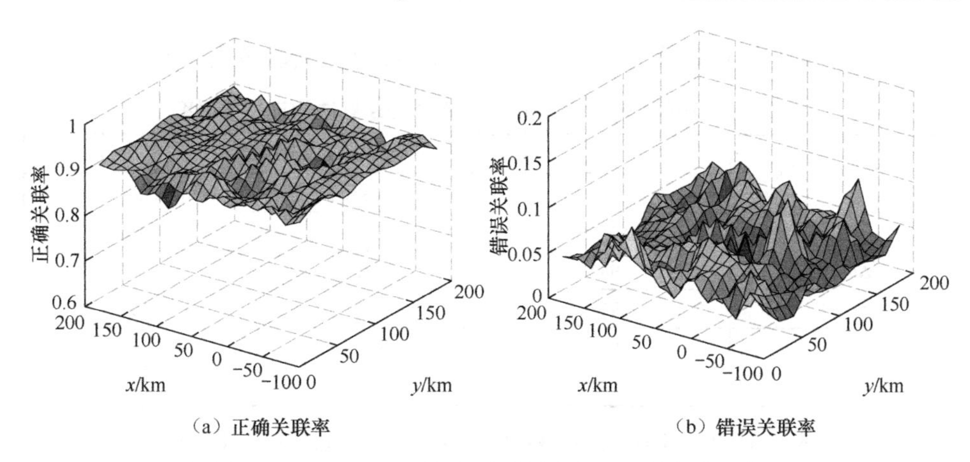

（a）正确关联率　　（b）错误关联率

图 5.13　ATAA-ID 算法关联率随目标运动位置的变化

由于交叉定位原理的固有特性，当目标位于两个平台连线中垂线上时，定位精度较高；当目标位于雷达与 ESM 的基线及其延长线附近时，定位误差会急剧增大。故以交叉定位为原理的关联算法均存在 ATAA-SDI 算法呈现的弊端。

4．ATA-DS 与 ATAA-ID 算法异步航迹关联有效性分析

传感器开机时延或采样周期的不同往往导致航迹是异步不等速率的，传统关联算法不能对异步航迹直接处理，默认在预处理中进行了时域配准。

ATA-DS 算法根据传感器存在时延以及采样率的不同，通过不等长航迹序列的等长区间变换以及交叉定位的区间化方法对异步航迹进行处理，进而进行关联判定。而 ATAA-ID 算法可以直接处理异步航迹与系统误差同时存在下的航迹关联问题。为研究 ATA-DS 算法和 ATAA-ID 算法对系统误差下异步航迹直接关联的有效性，在仿真环境中改变雷达与 ESM 的采样周期与时延，进行仿真验证。

从表 5.5 和表 5.6 中可以看出，整体而言，对异步航迹进行区间化处理后的 ATA-DS 算法比未作处理的 ATAA-ID 算法正确关联率更高。

开机时延对 ATA-DS 算法的影响较小。在存在系统误差的前提下，开机时延对 ATAA-ID 算法并未产生明显影响。这是由于度量指标离散度的求解不依赖时间标签，一定范围内的开机时延只造成数据点在时间上的错位，并不影响数据分布的离散度。

而随着采样周期增大，ATA-DS 算法和 ATAA-ID 算法的正确关联率有所下降。这是由于离散度属于统计度量，其度量精度与数据点数目有关，采样周期

越长数据量越少，对离散度的刻画越不准确，故算法关联效果有所下降。

表 5.5　不同采样周期和开机时延 ATA-DS 算法的正确关联率

ESM 开机时延/s	雷达，ESM 采样周期（时间间隔）/s		
	t_1=0.1,t_2=0.3	t_1=0.3,t_2=0.5	t_1=0.5,t_2=1.1
Δt=0.1	0.953	0.933	0.913
Δt=0.2	0.942	0.921	0.891
Δt=0.3	0.938	0.912	0.890
Δt=0.4	0.937	0.911	0.887
Δt=0.5	0.934	0.913	0.873

表 5.6　不同采样周期和开机时延 ATAA-ID 算法的正确关联率

ESM 开机时延/s	雷达，ESM 采样周期（时间间隔）/s		
	t_1=0.1,t_2=0.3	t_1=0.3,t_2=0.5	t_1=0.5,t_2=1.1
Δt=0.1	0.913	0.913	0.834
Δt=0.2	0.922	0.891	0.844
Δt=0.3	0.928	0.890	0.820
Δt=0.4	0.927	0.881	0.831
Δt=0.5	0.904	0.913	0.838

图 5.14 给出了雷达与 ESM 不同采样率之比对三种算法的影响。可以看出，ATA-DS 算法的正确关联率高于 ATAA-ID 算法，且 ATA-DS 算法和 ATAA-ID 算法的正确关联率随采样率之比的变化不大。而由于采样率之比的增大直接导致时域配准时需要滤波插值的航迹点数目增加，使得滤波误差迅速累积，文献[74]算法的正确关联率下降较为明显。

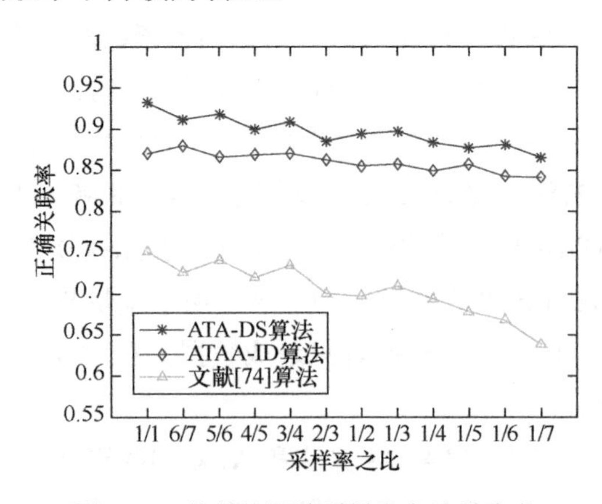

图 5.14　关联结果随采样率之比的变化

5.9　本章小结

本章内容如下：分析异步航迹对交叉定位的影响，给出异步区间化方法，定义不等长航迹序列的等长区间变换，提出一种异地配置的无需时域配准的雷达与 ESM 异步航迹关联算法。

在同地配置的情况下详细分析系统误差对关联统计量、非中心参数以及正确关联概率的影响，在修正极坐标系下估计补偿系统误差实现航迹对准关联。对系统误差进行区间化描述，提出基于区间重合度的抗差航迹关联。在异地配置的情况下借助交叉定位原理，根据目标的空间拓扑信息进行抗差关联。立足于新的航迹相似度量，针对区间离散度给出系统误差的区间化方法，提出基于区间离散度的抗差关联（ATAA-ID）算法。

通过仿真比较，各算法可分别在航迹异步或存在系统误差时实现稳定关联，具有良好的抗差特性。其中，与异地配置基于交叉定位原理的算法相比，ATAA-ID 算法不受目标与观测平台相对位置的影响。且由于离散度的求解不依赖时间指标，ATAA-ID 算法不受航迹异步的影响，可解决系统误差和航迹异步并存下的关联问题，与传统算法相比具有明显的优势。

第6章 区间数据的关联

6.1 引言

本书第 3 章至第 5 章详细讨论了异步雷达航迹的直接关联、抗差关联、雷达与 ESM 抗差关联。尽管这些章节中的方法都是针对具体的应用问题提出的，但是不难发现，需要处理的数据类型已经不是传统意义上的单一类型，包含了实数型数据、区间型数据、序列型数据以及它们的混合类型数据等，此外还有直觉模糊型数据、犹豫模糊型数据和语义型数据等，我们称这些不同类型的数据为异类数据，是不确定信息的重要表现样式。前几章航迹关联中涉及的异类数据，是为解决误差条件下航迹不能正确关联的难点问题而主观引入的，在其他应用领域的异类数据却是客观存在的，如目标识别、故障诊断、聚类分析等领域，无论哪种情况，都很有必要对异类类型的数据关联和融合展开研究，探寻通用的理论算法，并推广到更为广泛的应用领域。本书中的第 6 章至第 14 章，针对异类数据的关联和融合展开了详细的讨论。

区间型数据（也称为区间数）更能体现量测数据的不确定性，相对实数型数据而言更能贴近实际，关于区间型数据的研究取得了相应的成果，如区间神经网络方法[86-87]、区间模糊聚类方法[88-89]和动态聚类方法[90]等。以目标识别为研究背景，不同类别的目标特征属性区间可能是相离的，也可能是交叉的，为此，本章主要将区间数理论分别与证据理论、直觉模糊集理论相结合展开研究。

6.2 基于区间证据的区间数据关联

6.2.1 问题描述

记待识别的区间型参数目标集为 $U=\left\{U_i \middle| i=1,2,\cdots,m\right\}$，其中 m 为目标序

号，表示待识别目标数目；特征属性集为 $F=\left\{F_j \middle| j=1,2,\cdots,l\right\}$，表示目标具有 l 类特征属性；数据库区间型参数目标集为 $R=\left\{R_k \middle| k=1,2,\cdots,n\right\}$，其中 R_k 为第 k 个目标，记目标 $R_k(k=1,2,\cdots,n)$ 在特征属性 $F_j(j=1,2,\cdots,l)$ 上的属性值为 I_{kj}，$I_{kj}=[I_{kj}^-,I_{kj}^+]\left(k=1,2,\cdots,n,j=1,2,\cdots,l\right)$。记待识别目标 $U_i(i=1,2,\cdots,m)$ 在特征属性 $F_j(j=1,2,\cdots,l)$ 上的属性值为 $X_{ij}(i=1,2,\cdots,m,j=1,2,\cdots,l)$，其中 X_{ij} 为区间型数据，$X_{ij}=[X_{ij}^-,X_{ij}^+]$，则构成了待识别目标的区间型属性值矩阵

$$\boldsymbol{X}=\begin{bmatrix} X_{11} & X_{12} & \cdots & X_{1l} \\ X_{21} & \ddots & & X_{2l} \\ \vdots & & X_{ij} & \vdots \\ & & \ddots & \\ X_{m1} & X_{m2} & \cdots & X_{ml} \end{bmatrix} \tag{6.1}$$

则目标多属性区间型参数关联的问题变成在特征属性集 F 下，待识别目标集 U 与数据库目标集 R 之间的区间型数据度量问题。基于证据理论，对区间型属性值矩阵与区间型数据库之间的关系进行关联，进而完成识别。

6.2.2 基于区间相似度的BPA生成

计算待识别目标区间属性值 X_{ij} 与数据库对应区间属性值 I_{kj} 之间的区间距离为

$$d(X_{ij},I_{kj})=[\left|X_{ij}^- - I_{kj}^-\right|^p + \left|X_{ij}^+ - I_{kj}^+\right|^p]^{1/p} \tag{6.2}$$

按证据理论的观点，每条特征属性被认为是一条决策证据，则区间距离 $d(X_{ij},I_{kj})$ 描述每条参数证据之间的离散程度，如果 $d(X_{ij},I_{kj})$ 越小则两条证据之间的相似度越高，因此可以定义区间相似度为

$$S(X_{ij},I_{kj})=1-\tilde{d}(X_{ij},I_{kj}) \tag{6.3}$$

式（6.3）中，$\tilde{d}(X_{ij},I_{kj})$ 为 $d(X_{ij},I_{kj})$ 的归一化距离。

但在实际过程中上式往往需要修正，因此引入修正因子 α，修正后的区间相似度为

$$S(X_{ij},I_{kj})=1-\alpha\cdot d(X_{ij},I_{kj}) \tag{6.4}$$

式（6.4）中，$\alpha>0$，调节相似度的离散程度，在证据源融合过程发挥作用，选取合适的调节因子能够提高关联正确率。给出一种 α 的计算方法，令各特征属性值区间距离的均值为

$$\bar{d}(X_{ij},I_{kj})=\frac{1}{l}\cdot\sum_{j=1}^{l}\tilde{d}(X_{ij},I_{kj}),\ j=1,2,\cdots,l \tag{6.5}$$

则特征属性值区间标准差为

$$P=\sqrt{\frac{1}{l-1}\cdot\sum_{j=1}^{l}(\tilde{d}(X_{ij},I_{kj})-\bar{d}(X_{ij},I_{kj}))}\ ,j=1,2,\cdots,l \tag{6.6}$$

可以求得离散系数为

$$\alpha=\frac{\bar{d}(X_{ij},I_{kj})}{P} \tag{6.7}$$

则根据区间相似度可以得到目标U_i与数据库之间的区间相似矩阵

$$\boldsymbol{S}_i=\begin{bmatrix} S_{11} & S_{12} & \cdots & S_{1l} \\ S_{21} & \ddots & & S_{2l} \\ \vdots & & S_{kj} & \vdots \\ & & \ddots & \\ S_{n1} & S_{n2} & \cdots & S_{nl} \end{bmatrix},i=1,2,\cdots,m \tag{6.8}$$

由相似矩阵$\boldsymbol{S}_i$，可求出第j条证据被其他证据所支持的程度

$$Sup_{kj}=\sum_{i=1,i\neq j}^{l}S_{ki},\quad k=1,2,\cdots,n \tag{6.9}$$

由归一化证据所支持的程度得到证据权重为

$$w_{kj}=\frac{Sup_{kj}}{\sum_{j=1,j\neq j}^{l}Sup_{kj}} \tag{6.10}$$

以归一化证据所支持的程度，加权组合区间相似度得到目标U_i在属性证据F_j下的基本概率赋值函数 BPA 为

$$\boldsymbol{m}_{ijk}(U_i)=w_{kj}\cdot S_{kj}(X_{ij},I_{kj}) \tag{6.11}$$

基于证据理论的区间型数据关联[91]，首先要构建证据理论中的 BPA，综上所述，BPA 的构建步骤归纳如下。

步骤 1：将传感器获取的多属性目标参数分类形成区间数模型。

步骤 2：计算待识别目标区间属性值与数据库目标区间数之间的距离，并进行归一化。

步骤 3：按区间距离与相似度的关系，形成多属性区间目标参数与目标数据库区间相似度。

步骤 4：加权归一化区间相似度形成 BPA。

6.2.3　关联流程

基于区间相似度所形成的 BPA，成功地将区间理论与证据理论结合起来，为待识别目标判定提供了融合指标，利用 Dempster 证据组合规则组合各属性 BPA，并基于证据判别规则对组合后 BPA 进行判断，即可得到未知目标的识别结果，区间证据理论算法（简称 IDST）的具体实现步骤如下。

步骤 1：确定待识别目标区间属性值和区间数据库；

步骤 2：根据新的 BPA 形成规则计算各属性的 BPA，$m_{ijk}(U_i)$；

步骤 3：计算识别目标焦元的信度函数和似真函数并形成信度区间；

$$\mathrm{BEL}(R_k)=\sum_{F_j \text{ of } R_k} m_{ijk}(R_k) \tag{6.12}$$

$$\mathrm{PL}(R_k)=1-\mathrm{BEL}(\overline{R}_k) \tag{6.13}$$

步骤 4：按照证据组合规则，分别对信度区间上限和下限进行多属性证据组合，得到多属性融合后的关于某类目标 R_k 的基本概率赋值 $m^-(R_k)$ 和 $m^+(R_k)$；

步骤 5：区间重构，对上面得到的 $m^-(R_k)$ 和 $m^+(R_k)$ 重构得到最终的信度区间；

$$\hat{m}(R)=[\hat{m}^-(R_k),\hat{m}^+(R_k)] \tag{6.14}$$

式（6.14）中，

$$\hat{m}^-(R_k)=\min[m^-(R_k),m^+(R_k)] \tag{6.15}$$

$$\hat{m}^+(R_k)=\max[m^-(R_k),m^+(R_k)] \tag{6.16}$$

步骤 6：判别规则

若满足

$$m(R_{k1})=\max\{m(R_k),R_k\in R\} \tag{6.17}$$

$$m(R_{k2})=\max\{m(R_k),R_k\in R \text{且} R_{k2}\neq R_{k1}\} \tag{6.18}$$

使得

$$\begin{cases} m(R_{k1})-m(R_{k2})>\varepsilon_1 \\ m(R)<\varepsilon_2 \\ m(R_{k1})>m(R) \end{cases} \tag{6.19}$$

则判定多传感器多属性融合后的最终目标识别结果为 R_{k1}。上式表明当对某条证据的信任达到一定程度，并且对于所有证据的信任在一定范围内时，我们有理由将这条证据作为判决结果。其中 $\varepsilon_1,\varepsilon_2$ 为预先设定的门限，为了满足自适应识别，这里提供一种基于参数本身的门限形成方法，以组合后的参数 BPA 定义的门限 $\varepsilon_1,\varepsilon_2$ 分别为

$$\varepsilon_1 = \max\{\sum_{\substack{k=3 \\ k\neq k1,k2}}^{m} m(R_{k1}), m(R_{k2})\} \tag{6.20}$$

$$\varepsilon_2 = \frac{\sum_{k=1}^{m} m(R_k)}{m} \tag{6.21}$$

式（6.20）和式（6.21）中 ε_1 表示对某条证据的信任程度要超过的门限，ε_2 表示对所有证据的信任程度不应超过的门限，双门限同时满足判决生效，区间证据关联算法流程图如图 6.1 示。

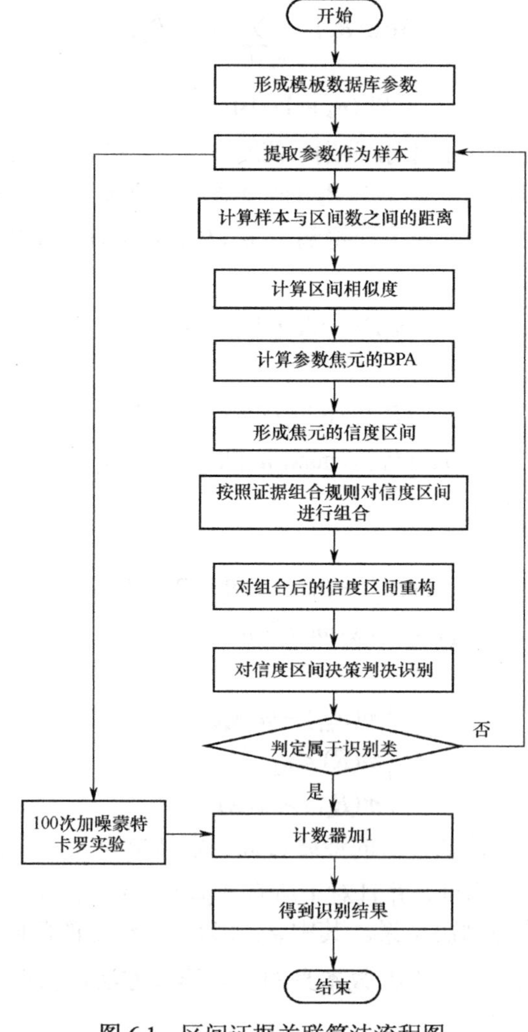

图 6.1　区间证据关联算法流程图

6.2.4　仿真实验

1. 仿真环境

假设两类传感器 ESM 和 ELINT，对某雷达辐射源进行量测，得到可能出现的 4 种目标型号 $R_i(i=1,2,3,4)$。每种辐射源具有 3 类属性 $F_j(j=1,2,3)$。其中仿真时用到的参数从目标区间数据库中截取，待识别目标区间属性值用数据库中参数叠加一定噪声来产生，ESM 和 ELINT 量测数据分别如表 6.1 和表 6.2 所示。

表 6.1　ESM 量测数据

目标	属性		
	F_1/MHz	F_2/Hz	F_3/us
R_1	[1 000,3 000]	[1 030,1 060]	[95,110]
R_2	[3 500,5 000]	[1 130,1 160]	[85,95]
R_3	[6 000,8 000]	[1 230,1 260]	[75,85]
R_4	[9 000,11 000]	[1 330,1 360]	[65,75]

表 6.2　ELINT 量测数据

目标	属性		
	F_1/MHz	F_2/Hz	F_3/us
R_1	[1 100,3 000]	[1 020,1 080]	[90,110]
R_2	[3 300,5 100]	[1 100,1 150]	[80,95]
R_3	[6 200,7 800]	[1 210,1 270]	[70,85]
R_4	[8 800,10 600]	[1 330,1 370]	[65,75]

2. 区间型参数仿真

采用两组实验对区间多属性辐射源目标进行识别仿真，第一组实验采用传感器单周期量测数据，利用区间证据理论对两类传感器观测的四类目标型号的三种属性值进行区间融合。首先利用距离公式（6.2）计算待识别目标区间属性值与区间数据库对应属性值之间的区间距离，之后参照式（6.3）和式（6.4）将区间距离转化为区间相似度，再根据 BPA 形成式（6.9）至式（6.11），计算各区间特征属性的基本概率赋值 $m_i(R_j)\ i=1,2,\ j=1,2,3,4$，最后利用证据理论组合规则融合三类属性得到两类传感器对于四种目标的基本信度区间单周期测量目标型号信度区间如表 6.3 所示。

表 6.3　单周期测量目标型号信度区间

信度区间	目标			
	R_1	R_2	R_3	R_4
m_1（·）	[0.192 1,0.233 1]	[0.274 7,0.278 8]	[0.319 3,0.358 2]	[0.213 9,0.234 1]
m_2（·）	[0.193 5,0.243 4]	[0.272 2,0.275 8]	[0.321 6,0.357 9]	[0.212 7,0.245 9]

第二组实验采用传感器多周期（这里假设为 100 次）测量的数据，按照单周期仿真同样的流程计算，得到传感器多周期量测数据多属性融合仿真结果和多传感器多属性融合结果多周期测量目标型号信度区间如表 6.4 所示，多周期测量证据组合后的目标型号信度区间如表 6.5 所示。

表 6.4　多周期测量目标型号信度区间

信度区间	目标			
	R_1	R_2	R_3	R_4
m_1（·）	[0.259 8,0.260 6]	[0.081 1,0.100 7]	[0.609 7,0.928 5]	[0.049 5,0.054 2]
m_2（·）	[0.242 5,0.251 4]	[0.085 4,0.163 8]	[0.621 8,0.931 2]	[0.050 3,0.053 6]

表 6.5　多周期测量证据组合后的目标型号信度区间

信度区间	目标			
	R_1	R_2	R_3	R_4
m（·）	[0.134 0,0.154 6]	[0.014 9,0.018 2]	[0.854 0,0.942 3]	[0.006 4,0.008 6]

最后根据证据判决决策准则式（6.17）至式（6.19），判决两类传感器量测的区间数据所描述的目标识别为第三类目标 R_3，信度区间为[0.854 0,0.942 3]，其中经仿真实验后得到算法的融合结果如图 6.2 所示。

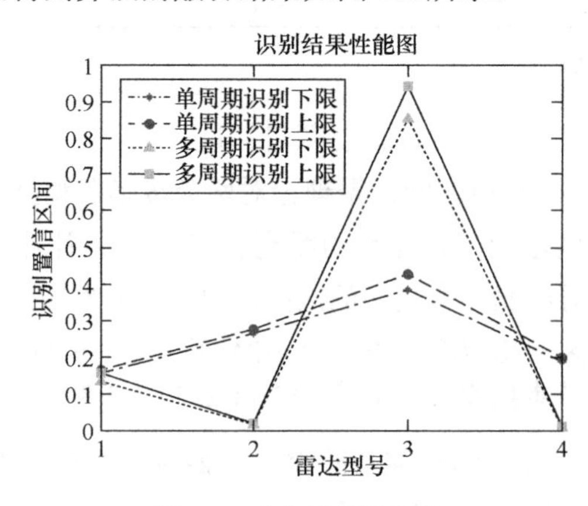

图 6.2　融合结果性能图

图 6.2 中第三类目标的信任度最大，判定为目标 R_3，其中图 6.2 也表明传感器多周期测量相比单周期测量有明显的优势，识别效果更明显，识别效率高，误判率小，说明传感器多周期测量时能够较好地对目标类进行识别。

通过上述仿真结果，可以得到以下结论：

（1）单周期测量参数关联时，由于数据的不充分性，并且数据所占的比重相当，IDST 算法的识别效果一般，只能凭经验对区间类型的辐射源参数进行融合，得到融合后的关联信度区间为[0.385 1,0.427 6]。

（2）多周期测量参数关联时，对比单周期，尽管随着融合次数的提高融合时间变长，但是 IDST 算法的识别效率得到极大提高，可以很好地对区间类型的辐射源参数进行关联和融合，信度区间由原来的[0.385 1,0.427 6]，提高到现在的[0.854 0,0.942 3]，所以在时间冗余度允许的条件下，增加测量次数能够有效避免错误识别。

6.3　基于直觉模糊集的区间数据关联

6.3.1　问题描述

设有 n 类已知目标，记第 i 类目标为 $R_i\left(i=1,2,\cdots,n\right)$，称为个体类，$R=\left\{R_1,R_2,\cdots,R_n\right\}$ 为各目标类组成的集合，其中每类目标有 m 个特征属性，记第 k 个特征属性为 $F_k\left(k=1,2,\cdots,m\right)$，$F=\left\{F_1,F_2,\cdots,F_m\right\}$ 为各特征属性组成的集合，每个特征属性的属性值为区间数，则目标类 R_i 在特征属性 F_k 上的属性值 $f_{ik}=\left[f_{ik}^{\mathrm{l}},f_{ik}^{\mathrm{u}}\right]$，满足 $f_{ik}^{\mathrm{u}}\geqslant f_{ik}^{\mathrm{l}}>0$，上标 l 表示下限，u 表示上限。若个体类 R_i 和个体类 R_j 在特征属性 F_k 上存在区间交叉，称为交叉类，记作 $R_i^{F_k}\cap R_j^{F_k}$，简记为 $R_{ij}^{F_k}$，同样也存在三类及多类目标参数区间相交叉的情况，记作 $R_i^{F_k}\cap R_j^{F_k}\cap\cdots\cap R_t^{F_k}$。在不加区别的情况，下文中的 R_i、$R_i\cap R_j$ 及 $R_i^{F_k}\cap R_j^{F_k}\cap\cdots\cap R_t^{F_k}$ 既可作为具体的目标类，也可作为直觉模糊集来看待。那么，由所有的个体目标类及交叉类就构成本文的目标数据库。

6.3.2　云模型数字特征的估计

云模型通过期望（Ex）、熵（En）、超熵（He）3 个数字特征来表示一个概念，能够把不定性概念转换成定量的描述形式。在目标识别中，把每个特征属性作为一个概念，每一次的测量值作为该属性概念的一次实现，通过正向云模型，可得测量值在该概念下的确定度。本文中的 2 阶正态正向云模型描述如下。

步骤 1：生成以 $E\text{n}$ 为期望值，He^2 为方差的一个正态随机数 $E'\text{n} = \text{NORM}\left(E\text{n}, He^2\right)$。

步骤 2：代入量测值 x，得到确定度 $u(x)$，

$$u(x) = \exp^{\frac{-(x-E\text{x})^2}{2E'\text{n}^2}} \tag{6.22}$$

式（6.22）中，$E\text{x}$ 为数据库中目标特征属性值的期望值；$E'\text{n}$ 为步骤 1 得到的正态随机数；x 为未知目标的量测值。

对于数字特征 $E\text{n}$ 及 He^2，文献[92, 93]采用主观赋值的方法，其缺点是不能反映数据自身的变化规律，为此，基于数据样本放回抽样[94]的方法，对期望（$E\text{x}$）、熵（$E\text{n}$）、超熵（He）进行估计，方法如下：

输入：样本点 $x_1, x_2, \cdots, x_n$，参数 $m, r_i\left(i = 1, 2, \cdots, m\right)$。

输出：$E\text{x}$、$E\text{n}$、He 的估计值 $\hat{E}\text{x}$、$\hat{E}\text{n}$、$\hat{H}\text{e}$。

步骤 1：计算 $E\text{x}$ 的估计值，$\hat{E}\text{x} = \frac{1}{n}\sum_{i=1}^{n} x_i$。

步骤 2：对样本 $x_1, x_2, \cdots, x_n$ 进行随机放回抽样，选出 m 组样本 $x_{i1}, x_{i2}, \cdots, x_{ir_i}$，$r_i$ 为每组样本的大小，计算每组样本的样本方差：

$$\hat{y}_i^2 = \frac{1}{r_i - 1}\sum_{j=1}^{r_i}\left(x_{ij} - \hat{E}_{x_i}\right)^2 \tag{6.23}$$

式（6.23）中，$\hat{E}_{x_i} = \frac{1}{r_i}\sum_{j=1}^{r_i} x_{ij}$。

步骤 3：从 $\hat{y}_1^2$，$\hat{y}_2^2, \cdots$，$\hat{y}_m^2$ 中估计 $\hat{E}\text{n}^2$ 和 $\hat{H}\text{e}^2$，得

$$\hat{E}\text{n}^2 = \frac{1}{2}\sqrt{4\left(E\left(Y^2\right)\right)^2 - 2D\left(Y^2\right)} \tag{6.24}$$

$$\hat{H}\text{e}^2 = E\left(Y^2\right) - \hat{E}\text{n}^2 \tag{6.25}$$

式（6.24）和式（6.25）中，

$$E\left(Y^2\right) = \frac{1}{m}\sum_{i=1}^{m}\hat{y}_i^2 \tag{6.26}$$

$$D\left(Y^2\right)=\frac{1}{m-1}\sum_{i=1}^{m}\left(\hat{y}_i^2-E\left(Y^2\right)\right)^2 \tag{6.27}$$

分别为 $\hat{y}_1^2,\hat{y}_2^2,\cdots,\hat{y}_m^2$ 的样本均值和样本方差。

6.3.3　确定度向隶属度与非隶属度的转化

文献[92, 93]直接把确定度作为隶属度，这种做法是有局限性的。从 DS 理论的角度，令个体目标类为识别框架，个体类和交叉类为焦元，如果把确定度作为未知类的隶属度分配给各个焦元，作为其基本概率分配，则在某特征属性上，所有基本概率的和并不会严格等于 1，违背了“DS 理论中所有焦元的基本概率和为 1”这个限制性条件，也违背了直觉性。

设目标数据库有个体类 R_1、R_2、R_3 及交叉类 R_{12}、R_{13}、R_{23} 共 6 类目标，只有一个特征属性为 RF，该未知目标对个体类和交叉类的确定度，分别记为 c_1、c_2、c_3、c_{12}、c_{13}、c_{23}。从命题逻辑上讲，c_1 可表示对命题“未知目标是 R_1”为真的肯定程度，c_{12} 可表示对命题“未知目标既可能是 R_1 也可能是 R_2”为真的肯定程度，c_{13} 可表示对命题“未知目标既可能是 R_1 也可能是 R_3”为真的肯定程度，那么 $c_{12}\vee c_{13}$ 能够表示对命题“未知目标是 R_1 类”非假的肯定程度，所以 c_1、c_{12}、c_{13} 与未知目标对 R_1 的隶属度和非隶属度是有密切联系的。基于广义 D-S 函数[95]理论，本文提出了由确定度向隶属度和非隶属度转化的新方法，为便于数学描述，下面给出了只有两两之间存在交叉的计算步骤，多类交叉的情况可类比推导。

步骤 1：计算未知目标在特征属性 F_k 上对目标类 R_{ij} 的确定度 $c_{ij}^{F_k}$，当两类目标的参数区间没有交叉时，令 $c_{ij}^{F_k}$ 的值为零，因为 R_{ij} 与 R_{ji} 是相同的，其确定度 $c_{ij}^{F_k}=c_{ji}^{F_k}$，为了不重复计算，未知目标在特征属性 F_k 上对所有目标类的确定度写成上三角矩阵的形式，即

$$\boldsymbol{C}_{F_k}=\left(c_{ij}^{F_k}\right)_{n\times n}=\begin{bmatrix} c_{11}^{F_k} & c_{12}^{F_k} & \cdots & c_{1n}^{F_k} \\ 0 & c_{22}^{F_k} & \cdots & c_{2n}^{F_k} \\ \vdots & \vdots & \vdots & \vdots \\ 0 & 0 & \cdots & c_{nn}^{F_k} \end{bmatrix} \tag{6.28}$$

本文称 $\boldsymbol{C}_{F_k}$ 矩阵为在特征属性 F_k 上的确定度矩阵。

步骤 2：对确定度 $c_{ij}^{F_k}$ 进行归一化处理，归一化结果作为各目标类的概率

分配，即

$$p_{ij}^{F_k}=\frac{c_{ij}^{F_k}}{\sum_{i=1}^{n}\sum_{j=1}^{n}c_{ij}^{F_k}} \tag{6.29}$$

则确定度矩阵 $\boldsymbol{C}_{F_k}$ 通过式（6.29）可以转换成各目标类的概率分配矩阵，

$$\boldsymbol{P}_{F_k}=\left(p_{ij}^{F_k}\right)_{n\times n}=\begin{bmatrix} p_{11}^{F_k} & p_{12}^{F_k} & \cdots & p_{1n}^{F_k} \\ 0 & p_{22}^{F_k} & \cdots & p_{2n}^{F_k} \\ \vdots & \vdots & & \vdots \\ 0 & 0 & \cdots & p_{nn}^{F_k} \end{bmatrix} \tag{6.30}$$

步骤 3：计算未知目标在特征属性 F_k 上对各目标类的隶属度和非隶属度分别为

$$u_{R_i}^{F_k}=p_{ii}^{F_k} \tag{6.31}$$

$$v_{R_i}^{F_k}=1-\left(\sum_{j\neq i}p_{ij}^{F_k}+\sum_{l\neq i}p_{li}^{F_k}+p_{ii}^{F_k}\right) \tag{6.32}$$

显然，由步骤 1～步骤 3 得到的隶属度和非隶属度满足直觉模糊集的限制条件，

$$0\leqslant u_{R_i}^{F_k}+v_{R_i}^{F_k}\leqslant 1 \tag{6.33}$$

由步骤 1～步骤 3，可以得到以直觉模糊数表示的决策矩阵为

$$\boldsymbol{D}=\left(\left\langle u_{R_i}^{F_k},v_{R_i}^{F_k},\pi_{R_i}^{F_k}\right\rangle\right)_{n\times m}=\begin{bmatrix} \left\langle u_{R_1}^{F_1},v_{R_1}^{F_1},\pi_{R_1}^{F_1}\right\rangle & \left\langle u_{R_1}^{F_2},v_{R_1}^{F_2},\pi_{R_1}^{F_2}\right\rangle & \cdots & \left\langle u_{R_1}^{F_m},v_{R_1}^{F_m},\pi_{R_1}^{F_m}\right\rangle \\ \left\langle u_{R_2}^{F_1},v_{R_2}^{F_1},\pi_{R_2}^{F_1}\right\rangle & \left\langle u_{R_2}^{F_2},v_{R_2}^{F_2},\pi_{R_2}^{F_2}\right\rangle & \cdots & \left\langle u_{R_2}^{F_m},v_{R_2}^{F_m},\pi_{R_2}^{F_m}\right\rangle \\ \vdots & \vdots & & \vdots \\ \left\langle u_{R_n}^{F_1},v_{R_n}^{F_1},\pi_{R_n}^{F_1}\right\rangle & \left\langle u_{R_n}^{F_2},v_{R_n}^{F_2},\pi_{R_n}^{F_2}\right\rangle & \cdots & \left\langle u_{R_n}^{F_m},v_{R_n}^{F_m},\pi_{R_n}^{F_m}\right\rangle \end{bmatrix} \tag{6.34}$$

6.3.4 动态权重

设特征属性的权重信息完全未知，对不同未知目标进行识别时，因为量测值蕴含的信息是不同的，那么权重也应随之发生变化，其特征属性权重需要根

据每次的量测数据进行动态调整，即动态权重。文献[93]计算权重的方法中，权重值会出现远远大于 1 的错误结果，原因是公式的分母中会出现非常小的数或为零的情况。

定义 6.1[96]　设论域 $X=\{x_1,x_2,\cdots,x_n\}$，A 为论域 X 上的一个直觉模糊集，则 A 的直觉熵为

$$E(A)=\sum_{i=1}^{n}\left(1-u_A(x_i)-v_A(x_i)\right) \tag{6.35}$$

根据熵理论，如果某特征属性的熵越小，对决策者而言，就越能提供更多有用的信息，那么该特征属性分配的权重就应该越大，反之就应该越小，可根据式（6.36）计算各特征属性的权重

$$w_k=\frac{1-H_k}{m-\sum\limits_{k=1}^{m}H_k} \tag{6.36}$$

式（6.36）中，$w_k\in[0,1]$，满足 $\sum\limits_{k=1}^{m}w_k=1$；

$$H_k=\frac{1}{n}E(F_k)=\frac{1}{n}\sum_{i=1}^{n}\left(1-u_{R_i}^{F_k}-v_{R_i}^{F_k}\right) \tag{6.37}$$

满足 $0\leqslant H_k\leqslant 1$。

6.3.5　基于去模糊距离测度的 TOPSIS 方法

1．判别准则

尽管有多种直觉模糊距离公式的定义，但存在反直觉性[97]，本节基于去模糊距离测度的 TOPSIS 方法进行判决（去模糊距离测度详见第 7 章，TOPSIS 方法详见第 8 章），步骤如下。

步骤 1：确定关联类的正理想解（PIS）和负理想解（NIS），分别记为

$$R^{+}=\left\{\langle F_k,1,0\rangle \middle| F_k\in F\right\} \tag{6.38}$$

$$R^{-}=\left\{\langle F_k,0,1\rangle \middle| F_k\in F\right\} \tag{6.39}$$

步骤 2：计算在特征属性上 F_k 关联类与正理想解和负理想解之间的距离，记为 $D^{F_k}(R_i,R^{+})$ 与 $D^{F_k}(R_i,R^{-})$。

步骤 3：用 WA 算子对各特征属性 F_k 上的 $D^{F_k}(R_i,R^{+})$ 与 $D^{F_k}(R_i,R^{-})$ 进行

集结，得到各关联类与正理想解和负理想解之间的总距离分别为

$$D\left(R_i,R^+\right)=\sum_{k=1}^{m}w_k D^{F_k}\left(R_i,R^+\right) \tag{6.40}$$

$$D\left(R_i,R^-\right)=\sum_{j=1}^{m}w_k D^{F_k}\left(R_i,R^-\right) \tag{6.41}$$

步骤 4：计算关联类与正理想解之间的接近度为

$$S_i=\frac{D\left(R_i,R^-\right)}{D\left(R_i,R^+\right)+D\left(R_i,R^-\right)} \tag{6.42}$$

步骤 5：接近度最大的目标类为识别结果，即若 $S_j=\max\left(S_i\right)$，则识别结果为第 j 类目标。

2. 多义性处理

引入两种基于直觉模糊相关系数和计分函数的多义性处理方法。

（1）基于最大加权相关系数的多义性处理[98]。

加权相关系数为

$$U_i\left(R_i,R^+\right)=\frac{G_i\left(R_i,R^+\right)}{\sqrt{T^+\left(R^+\right)T_i\left(R_i\right)}} \tag{6.43}$$

式（6.43）中，R_i 与理想解 R^+ 的相关为

$$G_i\left(R_i,R^+\right)=\sum_{k=1}^{m}w_k\left(u_{R_i}^{F_k}u_{R^+}^{F_k}+v_{R_i}^{F_k}v_{R^+}^{F_k}\right) \tag{6.44}$$

R_i 与理想解 R^+ 的直觉能量分别为

$$T^+\left(R^+\right)=\sum_{k=1}^{m}w_k\left(\left(u_{R^+}^{F_k}\right)^2+\left(v_{R^+}^{F_k}\right)^2\right) \tag{6.45}$$

$$T_i\left(R_i\right)=\sum_{k=1}^{m}w_k\left(\left(u_{R_i}^{F_k}\right)^2+\left(v_{R_i}^{F_k}\right)^2\right) \tag{6.46}$$

由于

$$R^+=\left\{\left\langle F_j,1,0\right\rangle\middle|F_j\in F\right\} \tag{6.47}$$

故式（6.43）可以写成为

$$U_i\left(R_i,R^+\right)=\frac{G_i\left(R_i,R^+\right)}{\sqrt{T^+\left(R^+\right)T_i\left(R_i\right)}}=\frac{\sum_{k=1}^{m}w_k u_{R_i}^{F_k}}{\sqrt{\sum_{k=1}^{m}\left(\left(u_{R_i}^{F_k}\right)^2+\left(v_{R_i}^{F_k}\right)^2\right)}} \tag{6.48}$$

判别准则：$i^*=\arg\max\left(U_i\right)$，即为识别结果第 i^* 类。

（2）基于最大加权计分函数和精确函数的多义性处理。

计算步骤如下。

步骤 1：用 WA 算子对关联类在特征属性上的全部模糊数进行集结[99]，得到集结模糊数，记为 $\alpha_{R_i}=\left\langle u_{\alpha_{R_i}},v_{\alpha_{R_i}}\right\rangle$。

步骤 2：计算计分函数 $s_{R_i}\left(\alpha_{R_i}\right)=u_{\alpha_{R_i}}-v_{\alpha_{R_i}}$，取 s_{R_i} 最大对应的类别为识别结果；如果两个最大值相同，转入到步骤 3。

步骤 3：计算精确函数 $h_{R_i}\left(\alpha_{R_i}\right)=u_{\alpha_{R_i}}+v_{\alpha_{R_i}}$，取 h_{R_i} 最大对应的类别为识别结果。

6.3.6　关联流程

通过 6.3.1 节至 6.3.4 节的研究内容，形成区间交叉的关联算法，步骤如下。

步骤 1：构建参数区间交叉的目标数据库。

步骤 2：计算未知目标类的隶属度、非隶属度及犹豫度。

（1）在目标数据库中放回抽样，估计云模型的数字特征，计算未知目标对个体类和交叉类的确定度。

（2）基于广义 D-S 函数的方法，把未知目标的确定度转换成直觉模糊集上的隶属度和非隶属度，得到直觉模糊信息表示的决策矩阵，

$$\boldsymbol{D}=\left(\left\langle u_{R_i}^{F_k},v_{R_i}^{F_k},\pi_{R_i}^{F_k}\right\rangle\right)_{n\times m} \tag{6.49}$$

步骤 3：基于直觉模糊信息熵的方法，完成特征属性权重的计算。

步骤 4：基于去模糊距离测度的 TOPSIS 判决方法，计算未知目标与理想解之间的接近度，接近度最大的即为识别的目标类。

步骤 5：当步骤 4 中的结果出现多义性后，计算相关系数或计分函数，取最大相关系数或最大得分的目标类为识别结果，基于直觉模糊集的数据关联流程图如图 6.3 所示。

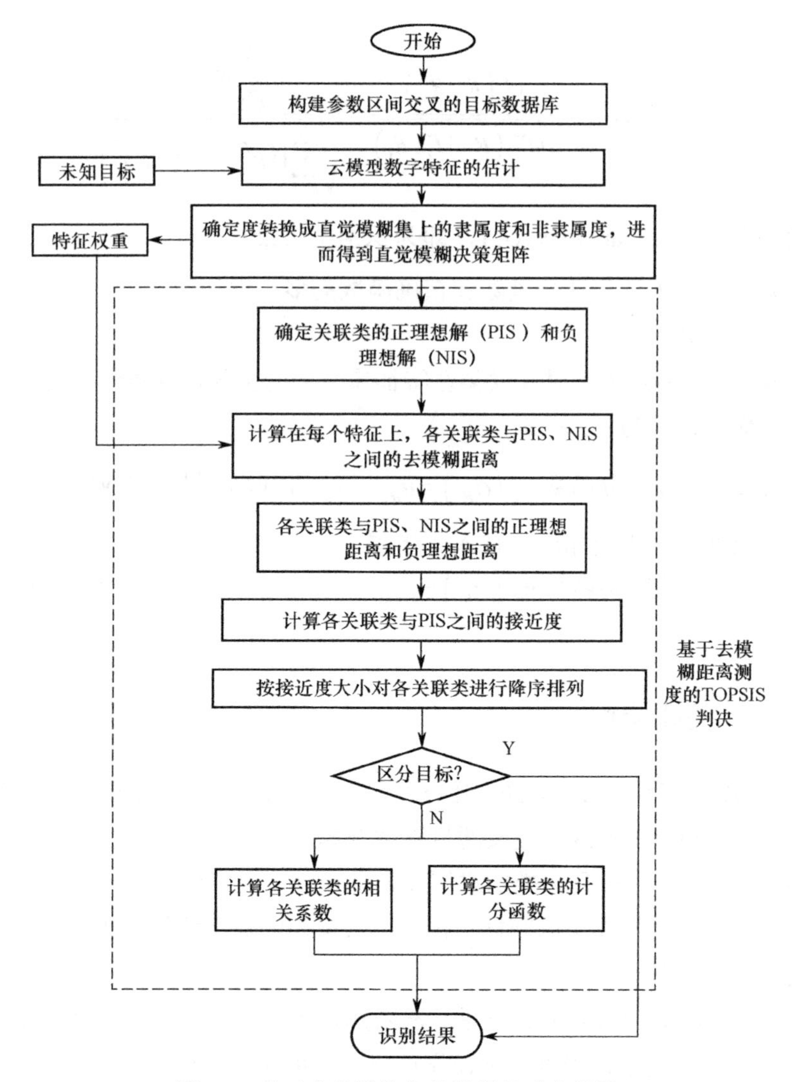

图 6.3　基于直觉模糊集的数据关联流程图

6.3.7　仿真实验

1．仿真环境

以雷达辐射源识别为例[100]，对该算法进行验证。选择雷达的特征属性为射频频率、脉冲重复周期和脉宽，建立表 6.6 所示的雷达数据库。从雷达数据库中随机抽取各雷达的真实样本，并叠加上量测误差构成测试样本数据，进行 1000 次蒙特卡罗仿真实验，共设计了 3 组仿真实验。

表 6.6　雷达数据库

序号	个体雷达类	射频频率 RF/MHz	脉冲重复周期 PRI/ μs	脉宽 PW/ μs
1	R_1	[4 940,5 160]	[3 680,3 750]	[0.6,1.2]
2	R_2	[5 000,5 220]	[3 630,3 700]	[0.2,0.5]
3	R_3	[5 100,5 420]	[3 580,3 650]	[0.4,0.7]
4	R_4	[5 400,5 520]	[3 730,3 800]	[0.6,0.9]
5	R_5	[5 480,5 620]	[3 490,3 600]	[1,1.4]
6	R_{12}	[5 000,5 160]	[3 680,3 700]	
7	R_{13}	[5 100,5 160]		[0.6,0.7]
8	R_{14}		[3 730,3 750]	[0.6,0.9]
9	R_{15}			[1,1.2]
10	R_{23}	[5 100,5 220]	[3 630,3 650]	[0.4,0.5]
11	R_{34}	[5 400,5 420]		[0.5,0.7]
12	R_{35}		[3 580,3 600]	
13	R_{45}	[5 480,5 520]		
14	R_{123}	[5 100,5 160]		
15	R_{134}			[0.6,0.7]

2．不同云模型的对比实验

为验证算法中云模型数字特征估计方法的优劣，分别与文献[92]、文献[93]云模型的建模方法进行比对，仿真时采用本文的关联算法，唯一区别是云模型的参数估计方法不同，测试样本由真实值叠加随机误差生成，误差服从零均值的高斯分布。

（1）本文云模型的参数设置。

设置 3 组参数，分别为参数 1：$r_i = 5$，$m = 100$；参数 2：$r_i = 10$，$m = 100$；参数 3：$r_i = 5$，$m = 50$。

按均匀分布从每类雷达（包括个体类和交叉类）中随机抽取 200 个样本，对 200 个样本放回抽样。

（2）文献[93]云模型的参数设置。

文献[93]中云模型的数字特征计算如式（6.50）所示。

$$\begin{cases} E_x = (C_{\max} + C_{\min})/2 \\ E_n = (C_{\max} - C_{\min})/6 \\ H_e = k \end{cases} \tag{6.50}$$

式（6.50）中，C_{max} 与 C_{min} 分别为区间的上限值和下限值；k 为常数。可见，文献[93]中云模型的超熵是一个主观设定的数值，设置 3 组参数，分别为参数 1：$k=0.02$；参数 2：$k=0.5$；参数 3：$k=3.5$。

（3）文献[92]云模型参数设置。

文献[92]中云模型的数字特征计算如式（6.51）所示。

$$\begin{cases} E_x = (C_{max} + C_{min})/2 \\ E_n = k \cdot (C_{max} - C_{min})/6 \\ H_e = l \cdot E_n \end{cases} \tag{6.51}$$

式（6.51）中，C_{max} 与 C_{min} 分别为区间的上限值和下限值；k 和 l 为常数。可见，k 和 l 的不同取值将会影响云模型熵和超熵的大小，设置 3 组参数，分别为参数 1：$k=0.2$，$l=0.03$；参数 2：$k=2$，$l=0.5$；参数 3：$k=4$，$l=2$。仿真结果如表 6.7 所示。

表 6.7　不同云模型的仿真结果

模型	本文云模型			文献[93]云模型			文献[92]云模型		
	参数 1	参数 2	参数 3	参数 1	参数 2	参数 3	参数 1	参数 2	参数 3
正确率/%	94.9	93.7	93.1	88	85.2	83.1	84.5	93.5	87.8

从表 6.7 中可见，设置不同的参数对识别结果及识别结果稳定性的影响是不同的。具体来说，在正确率上，本文云模型是最高的，文献[92]中的结果略好于文献[93]中的结果；在识别结果的稳定性上，本文云模型是最稳定的，文献[93]识别结果的稳定性要优于文献[92]。在本文云模型数字特征估计中所使用的样本量上，尽管小样本的正确率要低于大样本的正确率，但也不是样本量越大，正确率就越高，参数 2 的正确率低于参数 1 的正确率，但样本量却是参数 1 的两倍，表明在样本量大小的选取上，可按照“适中”的规律来设置参数。

3. 不同权重计算方法的对比实验

本文云模型的参数设置为云模型对比实验中的参数 1，测试样本由真实值叠加随机误差生成。基于本文关联算法，分别对本文权重计算方法、文献[93]权重计算方法和等权重方法进行仿真，仿真结果见表 6.8，权重变化曲线见图 6.4 至图 6.9，特征 1、2、3 分别代表载频频率、脉冲重复周期和脉宽。

表 6.8　不同权重计算方法的仿真结果

权重	本文权重	文献[93]权重	等权重
正确率/%	94.2	65.4	93.5

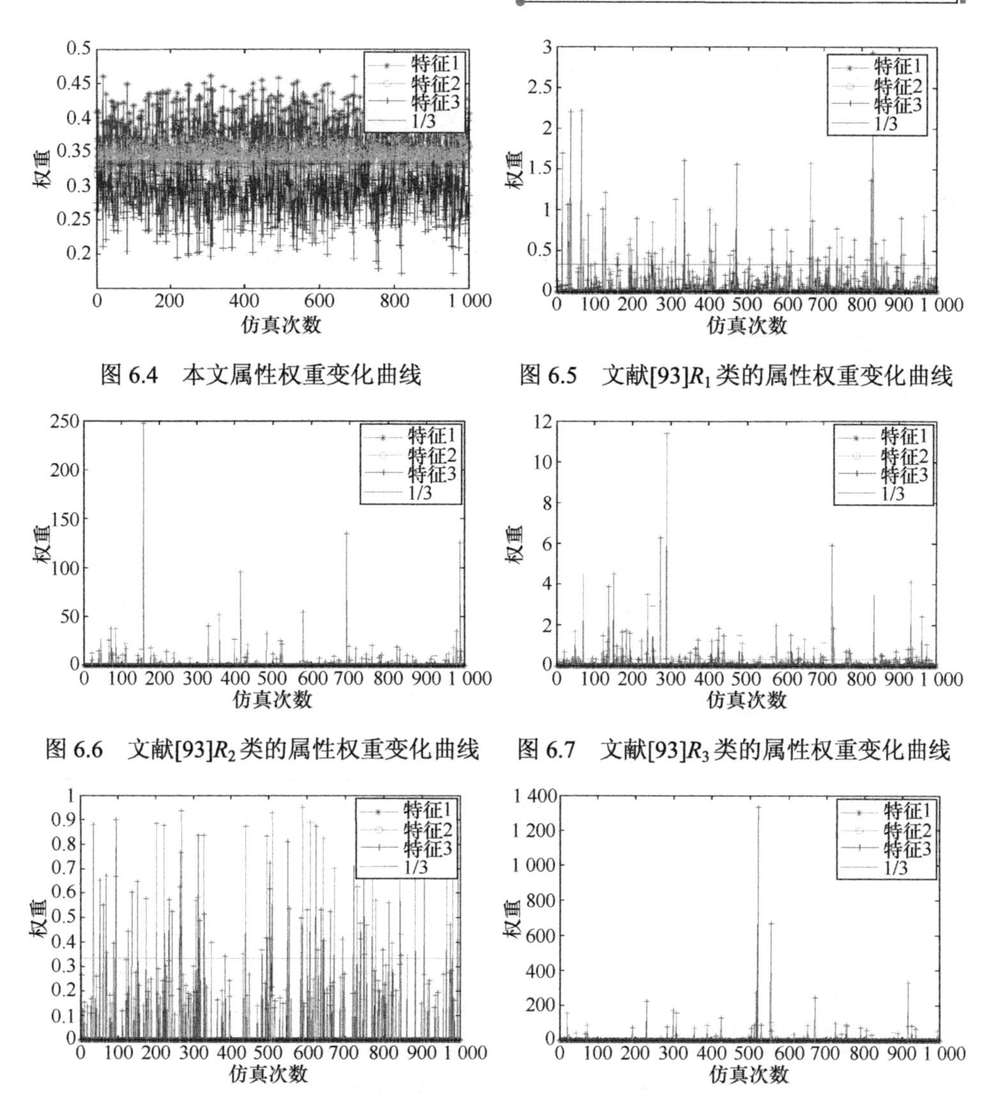

图 6.4　本文属性权重变化曲线

图 6.5　文献[93]R_1类的属性权重变化曲线

图 6.6　文献[93]R_2类的属性权重变化曲线

图 6.7　文献[93]R_3类的属性权重变化曲线

图 6.8　文献[93]R_4类的属性权重变化曲线

图 6.9　文献[93]R_5类的属性权重变化曲线

表 6.8 中的识别结果说明，本文的权重计算方法要远优于文献[93]权重计算方法；从图 6.4 至图 6.9 中可见，在权重值的变化曲线上，本文属性的权值相互分离，体现出了不同属性的重要性，依次为特征 1、特征 2 和特征 3，基本分布在等权值 1/3 上下，故正确率略优于等权重时的识别结果；而文献[93]中的权重出现错误值，只有特征 3 起分辨作用，验证了 6.3.4 节中分析结果的合理性，说明没有充分利用另外两种特征属性的信息，导致了正确率低。

4. 不同关联方法的对比实验

为验证本文关联算法的整体性能，与文献[92]方法进行对比仿真实验，云模型数字特征估计中的参数设置为云模型对比实验中的参数 1，测试样本由真实值叠加随机误差生成。由于量测噪声干扰或量测设备故障等各种不确定因素的影响，会造成其真实值的量测值出现两种情况：一是量测值仍然在表 6.6 数据库的所属区间内；二是量测值在表 6.6 数据库的所属区间外（左侧或右侧）。为此，设置了两种仿真环境。

仿真环境 1：从表 6.6 中的数据库中按照均匀分布随机抽取数据，直接以此来作为测试样本，这种方式本质上也包含了误差因素，则测试样本必定落在数据库的所属区间内。

仿真环境 2：按照离散均匀分布让测试样本落在所属区间的左侧或右侧，测试样本由区间端点值减去（对应左侧端点）或加上（对应右侧端点）误差生成，误差分布与云模型对比实验中相同，按这种方式生成的测试样本必定在数据库的所属区间外。

不同仿真环境的仿真结果如表 6.9 和表 6.10 所示。

表 6.9　仿真环境 1 的正确率

获取量测值的方式	本文方法正确率/%	文献[92]方法正确率/%
R_1类区间内随机抽取	93.6	86.4
R_2类区间内随机抽取	89.4	90.3
R_3类区间内随机抽取	94.2	91.5
R_4类区间内随机抽取	94.1	91.8
R_5类区间内随机抽取	99.9	97.9
数据库区间内随机抽取	94.6	92.6

表 6.10　仿真环境 2 的正确率

获取量测值的方式	本文方法正确率/%			文献[92]方法正确率/%		
	情况 1	情况 2	情况 3	情况 1	情况 2	情况 3
R_1类区间外随机抽取	82.3	46.6	78	69.3	42.7	44.3
R_2类区间外随机抽取	69.9	54	75	78.8	62.6	55.3
R_3类区间外随机抽取	69	68.7	80.7	73.3	64.9	49.4
R_4类区间外随机抽取	74.3	73	87	63	55.6	50.7
R_5类区间外随机抽取	97.1	98	99.7	90.5	87.3	75.3
数据库区间外随机抽取	78.8	68.5	85.3	75.8	61.5	57

表 6.10 中的情况 1 表示只有特征 1 上的量测值在所属区间外，另外两个量测值在所属区间内，其他以此类推。表 6.9 与表 6.10 表明本文方法要优于文献[92]方法。

5. 算法复杂度

以运行 1 000 次的仿真时间作为衡量算法复杂度的指标，仿真中使用如下的计算机配置：Windows 7 操作系统，处理器为 Intel（R） Core（TM） i7-4770K CPU@3.50GHz，安装内存（RAM）为 8.00GB。其仿真时间只是用来比较不同算法的复杂度（见表 6.11），不作为算法在工程应用中的关联时间，不同算法的正确率和总耗时见表 6.11。

表 6.11　算法复杂度分析

复杂度指标	本文算法	文献[93]算法	文献[92]算法
正确率/%	92.6	84.5	82.6
总耗时/s	0.482 378	0.244 235	0.438 067

在正确率上，本文算法结果是最优的；在耗时方面，文献[93]算法的结果是最优的，大约为本文和文献[92]算法的 50%，本文算法总耗时略高于文献[92]算法的总耗时。造成本文算法耗时多的主要原因是云模型的多步估计算法，因此本文算法虽然提高了正确率，但是以增加算法的耗时为代价的。在实际工程应用中，哪种算法最合适，需根据目标识别结果带来的威胁程度具体分析，如果目标错误识别会带来不可挽回的损失，宁愿牺牲算法时间也要争取较高的正确率，否则在满足一定正确率的基础上，以降低算法耗时为选择原则。

6.4　本章小结

本章针对区间型的数据关联问题，结合区间数描述不确定参数、直觉模糊集、证据理论及 TOPSIS 判决决策的特点，提出了基于区间证据理论的区间数关联算法和基于直觉模糊集的区间交叉数据关联算法。这两种方法分别从不同的角度对区间相离和区间相交的情况进行了研究。通过以雷达辐射源识别为应用背景，对这两种关联算法进行仿真实验，结果表明本文算法能够较好地处理区间类型的目标识别，得到满意的识别结果，为辐射源不确定性参数的关联提供了思路，有着很好的理论研究价值和应用前景。

第 7 章

直觉模糊数据的关联

7.1 引言

第 6 章详细讨论了区间数据的关联算法，区间型数据是对传感器量测数据的一种不确定描述，是由传感器的测量精度、数据的不完备性等诸多因素造成的，是特征层的一种重要不确定数据描述样式。此外，作为不确定信息处理的重要研究方向，决策层的不确定数据关联与融合近年来得到了广泛的关注与研究。2014 年的国际信息融合著名期刊 *Information Fusion* 相继出版专刊 *Information Fusion in Hybrid Intelligent Fusion Systems* 和 *Information Fusion in Consensus and Decision Making*，2018 年又出版了 *Data Fusion in Heterogeneous Networks* 的专刊，说明了异类不确定数据关联与融合在信息融合领域的重要性。其他多家国际著名期刊也注意该研究方向的重要性，信号处理的著名期刊 *Signal Processing* 出版了 *Signal Processing for Heterogeneous Sensor Networks* 专刊，不确定计算领域的著名期刊 *Neurocomputing* 出版了 *Multimodal Data* 专刊，模式识别的老牌期刊 *Pattern recognition* 也出版了 *Multimodal Data Analysis* 专刊，信息系统领域的 Top 期刊 *Information Sciences* 2018 年拟出版 *Multi-modal Fusion* 专刊，软计算领域的著名期刊 *Applied Soft Computing* 2018 年相继出版了 *Intelligent Decision Support Systems Based on Soft Computing and Their Applications in Real-world Problem*、*Recent Advances in Soft set Decision Making: Theories and Applications* 和 *New Trends of Information Fusion in decision Making* 的专刊。

模糊型的数据通常作为决策层不确定数据的重要描述样式，具有模糊性大、数据种类多、统一表示困难等特点，其中包括直觉模糊型的数据、犹豫模糊型的数据，也包括用文本和语言描述的模糊信息，更有甚至是专家的决策信息[101]。接下来，本书的第 7 章至第 9 章专门针对直觉模糊型的数据关联、犹豫模糊型的数据关联和语义型的数据关联展开详细的讨论。

直觉模糊集相对传统模糊集更能够描述数据的不确定性，其主要特征在于利用隶属度函数、非隶属度函数和犹豫度函数表示不确定数据。作为不确定数据的一类重要表示方法，直觉模糊集能够充分利用犹豫度函数模拟决策者的认知过程，因此关于直觉模糊集的研究一直是模糊集领域的热点，尤其在大数据环境下，随着信息不断膨胀、不确定性增加，如何更好地表示不确定信息并进行关联和融合是一个值得研究的问题。本章利用直觉模糊集描述不确定信息，主要研究基于直觉模糊型的数据（简称为直觉模糊数，在不加区分的情况下，下文出现的直觉模糊集等价于直觉模糊数）关联问题，数据关联的核心是信息的度量，在直觉模糊集发展过程中，现有文献提出了大量的直觉模糊集距离度量样式，但是通过研究发现，这些距离存在两方面的重要问题：一是在定义距离时仅仅考虑了隶属度函数、非隶属度函数和犹豫度函数之间的几何接近度而忽略了直觉模糊集本身携带的模糊属性；二是距离定义时仅利用隶属度函数、非隶属度函数和犹豫度函数中的任意组合进行定义，存在片面性，或者将其转化为某些特征进行定义，而转化特征为多对一映射，存在信息缺失。为解决现有直觉模糊集距离度量的不足，本章提出一种去模糊化的直觉模糊距离度量方法，并将基于该距离的数据关联方法，应用于多传感器目标识别和多属性决策问题。

7.2　直觉模糊数的几何表示

几何表示是直觉模糊数的基础，通过几何表述能够直观清晰地理解直觉模糊数是如何描述信息不确定性的，并进一步利用其几何表示进行不确定性度量。本节主要研究直觉模糊数的几何表示方法，分为二维与三维两种表示方法，通过几何划分，首次将直觉模糊区域划分为支持区（Ⅰ）、拒绝区（Ⅱ）、冲突区（Ⅲ）和犹豫区（Ⅳ）。

7.2.1　二维几何表示

直觉模糊数 $\langle \mu, v \rangle$ 中的隶属度函数 μ 和非隶属度函数 v 满足下列关系

$$\begin{cases} \mu+v\leqslant 1 \\ 0\leqslant \mu\leqslant 1 \\ 0\leqslant v\leqslant 1 \end{cases} \tag{7.1}$$

在以 μ 为横坐标、v 为纵坐标的二维直角坐标系内画出上述关系，直觉模糊数的二维几何表示如图 7.1 所示。

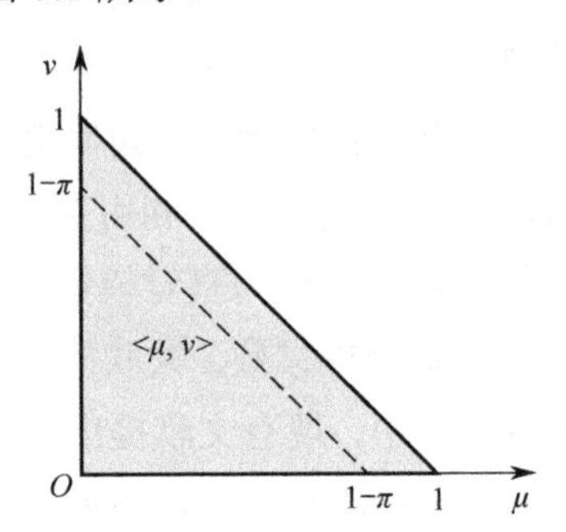

图 7.1　直觉模糊数的二维几何表示

在上述二维几何表示中的三角区域内，直觉模糊数 $\langle\mu,v\rangle$ 随着犹豫度 π 的变化而变化，如果犹豫度 π 已知，则 $\langle\mu,v\rangle$ 位于线段 $\mu+v=1-\pi$ 上。上述几何表示为直觉模糊数最基本的几何表示，但是此表示方法仅能够描述直觉模糊数的三个基本函数区域，并不能提供直觉模糊数更多的不确定信息，为此，本章提出一种新的几何表示方法来描述直觉模糊数的不确定性，直觉模糊数的二维几何线段表示如图 7.2 所示。

对于直觉模糊数 $\langle\mu,v\rangle$，因其位于线段 $\mu+v=1-\pi$ 上，那么此时其不确定性完全随着犹豫度 π 的划分而变化，即 π 分别划给隶属度 μ 和非隶属度 v 的部分。假设 π_μ 和 π_v 分别为 π 划分给 μ 和 v 的份额，则有 $\pi_\mu+\pi_v=\pi$，那么 $\langle\mu+\pi_\mu,v+\pi_v\rangle$ 可以表示直觉模糊数的所有可能取值，其具有两个边界点即 $\langle\mu+\pi,v\rangle$ 和 $\langle\mu,v+\pi\rangle$。当 π_μ 和 π_v 的取值不断变化，$\langle\mu+\pi_\mu,v+\pi_v\rangle$ 会游走在线段 $\mu+v=1-\pi$ 上的 $\langle\mu,v+\pi\rangle$ 和 $\langle\mu+\pi,v\rangle$ 之间，如图 7.2 中的线段 AB 所示。因此，此线段可以用来描述直觉模糊数的不确定性。

进一步，为更清晰和准确地展示直觉模糊数区域的含义，将直觉模糊数的二维几何表示划分为图 7.3 中的四个区域：支持区（I）、拒绝区（II）、冲突区（III）和犹豫区（IV）。

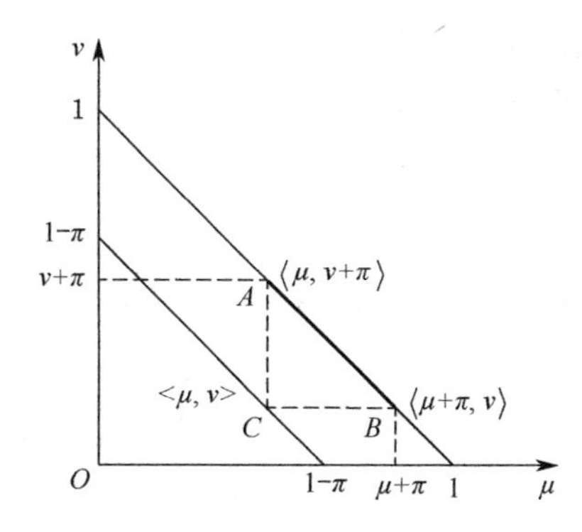

图 7.2　直觉模糊数的二维几何线段表示

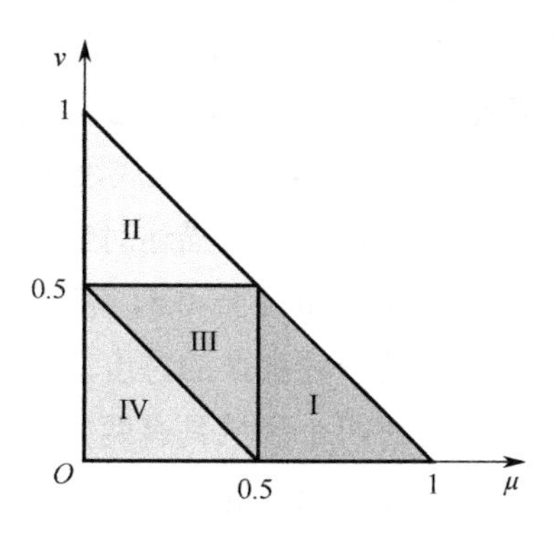

图 7.3　直觉模糊数的二维几何 4 区域表示

由图 7.1 可以得知，所有的直觉模糊数可以表示在三角形区域内，然而三角形区域内的每一部分传递的知识与信息不尽相同。因此为能更精细化地描述直觉模糊数的几何区域，图 7.3 被用于进一步精细化描述此区域。图 7.3 将直觉模糊数三角形区域划分为支持区（Ⅰ）、拒绝区（Ⅱ）、冲突区（Ⅲ）和犹豫区（Ⅳ）四个区域，这四个区域的数学关系表示如下。

支持区（Ⅰ）

$$\begin{cases} \mu+v\leqslant 1 \\ 0.5\leqslant \mu\leqslant 1 \\ 0\leqslant v\leqslant 0.5 \end{cases} \tag{7.2}$$

拒绝区（Ⅱ）

$$\begin{cases} \mu+v\leqslant 1 \\ 0\leqslant \mu\leqslant 0.5 \\ 0.5\leqslant v\leqslant 1 \end{cases} \tag{7.3}$$

冲突区（Ⅲ）

$$\begin{cases} 0.5\leqslant \mu+v\leqslant 1 \\ 0\leqslant \mu\leqslant 0.5 \\ 0\leqslant v\leqslant 0.5 \end{cases} \tag{7.4}$$

犹豫区（Ⅳ）

$$\begin{cases} 0\leqslant \mu+v\leqslant 0.5 \\ 0\leqslant \mu\leqslant 0.5 \\ 0\leqslant v\leqslant 0.5 \end{cases} \tag{7.5}$$

通过精细化划分，这四个区域的含义可清晰得知。在支持区（Ⅰ）中，隶属度大于 0.5，优于非隶属度，表示直觉模糊数的直觉是支持其描述的对象，否则，在拒绝区（Ⅱ）中，直觉模糊数的直觉倾向于拒绝其描述的对象。在冲突区（Ⅲ）中，隶属度、非隶属度和犹豫度均没有明显优势，不能够得知直觉模糊数是支持或者拒绝其描述对象。而在犹豫区（Ⅳ）中，隶属度和非隶属度都很小，但犹豫度却大于 0.5，表明此时直觉模糊数不确定是否支持或者拒绝其描述对象，是一种犹豫的态度。

上述定义的四个区域具有两方面优点：一方面，通过这些区域能够清晰地获取直觉模糊数所携带的知识与信息量。例如，支持区（Ⅰ）和拒绝区（Ⅱ）要比冲突区（Ⅲ）和犹豫区（Ⅳ）的信息更明确，冲突区（Ⅲ）和犹豫区（Ⅳ）的不确定性相比支持区（Ⅰ）和拒绝区（Ⅱ）要高，因此其携带的知识与信息量要小，要把它搞清楚则需要的信息量就越大，即熵就越小，此思路可以用于定义直觉模糊数的熵测度。另一方面，直观上，直觉模糊数提供越多的支持并且越少的拒绝时，对应的直觉模糊数应该越大，此思路可用于定义直觉模糊数的比较法则用于排序判定。尽管在文献[102]中，Chen 等人也提供了四个区域来表述直觉模糊数，但是其方法不具备上述两个优点，不能从直观的角度判断直觉模糊数的熵度量和排序，此外，其区域划分存在不合理性，例如在其定义的优势区和劣势区是反直觉的。

犹豫度 π 作为直觉模糊集相对于传统模糊集特有的参数，能够表示信息不确定性，在知识与信息量的度量中起到十分重要的作用，已被广泛应用于定义直觉模糊数的熵度量。特定犹豫度条件下直觉模糊数的二维几何 4 区域表示如图 7.4 所示。需要指出的是，尽管犹豫度是熵度量的重要因子，但是并不是唯一因素，可以用图 7.4 解释。

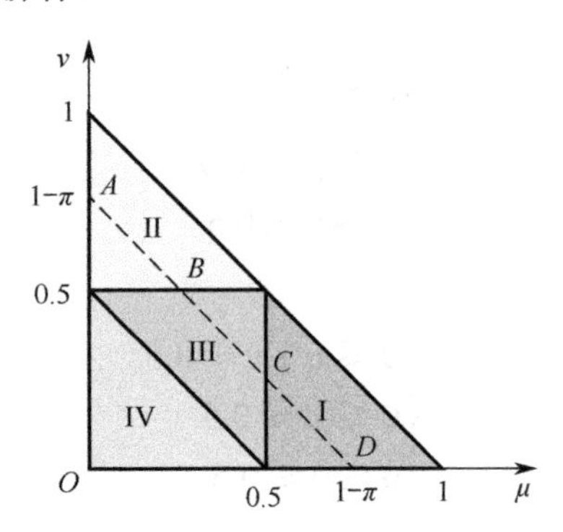

图 7.4　特定犹豫度条件下直觉模糊数的二维几何 4 区域表示

在图 7.4 中，当犹豫度大于 0.5，直觉模糊数位于犹豫区（Ⅳ），而犹豫度小于 0.5 时，直觉模糊数可能位于支持区（Ⅰ）、拒绝区（Ⅱ）或冲突区（Ⅲ）。显然，此时尽管犹豫度相同，但是直觉模糊数在三种区域内的熵度量应有所区别。因此，在考虑定义直觉模糊数的熵度量时，不应把犹豫度作为唯一因素来描述信息的不确定性。

7.2.2　三维几何表示

7.2.1 节中的直觉模糊数几何表示主要是基于隶属度 μ 和非隶属度 v 建立的，而犹豫度 π 也是直觉模糊数的重要特征，为此本节综合考虑三者之间的关系，提出直觉模糊数的三维几何表示。

直觉模糊数的隶属度 μ 、非隶属度 v 和犹豫度 π 有下述关系

$$\begin{cases} \mu+v+\pi=1 \\ 0\leqslant\mu\leqslant1 \\ 0\leqslant v\leqslant1 \\ 0\leqslant\pi\leqslant1 \end{cases} \tag{7.6}$$

在以 μ 、 v 和 π 坐标轴的三维直角坐标系内画出上述关系，则如图 7.5 所示。

在图 7.5 中，平面 ABC 可以表述直觉模糊数中的任意取值。与二维表示方法类似，同样可以用一区域表示三维条件下的直觉模糊数的不确定性关系，如图 7.6 中的三角形 $O'DE$ 所示。

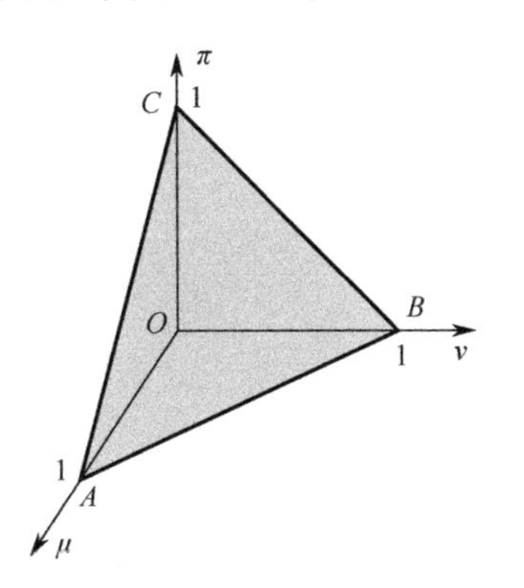

图 7.5　直觉模糊数的三维几何表示

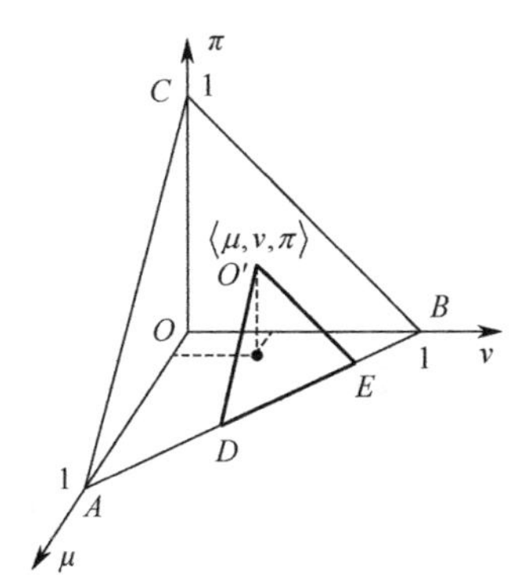

图 7.6　直觉模糊数的三维几何三角形表示

如果已知三维直觉模糊数 $\langle\mu,v,\pi\rangle$ ，则其不确定性同样由犹豫度 π 的划分

来确定，与二维划分不同，此时π除了划分给隶属度μ和非隶属度ν之外，还应有自留划分的部分。假设π_μ、π_ν和π_π分别为π划分给μ、ν和自留的不确定度的份额，则有$\pi_\mu+\pi_\nu+\pi_\pi=\pi$，那么$\langle\mu+\pi_\mu,\nu+\pi_\nu,\pi_\pi\rangle$可以表示三维条件下直觉模糊数的所有可能取值及其不确定性。随着π_μ、π_ν和π_π的取值不断变化，$\langle\mu+\pi_\mu,\nu+\pi_\nu,\pi_\pi\rangle$会游走在一个三角形区域内，如图 7.6 中的三角形 *O'DE* 所示。

进一步，基于直觉模糊集的二维四区域表示方法，同样可以给出直觉模糊数的三维四区域划分：支持区（I）、拒绝区（II）、冲突区（III）和犹豫区（IV），直觉模糊数的三维几何 4 区域表示如图 7.7 所示。

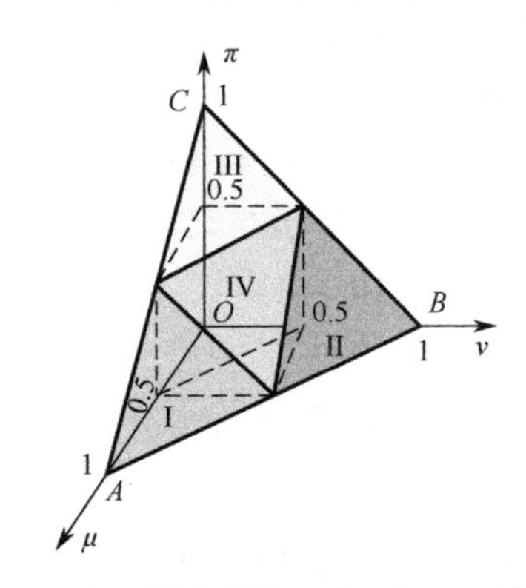

图 7.7　直觉模糊数的三维几何 4 区域表示

同样可以用数学关系将这四个区域划分表示为下述关系。

支持区（I）

$$\begin{cases}\mu+\nu+\pi=1\\0.5\leqslant\mu\leqslant1\\0\leqslant\nu\leqslant0.5\\0\leqslant\pi\leqslant0.5\end{cases}\tag{7.7}$$

拒绝区（II）

$$\begin{cases}\mu+\nu+\pi=1\\0\leqslant\mu\leqslant0.5\\0.5\leqslant\nu\leqslant1\\0\leqslant\pi\leqslant0.5\end{cases}\tag{7.8}$$

冲突区（III）

$$\begin{cases}\mu+v+\pi=1\\0\leqslant\mu\leqslant0.5\\0\leqslant v\leqslant0.5\\0\leqslant\mu+v\leqslant0.5\\0.5\leqslant\pi\leqslant1\end{cases}\tag{7.9}$$

犹豫区（IV）

$$\begin{cases}\mu+v+\pi=1\\0\leqslant\mu\leqslant0.5\\0\leqslant v\leqslant0.5\\0.5\leqslant\mu+v\leqslant1\\0.5\leqslant\pi\leqslant1\end{cases}\tag{7.10}$$

通过二维几何的四区域划分，容易得到三维条件下四区域划分的含义，这里不再赘述。通过三维四区域划分同样可以清晰地知晓直觉模糊数携带的知识与信息，来进行粗排序判断直觉模糊数大小，这是将直觉模糊数进行四区域划分的初衷，为直觉模糊数的熵度量和比较排序判决提供了清晰的几何描述。

7.3　去模糊化距离测度

7.3.1　现有距离违背直觉性分析

文献[103-105, 108]对直觉模糊数距离度量的反直觉性已详细论述，主要因为在定义直觉模糊数距离度量时，将其与一般实数的度量定义混淆。一般实数仅表示描述对象的大小、长度或尺寸等，仅仅为数值量，可以用现有的 Hamming 距离、Euclid 距离或 Hausdorff 距离等直接计算，其几何意义仅表示数值间的接近程度。然而对于直觉模糊数而言，其距离度量不仅仅在于其数值间的接近程度，更关键的是直觉模糊数自身携带的模糊差异。现有文献在定义直觉模糊数距离测度时均忽略了这一点，而将其看成是一般实数进行距离度量，因此必然会产生反直觉性。直觉模糊数的距离反直觉性描述如图 7.8 所示。

在图 7.8 中，已知直觉模糊数 $O\langle\mu,v\rangle$ 和其区域内两点 A 和 B。OA 和 OB 之间的几何接近度是相等的，这种现象是常见的，只要在直觉模糊数的二维或三维几何表示中以某半径画圆，圆上任一点到 $O\langle\mu,v\rangle$ 的几何接近度均相等，可以说这样的点有无穷多个，如果仅仅将几何意义上的接近度当作直觉模糊数之间的距离度量，必然会反直觉。直觉上，不同的直觉模糊数表示的含义不尽相同，其特殊性主要在于其自身具有模糊性，正是由于直觉模糊数的模糊性才能使其更好地描述对象的不确定性，如果忽略了此点，得到的距离度量仅为几何意义上的接近程度大小，不能反映直觉模糊数所具备的具体含义。直觉模糊数的距离度量应该是一种一一映射的关系，而不是现有文献中的多对一映射的关系，因此在直觉模糊数的距离度量时必须将其自身携带的模糊性考虑在内。

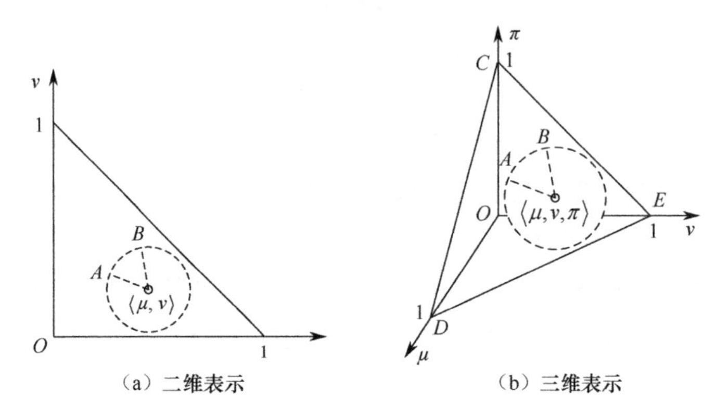

图 7.8　直觉模糊数的距离反直觉性描述

7.3.2　提取直觉模糊特征

为实现直觉模糊数新的距离定义，采用一种去模糊化过程去表示直觉模糊数，此思路类似于一种反向思维，即直接同时考虑几何接近度和模糊度是困难的，为此考虑用直觉模糊数的典型特征去表示直觉模糊数的模糊性进而实现去模糊化的过程。通过去模糊化过程，直觉模糊数自身的模糊性被释放，这样仅需要考虑典型特征的表示方法，于是问题转变为如何定义直觉模糊数的典型特征，并进行特征提取来实现去模糊化的过程。

Pal[110]和 Quirós[111]等人分别定义了特征函数用于描述直觉模糊数和犹豫模糊数的不确定性："the fuzziness, lack of knowledge and hesitance"。本质上，他们也是用这些特征函数去尽可能逼近模糊数本身蕴含的不确定性进而描述其不确定性的。这显然也是一个典型的特征提取问题，逼近模糊数不确定性的程度取决于所选取的特征，因此如何选取合适的特征起到关键作用。

基于上述思想，并结合直觉模糊数的二维与三维几何表示，可以清晰地获取直觉模糊数中的某些典型特征点，比如在二维几何表示中的完全支持点$\langle 1,0\rangle$、完全拒绝点$\langle 0,1\rangle$、完全犹豫点$\langle 0,0\rangle$和完全均衡点$\langle 0.5,0.5\rangle$，以及三维几何表示中的完全支持点$\langle 1,0,0\rangle$、完全拒绝点$\langle 0,0,1\rangle$、完全犹豫点$\langle 0,0,1\rangle$和完全均衡点$\langle 0.5,0.5,0\rangle$，可以充分利用这些典型特征点去逼近和表示直觉模糊数的不确定性。

假设已知直觉模糊数 $O\langle \mu,v\rangle$，其二维几何表示如图 7.9 所示，基于完全支持点$\langle 1,0\rangle$、完全拒绝点$\langle 0,1\rangle$、完全犹豫点$\langle 0,0\rangle$和完全均衡点$\langle 0.5,0.5\rangle$定义支持距离、拒绝距离、犹豫距离和均衡距离，用于描述直觉模糊数的模糊性。

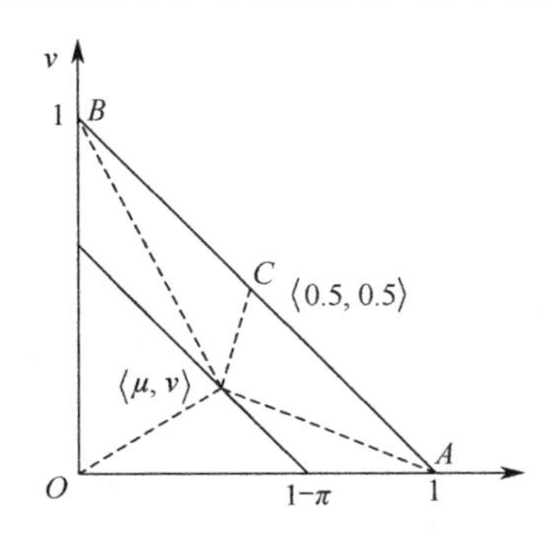

图 7.9　直觉模糊数二维几何表示

记二维几何表示条件下的直觉模糊数 $O\langle \mu,v\rangle$，定义支持距离 $D_{2S}(O,A)$ 为直觉模糊数 $O\langle \mu,v\rangle$ 与完全支持点$\langle 1,0\rangle$之间的几何距离，D_{2S}：$\langle 1,0\rangle\times\langle \mu,v\rangle\rightarrow[0,1]$，可以表示为

$$D_{2S}(O,A)=\sqrt{(\mu-1)^2+v^2} \tag{7.11}$$

记二维几何表示条件下的直觉模糊数 $O\langle \mu,v\rangle$，定义拒绝距离 $D_{2R}(O,B)$ 为直觉模糊数 $O\langle \mu,v\rangle$ 与完全拒绝点$\langle 0,1\rangle$之间的几何距离，D_{2R}：$\langle 0,1\rangle\times\langle \mu,v\rangle\rightarrow[0,1]$，可以表示为

$$D_{2R}(O,B)=\sqrt{\mu^2+(v-1)^2} \tag{7.12}$$

记二维几何表示条件下的直觉模糊数 $O\langle \mu,v\rangle$，定义犹豫距离 $D_{2H}(O,O)$ 为直觉模糊数 $O\langle \mu,v\rangle$ 与完全犹豫点$\langle 0,0\rangle$之间的几何距离，D_{2H}：$\langle 0,0\rangle\times\langle \mu,v\rangle\rightarrow[0,1]$，可以表示为

$$D_{2H}(O,O)=\sqrt{\mu^2+v^2} \tag{7.13}$$

记二维几何表示条件下的直觉模糊数 $O\langle \mu,v\rangle$，定义均衡距离 $D_{2E}(O,C)$ 为

直觉模糊数 $O\langle\mu,v\rangle$ 与完全均衡点 $\langle 0.5,0.5\rangle$ 之间的几何距离，D_{2E}：$\langle 0.5,0.5\rangle\times\langle\mu,v\rangle\to[0,1]$，可以表示为

$$D_{2E}(O,C)=\sqrt{(\mu-0.5)^2+(v-0.5)^2} \tag{7.14}$$

基于上述四种特征距离：D_{2S}、D_{2R}、D_{2H} 和 D_{2E} 可以定义一个四元组 $(D_{2S},D_{2R},D_{2H},D_{2E})$ 为联合特征距离，用于描述直觉模糊数的模糊性和不确定性。并且该四元组本身不蕴含模糊性，实现了直觉模糊数的去模糊化。

同样，在三维条件下，假设已知直觉模糊数 $O(\mu,v,\pi)$，其三维几何表示如图 7.10 所示，基于完全支持点 $\langle 1,0,0\rangle$、完全拒绝点 $\langle 0,0,1\rangle$、完全犹豫点 $\langle 0,0,1\rangle$ 和完全均衡点 $\langle 0.5,0.5,0\rangle$ 也可以定义三维条件下的支持距离、拒绝距离、犹豫距离和均衡距离用于描述直觉模糊数的模糊性。

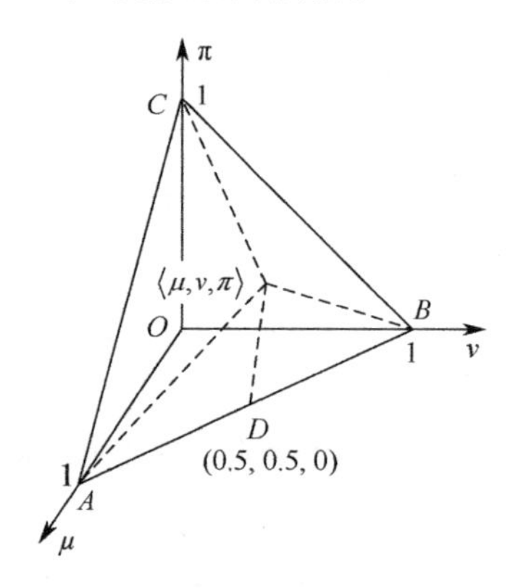

图 7.10　直觉模糊数三维几何表示

记三维几何表示条件下的直觉模糊数 $O(\mu,v,\pi)$，定义支持距离 $D_{3S}(O,A)$ 为直觉模糊数 $O(\mu,v,\pi)$ 与完全支持点 $\langle 1,0,0\rangle$ 之间的几何距离，D_{3S}：$\langle 1,0,0\rangle\times(\mu,v,\pi)\to[0,1]$，可以表示为

$$D_{3S}(O,A)=\sqrt{(\mu-1)^2+v^2+\pi^2} \tag{7.15}$$

记三维几何表示条件下的直觉模糊数 $O(\mu,v,\pi)$，定义拒绝距离 $D_{3R}(O,B)$ 为直觉模糊数 $O(\mu,v,\pi)$ 与完全拒绝点 $\langle 0,0,1\rangle$ 之间的几何距离，D_{3R}：$(0,1,0)\times(\mu,v,\pi)\to[0,1]$，可以表示为

$$D_{3R}(O,B)=\sqrt{\mu^2+(v-1)^2+\pi^2} \tag{7.16}$$

记三维几何表示条件下的直觉模糊数 $O(\mu,v,\pi)$，定义犹豫距离 $D_{3H}(O,C)$ 为直觉模糊数 $O(\mu,v,\pi)$ 与完全犹豫点 $\langle 0,0,1\rangle$ 之间的几何距离，D_{3H}：

$\langle 0,0,1\rangle \times (\mu,v,\pi) \to [0,1]$，可以表示为

$$D_{3H}(O,C)=\sqrt{\mu^2+v^2+(\pi-1)^2} \tag{7.17}$$

记三维几何表示条件下的直觉模糊数 $O(\mu,v,\pi)$，定义均衡距离 $D_{3E}(O,D)$ 为直觉模糊数 $O(\mu,v,\pi)$ 与完全均衡点 $\langle 0.5,0.5,0\rangle$ 之间的几何距离，D_{3E}：$\langle 0.5,0.5,0\rangle \times (\mu,v,\pi) \to [0,1]$，可以表示为

$$D_{3E}(O,D)=\sqrt{(\mu-0.5)^2+(v-0.5)^2+\pi^2} \tag{7.18}$$

另有恒等式 $\mu+v+\pi=1$，因此三维条件下的四种特征距离又可以表示为下述关系：

$$D_{3S}(O,A)=\sqrt{(\mu-1)^2+v^2+(1-\mu-v)^2} \tag{7.19}$$

$$D_{3R}(O,B)=\sqrt{\mu^2+(v-1)^2+\pi^2} \tag{7.20}$$

$$D_{3H}(O,C)=\sqrt{\mu^2+v^2+(\mu+v)^2} \tag{7.21}$$

$$D_{3E}(O,D)=\sqrt{(\mu-0.5)^2+(v-0.5)^2+(1-\mu-v)^2} \tag{7.22}$$

同样，可以基于上述四种特征距离：D_{3S}、D_{3R}、D_{3H} 和 D_{3E}，定义一个四元组 $(D_{3S},D_{3R},D_{3H},D_{3E})$ 为联合特征距离用于描述三维条件下的直觉模糊数的模糊性和不确定性，实现直觉模糊数的去模糊化。

通过上述去模糊化过程，可以分别得到二维和三维条件下的四元组距离 $(D_{2S},D_{2R},D_{2H},D_{2E})$ 和 $(D_{3S},D_{3R},D_{3H},D_{3E})$ 用于描述直觉模糊数的模糊性和不确定性，四元组本身不携带任何模糊性，可以直接用于定义直觉模糊数之间的距离大小。

7.3.3　去模糊化距离

由于上述四元组特征与直觉模糊数之间是一一映射关系，即对于给定直觉模糊数可确定唯一的四元组特征，反之确定了四元组特征即确定唯一的直觉模糊数，因此用四元组特征之间的距离作为直觉模糊数之间的距离。本质上这是两条 4 数值等长序列之间的距离定义，广义上讲，可以利用现有任一基本距离来计算并利用集成算子集成，为此给出下述定义。

定义 7.1　记二维几何表示条件下的直觉模糊数 $A\langle \mu_A,v_A\rangle$ 和 $B\langle \mu_B,v_B\rangle$，其四元组特征分别为 $D_2(A)=(D_{2S}(A),D_{2R}(A),D_{2H}(A),D_{2E}(A))$ 和 $D_2(B)=(D_{2S}(B),D_{2R}(B),D_{2H}(B),D_{2E}(B))$，则 A 和 B 之间的四元组距离定义为

$$D_{2Q}(A,B)=(D_{2QS},D_{2QR},D_{2QH},D_{2QE}) \tag{7.23}$$

式（7.23）中

$$D_{2QS} = |D_{2S}(A) - D_{2S}(B)| \tag{7.24}$$

$$D_{2QR} = |D_{2R}(A) - D_{2R}(B)| \tag{7.25}$$

$$D_{2QH} = |D_{2H}(A) - D_{2H}(B)| \tag{7.26}$$

$$D_{2QE} = |D_{2E}(A) - D_{2E}(B)| \tag{7.27}$$

由于传统距离均表示为一个确定值的形式，因此在四元组距离的基础上，基于 GWA 算子，可以将其集成为一个确定值，则直觉模糊数 A 和 B 之间的距离表示为

$$\begin{aligned} D_2(A,B) &= \left[\sum_{i=1}^{4} w_i \cdot \left(D_{2Q_i}(A,B)\right)^{\lambda}\right]^{\frac{1}{\lambda}} \\ &= \left(w_1 \cdot D_{2QS}{}^{\lambda} + w_2 \cdot D_{2QR}{}^{\lambda} + w_3 \cdot D_{2QH}{}^{\lambda} + w_4 \cdot D_{2QE}{}^{\lambda}\right)^{\frac{1}{\lambda}} \end{aligned} \tag{7.28}$$

式（7.28）中，$\boldsymbol{w} = (w_1\ w_2\ w_3\ w_4)^{\mathrm{T}}$ 为四元组特征的权重向量。

如果 $\lambda = 1$，则式（7.28）为基于 WA 算子距离：

$$D_{2WA}(A,B) = \sum_{i=1}^{4} w_i \cdot \left(D_{2Q_i}(A,B)\right) \tag{7.29}$$

如果 $\lambda = 2$，则式（7.28）为基于加权平方平均算子（WQA）距离：

$$D_{2WQA}(A,B) = \left[\sum_{i=1}^{4} w_i \cdot \left(D_{2Q_i}(A,B)\right)^2\right]^{\frac{1}{2}} \tag{7.30}$$

如果 $\lambda = -1$，则式（7.28）为基于加权调和平均算子（WHA）距离：

$$D_{2WHA}(A,B) = \frac{1}{\left[\sum_{i=1}^{4} \frac{w_i}{D_{2Q_i}(A,B)}\right]} \tag{7.31}$$

如果 $\lambda \to 0$，则式（7.28）为基于加权几何平均算子（WGA）距离：

$$D_{2WGA}(A,B) = \prod_{i=1}^{4}\left[D_{2Q_i}(A,B)\right]^{w_i} \tag{7.32}$$

同样，根据二维条件下的距离定义可以推导出三维条件下的直觉模糊数距离。

定义 7.2 记三维几何表示条件下的直觉模糊数 $A(\mu_A, v_A, \pi_A)$ 和 $B(\mu_B, v_B, \pi_B)$，其四元组特征分别为 $D_3(A) = (D_{3S}(A), D_{3R}(A), D_{3H}(A), D_{3E}(A))$ 和 $D_3(B) = (D_{3S}(B), D_{3R}(B), D_{3H}(B), D_{3E}(B))$，则 A 和 B 之间的四元组距离定义为

$$D_{3Q}(A,B)=(D_{3QS},D_{3QR},D_{3QH},D_{3QE}) \tag{7.33}$$

式（7.33）中，

$$D_{3QS}=|D_{3S}(A)-D_{3S}(B)| \tag{7.34}$$

$$D_{3QR}=|D_{3R}(A)-D_{3R}(B)| \tag{7.35}$$

$$D_{3QH}=|D_{3H}(A)-D_{3H}(B)| \tag{7.36}$$

$$D_{3QE}=|D_{3E}(A)-D_{3E}(B)| \tag{7.37}$$

利用 GWA 算子集成后的距离为

$$\begin{aligned}D_3(A,B)&=\left[\sum_{i=1}^{4}w_i\cdot\left(D_{3Q_i}(A,B)\right)^{\lambda}\right]^{\frac{1}{\lambda}}\\&=\left(w_1\cdot D_{3QS}{}^{\lambda}+w_2\cdot D_{3QR}{}^{\lambda}+w_3\cdot D_{3QH}{}^{\lambda}+w_4\cdot D_{3QE}{}^{\lambda}\right)^{\frac{1}{\lambda}}\end{aligned} \tag{7.38}$$

式（7.38）中 $\boldsymbol{w}=(w_1\ w_2\ w_3\ w_4)^{\mathrm{T}}$ 为四元组特征的权重向量。

尽管按照上述思路可以得到直觉模糊数四元组距离并集成为一确定值作为直觉模糊数距离，但是在集成过程中也存在某些问题，这也是集成算子作为融合方法的局限性。例如三条四元组特征序列表示为

$a=(0.1,0.2,0.3,0.4)$，$b=(0.2,0.1,0.4,0.3)$，$c=(0.2,0.3,0.2,0.5)$。

易知 a 和 b 之间的四元组距离为 $D_{\mathrm{Q}}(a,b)=(0.1,0.1,0.1,0.1)$，$a$ 和 c 之间的四元组距离为 $D_{\mathrm{Q}}(a,c)=(0.1,0.1,0.1,0.1)$。如果利用集成算子集成，会得到 $D(a,b)=D(a,c)$ 的结果，这显然违背直觉，因为 b 和 c 是完全不同的。原因在于此时集成算子仅仅考虑了数值间几何意义上的差异性而忽略了数值间的变化趋势，几何距离示意如图 7.11 所示。

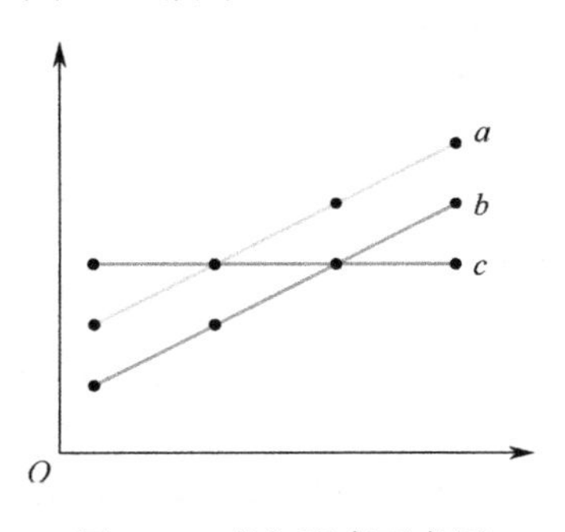

图 7.11　几何距离示意图

在图 7.11 中，假设存在三条序列，a 和 b 之间的几何距离与 a 和 c 之间的几何距离相等，如果仅仅依靠几何距离，无法判断 a 和 b 还是 c 更一致。但是

从图 7.11 可知，显然相对于a和c，a和b要更一致，原因在于a和b之间的变化趋势一致。因此在定义四元组之间的距离时，不仅应考虑其间的几何距离关系还应该考虑其间的变化趋势。基于此思路，本节重新定义直觉模糊数之间的距离如下。

定义 7.3 记二维或三维几何表示条件下的直觉模糊数$A\langle \mu_A, v_A \rangle$或$\langle \mu_A, v_A, \pi_A \rangle$和$B\langle \mu_B, v_B \rangle$或$\langle \mu_B, v_B, \pi_B \rangle$，其四元组特征分别为$D(A)=(D_{\rm S}(A), D_{\rm R}(A), D_{\rm H}(A), D_{\rm E}(A))$和$D(B)=(D_{\rm S}(B), D_{\rm R}(B), D_{\rm H}(B), D_{\rm E}(B))$，则$A$和$B$之间的四元组均值距离定义为

$$\bar{D}(A,B)=\left|\bar{D}(A)-\bar{D}(B)\right| \tag{7.39}$$

式（7.39）中，$\bar{D}(A)$和$\bar{D}(B)$为相对应四元组之间的均值距离。

$$\bar{D}(A)=\frac{1}{4}\left(D_{\rm S}(A)+D_{\rm R}(A)+D_{\rm H}(A)+D_{\rm E}(A)\right) \tag{7.40}$$

$$\bar{D}(B)=\frac{1}{4}\left(D_{\rm S}(B)+D_{\rm R}(B)+D_{\rm H}(B)+D_{\rm E}(B)\right) \tag{7.41}$$

定义 7.4 记二维或三维几何表示条件下的直觉模糊数$A\langle \mu_A, v_A \rangle$或$\langle \mu_A, v_A, \pi_A \rangle$和$B\langle \mu_B, v_B \rangle$或$\langle \mu_B, v_B, \pi_B \rangle$，其四元组特征分别为$D(A)=(D_{\rm S}(A), D_{\rm R}(A), D_{\rm H}(A), D_{\rm E}(A))$和$D(B)=(D_{\rm S}(B), D_{\rm R}(B), D_{\rm H}(B), D_{\rm E}(B))$，则$A$和$B$之间的四元组相关距离定义为

$$\gamma(A,B)=\frac{C\left(D(A),D(B)\right)}{\sqrt{\operatorname{var}\left(D(A)\right)\cdot \operatorname{var}\left(D(B)\right)}} \tag{7.42}$$

式（7.42）中，$C\left(D(A),D(B)\right)$为相对应四元组之间的相关距离。

$$C\left(D(A),D(B)\right)=\sum_{i=1}^{4}\left[\left(D(A)\right)_i-\bar{D}(A)\right]\cdot\left[\left(D(B)\right)_i-\bar{D}(B)\right] \tag{7.43}$$

式（7.43）中，$\operatorname{Var}\left(D(A)\right)$和$\operatorname{var}\left(D(B)\right)$为$D(A)$和$D(B)$的方差

$$\operatorname{Var}\left(D(A)\right)=\sum_{i=1}^{4}\left[\left(D(A)\right)_i-\bar{D}(A)\right]^2 \tag{7.44}$$

$$\operatorname{Var}\left(D(B)\right)=\sum_{i=1}^{4}\left[\left(D(B)\right)_i-\bar{D}(B)\right]^2 \tag{7.45}$$

通过上述定义易知，四元组均值距离位于区间$[0,1]$上，而四元组相关距离位于区间$[-1,1]$上，为此如何集成两类距离形成一个位于区间$[0,1]$上的确定值作为直觉模糊数之间的距离是关键。

当均值距离为 0，相关距离为 1 时，表示直觉模糊数之间的距离最小，相

反，当均值距离为 1，相关距离为−1 时，表示直觉模糊数之间的距离最大，因此可将直觉模糊数集成距离定义为下述关系。

定义 7.5　记二维或三维几何表示条件下的直觉模糊数 $A\langle\mu_A,\nu_A\rangle$ 或 $\langle\mu_A,\nu_A,\pi_A\rangle$ 和 $B\langle\mu_B,\nu_B\rangle$ 或 $\langle\mu_B,\nu_B,\pi_B\rangle$，其四元组特征分别为 $D(A)=(D_{\mathrm{S}}(A),D_{\mathrm{R}}(A),D_{\mathrm{H}}(A),D_{\mathrm{E}}(A))$ 和 $D(B)=(D_{\mathrm{S}}(B),D_{\mathrm{R}}(B),D_{\mathrm{H}}(B),D_{\mathrm{E}}(B))$，则 A 和 B 之间的距离定义为

$$D(A,B)=\lambda\cdot\bar{D}(A,B)+(1-\lambda)\cdot\frac{(1-\gamma(A,B))}{2} \tag{7.46}$$

式（7.46）中，λ 为距离参数，$0\leqslant\lambda\leqslant1$，$\bar{D}(A,B)$ 和 $\gamma(A,B)$ 分别为对应的四元组均值距离和相关距离。

推论 7.1　直觉模糊数之间的均值距离和相关距离相等等价于直觉模糊数相等。

记二维或三维几何表示条件下的直觉模糊数 $A\langle\mu_A,\nu_A\rangle$ 或 $\langle\mu_A,\nu_A,\pi_A\rangle$ 和 $B\langle\mu_B,\nu_B\rangle$ 或 $\langle\mu_B,\nu_B,\pi_B\rangle$，其四元组特征分别为 $D(A)=(D_{\mathrm{S}}(A),D_{\mathrm{R}}(A),D_{\mathrm{H}}(A),D_{\mathrm{E}}(A))$ 和 $D(B)=(D_{\mathrm{S}}(B),D_{\mathrm{R}}(B),D_{\mathrm{H}}(B),D_{\mathrm{E}}(B))$。

证明：

（1）充分性：假设 $D(A)$ 和 $D(B)$ 的均值距离相等，则有 $\bar{D}(A)=\bar{D}(B)$；相关距离相等，则有 $\gamma(A,B)=1$，即 $D(A)=k\cdot D(B)$，$k>0$，则可推出 $A=B$。

如果 $D(A)=k\cdot D(B)$，则有

$D_{\mathrm{S}}(A)+D_{\mathrm{R}}(A)+D_{\mathrm{H}}(A)+D_{\mathrm{E}}(A)=k\cdot(D_{\mathrm{S}}(A)+D_{\mathrm{R}}(A)+D_{\mathrm{H}}(A)+D_{\mathrm{E}}(A))$

即 $4\bar{D}(A)=4k\cdot\bar{D}(B)$，而已知 $\bar{D}(A)=\bar{D}(B)$，因此得知 $k=1$，则 $D(A)=D(B)$，由四元组与直觉模糊数之间的一一映射关系知 $A=B$。

（2）必要性：如果 $A=B$，则可推出 $\bar{D}(A)=\bar{D}(B)$ 和 $\gamma(A,B)=1$。

如果 $A=B$，则可知 $D(A)=D(B)$，则显然 $\bar{D}(A)=\bar{D}(B)$ 且 $\gamma(A,B)=1$。证毕。

由推论 7.1 可知，四元组均值距离和相关距离能够保证与直觉模糊数距离之间的一一对应关系。

至此，直觉模糊数之间的去模糊化距离推导完毕，直觉模糊数去模糊化距离流程如图 7.12 所示，主要分为直觉模糊数的去模糊化表示、四元组特征提取和四元组距离集成三部分。

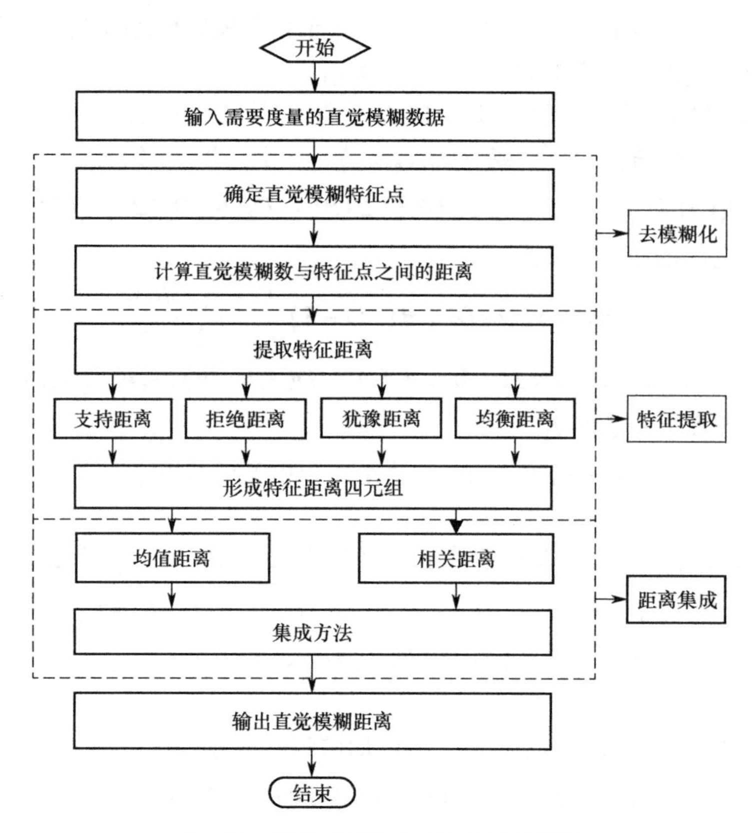

图 7.12 直觉模糊数去模糊化距离流程

7.4 基于去模糊化距离的关联

7.4.1 目标识别问题

以基于直觉模糊数的目标识别问题为例，待识别目标具有 m 类未知模式 $A_i(i=1,2,\cdots,m)$，每类模式拥有 n 种直觉模糊属性 $C_j(j=1,2,\cdots,n)$。记 $\alpha_{ij}=\left\langle\mu_{\alpha_{ij}},v_{\alpha_{ij}}\right\rangle$ 为模式 A_i 在属性 C_j 上的直觉模糊数，$\boldsymbol{w}=(w_1\ w_2\ \cdots\ w_n)^{\mathrm{T}}$ 为属性权重，满足 $0\leqslant w_j\leqslant 1$，$\sum\limits_{j=1}^{n}w_j=1$。已知数据库存储 s 类已有模式 $B_r(r=1,2,\cdots,s)$，每类模式具有 n 种直觉模糊属性 $C_j(j=1,2,\cdots,n)$，记

$\beta_{rj}=\left\langle \mu_{\beta_{rj}},v_{\beta_{rj}}\right\rangle$ 为模式 B_r 在属性 C_j 上的直觉模糊信息。则未知模式与已有模式的直觉模糊信息可以分别用矩阵形式表示为

$$\boldsymbol{A}=\begin{bmatrix} \left\langle \mu_{\alpha_{11}},v_{\alpha_{11}}\right\rangle & \left\langle \mu_{\alpha_{12}},v_{\alpha_{12}}\right\rangle & \cdots & \left\langle \mu_{\alpha_{1n}},v_{\alpha_{1n}}\right\rangle \\ \left\langle \mu_{\alpha_{21}},v_{\alpha_{21}}\right\rangle & \ddots & \cdots & \left\langle \mu_{\alpha_{2n}},v_{\alpha_{2n}}\right\rangle \\ \vdots & \vdots & \left\langle \mu_{\alpha_{ij}},v_{\alpha_{ij}}\right\rangle & \vdots \\ \left\langle \mu_{\alpha_{m1}},v_{\alpha_{m1}}\right\rangle & \left\langle \mu_{\alpha_{m2}},v_{\alpha_{m2}}\right\rangle & \cdots & \left\langle \mu_{\alpha_{mn}},v_{\alpha_{mn}}\right\rangle \end{bmatrix}_{m\times n} \tag{7.47}$$

$$\boldsymbol{B}=\begin{bmatrix} \left\langle \mu_{\beta_{11}},v_{\beta_{11}}\right\rangle & \left\langle \mu_{\beta_{12}},v_{\beta_{12}}\right\rangle & \cdots & \left\langle \mu_{\beta_{1n}},v_{\beta_{1n}}\right\rangle \\ \left\langle \mu_{\beta_{21}},v_{\beta_{21}}\right\rangle & \ddots & \cdots & \left\langle \mu_{\beta_{2n}},v_{\beta_{2n}}\right\rangle \\ \vdots & \vdots & \left\langle \mu_{\beta_{rj}},v_{\beta_{rj}}\right\rangle & \vdots \\ \left\langle \mu_{\beta_{m1}},v_{\beta_{m1}}\right\rangle & \left\langle \mu_{\beta_{m2}},v_{\beta_{m2}}\right\rangle & \cdots & \left\langle \mu_{\beta_{mn}},v_{\beta_{mn}}\right\rangle \end{bmatrix}_{s\times n} \tag{7.48}$$

根据最小距离识别准则给出基于去模糊化距离的直觉模糊关联方法如下。

步骤 1：确定待识别模式 $A_i=\left\{\left\langle \mu_{\alpha_{ij}},v_{\alpha_{ij}}\right\rangle, j=1,2,\cdots,n\right\}$ 和已知模式库 $\boldsymbol{B}$；

步骤 2：基于图 7.12 所示的去模糊化距离计算待识别模式与模式库之间的去模糊化距离 $D(A_i,\boldsymbol{B})$；

步骤 3：记判别准则为

$$\mathrm{i}^*=\arg\min\{D(A_i,\boldsymbol{B})\} \tag{7.49}$$

根据最小距离判别准则，判定最小距离对应的已知模式为关联类；

步骤 4：重复步骤 1 至步骤 3，可以得到所有未知模式 $\boldsymbol{A}$ 在已知模式 $\boldsymbol{B}$ 中的关联模式。

7.4.2　多属性决策问题

假设一多属性决策问题，具有 m 类决策方案 $A_i(i=1,2,\cdots,m)$，每类方案具有 n 种属性信息 $C_j(j=1,2,\cdots,n)$，记方案 A_i 在属性 C_j 条件下的直觉模糊数值为 $x_{ij}=\left\langle \mu_{x_{ij}},v_{x_{ij}}\right\rangle$，则所有方案的属性信息可以用一决策矩阵描述 $\boldsymbol{X}=(x_{ij})_{m\times n}$。令属性权重为 $\boldsymbol{w}=\left(w_1\ w_2\ \cdots\ w_n\right)^{\mathrm{T}}$，满足 $0\leqslant w_j\leqslant 1$，$\sum_{j=1}^{n} w_j=1$，则基于直觉模

糊数的 TOPSIS 决策步骤如下。

步骤 1：确定直觉模糊正理想解 x^+ 和直觉模糊负理想解 x^-。

步骤 2：在属性 C_j 上，计算方案 A_i 与正理想解和负理想解之间的去模糊化距离，记为 $D^{C_j}\left(x_{ij},x^+\right)$ 与 $D^{C_j}\left(x_{ij},x^-\right)$。

步骤 3：用 WA 算子对各属性 C_j 上的 $D^{C_j}\left(x_{ij},x^+\right)$ 与 $D^{C_j}\left(x_{ij},x^-\right)$ 进行集结，得到方案 A_i 与正理想解和负理想解之间的总距离分别为

$$D\left(x_{ij},x^+\right)=\sum_{j=1}^{n}w_jD^{C_j}\left(x_{ij},x^+\right) \tag{7.50}$$

$$D\left(x_{ij},x^-\right)=\sum_{j=1}^{n}w_jD^{C_j}\left(x_{ij},x^-\right) \tag{7.51}$$

步骤 4：计算方案 A_i 与理想解之间的接近度为

$$R(i)=\frac{D\left(x_{ij},x^-\right)}{D\left(x_{ij},x^+\right)+D\left(x_{ij},x^-\right)} \tag{7.52}$$

步骤 5：对各方案的接近度进行排序，判定接近度大的为最优方案。

7.5 仿真分析

7.5.1 数值算例

本节利用文献[104, 105, 107, 108, 112, 113]中的公开数据来验证去模糊化距离，并与现有方法对比分析（仅在二维条件下计算）。直觉模糊数距离度量数值如表 7.1 所示。

表 7.1 直觉模糊数距离度量数值

情景	A	B
情景 1	<0.3, 0.3>	<0.4, 0.4>
情景 2	<0.3, 0.4>	<0.4, 0.3>
情景 3	<1, 0>	<0, 0>
情景 4	<0.5, 0.5>	<0, 0>
情景 5	<0.4, 0.2>	<0.5, 0.3>
情景 6	<0.4, 0.2>	<0.5, 0.2>

首先分别计算 A 和 B 与四个特征点 $\langle 1,0\rangle$、$\langle 0,1\rangle$、$\langle 0,0\rangle$ 和 $\langle 0.5,0.5\rangle$ 之间的几何距离。

A 和 B 与特征点之间的支持距离为

$$D_{2\text{S}-A}=\sqrt{(0.3-1)^2+0.3^2}=0.7616,$$

$$D_{2\text{S}-B}=\sqrt{(0.4-1)^2+0.4^2}=0.7211。$$

A 和 B 与特征点之间的拒绝距离为

$$D_{2\text{R}-A}=\sqrt{0.3^2+(0.3-1)^2}=0.7616,$$

$$D_{2\text{R}-B}=\sqrt{0.4^2+(0.4-1)^2}=0.7211。$$

A 和 B 与特征点之间的犹豫距离为

$$D_{2\text{H}-A}=\sqrt{0.3^2+0.3^2}=0.4243,$$

$$D_{2\text{H}-B}=\sqrt{0.4^2+0.4^2}=0.5657。$$

A 和 B 与特征点之间的均衡距离为

$$D_{2\text{E}-A}=\sqrt{(0.3-0.5)^2+(0.3-0.5)^2}=0.2828,$$

$$D_{2\text{E}-B}=\sqrt{(0.4-0.5)^2+(0.4-0.5)^2}=0.1414。$$

则 A 和 B 的四元组可以分别表示为

$$D(A)=(0.7616,0.7616,0.4243,0.2828),$$

$$D(B)=(0.7211,0.7211,0.5657,0.1414)。$$

计算四元组之间的均值距离和相关距离，分别为 $\bar{D}_1(A,B)=0.0202$，$\gamma_1(A,B)=0.9030$。

基于均值和相关距离，利用式（7.46）可以得到情景 1 中直觉模糊数 A 和 B 之间的距离为 $D_1(A,B)=0.5\cdot 0.0202+0.5\cdot\dfrac{(1-0.9030)}{2}=0.0344$，其中 $\lambda=0.5$。

同样，按此步骤可以得到其他情景中 A 和 B 之间的距离，将计算结果与现有文献[116-121]、[104, 105]、[122]、[106-109]、[112-14, 98, 115]和[123-126]中的距离度量进行对比分析，其对比结果如表 7.2 所示（如果原文献中为相似度度量S，则利用$1-S$得到距离度量)。

表 7.2　不同距离度量的直觉模糊数距离对比

距离	情景					
	情景 1	情景 2	情景 3	情景 4	情景 5	情景 6
D_{C} [123]	**0**	0.1	0.5	**0**	**0**	0.05
D_{HK} [124]	**0.1**	**0.1**	**0.5**	**0.5**	**0.1**	0.05
D_{SK1} [116]	0.20	**0.10**	**1.00**	**1.00**	0.20	**0.10**
D_{SK2} [116]	0.17	**0.10**	1.00	0.87	0.17	**0.10**
D_{LX} [125]	**0.05**	0.1	0.5	0.25	**0.05**	**0.05**
D_{DC} [117]	**0**	0.1	1	**0**	**0**	0.05
D_{M} [118]	**0.1**	**0.1**	**0.5**	**0.5**	**0.1**	0.05
D_{LS1} [119]	**0.1**	**0.1**	**0.5**	**0.5**	**0.1**	0.05
D_{LS2} [119]	0.05	0.1	0.5	0.25	**0.05**	**0.05**
D_{LS3} [119]	**0.066 7**	**0.066 7**	0.5	0.333 3	**0.066 7**	0.05
D_{HY1} [120]	**0.1**	**0.1**	1	0.5	**0.1**	**0.1**
D_{HY2} [120]	**0.150 5**	**0.150 5**	1	0.622 5	**0.150 5**	**0.150 5**
D_{HY3} [120]	**0.181 8**	**0.181 8**	1	0.666 7	**0.181 8**	**0.181 8**
D_{WX1} [121]	**0.1**	**0.1**	**0.75**	0.5	0.1	**0.75**
D_{WX2} [121]	**0.1**	**0.1**	**0.5**	**0.5**	0.1	**0.5**
D_{LO} [104]	0	0.1	0.5	0	0	0.05
$D_{imp\text{-}R}$ [105, 122]	**0.06**	**0.06**	**0.00**	0.50	0.06	0.01
$D_{imp\text{-}G,L,T}$ [105, 122]	**0.00**	**0.00**	**0.00**	**0.00**	**0.00**	**0.00**
$D_{imp\text{-}M,KD}$ [105, 122]	**0.2**	**0.2**	**1**	**1**	0.2	0.1
$D_{imp\text{-}LA}$ [105, 122]	**0.14**	**0.14**	1	0.5	0.14	0.09
D_{ZY} [106]	0.1	0.183 3	**0**	**0**	**0.1**	**0.096 4**
D_{CR} [126]	0.014 3	0.1	0.75	0.25	0.014 3	0.053 6
D_{CC} [107]	0.077 5	0.12	0.75	0.25	0.077 5	0.108 7
D_{CCL} [108]	0.033 3	0.1	0.5	0.166 7	0.033 3	0.055
D_{BA} [109]	0.03 3	0.1	0.5	0.165	0.033	0.05
D_{H} [112-114]	0.173	**0**	**1**	0.866	0.171	0.096
D_{Y} [78]	**0**	0.04	**0**	**0**	0.003	0.003
D_{SY} [115]	0.015	0.006	0.5	0.646	0.016	0.104
去模糊化距离	0.034 4	0.024 2	0.360 6	0.333 9	0.028 4	0.015 5

注：粗体表示反直觉情景（在D_{DC}，D_{M}，D_{LS1}，D_{LS2}和D_{LS3}中，$p=1$；在D_{BA}中，$p=1$，$t=2$；在D_{LS3}中，$x1=x2=x3=1/3$；在D_{LS3}，D_{ZY}，D_{CC}和D_{CCL}中，$w1=1$）。

通过表 7.2 对比分析可知，大多数距离存在反直觉性（粗体显示）。其原因在于这些距离中，有些距离在定义时仅仅考虑了不同直觉模糊数隶属度或非隶属度或犹豫度，或者是三者中的任意组合之间的几何接近度，有些是将直觉模糊数区间表示的端点距离、中点距离或者更细化分子区间之间的几何距离作为直觉模糊数的距离度量，这些距离度量全忽略了直觉模糊自身携带的模糊性，必然会产生反直觉性。尽管有些距离没有出现反直觉性，但也仅仅是从不同角度定义的几何接近度或者是直觉模糊转化距离，存在片面性与信息损失。而去模糊化距离基于直觉模糊数的一一映射四元组，将支持距离、拒绝距离、犹豫距离和均衡距离同时考虑在内，不仅仅是几何意义上的接近度，更蕴含了直觉模糊数携带的模糊性，具有损失小、精度高、易于理解、合乎直觉的优点，并且用四元组表示直觉模糊数最大的特点在于其自身并无模糊性但又能描述模糊性。

7.5.2　目标识别算例

某电子侦察飞机在执行巡逻任务时侦测到一未知目标，机载多传感器设备用 12 种目标特征属性 $A_i(i=1,2,\cdots,12)$ 描述此未知目标，并上报给融合决策中心识别该目标，由于电磁环境复杂，数据在传递过程中易受干扰，为充分表示这些不确定数据，用直觉模糊数的形式描述，实验数据采用文献[121]和[122]中的公开数据。融合中心有四类可能的已知模式（P1～P4），待识别未知目标和融合中心的四类已知模式的直觉模糊数如表 7.3 所示。

表 7.3　未知目标和已知模式的直觉模糊数

属性类	已知模式与未知目标				
	模式#1 （P1）	模式#2（P2）	模式#3（P3）	模式#4（P4）	目标（T）
A1	<0.173, 0.524>	<0.510, 0.365>	<0.495, 0.387>	<1.000, 0.000>	<0.978, 0.003>
A2	<0.102, 0.818>	<0.627, 0.125>	<0.603, 0.298>	<1.000, 0.000>	<0.980, 0.012>
A3	<0.530, 0.326>	<1.000, 0.000>	<0.987, 0.006>	<0.857, 0.123>	<0.798, 0.132>
A4	<0.965, 0.008>	<0.125, 0.648>	<0.073, 0.849>	<0.734, 0.158>	<0.693, 0.213>
A5	<0.420, 0.351>	<0.026, 0.823>	<0.037, 0.923>	<0.021, 0.896>	<0.051, 0.876>
A6	<0.008, 0.956>	<0.732, 0.153>	<0.690, 0.268>	<0.076, 0.912>	<0.123, 0.756>
A7	<0.331, 0.512>	<0.556, 0.303>	<0.147, 0.812>	<0.152, 0.712>	<0.152, 0.721>
A8	<1.000, 0.000>	<0.650, 0.267>	<0.213, 0.653>	<0.113, 0.756>	<0.113, 0.732>
A9	<0.215, 0.625>	<1.000, 0.000>	<0.501, 0.284>	<0.489, 0.389>	<0.494, 0.368>
A10	<0.432, 0.534>	<0.145, 0.762>	<1.000, 0.000>	<1.000, 0.000>	<0.987, 0.000>
A11	<0.750, 0.126>	<0.047, 0.923>	<0.324, 0.483>	<0.386, 0.485>	<0.376, 0.423>
A12	<0.432, 0.432>	<0.760, 0.231>	<0.045, 0.912>	<0.028, 0.912>	<0.012, 0.897>

融合中心需要判定未知目标归属于已有模式中的哪一类，这是一个典型的模式识别问题。因此，利用所提出去模糊化距离计算未知目标（T）与已有模式（P*i*）之间的距离，判定关联类应为最小距离对应的模式。

基于文献[104, 122]和[127]中的思想，定义信任度（DOC）指标，用于表示目标归属于模式类的识别效果，信任度 $\mathrm{DOC}^{(j)}$ 越大对应的识别效果越优。

$$\mathrm{DOC}^{(j)}=\sum_{i=1,i\neq j}^{n}\left|D(\mathrm{P}i,\mathrm{T})-D(\mathrm{P}j,\mathrm{T})\right| \tag{7.53}$$

基于图 7.12 的去模糊化距离计算流程，按 12 类属性计算未知目标与已知模式之间的属性距离如图 7.13 所示。

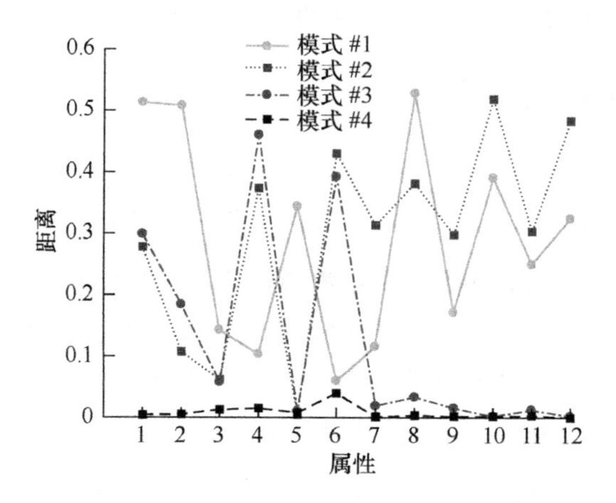

图 7.13　未知目标与已有模式之间的属性距离

由图 7.13 得知，未知目标与已知模式#4 之间的每一类属性距离均为最小值，因此表明模式#4 为识别结果。

进一步用 WA 算子集成这 12 类属性距离，得到目标与四类模式之间的距离分别为

$D(\mathrm{P1},\mathrm{T})=0.2876$， $D(\mathrm{P2},\mathrm{T})=0.2961$， $D(\mathrm{P3},\mathrm{T})=0.1241$， $D(\mathrm{P4},\mathrm{T})=0.0083$。

根据上述结果及最小距离识别准则，可以判定未知目标归属于已有模式#4，符合图 7.13 的推断，也与文献[121, 122]中的识别结果一致，验证了去模糊化距离识别的准确性。

此外，本节计算信任度 DOC 来检验识别效果，未知目标与每类模式之间

的信任度为

DOC #1=0.4514，DOC #2=0.4684，DOC #3=0.4514，DOC #4=0.6830。

通过信任度结果得知，模式#4 的信任度是最大的，进一步验证了去模糊化距离的有效性。

7.5.3　多属性决策算例

本节将去模糊化距离应用于一决策层多属性决策问题中，实验数据为文献[127]中的公开数据。假设 5 个子融合中心 $A_i(i=1,2,3,4,5)$ 用直觉模糊数的样式将识别结果上报给总决策中心，每个子融合中心的识别结果具有三类属性 x_1、x_2 和 x_3，属性权重为 $\boldsymbol{w}=(1/3\ \ 1/3\ \ 1/3)^{\mathrm{T}}$。子融合中心的识别结果如下所示。

$$A_1=\{<x_1, 0.2,0.4>, <x_2, 0.7,0.1>, <x_3, 0.6,0.3>\},$$

$$A_2=\{<x_1, 0.4,0.2>, <x_2, 0.5,0.2>, <x_3, 0.8,0.1>\},$$

$$A_3=\{<x_1, 0.5,0.4>, <x_2, 0.6,0.2>, <x_3, 0.9,0.0>\},$$

$$A_4=\{<x_1, 0.3,0.5>, <x_2, 0.8,0.1>, <x_3, 0.7,0.2>\},$$

$$A_5=\{<x_1, 0.8,0.2>, <x_2, 0.7,0.0>, <x_3, 0.1,0.6>\},$$

总融合决策中心需要判定 5 种识别类中哪一种识别类为最佳识别类，这是一典型的多属性决策场景，为此利用去模糊化距离及 TOPSIS 方法进行决策判定，判定步骤如下。

步骤 1：按属性确定 5 类识别类的正理想解和负理想解，为了更好地对比，直接选取文献[127]]中的理想解：

$$A^{+}=\{\langle x_1,0.8,0.2\rangle,\langle x_2,0.8,0.0\rangle,\langle x_3,0.9,0.0\rangle\},$$

$$A^{-}=\{\langle x_1,0.2,0.5\rangle,\langle x_2,0.5,0.2\rangle,\langle x_3,0.1,0.6\rangle\}。$$

步骤 2：基于去模糊化距离计算 5 类子识别类与正理想解（PIS）和负理想解（NIS）之间的距离，正理想距离和负理想距离分别为

$D(A_1,\mathrm{PIS})=0.1717$，$D(A_2,\mathrm{PIS})=0.1079$，$D(A_3,\mathrm{PIS})=0.0886$，$D(A_4,\mathrm{PIS})=0.1386$，$D(A_5,\mathrm{PIS})=0.1763$；

$D(A_1,\mathrm{NIS})=0.1114$，$D(A_2,\mathrm{NIS})=0.1246$，$D(A_3,\mathrm{NIS})=0.1703$，$D(A_4,\mathrm{NIS})=0.1426$，$D(A_5,\mathrm{NIS})=0.1850$。

步骤 3：按下式计算 5 类子识别类与理想解之间的接近度：

$$R(i)=\frac{D(A_i,\mathrm{NIS})}{D(A_i,\mathrm{NIS})+D(A_i,\mathrm{PIS})} \tag{7.54}$$

得到以下结果：
$R(1)=0.3935$，$R(2)=0.5359$，$R(3)=0.6578$，$R(4)=0.5071$，$R(5)=0.5120$。

步骤 4：按接近度大小对 5 类识别类进行排序得到排序结果：

$$R(3)\succ R(2)\succ R(5)\succ R(4)\succ R(1)\text{。}$$

根据接近度越大，识别结果越优的原则，判定子识别类中第三类识别结果 A_3 为最佳识别类，识别结果与文献[127]中的识别结果一致，再次验证了去模糊化距离识别的有效性和准确性。

7.6 本章小结

本章主要研究直觉模糊型的数据关联方法，在二维和三维条件下分别给出了直觉模糊数的几何表示，重点是将其几何表示划分为支持区（I）、拒绝区（II）、冲突区（III）和犹豫区（IV）四个区域，通过四个区域可以清晰得知直觉模糊数的模糊性、不确定性和信息量。在几何划分的基础上，本节进一步分析了现有直觉模糊距离的反直觉性，提出了去模糊化距离测度，其兼具直觉模糊数之间的几何接近度和自身携带的模糊性。去模糊化的过程类似于特征提取的过程，通过定义直觉模糊数与特征点之间的四类特征距离形成四元组，该四元组为直觉模糊数的一一映射，自身并无模糊性但又能描述模糊性，正是由于其此特性才实现了直觉模糊数的去模糊化过程。利用四元组之间的距离表示直觉模糊数之间的距离，并在距离集成时，结合接近度和数值变化趋势进行综合集成得到去模糊化距离。最后，结合数值算例、目标识别算例和多属性决策算例，验证了去模糊化距离具有损失小、精度高、易于理解、合乎直觉的优点。

第 8 章

犹豫模糊型数据关联中的加权综合相关系数法

8.1 引言

犹豫模糊集作为近年来发展起来的一种新的模糊集样式，相比其他模糊集样式，更能够模拟决策者在决策时的犹豫不定，体现决策者对客观世界的认知和思维。作为不确定数据描述的一个重要方向，尽管犹豫模糊集发展至今不足十年，但是由于其对客观事物描述的优越性，引起了国内外学者的极大兴趣，并涌现出可观的研究成果。2016 年 10 月 31 日，由中科院科技战略咨询研究院、文献情报中心和 Clarivate Analytics 公司联合向全球发布的《2016 研究前沿》报告，反映了当前自然科学与社会科学的 10 个大学科领域的 180 个研究前沿，其中在数学、计算机科学与工程领域 TOP10 热点前沿中，排名第一的是“犹豫模糊集理论及其在决策中的应用”。*Information Fusion* 2017 年也专门出版专刊 *Hesitant Fuzzy Information for Information Fusion in Decision Making*，详细论述了犹豫模糊集在决策层融合中的地位和应用[128]。在模糊集领域，犹豫模糊集与直觉模糊集及多粒度语言描述等不确定信息表示方法有着紧密联系，起到一个桥梁的作用。而犹豫模糊型数据（广义上指犹豫模糊集，狭义上指犹豫模糊数）的度量与直觉模糊型数据不同，主要原因在于其隶属度函数具有一系列可能取值，数据关联过程中往往会遇到犹豫模糊隶属度个数不相等的问题，此问题在犹豫模糊集的相关分析和距离测度计算中都存在。为此，本章和第 9 章分别基于犹豫模糊相关分析和距离测度研究犹豫模糊型数据的关联方法。

相关可以度量变量之间的线性变化关系，在属性决策、模式识别、聚类分析、特征提取等领域得到了应用[129-133]，尤其是在无量纲条件下能够很好地度量数据间的变化趋势。而对于犹豫模糊集相关的研究，许多现有文献提出了犹豫模糊集相关系数的各种定义，但是这些定义或多或少存在不足，一方面要求对应犹豫模糊数中的隶属度个数相等，且相关系数取值位于区间[0, 1]上，另一方面改进的相关系数仅为一种均值相关系数。要求隶属度个数相等是一个极大的限制条件，如果不相等则需要进行延拓补值，无意引入了人为误差，取值位于区间[0, 1]上仅仅为一种正相关，不符合统计学和随机过程等对相关系数的数学定义；均值相关系数是相关系数的整体性关系描述，仅仅为单特征方面的相关，会增大度量误差。

本章综合考虑了犹豫模糊数隶属度的整体性、分布和长度三个因素，分别定义了均值、方差和长度率三个基本的相关系数，在此基础上集成得到犹豫模糊数的综合相关系数，克服了现有犹豫模糊相关系数的缺点。其次，在综合相关系数基础上，分析了传统 TOPSIS 方法不能处理相关系数中负相关的局限性，通过定义决策因子和接近度提出了改进型 TOPSIS 方法。

8.2 现有犹豫模糊集相关系数的局限性

2.4.6 节介绍了现有的犹豫模糊集相关系数，发现其大多数是基于文献[40]中的相关系数和文献[41]中的相关系数研究的。文献[40]中的相关系数，其主要缺点在于要求对应犹豫模糊数中的隶属度个数相等，不具备普适性，另外其相关系数位于区间[0, 1]上，与传统意义上的相关系数在区间[−1, 1]上不相符，[−1, 1]上的相关系数能够表示数据间的正相关与负相关，而文献[40]中的相关系数仅能表示正相关。文献[41]中的相关系数不需要隶属度个数相等，且位于区间[−1, 1]上，是文献[40]中的相关系数的改进，更具有一般性，尽管文献[41]声称其相关系数度量更优，尤其在处理犹豫模糊数隶属度个数不相等的情况，但是其相关系数也存在局限性。本质上，文献[41]中的相关系数仅仅为一种均值相关系数，即如果对应犹豫模糊数的均值相等，无论其中的隶属大小、个数如何变化，其计算结果均相同，显然这是不合理的，下面结合例 8.1 具体说明。

例 8.1 记 $X=\{x_1,x_2,x_3\}$ 上的犹豫模糊集 A 、 B 和 C 分别为

$$A=\{\langle x_1,\{0.3,0.5\}\rangle, \langle x_2,\{0.3,0.6,0.9\}\rangle, \langle x_3,\{0.1,0.2,0.8,0.9\}\rangle\},$$

$$B=\{\langle x_1,\{0.1,0.7\}\rangle, \langle x_2,\{0.2,0.7,0.9\}\rangle, \langle x_3,\{0.3,0.5,0.7\}\rangle\},$$

$$C=\{\langle x_1,\{0.2,0.3,0.7\}\rangle, \langle x_2,\{0.5,0.7\}\rangle, \langle x_3,\{0.4,0.5,0.6\}\rangle\}。$$

现利用文献[41]中的方法计算 A、B 和 C 之间的相关系数，具体计算步骤为：

（1）计算 A、B 和 C 中各犹豫模糊数的均值为 $\overline{h}_A(x)=\overline{h}_B(x)=\overline{h}_C(x)=\{0.4,0.6,0.5\}$，

则犹豫模糊集 A、B 和 C 的均值为 $\overline{A}=\overline{B}=\overline{C}=0.5$；

（2）计算犹豫模糊集 A、B 和 C 的方差为 $\mathrm{Var}(A)=\mathrm{Var}(B)=\mathrm{Var}(C)=\dfrac{0.02}{3}$，犹豫模糊集 A、B 和 C 之间的相关为 $C(A,B)=C(A,C)=C(B,C)=\dfrac{0.02}{3}$；

（3）则 A 和 B，A 和 C，B 和 C 之间的相关系数为 $\rho(A,B)=\rho(A,C)=\rho(B,C)=1$。

显然，上述结果是不合理的，A、B 和 C 是完全不同的，并且也没有线性关系，因此它们之间的相关系数不应该为 1，此时文献[41]中的方法失效，其主要原因在于两点：

（1）忽略了犹豫模糊数中隶属度的具体分布情况，仅仅利用犹豫模糊数的均值构造了一个由各均值组成隶属度的新犹豫模糊数，利用这个新的犹豫模糊数之间的相关系数取代初始犹豫模糊数之间的相关系数，因此，此相关系数仅仅为一种宏观上的均值相关系数。只要对应的犹豫模糊数的均值相等，无论其中的隶属为何，其计算结果均相同，这类似于{0.5}与{0.1, 0.2, 0.3, 0.4, 0.5, 0.6, 0.7, 0.8, 0.9}之间是完全相关的，显然这样计算的相关系数是错误的。

（2）尽管释放了犹豫模糊数中隶属度个数相等的条件，但是隶属度个数也是相关计算中不容忽视的因素。直觉上，即使犹豫模糊数中的隶属度均值和分布相同，如果其隶属个数不一致，则对应的相关系数也不应该相等，因此在相关系数定义时，不能忽略犹豫模糊数中隶属度个数的因素。

因此，基于上述分析，本章试图改进现有犹豫模糊相关系数的不足，综合考虑犹豫模糊集中犹豫模糊数的整体性、分布和长度因素，定义一种新的犹豫模糊集相关系数，使得改进的相关系数位于区间[−1, 1]上，并且不需要隶属度个数相等，仅把隶属度个数作为一个重要特征，避免了主观延拓引入的误差。

8.3 犹豫模糊集的加权综合相关系数

由8.2节的分析得知，在定义犹豫模糊集新的相关系数时必须考虑对应的犹豫模糊数隶属度的整体性、分布和长度。为此，在文献[41]的基础上，利用犹豫模糊数均值表示其整体性，利用方差表示其分布，利用长度率表示其长度。在犹豫模糊数均值、方差和长度率的基础上定义三类基本相关系数，最后集成三类基本相关系数得到犹豫模糊集综合相关系数[134]。

8.3.1 犹豫模糊集及犹豫模糊数的一些基本定义

为得到犹豫模糊数综合相关系数，首先定义犹豫模糊数和犹豫模糊集的几个新概念。

定义 8.1 记论域 $X=\{x_1,x_2,\cdots,x_n\}$ 上的犹豫模糊数 $h_A(x_i)=\left\{\gamma_{Ai1},\gamma_{Ai2},\cdots,\gamma_{Ail_{Ai}}\right\}$，$i=1,2,\cdots,n$，$l_{Ai}$ 为 $h_A(x_i)$ 中的隶属度个数，则犹豫模糊数 $h_A(x_i)$ 的方差定义为

$$\mathrm{Var}(h_A(x_i))=\frac{1}{l_{Ai}}\sum_{k=1}^{l_{Ai}}\left[\gamma_{Aik}-\overline{h}_A(x_i)\right]^2,\ i=1,2,\cdots,n \tag{8.1}$$

式（8.1）中，$\overline{h}_A(x_i)$ 为犹豫模糊数 $h_A(x_i)$ 的均值

$$\overline{h}_A(x_i)=\frac{1}{l_{Ai}}\sum_{k=1}^{l_{Ai}}\gamma_{Aik},\ i=1,2,\cdots,n,k=1,2,\cdots,l_{Ai} \tag{8.2}$$

定义 8.2 记论域 $X=\{x_1,x_2,\cdots,x_n\}$ 上的犹豫模糊数 $h_A(x_i)=\left\{\gamma_{Ai1},\gamma_{Ai2},\cdots,\gamma_{Ail_{Ai}}\right\}$，$i=1,2,\cdots,n$，$l_{Ai}$ 为 $h_A(x_i)$ 中的隶属度个数，则犹豫模糊数 $h_A(x_i)$ 的长度率定义为

$$u(h_A(x_i))=1-\frac{1}{l_{Ai}} \tag{8.3}$$

满足 $0\leqslant u(h_A(x_i))\leqslant 1$，当 $l(h_A(x_i))=1$ 时，$u(h_A(x_i))=0$，表示此时犹豫模糊数中的隶属度个数最小，如果 $l(h_A(x_i))$ 趋向无穷，则 $u(h_A(x_i))=1$ 表示犹豫模糊数中的隶属度个数最大。现有文献[135-137]中，也有称 $u(h_A(x_i))$ 为犹豫度，但是本章称其为长度率，因为方差 $\mathrm{Var}(h_A(x_i))$ 更适合描述犹豫模糊数的犹豫特性。

定义 8.3　记论域 $X=\{x_1,x_2,\cdots,x_n\}$ 上的犹豫模糊集 $A=\{\langle x_i,h_A(x_i)\rangle \mid x_i\in X\}$，$i=1,2,\cdots,n$，其中犹豫模糊数 $h_A(x_i)=\{\gamma_{Ai1},\gamma_{Ai2},\cdots,\gamma_{Ail_{Ai}}\}$，则 A 的长度率定义为

$$u(A)=\frac{1}{n}\cdot\sum_{i=1}^{n}u(h_A(x_i)) \tag{8.4}$$

8.3.2　犹豫模糊集的三种基本相关系数

基于 8.3.1 节定义的犹豫模糊集和犹豫模糊数的统计概念，本小节定义三种犹豫模糊集基本相关系数。

1．均值相关系数

定义 8.4　记论域 $X=\{x_1,x_2,\cdots,x_n\}$ 上的犹豫模糊集 $A=\{\langle x_i,h_A(x_i)\rangle \mid x_i\in X,$ $i=1,2,\cdots,n\}$，$B=\{\langle x_i,h_B(x_i)\rangle \mid x_i\in X,i=1,2,\cdots,n\}$，其中，$h_A(x_i)=\{\gamma_{Ai1},\gamma_{Ai2},\cdots,$ $\gamma_{Ail_{Ai}}\}$，$h_B(x_i)=\{\gamma_{Bi1},\gamma_{Bi2},\cdots,\gamma_{Bil_{Bi}}\}$，$i=1,2,\cdots,n$，则犹豫模糊集 A 和 B 之间的均值相关系数定义为

$$\begin{aligned}C_{\mathrm{M}}(A,B)&=\frac{1}{n}\sum_{i=1}^{n}\left[\overline{h}_A(x_i)-\overline{A}\right]\cdot\left[\overline{h}_B(x_i)-\overline{B}\right]\\&=\frac{1}{n}\sum_{i=1}^{n}\left[\overline{h}_A(x_i)-\frac{1}{n}\sum_{i=1}^{n}\overline{h}_A(x_i)\right]\cdot\left[\overline{h}_B(x_i)-\frac{1}{n}\sum_{i=1}^{n}\overline{h}_B(x_i)\right]\end{aligned} \tag{8.5}$$

式（8.5）中，$\overline{h}_A(x_i)$ 和 $\overline{h}_B(x_i)$ 分别为犹豫模糊数 $h_A(x_i)$ 和 $h_B(x_i)$ 的均值，

$$\overline{h}_A(x_i)=\frac{1}{l_{Ai}}\sum_{k=1}^{l_{Ai}}\gamma_{Aik},\qquad \overline{h}_B(x_i)=\frac{1}{l_{Bi}}\sum_{k=1}^{l_{Bi}}\gamma_{Bik},i=1,2,\cdots,n \tag{8.6}$$

在相关基础上根据相关系数定义原则，定义犹豫模糊集 A 和 B 之间的均值相关系数为

$$\begin{aligned}\rho_{\mathrm{M}}(A,B)&=\frac{C_{\mathrm{M}}(A,B)}{\left[C_{\mathrm{M}}(A,A)\right]^{\frac{1}{2}}\cdot\left[C_{\mathrm{M}}(B,B)\right]^{\frac{1}{2}}}\\&=\frac{\sum_{i=1}^{n}\left[\overline{h}_A(x_i)-\frac{1}{n}\sum_{i=1}^{n}\overline{h}_A(x_i)\right]\cdot\left[\overline{h}_B(x_i)-\frac{1}{n}\sum_{i=1}^{n}\overline{h}_B(x_i)\right]}{\left\{\sum_{i=1}^{n}\left[\overline{h}_A(x_i)-\frac{1}{n}\sum_{i=1}^{n}\overline{h}_A(x_i)\right]^2\cdot\sum_{i=1}^{n}\left[\overline{h}_B(x_i)-\frac{1}{n}\sum_{i=1}^{n}\overline{h}_B(x_i)\right]^2\right\}^{\frac{1}{2}}}\end{aligned} \tag{8.7}$$

注：均值相关系数与文献[41]定义的相关系数是一致的。

2. 方差相关系数

定义 8.5 记论域 $X=\{x_1,x_2,\cdots,x_n\}$ 上的犹豫模糊集 $A=\left\{\left\langle x_i,h_A(x_i)\right\rangle \mid x_i\in X,i=1,2,\cdots,n\right\}$，$B=\left\{\left\langle x_i,h_B(x_i)\right\rangle \mid x_i\in X,i=1,2,\cdots,n\right\}$，其中，$h_A(x_i)=\left\{\gamma_{Ai1},\gamma_{Ai2},\cdots,\gamma_{Ail_{Ai}}\right\}$，$h_B(x_i)=\left\{\gamma_{Bi1},\gamma_{Bi2},\cdots,\gamma_{Bil_{Bi}}\right\}$，$i=1,2,\cdots,n$，则犹豫模糊数 $h_A(x_i)$ 方差的均值定义为

$$\overline{A}_{\mathrm{V}}=E(\mathrm{Var}(h_A(x_i)))=\frac{1}{n}\sum_{i=1}^{n}\mathrm{Var}(h_A(x_i))=\frac{1}{n}\sum_{i=1}^{n}\left(\frac{1}{l_{Ai}}\sum_{k=1}^{l_{Ai}}\left[\gamma_{Aik}-\overline{h}_A(x_i)\right]^2\right) \tag{8.8}$$

犹豫模糊数 $h_A(x_i)$ 方差的相关定义为

$$\begin{aligned}\mathrm{Var}(\mathrm{Var}(h_A(x_i)))&=\frac{1}{n}\sum_{i=1}^{n}\left[\mathrm{Var}(h_A(x_i))-\overline{A}_{\mathrm{V}}\right]^2\\&=\frac{1}{n}\sum_{i=1}^{n}\left[\mathrm{Var}(h_A(x_i))-\frac{1}{n}\sum_{i=1}^{n}\left(\frac{1}{l_{Ai}}\sum_{k=1}^{l_{Ai}}\left[\gamma_{Aik}-\overline{h}_A(x_i)\right]^2\right)\right]^2\end{aligned} \tag{8.9}$$

在犹豫模糊数方差的均值和相关基础上，犹豫模糊集 A 和 B 之间的方差相关定义为

$$C_{\mathrm{V}}(A,B)=\frac{1}{n}\sum_{i=1}^{n}\left[\mathrm{Var}(h_A(x_i))-\overline{A}_{\mathrm{V}}\right]\cdot\left[\mathrm{Var}(h_B(x_i))-\overline{B}_{\mathrm{V}}\right] \tag{8.10}$$

在方差相关基础上，定义犹豫模糊集 A 和 B 之间的方差相关系数为

$$\rho_{\mathrm{V}}(A,B)=\frac{C_{\mathrm{V}}(A,B)}{\left[C_{\mathrm{V}}(A,A)\right]^{\frac{1}{2}}\cdot\left[C_{\mathrm{V}}(B,B)\right]^{\frac{1}{2}}} \tag{8.11}$$

3. 长度率相关系数

定义 8.6 记论域 $X=\{x_1,x_2,\cdots,x_n\}$ 上的犹豫模糊集 $A=\left\{\left\langle x_i,h_A(x_i)\right\rangle \mid x_i\in X,i=1,2,\cdots,n\right\}$，$B=\left\{\left\langle x_i,h_B(x_i)\right\rangle \mid x_i\in X,i=1,2,\cdots,n\right\}$，其中，$h_A(x_i)=\left\{\gamma_{Ai1},\gamma_{Ai2},\cdots,\gamma_{Ail_{Ai}}\right\}$，$h_B(x_i)=\left\{\gamma_{Bi1},\gamma_{Bi2},\cdots,\gamma_{Bil_{Bi}}\right\}$，$i=1,2,\cdots,n$，则犹豫模糊数 $h_A(x_i)$ 长度率的均值定义为

$$\overline{A}_{\mathrm{L}}=E(u(h_A(x_i)))=\frac{1}{n}\sum_{i=1}^{n}u(h_A(x_i))=\frac{1}{n}\sum_{i=1}^{n}\left(1-\frac{1}{l_{Ai}}\right) \tag{8.12}$$

式（8.12）与式（8.4）中犹豫模糊集的长度率一致。

犹豫模糊数 $h_A(x_i)$ 长度率的方差定义为

$$\mathrm{Var}(u(h_A(x_i))) = \frac{1}{n}\sum_{i=1}^{n}\left[u(h_A(x_i)) - \overline{A}_{\mathrm{L}}\right]^2 = \frac{1}{n}\sum_{i=1}^{n}\left[u(h_A(x_i)) - \frac{1}{n}\sum_{i=1}^{n}\left(1-\frac{1}{l_{Ai}}\right)\right]^2 \tag{8.13}$$

在犹豫模糊数长度率的均值和相关基础上，犹豫模糊集 A 和 B 之间的长度率相关定义为

$$C_{\mathrm{L}}(A,B) = \frac{1}{n}\sum_{i=1}^{n}\left[u(h_A(x_i)) - \overline{A}_{\mathrm{L}}\right]\cdot\left[u(h_B(x_i)) - \overline{B}_{\mathrm{L}}\right] \tag{8.14}$$

在长度率相关基础上，定义犹豫模糊集 A 和 B 之间的长度率相关系数为

$$\rho_{\mathrm{L}}(A,B) = \frac{C_{\mathrm{L}}(A,B)}{\left[C_{\mathrm{L}}(A,A)\right]^{\frac{1}{2}}\cdot\left[C_{\mathrm{L}}(B,B)\right]^{\frac{1}{2}}} \tag{8.15}$$

犹豫模糊集 A 和 B 之间的相关系数应当满足相关系数定义的三原则：

（1） $\rho(A,B) = \rho(B,A)$；

（2）如果 $A = B$ 则 $\rho(A,B) = 1$；

（3） $-1 \leqslant \rho(A,B) \leqslant 1$。

下面证明定义的三种基本的相关系数满足上述三原则，由于三种相关系数的原理一致，所以仅证明方差相关系数 $\rho_{\mathrm{V}}(A,B)$，其他两种可类似证明。

证明：

原则（1）和（2）显然成立，为此仅需证明原则（3）。

记 $\rho_i = \mathrm{Var}(h_A(x_i)) - \frac{1}{n}\sum_{i=1}^{n}\left(\frac{1}{l_{Ai}}\sum_{k=1}^{l_{Ai}}\left[\gamma_{Aik} - \overline{h}_A(x_i)\right]^2\right)$，$\theta_i = \mathrm{Var}(h_B(x_i)) - \frac{1}{n}\sum_{i=1}^{n}\left(\frac{1}{l_{Bi}}\sum_{k=1}^{l_{Bi}}\left[\gamma_{Bik} - \overline{h}_B(x_i)\right]^2\right)$。

利用 Cauchy–Schwarz 不等式

$$(a_1b_1 + a_2b_2 + \cdots + a_nb_n)^2 \leqslant (a_1^2 + a_2^2 + \cdots + a_n^2)\cdot(b_1^2 + b_2^2 + \cdots + b_n^2)$$

可以得到

$$\left|\sum_{i=1}^{n}\rho_i\cdot\theta_i\right| \leqslant \left(\sum_{i=1}^{n}\rho_i^2\cdot\sum_{i=1}^{n}\theta_i^2\right)^{\frac{1}{2}}$$

即

$$\left|\rho_{\mathrm{V}}(A,B)\right| = \frac{\left|C_{\mathrm{V}}(A,B)\right|}{\left[C_{\mathrm{V}}(A,A)\right]^{\frac{1}{2}}\cdot\left[C_{\mathrm{V}}(B,B)\right]^{\frac{1}{2}}} \leqslant 1,$$

因此 $-1 \leqslant \rho_{\mathrm{V}}(A,B) \leqslant 1$。

证毕。

8.3.3 加权综合相关系数

在犹豫模糊集的均值、方差和长度率相关系数的基础上，集成三类相关系数得到犹豫模糊集 A 和 B 之间综合相关系数为

$$\rho_{\mathrm{MVL}}(A,B) = \alpha \cdot \rho_{\mathrm{M}}(A,B) + \beta \cdot \rho_{\mathrm{V}}(A,B) + \gamma \cdot \rho_{\mathrm{L}}(A,B) \tag{8.16}$$

式（8.16）中，α，β 和 γ 分别为犹豫模糊集的均值、方差和长度率相关系数的权重，满足 $\alpha+\beta+\gamma=1$。

现证明犹豫模糊集综合相关系数满足相关系数的三原则。

证明：

原则（1）显然成立，为此仅需证明原则（2）和（3）。

原则（2）的证明，如果 $A=B$，则根据相关系数的含义得知 A 和 B 之间的三类相关系数 $\rho_{\mathrm{M}}(A,B)=1$，$\rho_{\mathrm{V}}(A,B)=1$，$\rho_{\mathrm{L}}(A,B)=1$，则 $\rho_{\mathrm{MVL}}(A,B)=\alpha+\beta+\gamma=1$。

原则（3）的证明，基于三类基本相关系数的证明得知，

$$-1 \leqslant \rho_{\mathrm{M}}(A,B) \leqslant 1,\quad -1 \leqslant \rho_{\mathrm{V}}(A,B) \leqslant 1,\quad -1 \leqslant \rho_{\mathrm{L}}(A,B) \leqslant 1,$$

而权重 $\alpha \geqslant 0$，$\beta \geqslant 0$，$\gamma \geqslant 0$，

则有 $-\alpha \leqslant \alpha \cdot \rho_{\mathrm{M}}(A,B) \leqslant \alpha$，$-\beta \leqslant \beta \cdot \rho_{\mathrm{V}}(A,B) \leqslant \beta$，$-\gamma \leqslant \gamma \cdot \rho_{\mathrm{L}}(A,B) \leqslant \gamma$，

累加得到

$$-(\alpha+\beta+\gamma) \leqslant \alpha \cdot \rho_{\mathrm{M}}(A,B)+\beta \cdot \rho_{\mathrm{V}}(A,B)+\gamma \cdot \rho_{\mathrm{L}}(A,B) \leqslant \alpha+\beta+\gamma,$$

即 $-1 \leqslant \rho_{\mathrm{MVL}}(A,B) \leqslant 1$。

证毕。

注意到，在综合相关系数的推导过程中，未要求对应犹豫模糊数的隶属度个数相等，因此释放了隶属度个数相等的条件，并且在计算三类基本相关系数时，均采用去均值处理，因此得到的相关系数均位于区间[−1, 1]上，保证了集成的综合相关系数也位于区间[−1, 1]上，实现了对犹豫模糊集综合相关系数定义的初衷。

可以利用线性规划的方法确定三种基本相关系数的权重。当目标函数取综合相关系数最小值时（Model 1），可以得到最优的最小权重。反之，当目标函数取综合相关系数最大值时（Model 2），可以得到最优的最大权重，规划模型

设计如下

$$\min\{\rho_{\mathrm{MVL}}(A,B)\}(\text{Model 1})\ \text{or}\ \max\{\rho_{\mathrm{MVL}}(A,B)\}(\text{Model 2})$$
$$\text{s.t.}\begin{cases}0\leqslant\alpha\cdot\rho_{\mathrm{M}}(A,B)+\beta\cdot\rho_{\mathrm{V}}(A,B)+\gamma\cdot\rho_{\mathrm{L}}(A,B)\leqslant 1\\ \alpha+\beta+\gamma=1\\ 0\leqslant\alpha\leqslant 1\\ 0\leqslant\beta\leqslant 1\\ 0\leqslant\gamma\leqslant 1\end{cases}\tag{8.17}$$

通过上述规划模型可以得到最小权重和最大权重，当权重从最小权重变化到最大权重时，综合相关系数由最小值变化到最大值。

实际上，基本相关系数的权重经常由已有信息或者决策者的偏好决定。例如，决策者如果认为需要更多地关注犹豫模糊集的整体性，则应该增加均值相关系数的权重。

通过犹豫模糊集的综合相关系数得知，其将犹豫模糊集的三个特征：均值、方差和长度率考虑在内，比任一基本相关系数要全面。尤其在处理三种特征过程中如果有一种或者两种相等时，利用剩下的相关系数可以将数据区分开，克服了依靠单特征定义相关系数的缺点。如果任一特征的权重为 0，则犹豫模糊集综合相关系数有三种特殊形式：均值—方差相关系数，均值—长度率相关系数，方差—长度率相关系数。利用构造的犹豫模糊集综合相关系数重新计算例 8.1 中的数据，得到下述结果。

由于 A，B 和 C 之间的均值相关系数相等，则此时其差异主要取决于方差和长度率相关系数，计算过程中，假设三类相关系数的权重均为 1/3，根据基本相关系数集成，得到 A 和 B， A 和 C， B 和 C 之间的综合相关系数为 $\rho(A,B)=0.9446,\rho(A,C)=-0.0183,\rho(B,C)=-0.1663$。

由上述计算结果得知，利用犹豫模糊集综合相关系数的计算结果与文献[41]中的结果不同，尽管利用均值相关系数的计算结果均为 1，不能很好地区分数据，但依靠方差和长度率相关系数的区分度，综合相关系数则能够克服文献[41]的缺点，将数据区分开，得到令人信服的计算结果。

犹豫模糊集综合相关系数的构造流程如图 8.1 所示。

实际中，论域 $X=\{x_1,x_2,\cdots,x_n\}$ 往往携带不同的权重，记论域 X 的权重为 $\boldsymbol{w}=(w_1\ w_2\ \cdots\ w_n)^{\mathrm{T}}$，$\sum_{i=1}^{n}w_i=1$，$i=1,2,\cdots,n$，分别将三种基本的犹豫模糊集相关系数拓展为加权样式。

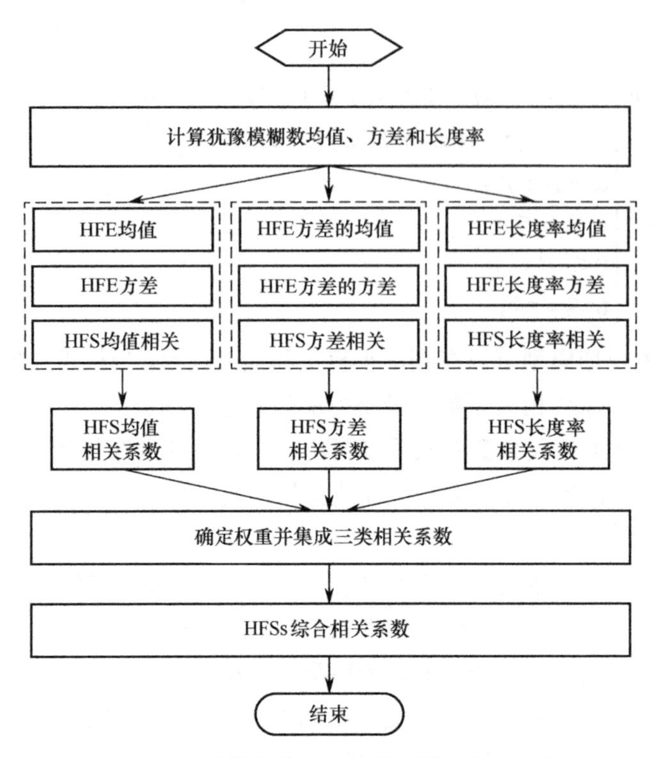

图 8.1 犹豫模糊集综合相关系数的构造流程

注：文献[41]中的加权相关系数反直觉，不满足准则：如果论域 X 的权重为 $\boldsymbol{w}=(\frac{1}{n}\frac{1}{n}\cdots\frac{1}{n})^{\mathrm{T}}$，则加权相关系数退化为普通的相关系数。主要原因在于其定义的加权均值、方差和相关都不满足这一准则，因而导致其加权相关系数反直觉。

本节依据上述准则定义加权相关系数，因此仅需要将之前定义的普通相关系数中的参数 $1/n$ 替换为权重 w_i 则得到加权相关系数，则三种基本的相关系数的加权表示方法分别为

加权均值相关系数：

$$\rho_{w\mathrm{M}}(A,B)=\frac{\sum_{i=1}^{n}w_i\cdot\left[\bar{h}_A(x_i)-\sum_{i=1}^{n}w_i\cdot\bar{h}_A(x_i)\right]\cdot\left[\bar{h}_B(x_i)-\sum_{i=1}^{n}w_i\cdot\bar{h}_B(x_i)\right]}{\left\{\sum_{i=1}^{n}w_i\cdot\left[\bar{h}_A(x_i)-\sum_{i=1}^{n}w_i\cdot\bar{h}_A(x_i)\right]^2\cdot\sum_{i=1}^{n}w_i\cdot\left[\bar{h}_B(x_i)-\sum_{i=1}^{n}w_i\cdot\bar{h}_B(x_i)\right]^2\right\}^{\frac{1}{2}}} \tag{8.18}$$

加权方差相关系数：

$$\rho_{wV}(A,B)=$$

$$\frac{\sum_{i=1}^{n}w_i\cdot\left[\mathrm{Var}(h_A(x_i))-\sum_{i=1}^{n}w_i\cdot\left(\frac{1}{l_{Ai}}\sum_{k=1}^{l_{Ai}}\left[\gamma_{Aik}-\bar{h}_A(x_i)\right]^2\right)\right]\cdot\left[\mathrm{Var}(h_B(x_i))-\sum_{i=1}^{n}w_i\cdot\left(\frac{1}{l_{Bi}}\sum_{k=1}^{l_{Bi}}\left[\gamma_{Bik}-\bar{h}_B(x_i)\right]^2\right)\right]}{\left\{\sum_{i=1}^{n}w_i\cdot\left[\mathrm{Var}(h_A(x_i))-\sum_{i=1}^{n}w_i\cdot\left(\frac{1}{l_{Ai}}\sum_{k=1}^{l_{Ai}}\left[\gamma_{Aik}-\bar{h}_A(x_i)\right]^2\right)\right]^2\cdot\sum_{i=1}^{n}w_i\cdot\left[\mathrm{Var}(h_B(x_i))-\sum_{i=1}^{n}w_i\cdot\left(\frac{1}{l_{Bi}}\sum_{k=1}^{l_{Bi}}\left[\gamma_{Bik}-\bar{h}_B(x_i)\right]^2\right)\right]^2\right\}^{\frac{1}{2}}} \tag{8.19}$$

加权长度率相关系数：

$$\rho_{wL}(A,B)=$$

$$\frac{\sum_{i=1}^{n}w_i\cdot\left[u(h_A(x_i))-\sum_{i=1}^{n}w_i\cdot\left(1-\frac{1}{l_{Ai}}\right)\right]\cdot\left[u(h_B(x_i))-\sum_{i=1}^{n}w_i\cdot\left(1-\frac{1}{l_{Bi}}\right)\right]}{\left\{\sum_{i=1}^{n}w_i\cdot\left[u(h_A(x_i))-\sum_{i=1}^{n}w_i\cdot\left(1-\frac{1}{l_{Ai}}\right)\right]^2\cdot\sum_{i=1}^{n}w_i\cdot\left[u(h_B(x_i))-\sum_{i=1}^{n}w_i\cdot\left(1-\frac{1}{l_{Bi}}\right)\right]^2\right\}^{\frac{1}{2}}} \tag{8.20}$$

注意，上述加权相关系数中的权重 w_i 并未像普通相关系数中的权重 $1/n$ 一样可以约简掉。

基于加权均值、加权方差和加权长度率相关系数，集成得到犹豫模糊集的加权综合相关系数为

$$\rho_{wMVL}(A,B)=\alpha_w\cdot\rho_{wM}(A,B)+\beta_w\cdot\rho_{wV}(A,B)+\gamma_w\cdot\rho_{wL}(A,B) \tag{8.21}$$

式（8.21）中 α_w， β_w 和 γ_w 分别为加权均值、加权方差和加权长度率相关系数的权重，满足 $\alpha_w+\beta_w+\gamma_w=1$。

8.4　基于犹豫模糊加权综合相关系数的数据关联

本节以犹豫模糊环境下的多属性决策为应用背景，重点讨论在数据关联过程中，基于犹豫模糊综合相关系数的改进型 TOPSIS 决策方法，首先了解经典的 TOPSIS 方法。

8.4.1　经典 TOPSIS 方法

假设一多属性决策问题，具有 m 类决策方案 $A_i(i=1,2,\cdots,m)$，每类方案具有 n 种特征属性 $C_j(j=1,2,\cdots,n)$，记方案 A_i 在属性 C_j 上的取值为 x_{ij}，则所有

方案的属性信息可以用一决策矩阵 $\boldsymbol{X}=(x_{ij})_{m\times n}$ 来描述。令属性权重为 $\boldsymbol{w}=\left(w_1\ w_2\ \cdots\ w_n\right)^{\mathrm{T}}$，满足 $0\leqslant w_j\leqslant 1$，$\sum_{j=1}^{n}w_j=1$，则 TOPSIS 决策步骤如下。

步骤 1：按下式的规范化方法，对决策矩阵 $\boldsymbol{X}=(x_{ij})_{m\times n}$ 中的属性值规范化处理得到规范化后的决策矩阵 $\boldsymbol{R}=(r_{ij})_{m\times n}$：

$$r_{ij}=\frac{x_{ij}-\min\limits_{i}x_{ij}}{\max\limits_{i}x_{ij}-\min\limits_{i}x_{ij}},\quad i=1,2,\cdots,m,j=1,2,\cdots,n \tag{8.22}$$

式（8.22）中，r_{ij} 成为规范化数据。

步骤 2：确定正理想解 R^{+} 和负理想解 R^{-}，

$$R^{+}=\{r_1^{+},r_2^{+},\cdots,r_n^{+}\}=\left(\max_{1\leqslant i\leqslant m}\{r_{ij}\}\text{ if }r_{ij}\in\Omega_b,\min_{1\leqslant i\leqslant m}\{r_{ij}\}\text{ if }r_{ij}\in\Omega_c\right) \tag{8.23}$$

$$R^{-}=\{r_1^{-},r_2^{-},\cdots,r_n^{-}\}=\left(\min_{1\leqslant i\leqslant m}\{r_{ij}\}\text{ if }r_{ij}\in\Omega_b,\max_{1\leqslant i\leqslant m}\{r_{ij}\}\text{ if }r_{ij}\in\Omega_c\right) \tag{8.24}$$

式（8.23）和式（8.24）中，Ω_b 和 Ω_c 分别表示效益型属性和成本型属性。

步骤 3：分别计算各方案 $A_i(i=1,2,\cdots,m)$ 与正理想解 PIS 和负理想解 NIS 之间的正、负理想距离 d_i^{+} 和 d_i^{-}

$$d_i^{+}=\sqrt{w_j\cdot\sum_{j=1}^{n}(r_{ij}-r_j^{+})^2},\quad i=1,2,\cdots,m \tag{8.25}$$

$$d_i^{-}=\sqrt{w_j\cdot\sum_{j=1}^{n}(r_{ij}-r_j^{-})^2},\quad i=1,2,\cdots,m \tag{8.26}$$

步骤 4：构造各方案与理想解之间的接近度，按下式计算

$$\eta_i=\frac{d_i^{-}}{d_i^{+}+d_i^{-}},\quad i=1,2,\cdots,m \tag{8.27}$$

步骤 5：对各方案的接近度进行排序，判定接近度大的为最优方案。

8.4.2 犹豫模糊环境下 TOPSIS 方法的局限性

上一节提到传统的 TOPSIS[140]方法是基于决策方案与理想解之间的距离构造接近度进行决策的，而在其基础上拓展的 TOPSIS 方法不仅仅局限于距离等远离型度量，还应包括相似度等接近型度量。如果利用相似度度量，则判定准则转变为最优方案应与正理想解之间的相似度最大，与负理想解之间的相似度最小，构造的接近度应当为下述形式

$$\eta_i = \frac{s_i^+}{s_i^+ + s_i^-},\quad i = 1,2,\cdots,m \tag{8.28}$$

式（8.28）中，s_i^+ 和 s_i^- 分别为方案与正理想解和负理想解之间的相似度。

本质上，相关系数与相似度一致，都度量数据间接近的程度，因此，将基于相似度构造的接近度类比到相关系数领域，则判定准则转变为最优方案应与正理想解之间的相关系数最大，与负理想解之间的相关系数最小，构造的接近度为

$$\eta_i = \frac{\rho_i^+}{\rho_i^+ + \rho_i^-},\quad i = 1,2,\cdots,m \tag{8.29}$$

式（8.29）中，ρ_i^+ 和 ρ_i^- 分别为方案与正理想解和负理想解之间的相关系数。

然而，直接将相似度类比过来的相关系数接近度有时会产生不合理的结果，结合例 8.2 进行说明。

例 8.2　假设计算得到的方案与正理想解和负理想解之间的正、负相关系数分别为

$$\rho^+ = \{0.8, 0.3, 0.2, -0.4\}，\quad \rho^- = \{-0.4, -0.2, -0.6, 0.3\}。$$

直接基于相似度类比计算得到的相关系数接近度为 $\eta = \{2, 3, -0.5, 4\}$。

如果根据上述接近度进行决策，选取接近度最大值对应的方案为最优方案，则决策结果为第 4 类方案。显然决策结果是反直觉的，通过相关系数得知，最优的决策应当为第 1 类方案，具有较大的正理想相关系数和较小的负理想相关系数，而第 4 类方案恰恰相反。另外，通过直接类比的相关系数接近度不再位于区间[0, 1]上，而是在$[-\infty, +\infty]$上，显然与接近度的意义不相符。

上述反直觉的原因在于忽略了相关系数的取值范围，相关系数位于区间[−1, 1]上而不是区间[0, 1]上，而相似度位于区间[0, 1]上，因此直接将基于相似度得到的接近度用于相关系数的决策必然会产生反直觉结果。主要是相关系数中的负相关导致了反直觉的结果，因此在相关系数领域利用 TOPSIS 进行决策判定时，必须构造新的接近度，而不能直接用基于相似度的接近度代替。于是本章结合提出的犹豫模糊相关系数，改进现有的 TOPSIS 决策方法，形成一种新的 TOPSIS 方法，能够处理相关系数等存在负值度量的情况。

8.4.3　基于犹豫模糊加权综合相关系数的改进型 TOPSIS 方法

本节基于所提出的犹豫模糊综合相关系数[141]改进 TOPSIS 方法，主要解

决相关系数中的负相关，构造新的接近度进行决策判定。改进型 TOPSIS 方法的决策规则为最优决策方案与正理想解之间的相关系数最大，与负理想解之间的相关系数最小。基于此原则，改进型 TOPSIS 方法的犹豫模糊多属性决策方法的具体步骤如下。

假设一犹豫模糊多属性决策问题，具有 m 类决策方案 $A_i(i=1,2,\cdots,m)$，每类方案具有 n 种特征属性 $C_j(j=1,2,\cdots,n)$，记方案 A_i 在属性 C_j 上的犹豫模糊型属性值为 $h_{A_i}(C_j)=\left\{\gamma_{A_i1},\gamma_{A_i2},\cdots,\gamma_{A_ik},\cdots,\gamma_{A_il_{ij}}\right\}$，$l_{ij}$ 为 $h_{A_i}(C_j)$ 中的隶属度个数，$\boldsymbol{w}=(w_1\ w_2\ \cdots\ w_n)^{\mathrm{T}}$ 为属性权重，$0\leqslant w_j\leqslant 1$，$\sum\limits_{j=1}^{n}w_j=1$，由于犹豫模糊信息本身就在区间[0, 1]上，因此无须归一化流程，则所有方案的属性信息可以用一决策矩阵 $\boldsymbol{\Gamma}=(h_{A_i}(C_j))_{m\times n}$ 描述，

$$\boldsymbol{\Gamma}=\begin{bmatrix} h_{A_1}(C_1) & h_{A_1}(C_2) & \cdots & h_{A_1}(C_n) \\ h_{A_2}(C_1) & \ddots & \cdots & h_{A_2}(C_n) \\ \vdots & \vdots & h_{A_i}(C_j) & \vdots \\ h_{A_m}(C_1) & h_{A_m}(C_2) & \cdots & h_{A_m}(C_n) \end{bmatrix}_{m\times n} \tag{8.30}$$

步骤 1：确定正理想解 PIS 和负理想解 NIS，形成正、负理想犹豫模糊集

$$\Gamma^{+}=\left\{\left\langle C_j,h_A^{+}(C_j)\right\rangle \mid C_j\in C,j=1,2,\cdots,n\right\} \tag{8.31}$$

$$\Gamma^{-}=\left\{\left\langle C_j,h_A^{-}(C_j)\right\rangle \mid C_j\in C,j=1,2,\cdots,n\right\} \tag{8.32}$$

式（8.31）和式（8.32）中，$h_A^{+}(C_j)$ 和 $h_A^{-}(C_j)$ 分别为正、负理想犹豫模糊数，

$$h_A^{+}(C_j)=\{\gamma_1^{+},\gamma_2^{+},\cdots,\gamma_k^{+},\cdots,\gamma_{l_j^{+}}^{+}\},\gamma_k^{+}=\left(\max_{1\leqslant i\leqslant m}\{\gamma_{A_ik}\}\text{if }\gamma_{A_ik}\in\Omega_b,\min_{1\leqslant i\leqslant m}\{\gamma_{A_ik}\}\text{if }\gamma_{A_ik}\in\Omega_c\right) \tag{8.33}$$

$$h_A^{-}(C_j)=\{\gamma_1^{-},\gamma_2^{-},\cdots,\gamma_k^{-},\cdots,\gamma_{l_j^{-}}^{-}\},\gamma_k^{-}=\left(\min_{1\leqslant i\leqslant m}\{\gamma_{A_ik}\}\text{if }\gamma_{A_ik}\in\Omega_b,\max_{1\leqslant i\leqslant m}\{\gamma_{A_ik}\}\text{if }\gamma_{A_ik}\in\Omega_c\right) \tag{8.34}$$

式（8.33）和式（8.34）中，Ω_b 和 Ω_c 分别对应效益型和成本型属性，l_j^{+} 和 l_j^{-} 分别为正、负理想犹豫模糊数中的隶属度个数，由于综合相关系数的优越性，$l_j^{+}\neq l_j^{-}$ 是允许的。

步骤 2：计算各犹豫模糊方案 $A_i(i=1,2,\cdots,m)$ 与正理想解 PIS 和负理想解 NIS 之间的综合关联系数 $A_i(i=1,2,\cdots,m)$ 分别为

$$\rho_i^+(A_i,\Gamma^+)=\alpha_{w\mathrm{MVH}}\cdot\rho_{w\mathrm{M}}(A_i,\Gamma^+)+\beta_{w\mathrm{MVH}}\cdot\rho_{w\mathrm{V}}(A_i,\Gamma^+)+\gamma_{w\mathrm{MVH}}\cdot\rho_{w\mathrm{L}}(A_i,\Gamma^+) \tag{8.35}$$

$$\rho_i^-(A_i,\Gamma^-)=\alpha_{w\mathrm{MVH}}\cdot\rho_{w\mathrm{M}}(A_i,\Gamma^-)+\beta_{w\mathrm{MVH}}\cdot\rho_{w\mathrm{V}}(A_i,\Gamma^-)+\gamma_{w\mathrm{MVH}}\cdot\rho_{w\mathrm{L}}(A_i,\Gamma^-) \tag{8.36}$$

式（8.33）和式（8.34）中，$\alpha_{w\mathrm{MVH}}$，$\beta_{w\mathrm{MVH}}$和$\gamma_{w\mathrm{MVH}}$分别为加权均值、加权方差和加权长度率相关系数的权重，满足$\alpha_{w\mathrm{MVH}}+\beta_{w\mathrm{MVH}}+\gamma_{w\mathrm{MVH}}=1$。$\rho_{w\mathrm{M}}(A_i,\Gamma^+)$，$\rho_{w\mathrm{V}}(A_i,\Gamma^+)$，$\rho_{w\mathrm{L}}(A_i,\Gamma^+)$，$\rho_{w\mathrm{M}}(A_i,\Gamma^-)$，$\rho_{w\mathrm{V}}(A_i,\Gamma^-)$，$\rho_{w\mathrm{L}}(A_i,\Gamma^-)$分别为对应的犹豫模糊加权均值、加权方差和加权长度率相关系数。

步骤 3：分别计算各方案与正理想解和负理想解之间最大和最小综合相关系数

$$\rho_{\max}^+=\max_{1\leqslant i\leqslant m}\left\{\rho_i^+(A_i,\Gamma^+)\right\} \tag{8.37}$$

$$\rho_{\min}^+=\min_{1\leqslant i\leqslant m}\left\{\rho_i^+(A_i,\Gamma^+)\right\} \tag{8.38}$$

$$\rho_{\max}^-=\max_{1\leqslant i\leqslant m}\left\{\rho_i^-(A_i,\Gamma^-)\right\} \tag{8.39}$$

$$\rho_{\min}^-=\min_{1\leqslant i\leqslant m}\left\{\rho_i^-(A_i,\Gamma^-)\right\} \tag{8.40}$$

改进型 TOPSIS 方法的创新之处主要在于构造新的接近度，为处理综合相关系数中的负值问题，分别定义正相关系数和负相关系数决策因子，为

$$\varsigma_i^+=\frac{\rho_i^+(A_i,\Gamma^+)-\rho_{\min}^+}{\rho_{\max}^+-\rho_{\min}^+},\quad i=1,2,\cdots,m \tag{8.41}$$

$$\varsigma_i^-=\frac{\rho_i^-(A_i,\Gamma^-)-\rho_{\min}^-}{\rho_{\max}^--\rho_{\min}^-},\quad i=1,2,\cdots,m \tag{8.42}$$

由上述定义得知，正相关系数和负相关系数决策因子均位于区间[0, 1]上，可用于直接构造接近度，其本质类似于归一化的相似度度量，因此称之为相似型正相关系数和负相关系数决策因子。相似型正相关系数决策因子越大决策方案越优，相似型负相关系数决策因子越小决策方案越优，最优方案应为相似型正相关系数决策因子最大，负相关系数决策因子最小的方案，这与基于相关系数的改进型 TOPSIS 构造的原则是一致的。

同样，可以构造另外两种正相关系数和负相关系数决策因子

$$\mu_i^+=\frac{\rho_{\max}^+-\rho_i^+(A_i,\Gamma^+)}{\rho_{\max}^+-\rho_{\min}^+},\quad i=1,2,\cdots,m \tag{8.43}$$

$$\mu_i^- = \frac{\rho_{\max}^- - \rho_i^-(A_i, \Gamma^-)}{\rho_{\max}^- - \rho_{\min}^-}, \quad i = 1, 2, \cdots, m \tag{8.44}$$

上述决策因子也位于区间[0, 1]上，其含义类似于归一化的距离度量，因此称之为距离型正相关系数和负相关系数决策因子，与相似型正相关系数和负相关系数决策因子对应。可知，距离型正相关系数决策因子越小，负相关系数越大，决策方案越优。

步骤 4：在上述四种决策因子，可以直接构造决策方案与理想解之间的接近度，分为相似型和距离型接近度

$$\eta_i = \frac{\varsigma_i^+}{\varsigma_i^+ + \varsigma_i^-}, \quad i = 1, 2, \cdots, m \tag{8.45}$$

$$\delta_i = \frac{\mu_i^-}{\mu_i^+ + \mu_i^-}, \quad i = 1, 2, \cdots, m \tag{8.46}$$

如果将正相关系数和负相关系数决策因子的权重考虑在内，则接近度拓展为加权接近度

$$\eta_i = \frac{\lambda \cdot \varsigma_i^+}{(1-\lambda) \cdot \varsigma_i^+ + \lambda \cdot \varsigma_i^-}, \quad i = 1, 2, \cdots, m \tag{8.47}$$

$$\delta_i = \frac{(1-\upsilon) \cdot \mu_i^-}{\upsilon \cdot \mu_i^+ + (1-\upsilon) \cdot \mu_i^-}, \quad i = 1, 2, \cdots, m \tag{8.48}$$

式（8.47）和式（8.48）中，λ 为相似型正相关系数的权重，$\lambda \in [0,1]$，υ 为距离型正相关系数的权重，$\upsilon \in [0,1]$。

进一步，可以定义另外两种接近度为

$$\xi_i = \lambda \cdot \varsigma^+ + (1-\lambda) \cdot \mu^-, i = 1, 2, \cdots, m \tag{8.49}$$

$$\vartheta_i = 1 - \left(\upsilon \cdot \mu^+ + (1-\upsilon) \cdot \varsigma^-\right), i = 1, 2, \cdots, m \tag{8.50}$$

上述四种接近度均位于区间[0, 1]上，并且满足接近度越大，对应决策方案越优的原则。正是基于上述构造的接近度才使得改进型 TOPSIS 方法能够处理综合相关系数中的负相关。

步骤 5：对接近度进行排序，判定最大接近度对应的决策方案为最优决策方案。

至此，完成了基于犹豫模糊综合相关系数的改进型 TOPSIS 方法的构造。

基于犹豫模糊综合相关系数的改进型 TOPSIS 决策方法如图 8.2 所示。

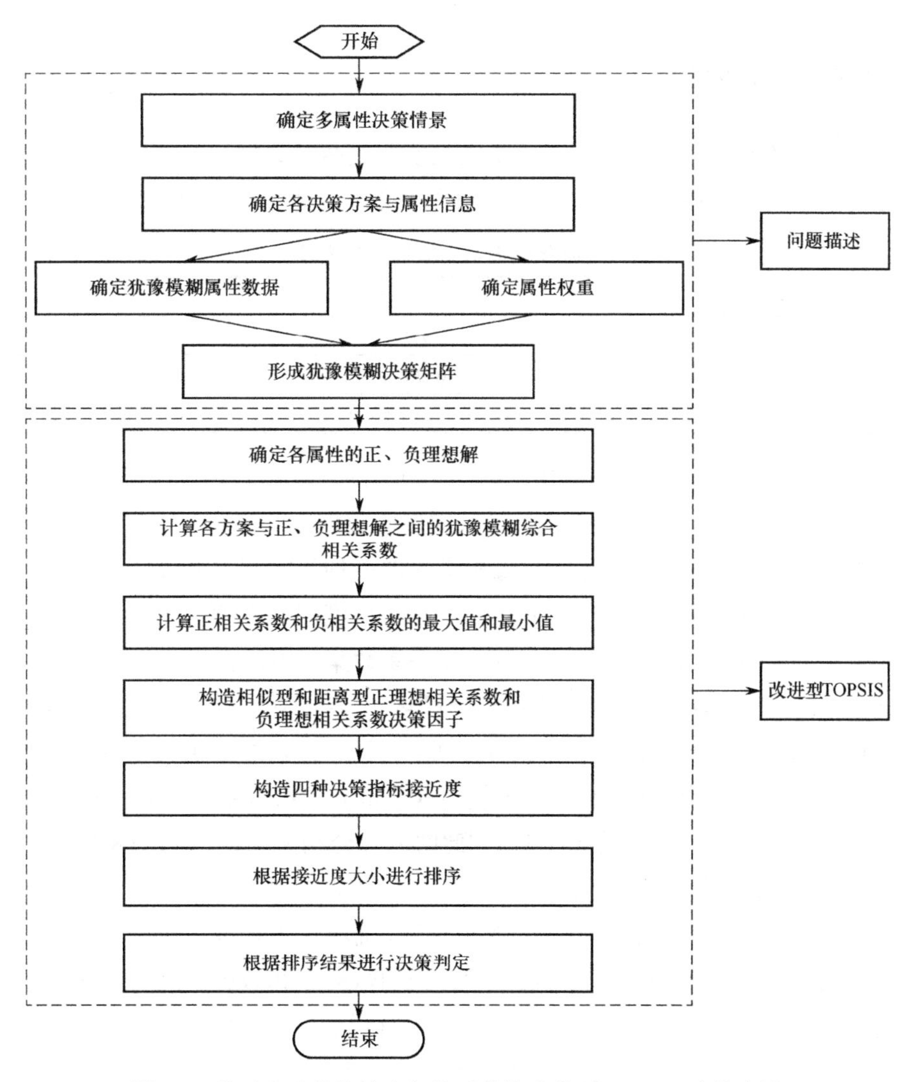

图 8.2　基于犹豫模糊综合相关系数的改进型 TOPSIS 决策方法

8.5　仿真分析

本节就犹豫模糊数据关联中的犹豫模糊综合相关系数和改进型 TOPSIS 方法应用于 4 种仿真环境，进行验证和对比分析，数值仿真主要验证综合相关系数计算的准确性，目标识别和分类算例主要验证其相对单一相关系数的优势，多属性决策算例主要验证所提出的改进型 TOPSIS 方法。

8.5.1 数值仿真

考虑一数据关联问题，电子侦察飞机侦测到两组数据，通过自身的初步决策将数据以犹豫模糊数的样式上报给融合中心，具体数据如表 8.1 所示。

表 8.1 犹豫模糊电子侦察初始决策数据

数据	属性		
	属性 1	属性 2	属性 3
数据 1	{0.2,0.5,0.8}	{0.3,0.7}	{0.1,0.4,0.6,0.7}
数据 2	{0.4,0.7}	{0.2,0.4,0.8,0.9}	{0.3,0.5,0.7}

融合中心的目的是判断两组数据是否源于同一目标，即一数据关联问题，为此利用提出的犹豫模糊综合相关系数实现此数据关联。

首先，根据 8.3.2 节所述的犹豫模糊集的三种基本相关系数计算方法，分别计算数据 1 和数据 2 之间的均值、方差和长度率相关系数分为 0.944 9，−0.950 1 和−0.500 0。其次，根据综合相关系数集成方法，集成三类基本相关系数得到综合相关系数的表达式为 $0.944\,9\alpha-0.9501\beta-0.5\gamma$。优化结果随着三类基本相关系数的变化而变化。根据规划方法，得知综合相关系数最大值为 0.944 9，对应权重为（1 0 0），最小值为−0.950 1，对应权重为（0 1 0）。如果三种基本相关系数的权重均为 1/3，则此时的综合相关系数为−0.168 4。

而文献[41]中计算的相关系数即均值相关系数却很高，因为其仅仅强调了数据间的整体性而忽略了数据的分布和长度。而将三者全部考虑的综合相关系数得到的数据间的相关系数为−0.168 4，说明数据 1 和数据 2 之间并无有效关联，得到的结果比任意一种基本相关系数要有说服力。如果仅仅其中某一种相关系数进行关联判断，仅仅为部分结果，是不合理的。

8.5.2 目标识别算例

考虑一目标识别算例，某传感器量测到一未知目标，目标以三类属性描述：运动特性、电磁特性和方位特性。由于量测的不确定性，初始融合中心的决策数据以犹豫模糊数的样式上报给决策中心，决策中心需根据上报的数据判定此不确定目标归属于已有目标类中的哪一类，为此利用犹豫模糊综合相关系数实现此目标识别问题。其中已知与未知目标的犹豫模糊数据如表 8.2 所示。

表 8.2　已知与未知目标的犹豫模糊数据

目标	属性		
	运动特性	电磁特性	方位特性
未知目标	{0.1,0.3,0.5}	{0.3,0.5}	{0.6,0.7,0.8,0.9}
已知目标 1	{0.3,0.5,0.7}	{0.2,0.4}	{0.1,0.2,0.3,0.4}
已知目标 2	{0.2,0.3,0.4}	{0.1,0.7}	{0.65,0.7,0.8,0.85}
已知目标 3	{0.1,0.2,0.3,0.5}	{0.2,0.4,0.6}	{0.6,0.75,0.9}

为了识别未知目标，首先计算其与已知目标之间的均值、方差和长度率相关系数，在三种基本相关系数的基础上，假设其权重均为 1/3，集成得到综合相关系数，计算结果如表 8.3 所示。

表 8.3　已知与未知目标之间的犹豫模糊综合相关系数

目标	相关系数			
	均值	方差	长度率	综合
已知目标 1	−0.799 8	1.000 0	1.000 0	0.400 1
已知目标 2	1.000 0	−0.612 2	1.000 0	0.462 6
已知目标 3	1.000 0	−0.014 7	0.785 7	0.590 3

通过上述计算结果得知，根据综合相关系数进行决策判定未知目标归属于已知目标 3。上述计算结果也表明，如果单利用某种基本相关系数不能区分识别结果，尤其是当其中的基本相关系数相等时，只能依靠其余相关系数间的差异将目标区分开，而综合相关系数包括了数据的整体性、分布和长度，相比任何单一相关系数要更全面，通过此算例验证了综合相关系数相对单一基本相关系数在分辨力方面的优越性。

8.5.3　目标分类算例

本节将所提出的犹豫模糊综合相关系数应用于一目标分类算例，由于本章的主要内容是综合相关系数的提出，而非分类算法，因此在分类过程中，采用文献[40, 41]中的分类算法实施。

分类算法描述如下。

步骤 1：记论域 $X=\{x_1,x_2,\cdots,x_n\}$ 上的犹豫模糊集 $A_i(i=1,2,\cdots,m)$，利用所提出的犹豫模糊综合相关系数计算各犹豫模糊集之间的相关系数 $\rho_{ij}=\rho(A_i,A_j)$，形成相关系数矩阵 $\boldsymbol{C}=(\rho_{ij})_{m\times m}$。

步骤 2：根据检测原则检测相关系数矩阵 $C=(\rho_{ij})_{m\times m}$ 是否为对等相关系数矩阵，检测原则为判断 $C=(\rho_{ij})_{m\times m}$ 是否满足 $C^2\subseteq C$，其中 $C^2=C\circ C=(\rho'_{ij})_{m\times m}, i,j=1,2,\cdots,m$，$(\rho'_{ij})_{m\times m}=\max\limits_{k}\{\min\{\rho_{ik},\rho_{kj}\}\}$，如果满足则转步骤 3，否则继续按照方法 $C\to C^2\to\cdots\to C^{2^k}\to\cdots$ 构造对等相关系数矩阵 C^{2^k} 直至 $C^{2^k}=C^{2^{k+1}}$。

步骤 3：对于给定的门限 $\lambda\in[0,1]$，构造门限截止矩阵 $C_\lambda=({}_\lambda\rho_{ij})_{m\times m}$ 并基于分类准则对犹豫模糊数据进行分类。

$$ {}_\lambda\rho_{ij}=\begin{cases}0 & ,\rho_{ij}<\lambda,\\ 1 & ,\rho_{ij}\geqslant\lambda,\end{cases}\quad i,j=1,2,\cdots,m \tag{8.51}$$

分类准则：如果门限截止矩阵 C_λ 中的第 i 行或列的所有元素与 C_λ 中对应的第 j 行或列的所有元素相等，则犹豫模糊集 A_i 和 A_j 分为同一类。

分类算例：已知 10 类目标 $A_i(i=1,2,\cdots,10)$，每类目标由 5 类属性，属性权重为 $\boldsymbol{w}=(0.15\ \ 0.3\ \ 0.2\ \ 0.25\ \ 0.1)^{\mathrm{T}}$，目标在各类属性上的数据以犹豫模糊数表示，数据为文献[40, 41]中的公开数据，具体如表 8.4 所示。

表 8.4 具有 5 种属性的 10 类目标犹豫模糊数据

目标	属性 1	属性 2	属性 3	属性 4	属性 5
A_1	{0.3,0.4,0.5}	{0.4,0.5}	{0.8}	{0.5}	{0.2,0.3}
A_2	{0.4,0.6}	{0.6,0.8}	{0.2,0.3}	{0.3,0.4}	{0.6,0.7,0.9}
A_3	{0.5,0.7}	{0.9}	{0.3,0.4}	{0.3}	{0.8,0.9}
A_4	{0.3,0.4,0.5}	{0.8,0.9}	{0.7,0.9}	{0.1,0.2}	{0.9,1.0}
A_5	{0.8,1.0}	{0.8,1.0}	{0.4,0.6}	{0.8}	{0.7,0.8}
A_6	{0.4,0.5,0.6}	{0.2,0.3}	{0.9,1.0}	{0.5}	{0.3,0.4,0.5}
A_7	{0.6}	{0.7,0.9}	{0.8}	{0.3,0.4}	{0.4,0.7}
A_8	{0.9,1.0}	{0.7,0.8}	{0.4,0.5}	{0.5,0.6}	{0.7}
A_9	{0.4,0.6}	{1.0}	{0.6,0.7}	{0.2,0.3}	{0.9,1.0}
A_{10}	{0.9}	{0.6,0.7}	{0.5,0.8}	{1.0}	{0.7,0.8,0.9}

为实现对 10 类目标的分类问题，基于所述分类方法和提出的犹豫模糊综合相关系数对表 8.4 中的犹豫模糊数据进行分类，假设计算犹豫模糊综合相关系数时，其均值、方差和长度率相关系数的权重取 1/3。

步骤 1：首先基于犹豫模糊综合相关系数计算 10 个方案之间的犹豫模糊综合相关系数得到相关系数矩阵为

$$
\boldsymbol{C}=\begin{bmatrix}
1.0000 & 0.1094 & 0.0621 & 0.1126 & 0.0982 & 0.6952 & 0.2003 & -0.3678 & -0.0491 & -0.2026\\
0.1094 & 1.0000 & 0.5411 & -0.0262 & 0.4323 & 0.0836 & 0.4006 & -0.2462 & 0.3601 & -0.1031\\
0.0621 & 0.5411 & 1.0000 & 0.4904 & 0.4844 & -0.0715 & -0.2004 & 0.0858 & 0.8097 & -0.1224\\
0.1126 & -0.0262 & 0.4904 & 1.0000 & 0.1692 & 0.0717 & -0.0875 & 0.1396 & 0.4780 & -0.1691\\
0.0982 & 0.4323 & 0.4844 & 0.1692 & 1.0000 & 0.2058 & -0.2456 & 0.3064 & -0.0452 & 0.4482\\
0.6952 & 0.0836 & -0.0715 & 0.0717 & 0.2058 & 1.0000 & 0.1202 & -0.2876 & -0.2863 & -0.0068\\
0.2003 & 0.4006 & -0.2004 & -0.0875 & -0.2456 & 0.1202 & 1.0000 & -0.3109 & -0.0429 & -0.3790\\
-0.3678 & -0.2462 & 0.0858 & 0.1396 & 0.3064 & -0.2876 & -0.3109 & 1.0000 & 0.0427 & -0.1226\\
-0.0491 & 0.3601 & 0.8097 & 0.4780 & -0.0452 & -0.2863 & -0.0429 & 0.0427 & 1.0000 & -0.4828\\
-0.2026 & -0.1031 & -0.1224 & -0.1691 & 0.4482 & -0.0068 & -0.3790 & -0.1226 & -0.4828 & 1.0000
\end{bmatrix}
$$

步骤 2：判断相关系数矩阵是否为对等相关系数矩阵，发现 $\boldsymbol{C}^2 \not\subset \boldsymbol{C}$，因此 $\boldsymbol{C}$ 不为对等关系矩阵，继续按照方法 $\boldsymbol{C} \to \boldsymbol{C}^2 \to \cdots \to \boldsymbol{C}^{2^k} \to \cdots$ 寻找对等相关系数矩阵，得知

$$
\boldsymbol{C}^8=\boldsymbol{C}^4 \circ \boldsymbol{C}^4=
$$

$$
\begin{bmatrix}
1.0000 & 0.2058 & 0.2058 & 0.2058 & 0.2058 & 0.6952 & 0.2058 & 0.2058 & 0.2058 & 0.2058\\
0.2058 & 1.0000 & 0.5411 & 0.4904 & 0.4844 & 0.2058 & 0.4006 & 0.3064 & 0.5411 & 0.4482\\
0.2058 & 0.5411 & 1.0000 & 0.4904 & 0.4844 & 0.2058 & 0.4006 & 0.3064 & 0.8097 & 0.4482\\
0.2058 & 0.4904 & 0.4904 & 1.0000 & 0.4844 & 0.2058 & 0.4006 & 0.3064 & 0.4904 & 0.4482\\
0.2058 & 0.4844 & 0.4844 & 0.4844 & 1.0000 & 0.2058 & 0.4006 & 0.3064 & 0.4844 & 0.4482\\
0.6952 & 0.2058 & 0.2058 & 0.2058 & 0.2058 & 1.0000 & 0.2058 & 0.2058 & 0.2058 & 0.2058\\
0.2058 & 0.4006 & 0.4006 & 0.4006 & 0.4006 & 0.2058 & 1.0000 & 0.3064 & 0.4006 & 0.4006\\
0.2058 & 0.3064 & 0.3064 & 0.3064 & 0.3064 & 0.2058 & 0.3064 & 1.0000 & 0.3064 & 0.3064\\
0.2058 & 0.5411 & 0.8097 & 0.4904 & 0.4844 & 0.2058 & 0.4006 & 0.3064 & 1.0000 & 0.4482\\
0.2058 & 0.4482 & 0.4482 & 0.4482 & 0.4482 & 0.2058 & 0.4006 & 0.3064 & 0.4482 & 1.0000
\end{bmatrix}
$$

因此得知 $\boldsymbol{C}^4$ 为对等关系矩阵。

步骤 3：根据对等关系矩阵确定门限 λ，构造门限截止矩阵 $\boldsymbol{C}_\lambda=({}_\lambda\rho_{ij})_{m\times m}$，并基于分类准则对犹豫模糊数据进行分类，得到分类结果如表 8.5 所示。

表 8.5　基于综合相关系数的 10 类方案分类结果

分类数	门限值	类别
10	$0.8097<\lambda\leqslant 1$	$\{A_1\},\{A_2\},\{A_3\},\{A_4\},\{A_5\},\{A_6\},\{A_7\},\{A_8\},\{A_9\},\{A_{10}\}$
9	$0.6952<\lambda\leqslant 0.8097$	$\{A_1\},\{A_2\},\{A_3,A_9\},\{A_4\},\{A_5\},\{A_6\},\{A_7\},\{A_8\},\{A_{10}\}$
8	$0.5411<\lambda\leqslant 0.6952$	$\{A_1,A_6\},\{A_2\},\{A_3,A_9\},\{A_4\},\{A_5\},\{A_7\},\{A_8\},\{A_{10}\}$
7	$0.4904<\lambda\leqslant 0.5411$	$\{A_1,A_6\},\{A_2,A_3,A_9\},\{A_4\},\{A_5\},\{A_7\},\{A_8\},\{A_{10}\}$
6	$0.4844<\lambda\leqslant 0.4904$	$\{A_1,A_6\},\{A_2,A_3,A_4,A_9\},\{A_5\},\{A_7\},\{A_8\},\{A_{10}\}$
5	$0.4482<\lambda\leqslant 0.4844$	$\{A_1,A_6\},\{A_2,A_3,A_4,A_5,A_9\},\{A_7\},\{A_8\},\{A_{10}\}$
4	$0.4006<\lambda\leqslant 0.4482$	$\{A_1,A_6\},\{A_2,A_3,A_4,A_5,A_9,A_{10}\},\{A_7\},\{A_8\}$
3	$0.3064<\lambda\leqslant 0.4006$	$\{A_1,A_6\},\{A_2,A_3,A_4,A_5,A_7,A_9,A_{10}\},\{A_8\}$
2	$0.2508<\lambda\leqslant 0.3064$	$\{A_1,A_6\},\{A_2,A_3,A_4,A_5,A_7,A_8,A_9,A_{10}\}$
1	$0<\lambda\leqslant 0.2058$	$\{A_1,A_2,A_3,A_4,A_5,A_6,A_7,A_8,A_9,A_{10}\}$

按照同样方法，基于三种基本相关系数对表 8.4 数据的分类结果进行对比分析，得到的分类结果如表 8.6 所示。

表 8.6　基于三种基本相关系数的 10 类方案分类结果

分类数	均值相关系数	方差相关系数	长度率相关系数
10	$\{A_1\},\{A_2\},\{A_3\},\{A_4\},\{A_5\},\{A_6\},\{A_7\},\{A_8\},\{A_9\},\{A_{10}\}$	$\{A_1\},\{A_2\},\{A_3\},\{A_4\},\{A_5\},\{A_6\},\{A_7\},\{A_8\},\{A_9\},\{A_{10}\}$	$\{A_1\},\{A_2\},\{A_3\},\{A_4\},\{A_5\},\{A_6\},\{A_7\},\{A_8\},\{A_9\},\{A_{10}\}$
9	$\{A_1\},\{A_2,A_3\},\{A_4\},\{A_5\},\{A_6\},\{A_7\},\{A_8\},\{A_9\},\{A_{10}\}$	$\{A_1\},\{A_2\},\{A_3,A_9\},\{A_4\},\{A_5\},\{A_6\},\{A_7\},\{A_8\},\{A_{10}\}$	$\{A_1\},\{A_2\},\{A_3\},\{A_4\},\{A_5,A_6\},\{A_7\},\{A_8\},\{A_9\},\{A_{10}\}$
8	$\{A_1,A_6\},\{A_2,A_3\},\{A_4\},\{A_5\},\{A_7\},\{A_8\},\{A_9\},\{A_{10}\}$	$\{A_1\},\{A_2\},\{A_3,A_9\},\{A_4,A_{10}\},\{A_5\},\{A_6\},\{A_7\},\{A_8\}$	$\{A_1,A_5,A_6\},\{A_2\},\{A_3\},\{A_4\},\{A_7\},\{A_8\},\{A_9\},\{A_{10}\}$
7	$\{A_1,A_6\},\{A_2,A_3\},\{A_4,A_9\},\{A_5\},\{A_7\},\{A_8\},\{A_{10}\}$	$\{A_1,A_2\},\{A_3,A_9\},\{A_4,A_{10}\},\{A_5\},\{A_6\},\{A_7\},\{A_8\}$	$\{A_1,A_5,A_6,A_{10}\},\{A_2\},\{A_3\},\{A_4\},\{A_7\},\{A_8\},\{A_9\}$
6	$\{A_1,A_6\},\{A_2,A_3,A_4,A_9\},\{A_5\},\{A_7\},\{A_8\},\{A_{10}\}$	$\{A_1,A_2,A_3,A_9\},\{A_4,A_{10}\},\{A_5\},\{A_6\},\{A_7\},\{A_8\}$	$\{A_1,A_3,A_5,A_6,A_{10}\},\{A_2\},\{A_4\},\{A_7\},\{A_8\},\{A_9\}$
5	$\{A_1,A_6\},\{A_2,A_3,A_4,A_7,A_9\},\{A_5\},\{A_8\},\{A_{10}\}$	$\{A_1,A_2,A_3,A_6,A_9\},\{A_4,A_{10}\},\{A_5\},\{A_7\},\{A_8\}$	$\{A_1,A_3,A_5,A_6,A_9,A_{10}\},\{A_2\},\{A_4\},\{A_7\},\{A_8\}$
4	$\{A_1,A_6\},\{A_2,A_3,A_4,A_7,A_9\},\{A_5,A_8\},\{A_{10}\}$	$\{A_1,A_2,A_3,A_6,A_7,A_9\},\{A_4,A_{10}\},\{A_5\},\{A_8\}$	$\{A_1,A_3,A_4,A_5,A_6,A_9,A_{10}\},\{A_2\},\{A_7\},\{A_8\}$
3	$\{A_1,A_6\},\{A_2,A_3,A_4,A_5,A_7,A_8,A_9\},\{A_{10}\}$	$\{A_1,A_2,A_3,A_5,A_6,A_7,A_9\},\{A_4,A_{10}\},\{A_8\}$	$\{A_1,A_2,A_3,A_4,A_5,A_6,A_9,A_{10}\},\{A_7\},\{A_8\}$
2	$\{A_1,A_2,A_3,A_4,A_5,A_6\ A_7,A_8,A_9\},\{A_{10}\}$	$\{A_1,A_2,A_3,A_4,A_5,A_6,A_7,A_9,A_{10}\},\{A_8\}$	$\{A_1,A_2,A_3,A_4,A_5,A_6,A_7,A_9,A_{10}\},\{A_8\}$
1	$\{A_1,A_2,A_3,A_4,A_5,A_6,A_7,A_8,A_9,A_{10}\}$	$\{A_1,A_2,A_3,A_4,A_5,A_6,A_7,A_8,A_9,A_{10}\}$	$\{A_1,A_2,A_3,A_4,A_5,A_6,A_7,A_8,A_9,A_{10}\}$

通过犹豫模糊综合相关系数和三种基本相关系数对数据的分类结果得知，不同的相关系数得到的分类结果和分类门限不尽相同，主要原因在于三种基本相关系数仅仅考虑各自单方面的因素进行分类，因此无法断定其中哪种分类更优。而综合相关系数结合三个因素，兼具各自优点，因此相对单因素分类更有说服力，可以得到相对全面的分类结果。

除此之外，将用犹豫模糊综合相关系数计算得到的分类门限 P_1 与文献[40]中的门限对比得知，基于犹豫模糊综合相关系数得到的分类门限更广域，即分辨力越高，其主要原因在于犹豫模糊综合相关系数的计算结果位于区间[−1, 1]上而不是区间[0, 1]上，能够在一个相对广域的区间，将数据间的差异分辨开，并且能够释放犹豫模糊数中对应隶属度个数相等的约束条件。

8.5.4　多属性决策算例

8.4.3 节基于犹豫模糊综合相关系数提出了改进型的 TOPSIS 方法，本节将其用于一多属性决策算例中对其进行验证。

假设存在 5 类决策方案 $A_i(i=1,2,\cdots,5)$，每类决策方案具有 4 种效益型属性 P_1，P_2，P_3 和 P_4，属性权重为 $\boldsymbol{w}=(0.15\ \ 0.3\ \ 0.2\ \ 0.35)^{\mathrm{T}}$，各方案在每种属性上的信息以犹豫模糊数的样式表示，数据为文献[46, 135, 136, 138, 139]中的公开数据，具体如表 8.7 所示。

表 8.7　具有 4 种属性的 5 类决策方案的犹豫模糊信息

方案	属性			
	P_1	P_2	P_3	P_4
A_1	{0.5,0.4,0.3}	{0.9,0.8,0.7,0.1}	{0.5,0.4,0.2}	{0.9,0.6,0.5,0.3}
A_2	{0.5,0.3}	{0.9,0.7,0.6,0.5,0.2}	{0.8,0.6,0.5,0.1}	{0.7,0.4,0.3}
A_3	{0.7,0.6}	{0.9,0.6}	{0.7,0.5,0.3}	{0.6,0.4}
A_4	{0.8,0.7,0.4,0.3}	{0.7,0.4,0.2}	{0.8,0.1}	{0.9,0.8,0.6}
A_5	{0.9,0.7,0.6,0.3,0.1}	{0.8,0.7,0.6,0.4}	{0.9,0.8,0.7}	{0.9,0.7,0.6,0.3}

注意，尽管各属性犹豫模糊数中的隶属度个数不一致，但是得益于所提出的犹豫模糊集综合相关系数的优越性，不必对其进行延拓使得各犹豫模糊数中的隶属度个数相等，避免了人为误差的引入。

步骤 1：由于属性均为效益型属性，因此分别选择各属性犹豫模糊数中的最大值和最小值作为正理想解 A^+ 和负理想解 A^-：

$$A^+=[\{0.9,0.7\},\{0.9,0.8\},\{0.9,0.8\},\{0.9,0.8\}]$$

$$A^-=[\{0.5,0.3\},\{0.7,0.4\},\{0.5,0.1\},\{0.6,0.4\}]$$

注：实际上，在选择上述理想解时，按属性犹豫模糊数中隶属度个数最小值进行选取，而不是根据隶属度个数最大值进行选取，如果按照隶属度个数最大进行选取则正理想解 A^+ 和负理想解 A^-，分别为

$$A^+=[\{0.9,0.7,0.6,0.3,0.1\},\{0.9,0.8,0.7,0.5,0.2\},\{0.9,0.8,0.7,0.1\},\{0.9,0.8,0.6,0.3\}]$$

$$A^-=[\{0.5,0.3,0.4,0.3,0.1\},\{0.7,0.4,0.2,0.1,0.2\},\{0.5,0.4,0.2,0.1\},\{0.6,0.4,0.3,0.3\}]$$

可知，按照最大个数选取在犹豫模糊数中增加了部分补值，因此引入了误

差，而按照最小个数选取则没有主动引入误差，相比按最大个数选取要更合理。本质上，在决策中正理想解和负理想解的选取十分关键，直接决定决策结果，有时尽管决策方法是可行的，但是选取的理想解不同则会导致不同的决策结果，因此，如何选取合适的理想解是未来值得研究的问题。本节在最后将给出不同理想解的决策结果来对比分析。

步骤 2：由于正理想解和负理想解的长度率为[0.5, 0.5, 0.5, 0.5]，导致长度率的方差为 0，此时在相关系数的计算中，长度率不起作用，因此在集成综合相关系数时，假设均值、方差和长度率相关系数的权重为（1/2　1/2　0）。

利用综合相关系数计算 5 类方案与犹豫模糊正理想解 A^+ 和负理想解 A^- 之间的相关系数如表 8.8 所示。

表 8.8　与正理想解和负理想解之间的相关系数

相关系数	方案				
	A_1	A_2	A_3	A_4	A_5
ρ^+	−0.034 2	−0.012 9	−0.504 4	−0.114 8	0.774 5
ρ^-	0.669 0	0.801 8	0.762 7	0.697 3	−0.103 4

步骤 3：分别计算正关联系数和负关联系数的最大值和最小值

$$\max\{\rho^+\}=0.7745, \min\{\rho^+\}=-0.5044,$$

$$\max\{\rho^-\}=0.8018, \min\{\rho^-\}=-0.1034。$$

步骤 4：分别计算相似型正、负相关系数决策因子和距离型正、负相关系数决策因子，结果如表 8.9 所示。

表 8.9　两型正、负相关系数决策因子

相关系数	方案				
	A_1	A_2	A_3	A_4	A_5
ς_i^+	0.367 7	0.384 3	0	0.304 6	1.000 0
ς_i^-	0.853 2	1.000 0	0.956 7	0.884 5	0
μ_i^+	0.632 3	0.615 7	1.000 0	0.695 4	0
μ_i^-	0.146 8	0	0.043 3	0.115 5	1.000 0

步骤 5：构造接近度，构造过程中假设相似型正相关系数的权重为 0.6，距离型正相关系数的权重为 0.7，则得到各方案与理想解之间的 4 种接近度如表 8.10 所示。

表 8.10 各方案与理想解之间的 4 种接近度

相关系数	方案					排序
	A_1	A_2	A_3	A_4	A_5	
η_i	0.392 6	0.365 7	0	0.340 6	1.000 0	$A_5 \succ A_1 \succ A_2 \succ A_4 \succ A_3$
δ_i	0.090 5	0	0.018 2	0.066 5	1.000 0	$A_5 \succ A_1 \succ A_4 \succ A_3 \succ A_2$
ξ_i	0.279 3	0.230 6	0.017 3	0.229 0	1.000 0	$A_5 \succ A_1 \succ A_2 \succ A_4 \succ A_3$
ϑ_i	0.301 4	0.269 0	0.013 0	0.247 9	1.000 0	$A_5 \succ A_1 \succ A_2 \succ A_4 \succ A_3$

步骤 6：对表 8.10 中各方案的 4 种接近度进行排序，将其排序结果同样写入表 8.10 中。

按照接近度排序结果，判定最优方案为最大接近度对应的方案，则由表 8.10 得知，4 种接近度指标均判定决策方案 A_5 为最优决策方案。

将上述计算结果与文献[138, 46]基于各种距离和相似度构造接近度的结果对比得知，文献[138, 46]的最优方案在 A_5 和 A_3 之间游摆不定，主要取决于距离和相似度参数 λ 的不同。而本章提出的基于犹豫模糊综合相关系数的改进型 TOPSIS 方法的决策结果，始终保持为方案 A_5，主要原因是其考虑了犹豫模糊集的整体性、分布和长度等因素，相比其他模糊度量更全面，得到比较令人信服的决策结果。

接下来，给出不同理想解的决策结果对比分析。4 种理想解对应的接近度变化图如图 8-3 所示。

如果按照步骤 1 中所述的按最大个数原则选取正、负理想解为

$$A^{+}=[\{0.9,0.7\,0.6,0.3,0.1\},\{0.9,0.8,0.7,0.5,0.2\},\{0.9,0.8,0.7,0.1\},\{0.9,0.8,0.6,0.3\}]$$

$$A^{-}=[\{0.5,0.3\,0.4,0.3,0.1\},\{0.7,0.4,0.2,0.1,0.2\},\{0.5,0.4,0.2,0.1\},\{0.6,0.4,0.3,0.3\}]$$

则得到的决策方案的 4 种接近度变化如图 8.3（b）所示。

如果按照文献[42, 44]所述的犹豫模糊数比较法则选取正、负理想解为

$$A^{+}=[\{0.7\,0.6\},\{0.9,0.6\},\{0.9,0.8,0.7\},\{0.9,0.8,0.6\}]$$

$$A^{-}=[\{0.5,0.3\},\{0.7,0.4,0.2\},\{0.5,0.4,0.2\},\{0.7,0.4,0.3\}]$$

则得到的决策方案的 4 种接近度变化如图 8.3（c）所示。实际上，此时，距离型相关系数决策因子和相似型负相关系数决策因子均为 0，则仅给出各方案接近度 η_i 的变化。

如果按照文献[138]选取的正、负理想解

$$A^{+}=[\{0.9,0.7\,0.6,0.6,0.6\},\{0.9,0.8,0.7,0.6,0.6\},\{0.9,0.8,0.7,0.7\},\{0.9,0.8,0.6,0.6\}]$$

$$A^{-}=[\{0.5,0.3\,0.3,0.3,0.1\},\{0.7,0.4,0.2,0.1,0.1\},\{0.5,0.1,0.1,0.1\},\{0.6,0.4,0.3,0.3\}]$$

则得到的决策方案的 4 种接近度变化如图 8.3（d）所示。

另外图 8.3（a）为按本节步骤 1 最小个数原则选取的理想解得到的各方案接近度的变化。

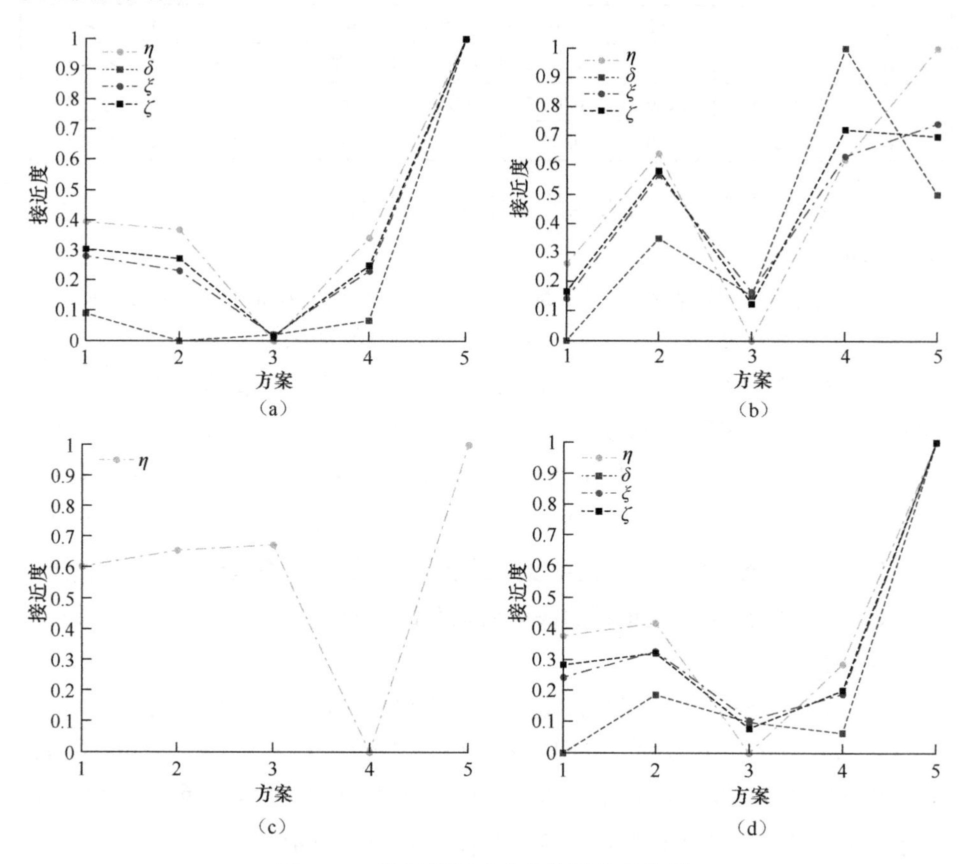

图 8.3　4 种理想解对应的接近度变化图

通过图 8.3 的对比得知，可能得到两种决策结果 A_4 和 A_5，表明不同的理想解可能产生不同的决策结果，因此理想解的选取是决策的一个重要环节，选取的理想解越优，得到的决策结果质量越好，如何选取合适的理想解是值得进一步研究的方向。

8.6　本章小结

本章主要研究了犹豫模糊集的相关系数度量和基于 TOPSIS 的识别决策方

法。首先，针对现有犹豫模糊相关系数一方面要求对应的犹豫模糊数中的隶属度个数相等且取值位于区间[0, 1]上，另一方面相关系数仅为一种均值相关系数造成计算误差大的缺点，本章综合考虑犹豫模糊集中的犹豫模糊数的隶属度的整体性、分布和长度三个因素，分别定义了均值、方差和长度率三个基本的相关系数表征犹豫模糊集之间三个因素之间的关系。在此基础上，集成三个基本的相关系数得到犹豫模糊集的综合相关系数。所提出的犹豫模糊综合相关系数不仅仅释放了隶属度个数相等的条件，取值位于区间[−1, 1]上，还综合考虑了数据的整体性、分布和长度三个因素，相比任一基本相关系数要全面。其次，在犹豫模糊综合相关系数基础上，分析了现有基于 TOPSIS 决策方法的缺点：不能处理相关系数的负相关问题，为此本章的另一个重要内容就是基于犹豫模糊综合相关系数改进传统的 TOPSIS 方法，形成改进型的 TOPSIS 决策方法。该法主要通过定义相似型和距离型正相关系数和负相关系数决策因子将犹豫模糊综合相关系数映射到区间[0, 1]上，在此基础上构造了 4 种决策指标接近度用于决策判定。结合仿真实例详细验证了犹豫模糊综合相关系数在数据关联、目标识别与分类方面以及改进型的 TOPSIS 决策方法在多属性决策领域的应用有效性，同时犹豫模糊综合相关系数的计算准确性、全面性和分辨优越性及改进型的 TOPSIS 决策方法的决策准确性也得到了论证。

第9章 犹豫模糊型数据关联中的特征距离测度法

9.1 引言

本章在第 8 章的基础上，研究犹豫模糊集的距离测度以及基于距离测度的关联方法。距离度量描述变量之间的接近程度，在科学研究与工程计算领域都占据着十分重要的地位，多数方法都要基于距离度量实施，并且在决策领域，距离度量是 TOPSIS、VIKOR、TODIM 等经典方法的基础，因此研究犹豫模糊集的距离测度具有重要现实意义。

犹豫模糊集的距离测度[142]是犹豫模糊集距离度量中的热点问题，现有文献已经提出了大量的犹豫模糊距离，并且，广大学者依然在不断改进和提出新的犹豫模糊距离度量方法。但是现有的犹豫模糊距离，一方面受犹豫模糊数隶属度个数延拓补值和顺序重排条件的限制，导致误差引入；另一方面仅利用犹豫模糊数的部分特征构造距离，导致信息损失。

因此，为解决现有犹豫模糊距离的不足，本章重点探寻新的犹豫模糊距离度量方法，基于距离矩阵解决延拓补值和顺序重排的问题，定义犹豫模糊数的聚集性、离散性、一致性和模糊性四个特征参数形成犹豫模糊数的四个特征距离，解决部分度量的问题。在四个特征距离基础上，通过集成算子集成得到犹豫模糊特征距离测度。结合新的犹豫模糊比较法则、特征距离、前景理论和集成算子，提出了基于犹豫模糊特征距离测度的数据关联方法。

9.2　新的犹豫模糊比较法则

第 2 章总结了 3 种犹豫模糊集的比较法则，但是在实际的犹豫模糊多属性决策应用中，上述比较法则往往会出现不合理的结果。为此，本节首先分析现有犹豫模糊集比较法则的局限性，在此基础上提出新的比较法则。

9.2.1　现有比较法则的局限性

Xia 和 Xu[42]仅利用计分函数比较犹豫模糊数，当犹豫模糊数的计分函数相等时，无法比较。比如犹豫模糊数 $h_1=\{0.3,0.5\}$ ，$h_2=\{0.1,0.5,0.6\}$ ，其计分函数均为 $s(h_1)=s(h_2)=0.4$ ，此时仅利用计分函数则会得到 $h_1=h_2$ ，显然是不合理的。

Liao 等人[43, 44]和 Chen 等人[45]分别在计分函数的基础上，基于方差和偏离度比较犹豫模糊数。然而，当犹豫模糊数之间的计分函数与偏离度或者计分函数与方差函数相等时，依然无法对其进行比较。这种情况也是存在的，举两个反例进行说明。

假设两犹豫模糊数分别为

$$h_1=\{0.2,0.3,0.4\}，\quad h_2=\left\{0.3-\frac{\sqrt{0.06}}{6},0.3+\frac{\sqrt{0.06}}{6}\right\}。$$

计算得到其计分函数和偏离度函数分别为

$$s(h_1)=s(h_2)=0.3，\quad de(h_1)=de(h_2)=\frac{\sqrt{0.06}}{3}。$$

此时如果用 Chen 等人[45]方法中的计分函数和偏离度函数进行比较，则会得到 $h_1=h_2$ ，显然是不合理的。

此外，假设两犹豫模糊数分别为

$$h_1=\{0.2,0.3,0.4\}，\quad h_2=\left\{0.3-\sqrt{\frac{0.02}{3}},0.3+\sqrt{\frac{0.02}{3}}\right\}。$$

计算得到其计分函数和方差函数分别为

$$s(h_1)=s(h_2)=0.3，\quad v(h_1)=v(h_2)=\sqrt{\frac{0.02}{3}}。$$

此时如果用 Liao 等人[43, 44]提出方法中的计分函数和偏离度函数进行比较则会得到 $h_1 = h_2$，显然也是不合理的。

通过上述比较法则的分析得知，这几种比较法则均存在局限性，它们仅仅为犹豫模糊数比较的一种偏序关系，而非全序关系。

另外，Zhang 和 Xu[143]提出了一种测量函数，对上述比较法则进行改进，声称为一种全序关系。

记犹豫模糊数 $h=\{\gamma_1,\gamma_2,\cdots,\gamma_i,\cdots,\gamma_n\}$，$h$ 的测量函数定义为

$$\mathbb{Z}_\delta(h)=\left(\frac{\sum_{i=1}^{l(h)}(\gamma_i)^\delta}{l(h)}\right)^{\frac{1}{\delta}} \tag{9.1}$$

式(9.1)中，$l(h)$ 为 h 中的隶属度个数，δ 为决策者的偏好参数，满足 $0<\delta\leqslant 1$。

然而，经研究发现此测量函数在某些情况下也存在不合理性。

假设 $h_1=\{0.16,0.25\}$，$h_2=\{0.09,0.36\}$，$\delta=0.5$，此时计算得到 h_1 和 h_2 的测量函数均为 $\mathbb{Z}_\delta(h_1)=\mathbb{Z}_\delta(h_2)=\sqrt{0.45}$，如果利用 Zhang 和 Xu[143]提出的测量函数对 h_1 和 h_2 进行比较，得到 $h_1=h_2$，依然是不合理的。

除此之外，如果 $h_1=\{0.01,0.81\}$，$h_2=\{0.09,0.64\}$，$\delta=0.5$，利用 Zhang 和 Xu[143]提出的测量函数比较 h_1 和 h_2，会得到 $h_1<h_2$，显然违背直觉，实际上 $h_1>h_2$。其主要原因在于测量函数不是一个线性变换关系，测量函数的大小比较，不能同步映射到其所比较的犹豫模糊数的大小比较上。

9.2.2 新的比较法则

由 9.2.1 节的分析得知，现有的犹豫模糊数比较法则都存在不合理性，不能够很好地将犹豫模糊数区分，为此需要提出一种新的犹豫模糊数比较法则。本节通过模拟决策者在犹豫模糊数赋值过程中的心理活动，提出一种新的犹豫模糊数比较法则。

当决策者对决策方案进行隶属度赋值时，往往根据自身已储备的知识和认知能力进行判断。因此，决策者给出的隶属度数值本身也蕴含着其认知信息，比如隶属度数值 0.5 是公认的最模糊和不确定的数值。如果决策者对方案的优劣十分确定，会给出一个远离 0.5 的相对确定的数值，而如果对方案的优劣不

确定，此时则会给出数值靠近 0.5 的隶属度。这说明了隶属度数值 0.5 可以描述决策者在赋值时的模糊性，可以称之为全模糊数值，因此在新的犹豫模糊集的比较法则中将其考虑在内，判断隶属度数值的模糊性对其进行比较。

比如犹豫模糊数 $h_1=\{0.4,0.5\}$ ，$h_2=\{0.2,0.7\}$ ，尽管其计分函数相等，但是显然 h_1 的模糊性要比 h_2 要大。因此可以将全模糊数值 0.5 作为衡量隶属度数值的标尺，定义模糊度的概念。

记犹豫模糊数 $h=\{\gamma_1,\gamma_2,\cdots,\gamma_i,\cdots,\gamma_n\}$ ，其隶属度 γ_i 的模糊度定义为

$$f(\gamma_i)=1-2|\gamma_i-0.5| \tag{9.2}$$

则可以得到 h 中所有隶属度的模糊度，称之为犹豫模糊数的模糊度，实际上为一新的犹豫模糊数 $\{f(\gamma_i),i=1,2,\cdots,l(h)\}$ 。定义此犹豫模糊数的均值和方差分别为

$$s(f)=\frac{1}{n}\sum_{i=1}^{n}{}_{\gamma_i\in h}f(\gamma_i)=\frac{1}{n}\sum_{i=1}^{n}{}_{\tilde{\gamma}_i\in\tilde{h}}\left(1-2|\gamma_i-0.5|\right) \tag{9.3}$$

$$v(f)=\frac{1}{n}\sum_{i=1}^{n}{}_{\gamma_i\in h}\left(\gamma_i-s(f)\right)^2 \tag{9.4}$$

通过模糊度的定义得知，如果犹豫模糊数的模糊率越大，则其描述的信息越不确定，此时对应的犹豫模糊数应该越小，这是直觉是一致的。因此在计分函数、方差函数的基础上，附加模糊度的概念，提出新的犹豫模糊数比较法则，具体描述如下。

对于犹豫模糊数 h_1 和 h_2 ，其模糊度分别为 $f_1=\{f_1(\gamma_i),i=1,2,\cdots,l(h_1)\}$ 和 $f_2=\{f_2(\gamma_i),i=1,2,\cdots,l(h_2)\}$

（1）如果计分函数 $s(h_1)>s(h_2)$ ，则 $h_1>h_2$ ；

（2）如果 $s(h_1)=s(h_2)$ ，则进一步比较其方差函数，

如果 $v(h_1)<v(h_2)$ ，则 $h_1>h_2$ ；

（3）如果 $v(h_1)=v(h_2)$ ，则继续比较其模糊度函数，

如果模糊度计分函数 $s(f_1)<s(f_2)$ ，则 $h_1>h_2$ ，

如果模糊度计分函数 $s(f_1)=s(f_2)$ ，则继续比较模糊度方差，

如果模糊度方差 $v(f_1)<v(f_2)$ ，则 $h_1>h_2$ ，

如果模糊度方差 $v(f_1)=v(f_2)$ ，则 $h_1=h_2$ 。

新的犹豫模糊数的比较法则能够比较现有比较法则不能分清的犹豫模糊数的大小关系，可以看成是一种全序比较法则。

9.3 犹豫模糊集特征距离

第 2 章已经叙述了现有基本的犹豫模糊距离，但正如其叙述的那样，现有的大多数犹豫模糊距离主要基于两个假设：（1）对应犹豫模糊数之间的隶属度个数相等；（2）犹豫模糊数中的隶属度大小降序排列。这是十分苛刻的条件，限制了犹豫模糊距离的定义与应用，并在延拓补值度量时引入误差信息。因此本节试图释放犹豫模糊数中隶属度与个数要求的限制条件，探寻一种新的犹豫模糊距离。

9.3.1 犹豫模糊数的均值距离

为了构造新的犹豫模糊距离，首先定义距离矩阵的概念，距离矩阵是由犹豫模糊数之间各自隶属度两两度量形成的隶属度距离对组成。

定义 9.1 记两个犹豫模糊数分别为 $h_A=\left\{\gamma_{A1},\gamma_{A2},\cdots,\gamma_{Ai},\cdots,\gamma_{Al(h_A)}\right\}$ 和 $h_B=\left\{\gamma_{B1},\gamma_{B2},\cdots,\gamma_{Bj},\cdots,\gamma_{Bl(h_B)}\right\}$，$l(h_A)$ 和 $l(h_B)$ 为 h_A 和 h_B 中隶属度的个数，$l(h_A)\neq l(h_B)$ 是允许的，则 h_A 和 h_B 之间的距离矩阵定义为

$$
\boldsymbol{D}_{AB}=\begin{array}{c} \\ \gamma_{A1} \\ \gamma_{A2} \\ \vdots \\ \gamma_{Ai} \\ \vdots \\ \gamma_{Al(h_A)} \end{array}
\begin{array}{c}
\begin{array}{ccccccc} \gamma_{B1} & \gamma_{B2} & \cdots & \gamma_{Bj} & \cdots & \gamma_{Bl(h_B)} \end{array} \\
\left[\begin{array}{cccccc}
d(\gamma_{A1},\gamma_{B1}) & d(\gamma_{A1},\gamma_{B2}) & \cdots & d(\gamma_{A1},\gamma_{Bj}) & \cdots & d(\gamma_{A1},\gamma_{Bl(h_B)}) \\
d(\gamma_{A2},\gamma_{B1}) & d(\gamma_{A2},\gamma_{B2}) & & & & d(\gamma_{A2},\gamma_{Bl(h_B)}) \\
\vdots & & \ddots & & & \\
d(\gamma_{Ai},\gamma_{B1}) & & & d(\gamma_{Ai},\gamma_{Bj}) & & \vdots \\
\vdots & & & & \ddots & \\
d(\gamma_{Al(h_A)},\gamma_{B1}) & d(\gamma_{Al(h_A)},\gamma_{B2}) & \cdots & d(\gamma_{Al(h_A)},\gamma_{Bj}) & \cdots & d(\gamma_{Al(h_A)},\gamma_{Bl(h_B)})
\end{array}\right]_{l(h_A)\times l(h_B)}
\end{array}
\tag{9.5}
$$

式（9.5）中，$d(\gamma_{Ai},\gamma_{Bj})$ 对应的隶属度 γ_{Ai} 和 γ_{Bj} 之间两两比较的隶属度距离对为

$$d(\gamma_{Ai},\gamma_{Bj})=\gamma_{Ai}-\gamma_{Bj} \tag{9.6}$$

基于上述距离矩阵，犹豫模糊数 h_A 和 h_B 之间的距离可以定义为

$$d\left(h_A,h_B\right)=\left|\frac{1}{l(h_A)\cdot l(h_B)}\sum_{i=1}^{l(h_A)}\sum_{j=1}^{l(h_B)}\left(\gamma_{Ai}-\gamma_{Bj}\right)\right| \tag{9.7}$$

通过上式可知，基于距离矩阵在计算犹豫模糊数 h_A 和 h_B 之间的距离时并

没有考虑其中隶属度的长度和顺序问题，即使隶属个数不一致，顺序没有降序排列，得益于距离矩阵的优越性，也无须对其进行延拓和重排序，能够完全保持犹豫模糊数原始信息，避免了人为误差的引入，具有精确度高的优点。

广义上讲，所有集合之间的距离都可以用距离矩阵的样式解释。如果集合间的数值个数相等，则现有的各种 Minkowski 式距离及其特殊形式 Manhattan 和 Euclid 距离等，仅仅为距离矩阵中对角线元素的均值构成的距离样式。如果集合间的数值个数不相等，则现有的距离可分为两种，需要延拓和不需要延拓的距离。如果采用延拓的方法，将数值较短个数补齐至与数值较长个数一致，则形成的距离仍然由延拓后的距离矩阵中对角线元素的均值构成，比如现有文献[40, 46, 130, 135, 136, 144-150,]和[152-159]中的各种基于延拓方法的犹豫模糊距离。除此之外，文献[160]基于最小公倍数的思想将所对比的集合均进行数值延拓至其最小公倍数，此时得到的距离仍为延拓后的距离矩阵中对角线元素的均值，并且此种方法加入了更多无关的数值，导致计算误差更大。另一方面，无须延拓的方法也可以用距离矩阵解释，文献[161-163]中的 Hausdorff 距离度量实际上仅仅为距离矩阵中各行或各列中的最小值组成数值中的最大值构成。而文献[164-167]中采用各行和各列中的最小值组成数值的均值构造新距离。上述方法仅仅利用了距离矩阵中的部分距离对进行距离构造，或者是对角线数值，或者是各行各列最小值组成数值中的最大值或均值等，都仅仅为实际距离中的部分距离，具有片面性。

除此之外，尽管文献[168]采用距离矩阵的思想，利用其中两两比较的隶属度距离对的绝对值进行距离构造，计算所有距离对绝对值的均值作为新距离。但是此种利用隶属度距离对的绝对值定义的距离看似准确，但存在严重的不足。因为在利用距离矩阵进行距离定义时，应该利用隶属度距离对 $\gamma_{Ai}-\gamma_{Bj}$ 表示隶属度 γ_{Ai} 和 γ_{Bj} 之间的距离而不是其绝对值距离对 $\left|\gamma_{Ai}-\gamma_{Bj}\right|$。原因在于 $\gamma_{Ai}-\gamma_{Bj}$ 不仅能够反应隶属度 γ_{Ai} 和 γ_{Bj} 之间的接近程度，还能够反应 γ_{Ai} 和 γ_{Bj} 之间的相对比较关系，即如果 $d(\gamma_{Ai},\gamma_{Bj})=0$，则 $\gamma_{Ai}=\gamma_{Bj}$，如果 $d(\gamma_{Ai},\gamma_{Bj})<0$，则 $\gamma_{Ai}<\gamma_{Bj}$，如果 $d(\gamma_{Ai},\gamma_{Bj})>0$，则 $\gamma_{Ai}>\gamma_{Bj}$。如果利用文献[36]中采用的绝对值距离 $\left|\gamma_{Ai}-\gamma_{Bj}\right|$，则不能够反应相对比较关系，并且在计算所有绝对值距离对 $\left|\gamma_{Ai}-\gamma_{Bj}\right|$ 的均值作为新距离时，会出现错误。比如对于两个完全相同的犹豫模糊数 $\{0.3, 0.5, 0.6\}$ 和 $\{0.3, 0.5, 0.6\}$，显然它们之间的距离为 0。但是利

用绝对值距离对$\left|\gamma_{Ai}-\gamma_{Bj}\right|$进行计算，则得到的距离矩阵为$\begin{bmatrix} 0 & 0.2 & 0.3 \\ 0.2 & 0 & 0.1 \\ 0.3 & 0.1 & 0 \end{bmatrix}$，继续计算距离矩阵中所有元素的均值，得到犹豫模糊数之间的距离为$\left|\frac{0.2+0.3+0.2+0.1+0.3+0.1}{9}\right|=\frac{2}{15}$，显然是错误的。而利用隶属度距离对$\gamma_{Ai}-\gamma_{Bj}$计算，得到的距离矩阵为$\begin{bmatrix} 0 & -0.2 & -0.3 \\ 0.2 & 0 & -0.1 \\ 0.3 & 0.1 & 0 \end{bmatrix}$，所有元素的均值组成的犹豫模糊数距离为$\left|\frac{0}{9}\right|=0$，与直觉是一致的。因此证明本章所提出的基于距离矩阵的犹豫模糊数度量方法要比现有距离有优势。

实际上，尽管在计算过程中，不必考虑隶属度和顺序问题，但是从更广义研究的角度，如果存在顺序权重时，比如 OWA 算子，则初始的犹豫模糊数距离被拓展为 OWA-based 的犹豫模糊数距离

$$d_{\mathrm{OWA}}\left(h_A,h_B\right)=\left|\sum_{i=1}^{l(h_A)}\sum_{j=1}^{l(h_B)}\omega_{A\sigma(i)}\cdot\omega_{B\sigma(j)}\left(\gamma_{A\sigma(i)}-\gamma_{B\sigma(j)}\right)\right|=\left|\boldsymbol{\omega}_A^{\mathrm{T}}\cdot\boldsymbol{D}_{AB}\cdot\boldsymbol{\omega}_B\right| \tag{9.8}$$

式（9.8）中，$\sigma:(1,2,\cdots,n)\to(1,2,\cdots,n)$为隶属度顺序排列，

$$\gamma_{A\sigma(i)}\geqslant\gamma_{A\sigma(i+1)},\gamma_{B\sigma(j)}\geqslant\gamma_{B\sigma(j+1)},i=1,2,\cdots,l(h_A),j=1,2,\cdots,l(h_B) \tag{9.9}$$

h_A和h_B所对应的顺序权重分别为$\boldsymbol{\omega}_{A\sigma}=(\omega_{A\sigma(1)}\ \ \omega_{A\sigma(2)}\cdots\omega_{A\sigma(i)}\cdots\omega_{A\sigma(l(h_A))})^{\mathrm{T}}$和$\boldsymbol{\omega}_{B\sigma}=(\omega_{B\sigma(1)}\ \ \omega_{B\sigma(2)}\cdots\omega_{B\sigma(j)}\cdots\omega_{B\sigma(l(h_B))})^{\mathrm{T}}$，满足$\sum_{i=1}^{l(h_A)}\omega_{A\sigma(i)}=1$和$\sum_{j=1}^{l(h_B)}\omega_{B\sigma(j)}=1$。

基于上述 OWA-based 犹豫模糊数距离，同样从广义的角度考虑，可以将初始的犹豫模糊数距离拓展为 WA-based 的犹豫模糊数距离

$$d_{\mathrm{WA}}\left(h_A,h_B\right)=\left|\sum_{i=1}^{l(h_A)}\sum_{j=1}^{l(h_B)}w_{Ai}\cdot w_{Bj}\left(\gamma_{Ai}-\gamma_{Bj}\right)\right|=\left|\boldsymbol{w}_A^{\mathrm{T}}\cdot\boldsymbol{D}_{AB}\cdot\boldsymbol{w}_B\right| \tag{9.10}$$

式(9.10)中，$\boldsymbol{w}_A=(w_{A1}\ \ w_{A2}\cdots w_{Aj}\cdots w_{Al(h_A)})^{\mathrm{T}}$和$\boldsymbol{w}_B=(w_{B1}\ \ w_{B2}\cdots w_{Bj}\cdots w_{Bl(h_B)})^{\mathrm{T}}$所对应的犹豫模糊数隶属度$\gamma_{Ai}$和$\gamma_{Bj}$的权重，满足$\sum_{i=1}^{l(h_A)}w_{Ai}=1$和$\sum_{j=1}^{l(h_B)}w_{Bj}=1$。本质上，WA-based 的犹豫模糊数距离也可以看成是一种隶属度自身携带概率即概率犹豫模糊集之间的距离。

进一步，给出基于距离矩阵的犹豫模糊数距离的重要推论。

推论 9.1　基于距离矩阵的犹豫模糊数之间的距离本质上为犹豫模糊数的均值距离，即

$$d\left(h_A,h_B\right)=\left|\mathrm{mean}(h_A)-\mathrm{mean}(h_B)\right| \tag{9.11}$$

证明：

$$\begin{aligned}
d\left(h_A,h_B\right)&=\left|\frac{1}{l(h_A)\cdot l(h_B)}\sum_{i=1}^{l(h_A)}\sum_{j=1}^{l(h_B)}\left(\gamma_{Ai}-\gamma_{Bj}\right)\right|\\
&=\left|\frac{1}{l(h_A)\cdot l(h_B)}\left(\sum_{i=1}^{l(h_A)}\sum_{j=1}^{l(h_B)}\gamma_{Ai}-\sum_{i=1}^{l(h_A)}\sum_{j=1}^{l(h_B)}\gamma_{Bj}\right)\right|\\
&=\left|\frac{1}{l(h_A)\cdot l(h_B)}\left(l(h_B)\sum_{i=1}^{l(h_A)}\gamma_{Ai}-l(h_A)\sum_{j=1}^{l(h_B)}\gamma_{Bj}\right)\right|\\
&=\left|\frac{1}{l(h_A)}\sum_{i=1}^{l(h_A)}\gamma_{Ai}-\frac{1}{l(h_B)}\sum_{j=1}^{l(h_B)}\gamma_{Bj}\right|\\
&=\left|\mathrm{mean}(h_A)-\mathrm{mean}(h_B)\right|
\end{aligned}$$

证毕。

基于上述推论，可以证明基于距离矩阵的犹豫模糊距离满足距离定义的三元素，非负性和对称性显然成立，因此仅需证明三角不等式。

$$\begin{aligned}
d\left(h_A,h_C\right)&=\left|\mathrm{mean}(h_A)-\mathrm{mean}(h_C)\right|\\
&=\left|\mathrm{mean}(h_A)-\mathrm{mean}(h_B)+\mathrm{mean}(h_B)-\mathrm{mean}(h_C)\right|\\
&\leqslant\left|\mathrm{mean}(h_A)-\mathrm{mean}(h_B)\right|+\left|\mathrm{mean}(h_B)-\mathrm{mean}(h_C)\right|\\
&=d\left(h_A,h_B\right)+d\left(h_B,h_C\right)
\end{aligned}$$

三角不等式得证。

进一步基于推论 9.1 可以简化犹豫模糊数之间的距离计算过程，仅仅需要计算其均值之间的差异即可。然而正如推论 9.1 所述的，这仅仅为犹豫模糊均值距离，因此尽管其释放了隶属度长度和顺序的限制条件，但是仍会与第 8 章所述的犹豫模糊均值相关系数一样，出现反直觉结果。例如，两犹豫模糊数 $h_1=\{0.3,0.4,0.5\}$ 和 $h_2=\{0.1,0.2,0.6,0.7\}$，其均值同样为 $\mathrm{mean}(h_1)=\mathrm{mean}(h_2)=0.4$，如果利用推论 9.1 所述的计算方法，会得到 $d(h_1,h_2)=0$ 的结果，显然是不合理的。因此讲，均值距离仅仅为犹豫模糊数距离测度的一部分距离，

仅仅描述了犹豫模糊数整体的接近程度，而忽略了犹豫模糊数其他重要特征参数之间的接近程度。

9.3.2 犹豫模糊数的特征距离

上一节中指出基于距离矩阵的犹豫模糊距离仅仅为一种均值距离，因此与第 8 章的思路一致，需要对其进行改进。文献[135, 136, 150, 151]等考虑了增加犹豫度来定义犹豫模糊距离，文献[169]考虑增加标准差来定义犹豫模糊距离。尽管这些定义改进了犹豫模糊均值距离，但是同样会遇到不合理的情况。

例如，两犹豫模糊数 $h_1=\{0.3,0.4,0.5\}$ 和 $h_2=\{0.1,0.5,0.6\}$，其均值为

$$\text{mean}(h_1)=\text{mean}(h_2)=0.4\,,$$

文献[135, 136, 150, 151]定义的犹豫度为

$$u(h_1)=u(h_2)=1-\frac{1}{3}=\frac{2}{3}$$

如果仅仅考虑均值和犹豫度进行距离定义，同样会出现 $d(h_1,h_2)=0$ 的反直觉结果。

同样对于两犹豫模糊数 $h_1=\{0.1,0.2,0.3\}$ 和 $h_2=\left\{0.2-\sqrt{\frac{0.02}{3}},0.2+\sqrt{\frac{0.02}{3}}\right\}$，其均值为

$$\text{mean}(h_1)=\text{mean}(h_2)=0.2$$

文献[169]定义的标准差为

$$S(h_1)=S(h_2)=\sqrt{\frac{0.02}{3}}$$

如果仅仅考虑均值和标准差进行距离定义，依然会出现 $d(h_1,h_2)=0$ 的反直觉结果。

通过以上论述得知，现有的犹豫模糊距离要么需要其中的隶属度个数相等，数值顺序排列，要么仅仅考虑了犹豫模糊数的一个或两个特征因素。这些距离均为一种偏距离，不能全面反映犹豫模糊数之间的接近程度。

为此，本节定义了犹豫模糊数的 4 个特征参数：聚集性、离散性、一致性和模糊性，基于此四个特征表征犹豫模糊数。其中利用犹豫模糊数的均值表示聚集性，标准差表示离散性，9.2.2 节定义的模糊度表示模糊性，而一致性与犹豫模糊数隶属度的个数有关。直观上，如果犹豫模糊数的隶属度个数越小，

证明在决策赋值时越一致，反之个数越大，越矛盾。因此当隶属度个数为 1 时，一致度为 1，而隶属度个数区域无穷时，一致度趋于 0，因此定义犹豫模糊数 h 的一致度表示其一致性

$$c(h)=\frac{1}{l(h)} \tag{9.12}$$

式（9.12）中，$l(h)$ 为犹豫模糊数 h 中隶属度的个数。

注意到，现有文献[135, 136, 150, 151, 139]、[43]、[44, 45]和[170]中也有采用标准差或方差表示犹豫模糊数的犹豫度，为了不至于与这些概念混淆，本章不采用这些文献中的名称而是利用标准差表示离散性，而由隶属度个数的倒数定义的一致度表示一致性。

在上述犹豫模糊数聚集性、离散性、一致性和模糊性四种参数基础上，定义犹豫模糊数的四种特征参数距离。

定义 9.2　记两个犹豫模糊数分别为 $h_A=\left\{\gamma_{A1},\gamma_{A2},\cdots,\gamma_{Ai},\cdots,\gamma_{Al(h_A)}\right\}$ 和 $h_B=\left\{\gamma_{B1},\gamma_{B2},\cdots,\gamma_{Bj},\cdots,\gamma_{Bl(h_B)}\right\}$，$l(h_A)$ 和为 h_A 和 h_B 中隶属度的个数，$l(h_A)\neq l(h_B)$ 是允许的，则可分别直接定义 h_A 和 h_B 之间的聚集距离、离散距离和一致距离。

犹豫模糊数 h_A 和 h_B 之间的聚集距离等价于均值距离，为

$$d_{\mathrm{M}}\left(h_A,h_B\right)=\left|\mathrm{mean}(h_A)-\mathrm{mean}(h_B)\right| \tag{9.13}$$

式（9.13）中，$\mathrm{mean}(h_A)=\frac{\sum_{i=1}^{l(h_A)}\gamma_{Ai}}{l(h_A)}$，$\mathrm{mean}(h_B)=\frac{\sum_{j=1}^{l(h_B)}\gamma_{Bj}}{l(h_B)}$。

犹豫模糊数 h_A 和 h_B 之间的离散距离为 h_A 和 h_B 的标准差之间的距离，为

$$d_{\mathrm{D}}\left(h_A,h_B\right)=\left|\mathrm{std}(h_A)-\mathrm{std}(h_B)\right| \tag{9.14}$$

式（9.14）中，h_A 和 h_B 的标准差分别为

$$\mathrm{std}(h_A)=\sqrt{\frac{\sum_{i=1}^{l(h_A)}\left(\gamma_{Ai}-\mathrm{mean}(h_A)\right)^2}{l(h_A)}} \text{ 和 } \mathrm{std}(h_B)=\sqrt{\frac{\sum_{j=1}^{l(h_B)}\left(\gamma_{Bj}-\mathrm{mean}(h_B)\right)^2}{l(h_B)}}。$$

犹豫模糊数 h_A 和 h_B 之间的一致距离为 h_A 和 h_B 的一致度之间的距离，为

$$d_{\mathrm{C}}\left(h_A,h_B\right)=\left|c(h_A)-c(h_B)\right| \tag{9.15}$$

而对于犹豫模糊数 h_A 和 h_B 之间的模糊距离，由于犹豫模糊数的模糊度本身也是一个犹豫模糊数，因此可以基于距离矩阵的思想定义其模糊距离，而已

经得知，基于距离矩阵的模糊距离本质上为均值距离，因此 h_A 和 h_B 之间的模糊距离可以描述为其模糊度犹豫模糊数之间的均值距离，记为

$$\begin{aligned} d_{\mathrm{F}}(h_A,h_B) &= \left|\mathrm{mean}(\{f(\gamma_{Ai})\}) - \mathrm{mean}(\{f(\gamma_{Bj})\})\right| \\ &= \left|\frac{1}{l(h_A)}\sum_{i=1}^{l(h_A)}\left(1-2\left|\gamma_{Ai}-0.5\right|\right) - \frac{1}{l(h_B)}\sum_{j=1}^{l(h_B)}\left(1-2\left|\gamma_{Bj}-0.5\right|\right)\right| \end{aligned} \quad (9.16)$$

基于上述 4 种基本的犹豫模糊特征参数距离，集成得到犹豫模糊数 h_A 和 h_B 之间的广义距离测度为

$$d(h_A,h_B) = \left\{\alpha_{\mathrm{M}}\left[d_{\mathrm{M}}(h_A,h_B)\right]^p + \alpha_{\mathrm{D}}\left[d_{\mathrm{D}}(h_A,h_B)\right]^p + \alpha_{\mathrm{C}}\left[d_{\mathrm{C}}(h_A,h_B)\right]^p + \alpha_{\mathrm{F}}\left[d_{\mathrm{F}}(h_A,h_B)\right]^p\right\}^{\frac{1}{p}} \quad (9.17)$$

式（9.17）中，$\alpha_{\mathrm{M}}+\alpha_{\mathrm{D}}+\alpha_{\mathrm{C}}+\alpha_{\mathrm{F}}=1$，表示 4 种基本的犹豫模糊特征参数距离的权重，$p$ 为距离参数 $p \geqslant 1$，本质上上述距离可以看成一广义 Minkowski 距离。

如果 $p=1$，则 Minkowski 距离变为 Manhattan 距离

$$d_{\mathrm{M}a}(h_A,h_B) = \alpha_{\mathrm{M}}d_{\mathrm{M}}(h_A,h_B) + \alpha_{\mathrm{D}}d_{\mathrm{D}}(h_A,h_B) + \alpha_{\mathrm{C}}d_{\mathrm{C}}(h_A,h_B) + \alpha_{\mathrm{F}}d_{\mathrm{F}}(h_A,h_B) \quad (9.18)$$

如果 $p=2$，则 Minkowski 距离变为 Euclid 距离

$$d_{\mathrm{E}}(h_A,h_B) = \left\{\alpha_{\mathrm{M}}\left[d_{\mathrm{M}}(h_A,h_B)\right]^2 + \alpha_{\mathrm{D}}\left[d_{\mathrm{D}}(h_A,h_B)\right]^2 + \alpha_{\mathrm{C}}\left[d_{\mathrm{C}}(h_A,h_B)\right]^2 + \alpha_{\mathrm{F}}\left[d_{\mathrm{F}}(h_A,h_B)\right]^2\right\}^{\frac{1}{2}} \quad (9.19)$$

此犹豫模糊数的广义距离测度，实现了释放犹豫模糊数隶属度个数和顺序的目的，并且当犹豫模糊数的一种或两种参数相等时，依然能够准确度量接近度而不出现反直觉结果，仅有当四种参数距离均相等时，犹豫模糊数的距离才相等，可以十分确定地讲克服了现有所有犹豫模糊数距离度量的缺点，能被认作是一种全距离。

9.3.3　犹豫模糊集的特征距离

在犹豫模糊数距离的基础上，本节基于集成算子的思想集成犹豫模糊数距离得到犹豫模糊集的距离。集成算子可以看成数据间的融合方法，第 2 章介绍

了直觉模糊集成的基本集成算子，这些集成算子对犹豫模糊集同样适用，因此可以直接利用 GWA 算子和 GOWA 算子集成。

犹豫模糊集广义加权平均（GWA-based）距离

定义 9.3　记论域 $X=\{x_1,x_2,\cdots x_k,\cdots,x_n\}$ 上的两个犹豫模糊集 $A=\{\langle x_k,h_A(x_k)\rangle \mid x_k\in X,k=1,2,\cdots,n\}$ 和 $B=\{\langle x_k,h_B(x_k)\rangle \mid x_k\in X,k=1,2,\cdots,n\}$，对应的犹豫模糊数分别为 $h_A(x_k)=\{\gamma_{A1}(x_k),\gamma_{A2}(x_k),\cdots,\gamma_{Ai}(x_k),\cdots,\gamma_{Al(h_A)}(x_k)\}$ 和 $h_B(x_k)=\{\gamma_{B1}(x_k),\gamma_{B2}(x_k),\cdots,\gamma_{Bj}(x_k),\cdots,\gamma_{Bl(h_B)}(x_k)\}$，记论域 $X=\{x_1,x_2,\cdots x_k,\cdots,x_n\}$ 的权重为 $\boldsymbol{w}=(w_1\ \ w_2\cdots w_k\cdots w_n)^{\mathrm{T}}$，则犹豫模糊集 A 和 B 之间的 GWA-based 距离定义为

$$d_{\mathrm{GWA}}(A,B)=\left[\sum_{k=1}^{n}w_k\cdot\left(d\left(h_A(x_k),h_B(x_k)\right)\right)^{\lambda}\right]^{\frac{1}{\lambda}} \tag{9.20}$$

式（9.20）中，$d\left(h_A(x_k),h_B(x_k)\right)$ 为犹豫模糊数 $h_A(x_k)$ 的 $h_B(x_k)$ 之间的距离可以由 9.3.2 节计算，$\lambda\in(-\infty,+\infty)$，随着 λ 不同可以组成多种常用的特例距离。

如果 $\lambda=1$，GWA-based 距离变为常见的加权平均（WA-based）距离

$$d_{\mathrm{WA}}(A,B)=\sum_{k=1}^{n}w_k\cdot\left(d\left(h_A(x_k),h_B(x_k)\right)\right) \tag{9.21}$$

如果 $\lambda=2$，GWA-based 距离变为加权平方平均（WQA-based）距离

$$d_{\mathrm{WQA}}(A,B)=\left[\sum_{k=1}^{n}w_k\cdot\left(d\left(h_A(x_k),h_B(x_k)\right)\right)^{2}\right]^{\frac{1}{2}} \tag{9.22}$$

如果 $\lambda=-1$，GWA-based 距离变为加权调和平均（WHA-based）距离

$$d_{\mathrm{WHA}}(A,B)=\frac{1}{\left[\displaystyle\sum_{k=1}^{n}\frac{w_k}{d\left(h_A(x_k),h_B(x_k)\right)}\right]} \tag{9.23}$$

如果 $\lambda\to 0$，GWA-based 距离变为加权几何平均（WGA-based）距离

$$d_{\mathrm{WGA}}(A,B)=\prod_{k=1}^{n}\left[d\left(h_A(x_k),h_B(x_k)\right)\right]^{w_k} \tag{9.24}$$

易知上述距离满足非负性和对称性，进一步基于 Minkowski 不等式可以证明其三角不等式，这里不再另证。

犹豫模糊集广义有序加权（GOWA-based）距离

同样，基于 GWA-based 距离的思想，直接给出 GOWA-based 距离。

定义 9.4 记论域 $X=\{x_1,x_2,\cdots x_k,\cdots,x_n\}$ 上的两个犹豫模糊集 $A=\left\{\left\langle x_k,h_A(x_k)\right\rangle \mid x_k\in X,k=1,2,\cdots,n\right\}$ 和 $B=\left\{\left\langle x_k,h_B(x_k)\right\rangle \mid x_k\in X,k=1,2,\cdots,n\right\}$，对应的犹豫模糊数分别为 $h_A(x_k)=\left\{\gamma_{A1}(x_k),\gamma_{A2}(x_k),\cdots,\gamma_{Ai}(x_k),\cdots,\gamma_{Al(h_A)}(x_k)\right\}$ 和 $h_B(x_k)=\left\{\gamma_{B1}(x_k),\gamma_{B2}(x_k),\cdots,\gamma_{Bj}(x_k),\cdots,\gamma_{Bl(h_B)}(x_k)\right\}$，则犹豫模糊集 A 和 B 之间的 GOWA-based 距离定义为

$$d_{\text{GOWA}}(A,B)=\left[\sum_{k=1}^{n}\omega_k\cdot\left(d^{\sigma(k)}\left(h_A(x_{\sigma(k)}),h_B(x_{\sigma(k)})\right)\right)^{\lambda}\right]^{\frac{1}{\lambda}} \tag{9.25}$$

式（9.25）中，$\lambda\in(-\infty,+\infty)$，$\sigma:(1,2,\cdots,n)\to(1,2,\cdots,n)$ 为顺序排列满足

$$d^{\sigma(k)}\left(h_A(x_{\sigma(k)}),h_B(x_{\sigma(k)})\right)\geqslant d^{\sigma(k+1)}\left(h_A(x_{\sigma(k+1)}),h_B(x_{\sigma(k+1)})\right),k=1,2,\cdots,n-1 \tag{9.26}$$

$\boldsymbol{\omega}=(\omega_1\ \ \omega_2\cdots\omega_k\cdots\omega_n)^{\mathrm{T}}$ 为对应的距离顺序权重，满足 $\sum_{j=1}^{n}\omega_j=1$，$d^{\sigma(k)}\left(h_A(x_{\sigma(k)}),h_B(x_{\sigma(k)})\right)$ 为犹豫模糊数 $h_A(x_{\sigma(k)})$ 和 $h_B(x_{\sigma(k)})$ 之间的顺序距离。同样，随着 λ 不同可以组成多种常用的特例距离。

如果 $\lambda=1$，OGWA-based 距离变为有序加权平均（OWA-based）距离

$$d_{\text{OWA}}(A,B)=\sum_{k=1}^{n}\omega_k\cdot\left(d^{\sigma(k)}\left(h_A(x_{\sigma(k)}),h_B(x_{\sigma(k)})\right)\right) \tag{9.27}$$

如果 $\lambda=2$，OGWA-based 距离变为有序加权平方平均（QOWA-based）距离

$$d_{\text{OWQA}}(A,B)=\left[\sum_{k=1}^{n}\omega_k\cdot\left(d^{\sigma(k)}\left(h_A(x_{\sigma(k)}),h_B(x_{\sigma(k)})\right)\right)^{2}\right]^{\frac{1}{2}} \tag{9.28}$$

如果 $\lambda=-1$，OGWA-based 距离变为有序加权调和平均（OWHA-based）距离

$$d_{\text{OWHA}}(A,B)=\frac{1}{\left[\sum_{k=1}^{n}\dfrac{\omega_k}{d^{\sigma(k)}\left(h_A(x_{\sigma(k)}),h_B(x_{\sigma(k)})\right)}\right]} \tag{9.29}$$

如果 $\lambda\to 0$，OGWA-based 距离变为有序加权几何平均（OWGA-based）距离

$$d_{\text{OWGA}}(A,B)=\prod_{k=1}^{n}\left[d^{\sigma(k)}\left(h_A(x_{\sigma(k)}),h_B(x_{\sigma(k)})\right)\right]^{w_k} \tag{9.30}$$

特别地，当论域 $X=\{x_1,x_2,\cdots x_k,\cdots,x_n\}$ 和顺序权重均为 $\left(\frac{1}{n}\ \frac{1}{n}\cdots\frac{1}{n}\right)^{\mathrm{T}}$ 时，GWA-based 距离和 GOWA-based 距离变为最常见的一般化距离。

$$d(A,B)=\left[\frac{1}{n}\sum_{k=1}^{n}\left(d\left(h_A(x_k),h_B(x_k)\right)\right)^{\lambda}\right]^{\frac{1}{\lambda}} \tag{9.31}$$

基于上述推导，完成了犹豫模糊集特征参数距离的构造，其构造流程如图 9.1 所示。

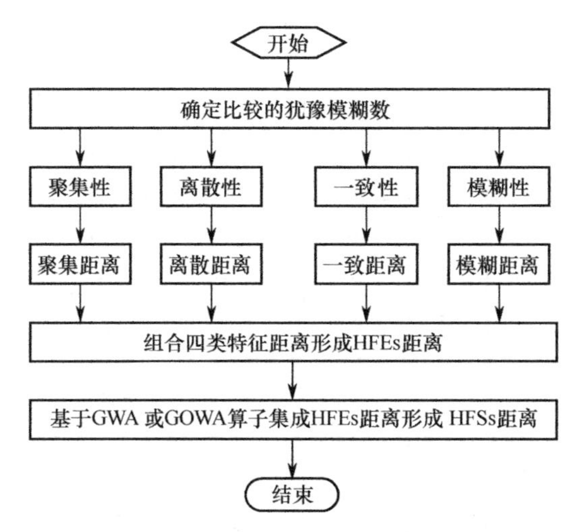

图 9.1　犹豫模糊集特征参数距离构造流程

9.3.4　与现有距离方法的对比

本节对比分析所提出的犹豫模糊特征参数距离与现有犹豫模糊集及其拓展形式的距离，为实现对比效果，选取了 6 类指标进行全面的比较。6 类指标分别为：

（1）是否采用延拓补值方法；

（2）是否对犹豫模糊数中的隶属度顺序重新排列；

（3）是否利用了距离矩阵中的所有数值定义距离；

（4）距离矩阵中的数值是否是绝对值距离对；

（5）距离定义时采用了何种特征参数；

（6）采用何种计算方法得到距离。

根据上述 6 类指标对犹豫模糊特征参数距离和现有犹豫模糊集及其拓展

形式的距离进行对比，结果如表 9.1 所示。

表 9.1 犹豫模糊特征距离和现有犹豫模糊集及其拓展形式的距离进行对比

距离度量测度	延拓补值	顺序重排	距离矩阵中所有数值	距离矩阵中绝对值距离对	特征参数	计算方法
[40,46,130,144-149]、[152-155]、[157-159]	是	是	否	是	聚集性	距离矩阵对角线数值的均值
[160]	是	是	否	是	聚集性	最小公倍数距离矩阵对角线数值的均值
[161]	是	是	否	是	聚集性	距离矩阵的 Hausdorff 距离
[135, 136, 139, 150, 151]、[170]	是	是	否	是	犹豫度	距离矩阵对角线数值的均值
[156]	否	是	否	是	聚集性	较短隶属度距离矩阵对角线数值的均值
[162,163]	否	否	否	是	聚集性、序数	距离或序数矩阵的 Hausdorff 距离
[164-167]	否	否	否	是	聚集性	距离矩阵各行各列最小值的均值
[168]	否	否	是	是	聚集性	距离矩阵中所有绝对值距离对的均值
[171]	否	否	是	是	聚集性	HFSs 的犹豫距离集
[172]	否	否	是	否	均值、标准差	均值和标准差距离矩阵中所有数值的均值
[173]	否	否	是	否	均值	距离矩阵中所有距离对的均值
特征参数距离	否	否	是	否	聚集性、离散性、一致性、模糊性	综合考虑 4 类特征距离集成

由表 9.1 可清晰得知，现有大多数犹豫模糊距离遇到犹豫模糊数隶属度个数与顺序重排的困难，极大地限制了此类距离的使用。尽管也出现了某些改进型距离，但是这些距离都存在不足，其中一部分仅考虑距离矩阵中的某些数值而不是所有数值定义距离以及仅利用一两个特征参数定义距离，这些定义都是距离的部分体现，是一种偏距离。另外，无论犹豫模糊数的隶属度长度是否相等均利用绝对值距离对构造距离矩阵，必然会与 9.3.1 节分析的那样出现反直

觉现象。然而，本章所提出的犹豫模糊特征距离则克服了现有所有犹豫模糊距离的缺点，比任一距离都要全面和可信。

9.4　基于犹豫模糊特征距离测度的数据关联

9.4.1　经典 TODIM 方法

TODIM 方法是基于前景理论建立的多属性决策方法，描述比较方案之间的优势度。通过对所有决策方案互相比较，建立方案之间的优势度，进而得到某方案相对其他方案的总体优势度，进而对总体优势度排序进行识别决策判定。本质上，TODIM 方法的核心在于基于各方案之间距离度量建立的优势度，其具体步骤描述如下。

假设 m 类待识别方案 $A_i(i=1,2,\cdots,m)$，每类方案具有 n 类特征属性 $C_j(j=1,2,\cdots,n)$，对应的属性权重为 $\boldsymbol{w}=(w_1\ \ w_2\ \cdots\ w_n)^{\mathrm{T}}$，满足 $0\leqslant w_j\leqslant 1$，$\sum_{j=1}^{n}w_j=1$。记方案 A_i 在属性 C_j 上的属性值为 x_{ij}，则所有方案的属性值可以用一决策矩阵 $\boldsymbol{X}=\left[x_{ij}\right]_{m\times n}$ 表示。

步骤 1：如果属性值自身携带物理量纲，需要对其进行规范化处理，记决策矩阵 $\boldsymbol{X}=\left[x_{ij}\right]_{m\times n}$ 经规范化后变为 $\boldsymbol{R}=\left[r_{ij}\right]_{m\times n}$。

步骤 2：按下式计算属性 C_j 相对于参考属性 C_r 的相对权重

$$w_{jr}=\frac{w_j}{w_r},w_r=\max_{j}w_j \tag{9.32}$$

步骤 3：计算每类方案 $A_i(i=1,2,\cdots,m)$ 在各属性 $C_j(j=1,2,\cdots,n)$ 上优于其他方案 A_k 的优势度，形成优势度矩阵 $\boldsymbol{\Phi}_j=\left[\Phi_{ik}^{j}\right]_{m\times m}$，其中 Φ_{ik}^{j} 为方案之间的优势度

$$\Phi_{ik}^{j}=\begin{cases}\sqrt{w_{jr}(r_{ij}-r_{kj})\Big/\sum\limits_{j=1}^{n}w_{jr}}, & r_{ij}>r_{kj}\\ 0, & r_{ij}=r_{kj}\\ -\dfrac{1}{\theta}\sqrt{\sum\limits_{j=1}^{n}w_{jr}(r_{kj}-r_{ij})\Big/w_{jr}}, & r_{ij}<r_{kj}\end{cases} \tag{9.33}$$

式（9.33）中，θ 为损失衰退参数。

步骤 4：基于优势度矩阵计算得到方案 A_i 相对于方案 A_k 在各属性上的总体优势度为

$$\delta_{ik} = \sum_{j=1}^{n} \Phi_{ik}^{j} \tag{9.34}$$

步骤 5：按下式计算每类方案的全局前景值为

$$\eta_i = \frac{\sum_{k=1}^{m}\delta_{ik} - \min_i\left\{\sum_{k=1}^{m}\delta_{ik}\right\}}{\max_i\left\{\sum_{k=1}^{m}\delta_{ik}\right\} - \min_i\left\{\sum_{k=1}^{m}\delta_{ik}\right\}},\quad i=1,2,\cdots,m \tag{9.35}$$

步骤 6：对全局前景值 η_i 进行降序排列，判定决策方案为最大全局前景值对应的方案。

通过 TODIM 方法的步骤得知，其主要在于方案之间的优势度建立，现有的改进型 TODIM 方法一方面在于将传统属性描述值拓展到多元数据表示样式，另一方面则改进优势度建立时各类数据间的距离度量。本章主要基于犹豫模糊集样式和所提出的犹豫模糊新距离度量测度对其进行改进。

9.4.2 基于犹豫模糊特征距离的改进型 TODIM 方法

在犹豫模糊特征距离基础上，本节提出一种新的犹豫模糊数的关联方法，新方法主要源于传统的 TODIM 方法和前景理论，并基于本章所改进的犹豫模糊排序方法和提出的犹豫模糊特征距离，其具体步骤叙述如下。

假设 m 类待识别方案 $A_i(i=1,2,\cdots,m)$，每类方案具有 n 类特征属性 $C_j(j=1,2,\cdots,n)$，对应的属性权重为 $\boldsymbol{w}=(w_1\ \ w_2\ \cdots\ w_n)^{\mathrm{T}}$，满足 $0\leqslant w_j\leqslant 1$，$\sum_{j=1}^{n} w_j = 1$。记 A_i 在 C_j 上的属性值为犹豫模糊数 $h_i(C_j)=\left\{\gamma_{i1}(C_j),\gamma_{i2}(C_j),\cdots,\gamma_{il(h_i(C_j))}(C_j)\right\}$，则所有方案的属性值可以用一决策矩阵 $\boldsymbol{H}=\left(h_i(C_j)\right)_{m\times n}$ 表示。

步骤 1：按属性值遍历，计算各方案 $A_i(i=1,2,\cdots,m)$ 之间在属性 $C_j(j=1,2,\cdots,n)$ 上的两两比较矩阵关系，形成比较矩阵 $\boldsymbol{\Phi}_j=\left[\Phi_{ik}^{j}\right]_{m\times m}$，其中 Φ_{ik}^{j} 的取值描述如下

如果 C_j 为效益型属性，则

$$\Phi_{ik}^{j}=\begin{cases}d\left(h_i(C_j),h_k(C_j)\right), & h_i(C_j)>h_k(C_j)\\0, & h_i(C_j)=h_k(C_j)\\-\rho\cdot d\left(h_i(C_j),h_k(C_j)\right), & h_i(C_j)<h_k(C_j)\end{cases} \tag{9.36}$$

如果 C_j 为成本型属性，则

$$\Phi_{ik}^{j}=\begin{cases}-\rho\cdot d\left(h_i(C_j),h_k(C_j)\right), & h_i(C_j)>h_k(C_j)\\0, & h_i(C_j)=h_k(C_j)\\d\left(h_i(C_j),h_k(C_j)\right), & h_i(C_j)<h_k(C_j)\end{cases} \tag{9.37}$$

式（9.37）中，ρ 为损失衰退参数，可以用来模拟决策者的心理，$\rho \geqslant 1$，ρ 的取值实际为前景理论的体现。犹豫模糊数 $h_i(C_j)$ 和 $h_k(C_j)$ 之间的比较关系按照 9.2.2 节提出的新的犹豫模糊数比较法则实施，$d\left(h_i(C_j),h_k(C_j)\right)$ 为犹豫模糊数 $h_i(C_j)$ 和 $h_k(C_j)$ 之间的距离，按照 9.3 节的犹豫模糊特征距离实施。

步骤 2：基于各属性上的比较矩阵，将所有属性集成得到各方案之间的比较矩阵 $\boldsymbol{\Phi}$，为

$$\boldsymbol{\Phi}=\left[\Phi_{ik}\right]_{m\times m},\Phi_{ik}=\left[\sum_{j=1}^{n}w_j\left(\Phi_{ik}^{j}\right)^{\lambda}\right]^{\frac{1}{\lambda}} \tag{9.38}$$

式（9.38）中，λ 为集成参数，由于 Φ_{ik}^{j} 可能存在负值，因此 λ 不能为偶数，当 $\lambda=1$，$\lambda=-1$ 和 $\lambda\to 0$ 时，得到 3 类比较矩阵。

如果 $\lambda=1$，为 WA-based 比较矩阵，

$$\boldsymbol{\Phi}_{\text{WA}}=\left[\Phi_{\text{WA}-ik}\right]_{m\times m},\Phi_{\text{WA}-ik}=\sum_{j=1}^{n}w_j\left(\Phi_{ik}^{j}\right) \tag{9.39}$$

如果 $\lambda=-1$，为 WHA-based 比较矩阵，

$$\boldsymbol{\Phi}_{\text{WHA}}=\left[\Phi_{\text{WHA}-ik}\right]_{m\times m},\Phi_{\text{WHA}-ik}=\frac{1}{\sum_{j=1}^{n}\frac{w_j}{\Phi_{ik}^{j}}} \tag{9.40}$$

如果 $\lambda\to 0$，为 WGA-based 比较矩阵，

$$\boldsymbol{\Phi}_{\text{WGA}}=\left[\Phi_{\text{WGA}-ik}\right]_{m\times m},\Phi_{\text{WGA}-ik}=\prod_{j=1}^{n}\left(\Phi_{ik}^{j}\right)^{w_j} \tag{9.41}$$

步骤 3：按下式计算每类方案的全局比较值 η_i，为

$$\eta_i = \frac{\sum_{k=1}^{m}\Phi_{ik} - \min_i\left\{\sum_{k=1}^{m}\Phi_{ik}\right\}}{\max_i\left\{\sum_{k=1}^{m}\Phi_{ik}\right\} - \min_i\left\{\sum_{k=1}^{m}\Phi_{ik}\right\}}, \quad i = 1,2,\cdots,m \tag{9.42}$$

步骤 4：对全局比较值 η_i 进行排序，判定决策方案为最大全局比较值对应的方案。

9.5 仿真分析

本节设置了与现有的距离度量比对、目标识别和威胁估计等 3 组实验环境，来验证犹豫模糊数据关联方法的有效性。

9.5.1 与现有距离度量的比对

为了体现所提犹豫模糊特征距离的优越性，本节将其与现有的几种典型距离进行对比分析。采用文献[40, 46, 144, 147]和[157, 158]中的 Hamming 距离、文献[162, 163]中的 Hausdorff 距离、文献[164-167]中的距离矩阵各行各列最小值的均值距离及文献[168]中的距离矩阵中绝对值距离对的均值距离和仅取基于距离矩阵的均值单参数距离 5 大类距离方法对比分析，其中 Hamming 距离又分为乐观法延拓和悲观法延拓补值两种情况，且需要将隶属度进行降序排列。因此利用这 5 大类距离重复 9.5.2 节的目标识别算例，得到的识别对比结果及排序结果如表 9.2 所示。

表 9.2　不同距离的识别结果对比

方法	距离及排序					
	模式 1	模式 2	模式 3	模式 4	模式 5	排序
悲观法延拓距离	0.094 2	0.168 3	0.153 3	0.138 3	0.115 8	$P2 \succ P3 \succ P4 \succ P5 \succ P1$
乐观法延拓距离	0.109 2	0.183 3	0.153 3	0.138 3	0.115 8	$P2 \succ P3 \succ P4 \succ P5 \succ P1$
均值距离	0.000 0	0.000 0	0.100 0	0.125 0	0.007 5	$P4 \succ P3 \succ P5 \succ P1 = P2$
Hausdorff 距离	0.130 0	0.240 0	0.100 0	0.140 0	0.070 0	$P2 \succ P4 \succ P1 \succ P3 \succ P5$
距离矩阵最小值	0.079 2	0.117 9	0.065 8	0.085 0	0.041 7	$P2 \succ P1 \succ P4 \succ P3 \succ P5$
距离矩阵绝对值	0.189 7	0.245 0	0.198 9	0.226 2	0.193 5	$P2 \succ P4 \succ P3 \succ P5 \succ P1$

由表 9.2 得知，不同的距离测度得到不同的识别结果。基于乐观法延拓和悲观法延拓的 Hamming 距离都将已知模式 1 作为识别结果。均值距离将已知模式 1 和模式 2 同时作为识别结果，无法进一步区分。Hausdorff 距离和文献[164-167]中的距离将已知模式 5 作为识别类，与所提出的犹豫模糊特征距离的识别结果一致。文献[168]中的距离的识别结果则为已知模式 1。

现分析出现上述不同结果的主要原因，基于乐观法延拓和悲观法延拓的 Hamming 距离以及文献[168]中的绝对值距离均利用距离矩阵中的绝对值距离对构造距离，仅表示距离的强度，不能反映距离间的对比关系。此外，基于乐观法延拓和悲观法延拓的 Hamming 距离增加了延拓值和顺序重排列，必然会引入无关信息，导致计算精度降低。均值距离则仅仅利用犹豫模糊数的均值构造犹豫模糊距离，本质上仅为距离的聚集性表示。特别地当模式 1 和模式 2 与未知目标之间的聚集性一致时，无法对其进一步区分。尽管 Hausdorff 距离和文献[164-167]中距离的计算结果与犹豫模糊特征距离的计算结果一致，但是这两种方法仅利用了距离矩阵中的部分距离对进行距离构造，因此是不全面的。

而本章所提出的犹豫模糊特征距离不仅仅释放了犹豫模糊数隶属度个数与顺序的条件，利用距离矩阵中的所有数值，还综合考虑了犹豫模糊数的聚集性、离散性、一致性和模糊性特征共同构造犹豫模糊数距离。因此，相比现有的任何犹豫模糊距离，所提出的距离要更全面，且如果 4 个特征距离中某一部分距离相等，依然能够依靠其余特征距离之间的差异性将目标区分，这表明了犹豫模糊特征距离在分辨力方面具有优越性。

9.5.2　目标识别算例

在一目标识别问题中，某电子侦察飞机在执行巡逻任务时侦测到一未知目标，机载传感器量测到目标的三类特征属性，记为 P1、P2 和 P3。由于电磁环境的相互压制与干扰，导致量测值是不确定的，每类参数具有一系列量测值，因此适用于用犹豫模糊数对各参数进行表示。融合中心需要根据量测的未知目标参数值对其与数据库中的目标进行匹配以实现识别判定。规范化后的未知目标和已知模式的犹豫模糊参数如表 9.3 所示。

表 9.3　规范化后的未知目标和已知模式的犹豫模糊参数

已知模式	参数		
	P1	P2	P3
未知目标	{0.5, 0.3, 0.4}	{0.2, 0.9, 0.4, 0.5}	{0.3, 0.6}
已知模式 1	{0.2, 0.6, 0.4}	{0.3, 0.7}	{0.3, 0.6, 0.4, 0.5}
已知模式 2	{0.1, 0.7}	{0.4, 0.6, 0.5}	{0.2, 0.7, 0.3, 0.6}
已知模式 3	{0.3, 0.4, 0.2}	{0.1, 0.8, 0.3, 0.4}	{0.2, 0.5}
已知模式 4	{0.7, 0.5, 0.6}	{0.1, 0.4, 0.8, 0.5}	{0.7, 0.4}
已知模式 5	{0.6, 0.2, 0.4}	{0.6, 0.8, 0.1, 0.4}	{0.6, 0.3}

融合中心需要在 5 类已有模式中判定是否存在未知目标，因此利用所提出的犹豫模糊特征距离实现未知目标与已有模式之间的接近度计算。根据已有信息得知各参数的权重为（0.4, 0.3, 0.3）。由表 9.3 数据得知，上述各犹豫模糊参数之间的隶属度个数并不一致，也未参照顺序排列，但是由于犹豫模糊特征距离释放了这两个条件，因此不必对其进行延拓补值和重排列。为此基于犹豫模糊特征距离计算未知目标与已知模式之间的距离，选取距离最小者为识别类。由于参数本身不涉及顺序权重，因此采用 GWA-based 距离计算未知目标与已知模式之间的距离，在计算各犹豫模糊参数之间的距离时，取 Manhattan 距离进行计算，且假设四类特征参数：聚集性、离散性、一致性和模糊性的权重为（0.4, 0.2, 0.2, 0.2），令 GWA-based 距离中的集成参数 $\lambda=1$，即 WA-based 距离的具体计算步骤如下。

（1）确定各犹豫模糊参数的四类特征，根据聚集性、离散性、一致性和模糊性的定义分别按参数遍历计算已知模式与未知目标的特征参数如表 9.4 所示。

表 9.4　已知模式与未知目标的特征参数

已知模式	特征参数：聚集性、离散性、一致性和模糊性		
	P1	P2	P3
未知目标	0.4; 0.081 6; 0.333 3; {1, 0.6, 0.8}	0.5; 0.255; 0.25; {0.4, 0.2, 0.8, 1}	0.45; 0.15; 0.5; {0.8, 0.6}
已知模式 1	0.4; 0.163 3; 0.333 3; {0.4, 0.8, 0.8}	0.5; 0.2; 0.5; {0.6, 0.6}	0.4; 0.111 8; 0.25; {0.6, 0.8, 0.8, 1}
已知模式 2	0.4; 0.3; 0.5; {0.2, 0.6}	0.5; 0.081 6; 0.333 3; {0.8, 0.8, 1}	0.45; 0.206 2; 0.25; {0.4, 0.6, 0.6, 0.8}
已知模式 3	0.3; 0.081 6; 0.333 3; {0.6, 0.8, 0.4}	0.4; 0.255; 0.25; {0.2, 0.4, 0.6, 0.8}	0.35; 0.15; 0.5; {0.4, 1}
已知模式 4	0.6; 0.081 6; 0.333 3; {0.6, 1, 0.8}	0.45; 0.25; 0.25; {0.2, 0.8, 0.4, 1 }	0.55; 0.15; 0.5; {0.6, 0.8}
已知模式 5	0.4; 0.163 3; 0.333 3; {0.8, 0.4, 0.8}	0.475; 0.2586; 0.25; {0.8, 0.4, 0.2, 0.8}	0.45; 0.15; 0.5; {0.6, 0.8}

（2）计算未知目标与已知模式之间的各参数犹豫模糊特征距离如表 9.5 所示。

表 9.5 未知目标与已知模式之间的各参数犹豫模糊特征距离

已知模式	聚集性、离散性、一致性、模糊性的特征参数距离		
	P1	P2	P3
已知模式 1	1.110 2e-16; 0.081 6; 0; 0.133 3	0; 0.055; 0.25; 0	0; 0.038 2; 0.25; 0.1
已知模式 2	0; 0.218 4; 0.166 7; 0.4	0; 0.173 3; 0.083 3; 0.266 7	5.551 1e-17; 0.056 2; 0.25; 0.1
已知模式 3	0.1; 0; 0; 0.2	0.1; 0; 0; 0.1	0.1; 0; 0; 0
已知模式 4	0.2; $2.775\,6\times10^{-17}$; 0;$2.220\,4\times10^{-16}$	0.05; 0.005; 0; $1.110\,2\times10^{-16}$	0.1; $2.775\,6\times10^{-17}$; 0; $1.110\,2\times10^{-16}$
已知模式 5	$1.110\,2\times10^{-16}$; 0.081 6; 0; 0.133 3	0.025; 0.003 7; 0; 0.05	0; 0; 0; 0

（3） 根据各特征的权重，集成四类特征参数距离得到未知目标与已知模式之间的犹豫模糊特征距离如表 9.6 所示。

表 9.6 未知目标与已知模式之间的犹豫模糊特征距离

已知模式	犹豫模糊特征距离		
	P1	P2	P3
已知模式 1	0.043 0	0.061 0	0.077 6
已知模式 2	0.157 0	0.104 7	0.081 2
已知模式 3	0.080 0	0.060 0	0.040 0
已知模式 4	0.080 0	0.021 0	0.040 0
已知模式 5	0.043 0	0.020 7	0

（4） 根据各参数的权重，集成 3 类犹豫模糊参数的特征距离得到未知目标与已知模式之间犹豫模糊特征距离分别为

$$d_1 = 0.0588,\ d_2 = 0.1186,\ d_3 = 0.0620,\ d_4 = 0.0503,\ d_5 = 0.0234$$

对犹豫模糊特征距离进行排序得到

$$\mathrm{P2} \succ \mathrm{P3} \succ \mathrm{P1} \succ \mathrm{P4} \succ \mathrm{P5}$$

距离越小，模式的匹配率越高，根据此原则，判定未知目标为已知模式 5。

另外，本节也给出了在特征距离计算过程中的距离参数 p 和集成参数 λ 的敏感性分析，令距离参数 p 分别取 1 和 2，集成参数 λ 分别取 1、2、−1 和 0，即 WA-based，WQA-based，WHA-based 和 WGA-based 距离对上述算例重新计算，得到的结果如表 9.7 所示。

由表 9.7 得知，尽管距离参数 p 和集成参数 λ 不断变化，但是识别结果一直为已知模式 5 保持不变。尽管识别结果不变，但是当距离参数 p 不同时，距

离排序结果有所不同，并且当集成参数 $\lambda=-1$ 和 $\lambda=0$ 时，模式 5 与未知目标之间的距离为 0，这是不合理的，其主要原因在于模式 5 与未知目标之间的 P1 参数的犹豫模糊距离为 0，导致采用 WHA-based 和 WGA-based 距离在集成时无论 P2 和 P3 参数的犹豫模糊距离为何，得到的犹豫模糊特征距离均为 0，这是 WHA-based 和 WGA-based 距离遇到的 0 点悖论，因此通过此参数分析表明，在计算犹豫模糊特征距离集成时优先采用 WA-based 和 WQA-based 距离，即集成参数 λ 至少应大于 1。

表 9.7　已知模式与未知目标之间的特征距离和排序随参数 p 和 λ 的变化

距离参数	集成参数	特征距离及排序					
		模式 1	模式 2	模式 3	模式 4	模式 5	排序
p=1	λ=1	0.058 8	0.118 6	0.062 0	0.050 3	0.023 4	P2 ≻ P3 ≻ P1 ≻ P4 ≻ P5
	λ=2	0.060 5	0.123 0	0.064 2	0.056 3	0.029 5	P2 ≻ P3 ≻ P1 ≻ P4 ≻ P5
	λ=−1	0.055 3	0.109 8	0.057 1	0.037 3	0	P2 ≻ P3 ≻ P1 ≻ P4 ≻ P5
	λ=0	0.057 0	0.114 1	0.059 6	0.043 5	0	P2 ≻ P3 ≻ P1 ≻ P4 ≻ P5
p=2	λ=1	0.098 8	0.167 8	0.086 0	0.079 1	0.036 2	P2 ≻ P1 ≻ P3 ≻ P4 ≻ P5
	λ=2	0.101 6	0.172 8	0.088 3	0.088 9	0.046 7	P2 ≻ P1 ≻ P3 ≻ P4 ≻ P5
	λ=−1	0.092 5	0.158 2	0.081 5	0.057 6	0	P2 ≻ P1 ≻ P3 ≻ P4 ≻ P5
	λ=0	0.095 7	0.162 9	0.083 7	0.067 8	0	P2 ≻ P1 ≻ P3 ≻ P4 ≻ P5

9.5.3　威胁等级估计算例

某机载多传感器威胁识别系统的雷达、敌我识别器（IFF）和电子支援措施（ESM）探测到 4 类可能的威胁目标。每类目标的威胁程度取决于其三类参数：距离、速度和方位。在对抗环境下，威胁值自身携带不确定性，通过前段的数据预处理上报给融合中心的各类目标决策信息为犹豫模糊信息，融合中心需要根据得到的信息进行威胁等级估计，这是一个典型的多属性决策问题，可以描述为下述数学模型。

记融合中心待估计威胁为 $\{A_1,A_2,A_3,A_4\}$，每类威胁具有三类参数 $\{C_1,C_2,C_3\}$，参数权重记为 $\boldsymbol{w}=(0.5\ \ 0.3\ \ 0.2)^{\mathrm{T}}$，记 $h_i(C_j)=\{\gamma_{i1}(C_j),\gamma_{i2}(C_j),\cdots,\gamma_{il(h_i(C_j))}(C_j)\}$ 为威胁目标 A_i 在参数 C_j 上的犹豫模糊信息，则所有威胁目标的犹豫模糊信息可以表示为一决策矩阵 $\boldsymbol{H}=\left[h_i(C_j)\right]_{m\times n}$，具体数值如表 9.8 所示。

表 9.8　犹豫模糊威胁特征参数值

威胁	参数		
	距离	速度	方向
威胁 1	{0.5, 0.6, 0.7}	{0.6, 0.8}	{0.5, 0.6, 0.4, 0.2}
威胁 2	{0.4, 0.6, 0.3}	{0.6, 0.5, 0.3}	{0.2, 0.5, 0.6, 0.3}
威胁 3	{0.3, 0.5, 0.4}	{0.4, 0.6, 0.8}	{0.4, 0.3, 0.2, 0.7}
威胁 4	{0.3, 0.2, 0.6, 0.5}	{0.3, 0.4, 0.6, 0.7}	{0.3, 0.5}

具体步骤如下。

步骤 1：计算各参数上的各威胁目标的比较矩阵。

首先利用新的犹豫模糊比较法则对各目标在各参数上的大小进行比较得到下述关系

对于距离参数而言，

Threat 1> Threat 2> Threat 4> Threat 3。

对于速度参数而言，

Threat 1> Threat 3> Threat 4> Threat 2。

对于方位参数而言，

Threat 1> Threat 4> Threat 2> Threat 3。

进一步基于犹豫模糊数之间的距离计算各目标在各参数上的距离。

对于距离参数而言，

$d_{12}=0.0886$，$d_{13}=0.0800$，$d_{14}=0.1320$，$d_{23}=0.0353$，$d_{24}=0.0433$，$d_{34}=0.0520$。

对于速度参数而言，

$d_{12}=0.1716$，$d_{13}=0.0993$，$d_{14}=0.1616$，$d_{23}=0.0877$，$d_{24}=0.0567$，$d_{34}=0.0644$。

对于方位参数而言，

$d_{12}=0.0220$，$d_{13}=0.0478$，$d_{14}=0.0796$，$d_{23}=0.0258$，$d_{24}=0.0816$，$d_{34}=0.1074$。

其中 d_{ij} 为威胁 i 与威胁 j 之间的距离。

由于距离越近威胁越大，速度越快威胁越大，方位越小威胁越大，因此距离和方位为成本型参数，速度为效益型参数。基于各目标在各参数上的比较关

系和相互间的距离，并令损失衰退参数 $\rho=1$，则可以得到各目标在参数值上的比较矩阵，为

$$\boldsymbol{\Phi}_1=\begin{bmatrix} 0 & -0.0886 & -0.0800 & -0.1320 \\ 0.0886 & 0 & -0.0353 & -0.0433 \\ 0.0800 & 0.0353 & 0 & 0.0520 \\ 0.1320 & 0.0433 & 0.0520 & 0 \end{bmatrix},$$

$$\boldsymbol{\Phi}_2=\begin{bmatrix} 0 & 0.1716 & 0.0993 & 0.1616 \\ -0.1716 & 0 & -0.0877 & -0.0567 \\ -0.0993 & 0.0877 & 0 & 0.0644 \\ -0.1616 & 0.0567 & -0.0644 & 0 \end{bmatrix},$$

$$\boldsymbol{\Phi}_3=\begin{bmatrix} 0 & -0.0220 & -0.0478 & -0.0796 \\ 0.0220 & 0 & -0.0258 & 0.0816 \\ 0.0478 & 0.0258 & 0 & 0.1074 \\ 0.0796 & -0.0816 & -0.1074 & 0 \end{bmatrix}。$$

步骤 2：基于犹豫模糊集 WA-based 距离集成各目标在参数值上的比较矩阵得到各方案之间的比较矩阵，为

$$\boldsymbol{\Phi}_{\text{WA}}=\begin{bmatrix} 0 & 0.0094 & -0.0166 & -0.0282 \\ -0.0094 & 0 & -0.0482 & -0.0099 \\ 0.0166 & 0.0482 & 0 & 0.0723 \\ 0.0282 & 0.0099 & -0.0723 & 0 \end{bmatrix}_{4\times 4}。$$

步骤 3：计算各目标的全局比较值 η_i，为

$$\eta_1=0.1572，\eta_2=0，\eta_3=1，\eta_4=0.1621。$$

步骤 4：对全局比较值 η_i 进行排序得到

$$\eta_3\succ\eta_4\succ\eta_1\succ\eta_2，$$

η_3 最大，因此判定最大的威胁目标为威胁 3。

损失衰退参数 ρ 是前景理论的体现，为此为弄清目标威胁识别结果随着损失衰退参数 ρ 的变化，计算在不同损失衰退参数 ρ 的情况下，威胁估计结果如表 9.9 所示。

表 9.9 给出了损失衰退参数 ρ 逐渐增加条件下威胁目标的判定结果变化，当 ρ 从 2 增加到 10 时，尽管全局比较值 η_i 的排序有所变化，但是识别结果始终为威胁 3。但是，当 ρ 增加到 12 时，最大的威胁目标变为威胁 4，表明损失衰退参数的选取对识别结果起着重要作用。

实质上，损失衰退参数模拟了决策者的心理，体现了利用前景理论在决策时更倾向于规避损失的特点，表示决策者对损失值更敏感。因此在利用改进 TODIM 方法进行决策时应当根据决策者的偏好选取合适的损失衰退参数，否则可能得到不同的结果。

表 9.9　不同损失衰退参数条件下的威胁估计结果

损失衰退参数	威胁识别结果及排序				
	η_1	η_2	η_3	η_4	排序
$\rho=2$	0	0.214 1	1.000 0	0.641 5	$\eta_3 \succ \eta_4 \succ \eta_1 \succ \eta_2$
$\rho=4$	0	0.359 3	1.000 0	0.871 8	$\eta_3 \succ \eta_4 \succ \eta_2 \succ \eta_1$
$\rho=6$	0	0.401 9	1.000 0	0.939 5	$\eta_3 \succ \eta_4 \succ \eta_2 \succ \eta_1$
$\rho=8$	0	0.422 3	1.000 0	0.971 9	$\eta_3 \succ \eta_4 \succ \eta_2 \succ \eta_1$
$\rho=10$	0	0.434 3	1.000 0	0.990 8	$\eta_3 \succ \eta_4 \succ \eta_2 \succ \eta_1$
$\rho=12$	0	0.440 7	0.996 7	1.000 0	$\eta_4 \succ \eta_3 \succ \eta_2 \succ \eta_1$
$\rho=14$	0	0.442 3	0.988 0	1.000 0	$\eta_4 \succ \eta_3 \succ \eta_2 \succ \eta_1$

9.6　本章小结

本章主要研究犹豫模糊集的距离测度及关联方法。首先指出现有犹豫模糊距离度量一方面需要延拓补值和顺序重排列，另一方面仅利用距离矩阵中的部分值或者犹豫模糊部分特征进行距离度量，分别导致了误差引入和信息缺失。为解决上述问题，本章首先改进了犹豫模糊数的比较法则，引入模糊度作为新的比较指标形成新的犹豫模糊数比较法则。其次为解决犹豫模糊距离度量中隶属度延拓补值和顺序重排的问题，提出基于距离矩阵的犹豫模糊数距离度量方法，但经证明得知，其仅仅为一种犹豫模糊数均值度量，因此，在此基础上为解决部分特征度量的问题，定义了犹豫模糊数的聚集性、离散性、一致性和模糊性四个特征参数，利用四个特征参数分别定义犹豫模糊数的四个特征距离，并基于集成算子集成得到犹豫模糊数的距离，进一步集成犹豫模糊数的距离得到犹豫模糊集的特征距离。该特征距离不仅释放了隶属度延拓补值和顺序重排的条件，也考虑了犹豫模糊数的四个特征参数相比现有犹豫模糊距离要更准确和全面。综合考虑犹豫模糊新比较法则、特征距离、前景理论和集成算子，提出了基于犹豫模糊特征距离测度的数据关联方法。最后，将所提出的犹豫模糊特征距离与现有 5 大类距离度量详细对比分析，论证了犹豫模糊特征距离的准确性、全面性和分辨性；应用于多传感器目标识别场景，并分析了距离参数和集成参数的敏感性，得到集成参数 λ 至少应大于 1 的结论；除此之外，解决一多传感器目标威胁等级估计问题，并对比分析了损失衰退参数的影响，得到了在进行决策时应该选取合适的损失衰退参数的结论。

第10章 语义数据的关联

10.1 引言

语义信息是决策层不确定信息的重要组成部分，作为一种定性信息，相对于数值型等定量信息，语义信息能够更好地表述复杂环境下的不确定性。并且由于决策者的现有知识与认知水平，以及各分决策中心所掌握的局限情报与信息，导致融合中心往往需要处理复杂语义的关联问题。语义关联原本属于认知计算的范畴，能够尽可能地模拟人的认知过程，减少信息损失，得到了广大学者的青睐。特别是近年来在大数据和人工智能快速发展的环境下，语义关联越来越凸显其重要性，因此作为现代人工智能和认知计算的一个重要发展方向，研究语义型数据的关联方法是十分必要的。

早在 1975 年，模糊集的创始人 Zadeh 教授就提出了语义计算的概念[15]，经过近 40 多年的发展，语义计算已经延伸到多个领域并取得了丰富的研究成果。除了 Zadeh 教授定义的语义基本模型之外，在语义计算发展史上最为重要的两个模型当属西班牙学者 F. Herrera 和 L. Martínez[174]提出的二元语义的语义表示模型以及 R.M. Rodríguez 等人[175]提出的犹豫模糊语义标签（HFLTS）概念，现有语义计算方法大多数是基于这两个模型研究的。但是，近年来许多学者也指出了这两个模型在语义表示方面的局限性，仅能够表示基本语义信息而不能够描述较为复杂的语义信息，为此对两种模型进行了相应的拓展。Pang 等人[176]考虑了语义标签的概率因素，提出了概率语义标签集的概念。Liao 等人[177]提出了连续区间语义标签的概念。尽管如此，但更为复杂和广义的语义信息诸如“比 s_1 大 20%，比 s_4 小 60%的可能性为 0.6，比 s_2 大，但比 s_5 小 30%

的可能性为 0.3”等，现有语义表示方法往往束手无策，因此为描述更广义的语义信息，有必要提出新的语义表示方法。

语义关联主要包括语义的机器语言表示、语义计算和语义输出三个过程。其中重点是语义表示和语义计算，语义输出是语义表示的逆过程。为此本章提出一种新的语义表示方法：连续概率犹豫模糊语义标签（Continuous Probabilistic Hesitant Fuzzy Linguistic Term Sets, CPHFLTS）。该语义标签能够描述更为广义的语义信息。在 CPHFLTS 基础上，研究了语义计算过程，提出两种 CPHFLTS 距离测度并用于语义数据的关联。在两类距离的基础上，结合 VIKOR 方法形成 CPHFLTS-VIKOR 模型用于决策判定。

10.2 连续概率犹豫模糊语义标签

为克服二元语义用单标签描述语义信息的局限性，解决 ULTS、HFLTS 和 PLTS 不能表示连续语义情景以及 CIVLTS 不能描述语义标签重要性不一致的问题，本节提出一种全新的语义表示模型：连续概率犹豫模糊语义标签（Continuous Probabilistic Hesitant Fuzzy Linguistic Term Sets, CPHFLTS）。该模型能够表述“比 s_1 大 20%，比 s_4 小 60%的可能性为 0.6，比 s_2 大，但比 s_5 小 30%的可能性为 0.3”等更为广义和一般化的语义描述。

定义 10.1 记语义标签 $S=\{s_\alpha \mid \alpha=-\tau,\cdots,-1,0,1,\cdots,\tau\}$，CPHFLTS 定义为

$$\tilde{H}_c(p)=\left\{\tilde{h}_c^{(k)} \mid (p^{(k)}) \middle| \tilde{h}_c^{(k)} \in \bar{S}, p^{(k)} \geqslant 0, k=1,2,\cdots,\#\tilde{H}_c(p), \sum_{k=1}^{\#\tilde{H}_c(p)} p^{(k)} \leqslant 1\right\} \tag{10.1}$$

式（10.1）中，(k) 为语义标签上标表示，$\tilde{h}_c^{(k)} \mid (p^{(k)})$ 为具有概率 $p^{(k)}$ 的连续语义标签 $\tilde{h}_c^{(k)}$，$\#\tilde{H}_c(p)$ 为 $\tilde{H}_c(p)$ 中连续概率犹豫模糊语义标签的个数，$\tilde{h}_c^{(k)}$ 为连续区间语义元素

$$\tilde{h}_c^{(k)}=\left[s_{(k)L}, s_{(k)U}\right], (k)L, (k)U \in [-\tau,\tau], (k)L \leqslant (k)U \tag{10.2}$$

用提出的 CPHFLTS 描述“比 s_1 大 20%，比 s_4 小 60%的可能性为 0.6，比 s_2 大，但比 s_5 小 30%的可能性为 0.3”的语义情景为 $\{[s_{1.2}, s_{3.4}] \mid (0.6), [s_2, s_{4.7}] \mid (0.3)\}$。连续概率犹豫模糊语义标签示意图如图 10.1 所示。

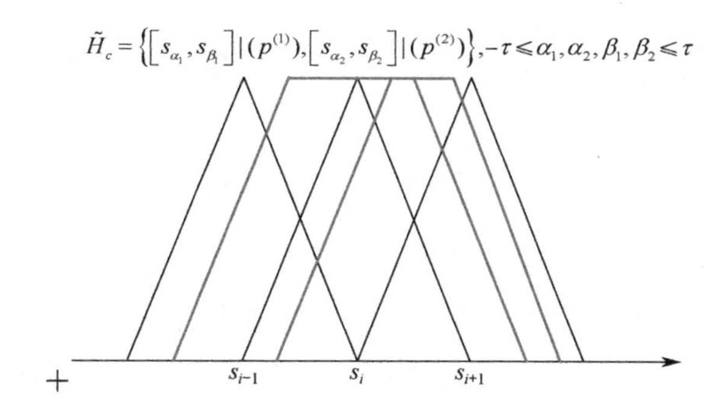

图 10.1 连续概率犹豫模糊语义标签示意图

10.3 连续概率犹豫模糊语义标签的距离测度

距离测度是模式识别的基础，因此本节主要研究连续概率犹豫模糊语义标签的距离测度。本质上，连续概率犹豫模糊语义标签可以看成是区间概率犹豫模糊集，关于犹豫模糊集的相关、距离等测度在第 8 章和第 9 章已经分别详细讨论，因此，上述两章的解决思路均可拓展到连续概率犹豫模糊语义标签的测度，为此本节不再重复推导基于上述测度的 CPHFLTS 距离测度的定义方法，而是寻求一种新的思路定义 CPHFLTS 的距离测度。

CPHFLTS 距离测度定义需要克服的两个难点：

（1）CPHFLTS 度量的对比标签个数不相等的问题；

（2）概率叠加计算的问题。

由于 CPHFLTS 本身也是一种拓展的犹豫模糊集，个数不一致的问题在前几章已经讨论，但是传统的犹豫模糊集并不附加概率，因此如何将叠加的概率纳入计算范畴是需要解决的问题。进一步可以将问题描述为如何计算存在概率分布的区间犹豫模糊集之间的距离测度，此问题类似于概率分布下的随机变量的计算，为此从随机变量数字特征的角度出发定义 CPHFLTS 的距离测度。

首先定义几个概念：CPHFLTS 的标签效能值、期望与方差。

定义 10.2 对于连续区间语义随机变量 $\tilde{H}_c$，其可能取值为 $\tilde{h}_c^{(k)}=\left[s_{(k)L},s_{(k)U}\right]$，概率分布为 $P(\tilde{H}_c=\tilde{h}_c^{(k)})=p^{(k)}$，标签效能值、期望和方差分别定义为

$$Q\left(\tilde{h}_c^{(k)}\,|\,(p^{(k)})\right)=\tilde{h}_c^{(k)}\cdot p^{(k)} \tag{10.3}$$

$$E\left(\tilde{H}_c\right)=\sum_{k=1}^{\#\tilde{H}_c(p)} Q\left(\tilde{h}_c^{(k)} \mid (p^{(k)})\right)=\sum_{k=1}^{\#\tilde{H}_c(p)} \tilde{h}_c^{(k)} \cdot p^{(k)} \tag{10.4}$$

$$D\left(\tilde{H}_c\right)=\sum_{k=1}^{\#\tilde{H}_c(p)} \left[\tilde{h}_c^{(k)}-E\left(\tilde{H}_c\right)\right]^2 \cdot p^{(k)} \tag{10.5}$$

通过定义 110.2 得知，标签效能值、期望和方差均为区间取值。

注意：已有信息对语义描述的概率之和可能不为 1，导致概率分布不完整，计算时往往会出现误差。实际上由于不知道剩余这部分概率该分配给哪一部分语义标签，这与证据理论中的基本信度赋值（BBA）类似，在证据理论中信度可以分配为单子焦元、多子焦元以及整个辨识框架。因此基于此思想，可以将这部分概率赋给整个标签区间，即 $\tilde{h}_\tau=\left[s_{-\tau},s_\tau\right]$，表示只知道语义的可能标签表示值位于整个标签区间内，而不知道具体分配给哪一部分标签，称此过程为标签概率的规范化，则规范化后的 CPHFLTS 的期望和方差分别为

$$E\left(\tilde{H}_c\right)=\sum_{k=1}^{\#\tilde{H}_c(p)} \tilde{h}_c^{(k)} \cdot p^{(k)}+\tilde{h}_\tau \cdot\left(1-\sum_{k=1}^{\#\tilde{H}_c(p)} p^{(k)}\right) \tag{10.6}$$

$$D\left(\tilde{H}_c\right)=\sum_{k=1}^{\#\tilde{H}_c(p)} \left[\tilde{h}_c^{(k)}-E\left(\tilde{H}_c\right)\right]^2 \cdot p^{(k)}+\left[\tilde{h}_\tau-E\left(\tilde{H}_c\right)\right]^2 \cdot\left(1-\sum_{k=1}^{\#\tilde{H}_c(p)} p^{(k)}\right) \tag{10.7}$$

由于 CPHFLTS 自身叠加概率无法直接计算标签距离，因此本章考虑两种思路定义 CPHFLTSs 之间的距离测度：

（1）用 CPHFLTS 标签效能值之间的距离表示 CPHFLTSs 之间的距离测度；

（2）基于概率排列组合的思想，将所有可能的标签组列出，将概率标签组的距离作为 CPHFLTSs 之间的距离测度。

另外，为解决语义描述的标签个数往往不一致的问题，在上述两种思路的基础上基于距离矩阵推导 CPHFLTS 的距离测度。

10.3.1 基于标签效能值的 CPHFLTS 距离测度

定义 10.3 对于连续概率犹豫模糊语义标签的两个概率标签值 $\tilde{h}_c^{(1)} \mid (p^{(1)})$ 和 $\tilde{h}_c^{(2)} \mid (p^{(2)})$，其标签效能值距离定义为

$$
\begin{aligned}
& d_Q\left(\tilde{h}_c^{(1)} \mid (p^{(1)}), \tilde{h}_c^{(2)} \mid (p^{(2)})\right) \\
&= d_Q\left[Q\left(\tilde{h}_c^{(1)} \mid (p^{(1)})\right) - Q\left(\tilde{h}_c^{(2)} \mid (p^{(2)})\right)\right] \\
&= d_Q\left[\tilde{h}_c^{(1)} \cdot (p^{(1)}) - \tilde{h}_c^{(2)} \cdot (p^{(2)})\right] \\
&= d_Q\left\{[s_{L1}, s_{U1}] \cdot p^{(1)} - [s_{L2}, s_{U2}] \cdot p^{(2)}\right\} \\
&= d_Q\left\{\frac{L1}{2\tau} \cdot p^{(1)} - \frac{L2}{2\tau} \cdot p^{(2)}, \frac{U1}{2\tau} \cdot p^{(1)} - \frac{U2}{2\tau} \cdot p^{(2)}\right\} \\
&= \left(\left|\frac{L1}{2\tau} \cdot p^{(1)} - \frac{L2}{2\tau} \cdot p^{(2)}\right|^p + \left|\frac{U1}{2\tau} \cdot p^{(1)} - \frac{U2}{2\tau} \cdot p^{(2)}\right|^p\right)^{1/p}
\end{aligned} \tag{10.8}
$$

式（10.8）中，$p \geqslant 1$，如果 $p=1$ 为 Manhattan 距离，如果 $p=2$ 为 Euclid 距离。

定义 10.4　在概率标签 $\tilde{h}_c^{(1)} \mid (p^{(1)})$ 和 $\tilde{h}_c^{(2)} \mid (p^{(2)})$ 的效能值距离基础上，基于距离矩阵定义连续概率犹豫模糊语义标签 $\tilde{H}_{c1} = \left\{\tilde{h}_{c1}^{(i)} \mid (p_1^{(i)}) \middle| i=1,2,\cdots,\#\tilde{H}_{c1}\right\}$ 和 $\tilde{H}_{c2} = \left\{\tilde{h}_{c2}^{(j)} \mid (p_2^{(j)}) \middle| j=1,2,\cdots,\#\tilde{H}_{c2}\right\}$ 之间的标签效能值距离为

$$
\begin{aligned}
d_Q\left(\tilde{H}_{c1}, \tilde{H}_{c2}\right) &= \frac{1}{\#\tilde{H}_{c1} \cdot \#\tilde{H}_{c2}} \sum_{i=1}^{\#\tilde{H}_{c1}} \sum_{j=1}^{\#\tilde{H}_{c2}} d_Q\left(\tilde{h}_{c1}^{(i)} \mid (p_1^{(i)}), \tilde{h}_{c2}^{(j)} \mid (p_2^{(j)})\right) \\
&= \frac{1}{\#\tilde{H}_{c1} \cdot \#\tilde{H}_{c2}} \sum_{i=1}^{\#\tilde{H}_{c1}} \sum_{j=1}^{\#\tilde{H}_{c2}} d_Q\left\{\frac{L_{c1}}{2\tau} \cdot p^{(i)} - \frac{L_{c2}}{2\tau} \cdot p^{(j)}, \frac{U_{c1}}{2\tau} \cdot p^{(i)} - \frac{U_{c2}}{2\tau} \cdot p^{(j)}\right\}
\end{aligned} \tag{10.9}
$$

式（10.9）类似于区间距离的计算，可以采用任一区间距离计算，这里采用比较广义的 Minkowski 范数距离表示，上式进一步表示为

$$
\begin{aligned}
& d_Q\left(\tilde{H}_{c1}, \tilde{H}_{c2}\right) \\
&= \left\{\left[\left|\frac{1}{\#\tilde{H}_{c1} \cdot \#\tilde{H}_{c2}} \sum_{i=1}^{\#\tilde{H}_{c1}} \sum_{j=1}^{\#\tilde{H}_{c2}} \left(\frac{L_{c1}}{2\tau} \cdot p^{(i)} - \frac{L_{c2}}{2\tau} \cdot p^{(j)}\right)\right|\right]^p\right. \\
&\quad \left. + \left[\left|\frac{1}{\#\tilde{H}_{c1} \cdot \#\tilde{H}_{c2}} \sum_{i=1}^{\#\tilde{H}_{c1}} \sum_{j=1}^{\#\tilde{H}_{c2}} \left(\frac{U_{c1}}{2\tau} \cdot p^{(i)} - \frac{U_{c2}}{2\tau} \cdot p^{(j)}\right)\right|\right]^p\right\}^{\frac{1}{p}}
\end{aligned} \tag{10.10}
$$

式（10.10）中，$p \geqslant 1$，如果 $p=1$ 为 Manhattan 距离，如果 $p=2$ 为 Euclid 距离。

10.3.2 基于概率标签组合的 CPHFLTS 距离测度

定义 10.5 对于连续概率犹豫模糊语义标签的两个概率标签值 $\tilde{h}_c^{(1)}|(p^{(1)})$ 和 $\tilde{h}_c^{(2)}|(p^{(2)})$，其概率标签组合定义为

$$\begin{aligned}
&c\left(\tilde{h}_c^{(1)}|(p^{(1)}),\tilde{h}_c^{(2)}|(p^{(2)})\right)\\
&=p^{(1)}\cdot p^{(2)}\cdot\left(\tilde{h}_c^{(1)}-\tilde{h}_c^{(2)}\right)\\
&=p^{(1)}\cdot p^{(2)}\cdot\left([s_{L1},s_{U1}]-[s_{L2},s_{U2}]\right)\\
&=p^{(1)}\cdot p^{(2)}\cdot\left[\frac{L1}{2\tau}-\frac{L2}{2\tau},\frac{U1}{2\tau}-\frac{U2}{2\tau}\right]
\end{aligned}\tag{10.11}$$

通过式（10.11）知，概率标签组合实际上为一概率区间对，并未用具体的量化数值表示对应的标签距离测度。在概率标签组合的基础上，基于距离矩阵定义连续概率犹豫模糊语义标签 $\tilde{H}_{c1}=\left\{\tilde{h}_{c1}^{(i)}|(p_1^{(i)})\middle|i=1,2,\cdots,\#\tilde{H}_{c1}\right\}$ 和 $\tilde{H}_{c2}=\left\{\tilde{h}_{c2}^{(j)}|(p_2^{(j)})\middle|j=1,2,\cdots,\#\tilde{H}_{c2}\right\}$ 之间的概率标签组合距离为

$$\begin{aligned}
d_P\left(\tilde{H}_{c1},\tilde{H}_{c2}\right)&=d_P\left[\sum_{i=1}^{\#\tilde{H}_{c1}}\sum_{j=1}^{\#\tilde{H}_{c2}}c\left(\tilde{h}_{c1}^{(i)}|(p_1^{(i)}),\tilde{h}_{c2}^{(j)}|(p_2^{(j)})\right)\right]\\
&=d_P\left[\sum_{i=1}^{\#\tilde{H}_{c1}}\sum_{j=1}^{\#\tilde{H}_{c2}}p^{(i)}\cdot p^{(j)}\cdot\left(\tilde{h}_{c1}^{(i)}-\tilde{h}_{c2}^{(j)}\right)\right]\\
&=d_P\left[\sum_{i=1}^{\#\tilde{H}_{c1}}\sum_{j=1}^{\#\tilde{H}_{c2}}p^{(i)}\cdot p^{(j)}\cdot\left([s_{Li},s_{Ui}]-[s_{Lj},s_{Uj}]\right)\right]\\
&=\sum_{i=1}^{\#\tilde{H}_{c1}}\sum_{j=1}^{\#\tilde{H}_{c2}}p^{(i)}\cdot p^{(j)}\cdot d_P\left[\frac{Li}{2\tau}-\frac{Lj}{2\tau},\frac{Ui}{2\tau}-\frac{Uj}{2\tau}\right]
\end{aligned}\tag{10.12}$$

由式（10.12）知，CPHFLTSs 之间的概率标签组合距离主要在于标签之间的区间距离计算，与标签效能值距离类似同样可以采用广义 Minkowski 范数距离表示，但是参照第 9 章推导的犹豫模糊集的距离，可以将式（10.12）简化为

$$\begin{aligned}
d_P\left(\tilde{H}_{c1},\tilde{H}_{c2}\right)&=d_P\left[\sum_{i=1}^{\#\tilde{H}_{c1}}\sum_{j=1}^{\#\tilde{H}_{c2}}c\left(\tilde{h}_{c1}^{(i)}|(p_1^{(i)}),\tilde{h}_{c2}^{(j)}|(p_2^{(j)})\right)\right]\\
&=d_P\left[\sum_{i=1}^{\#\tilde{H}_{c1}}\sum_{j=1}^{\#\tilde{H}_{c2}}p^{(i)}\cdot p^{(j)}\cdot\left(\tilde{h}_{c1}^{(i)}-\tilde{h}_{c2}^{(j)}\right)\right]
\end{aligned}$$

$$
\begin{aligned}
&= d_P\left[\sum_{i=1}^{\#\tilde{H}_{c1}}\sum_{j=1}^{\#\tilde{H}_{c2}} p^{(i)}\cdot p^{(j)}\cdot \tilde{h}_{c1}^{(i)} - \sum_{i=1}^{\#\tilde{H}_{c1}}\sum_{j=1}^{\#\tilde{H}_{c2}} p^{(i)}\cdot p^{(j)}\cdot \tilde{h}_{c2}^{(j)}\right]\\
&= d_P\left[\sum_{j=1}^{\#\tilde{H}_{c2}} p^{(j)}\cdot \sum_{i=1}^{\#\tilde{H}_{c1}} p^{(i)}\cdot \tilde{h}_{c1}^{(i)} - \sum_{i=1}^{\#\tilde{H}_{c1}} p^{(i)}\cdot \sum_{j=1}^{\#\tilde{H}_{c2}} p^{(j)}\cdot \tilde{h}_{c2}^{(j)}\right]\\
&= d_P\left[\sum_{i=1}^{\#\tilde{H}_{c1}} p^{(i)}\cdot \tilde{h}_{c1}^{(i)} - \sum_{j=1}^{\#\tilde{H}_{c2}} p^{(j)}\cdot \tilde{h}_{c2}^{(j)}\right]\\
&= d_P\left[E\left(\tilde{H}_{c1}\right) - E\left(\tilde{H}_{c2}\right)\right]
\end{aligned}
\tag{10.13}
$$

由式（10.13）知，概率标签组合距离实际上为 CPHFLTS 的期望值之差的距离，因此可以先计算 CPHFLTS 的期望，再计算期望值之差的区间距离作为概率标签组合距离，因此概率标签组合距离又称为期望距离。

另外，在推导犹豫模糊集的距离时，不仅考虑了犹豫模糊元素的均值，还考虑了其方差和一致度等因素，而概率标签组合距离本身仅仅为一种期望距离，因此在求得此距离之后，同样将 CPHFLTS 的方差和一致度考虑在内。

定义 10.6　记连续概率犹豫模糊语义标签 $\tilde{H}_{c1}=\left\{\tilde{h}_{c1}^{(i)}\mid(p_1^{(i)})\middle|i=1,2,\cdots,\#\tilde{H}_{c1}\right\}$ 和 $\tilde{H}_{c2}=\left\{\tilde{h}_{c2}^{(j)}\mid(p_2^{(j)})\middle|j=1,2,\cdots,\#\tilde{H}_{c2}\right\}$，它们之间的方差距离和一致度距离分别定义为

$$
\begin{aligned}
d_D\left(\tilde{H}_{c1},\tilde{H}_{c2}\right) &= d_D\left[D\left(\tilde{H}_{c1}\right)-D\left(\tilde{H}_{c2}\right)\right]\\
&= d_D\left[\sum_{i=1}^{\#\tilde{H}_{c1}}\left[\tilde{h}_{c1}^{(i)}-E\left(\tilde{H}_{c1}\right)\right]^2\cdot p^{(i)} - \sum_{j=1}^{\#\tilde{H}_{c2}}\left[\tilde{h}_{c2}^{(j)}-E\left(\tilde{H}_{c2}\right)\right]^2\cdot p^{(j)}\right]
\end{aligned}
\tag{10.14}
$$

$$
d_C\left(\tilde{H}_{c1},\tilde{H}_{c2}\right) = d_C\left[C\left(\tilde{H}_{c1}\right)-C\left(\tilde{H}_{c2}\right)\right] \tag{10.15}
$$

式（10.15）中，$C\left(\tilde{H}_{c1}\right)$ 和 $C\left(\tilde{H}_{c2}\right)$ 分别为 $\tilde{H}_{c1}$ 和 $\tilde{H}_{c2}$ 的一致度

$$
C\left(\tilde{H}_{c1}\right)=\frac{1}{\#\tilde{H}_{c1}},\quad C\left(\tilde{H}_{c2}\right)=\frac{1}{\#\tilde{H}_{c2}} \tag{10.16}
$$

因此一致度距离为

$$d_C\left(\tilde{H}_{c1},\tilde{H}_{c2}\right)=\left|\frac{1}{\#\tilde{H}_{c1}}-\frac{1}{\#\tilde{H}_{c2}}\right| \tag{10.17}$$

注意：CPHFLTS 的期望距离和方差距离均为一种区间距离，而一致度距离为绝对值距离，对于期望距离和方差距离需要先计算期望和方差区间差值，再计算区间距离，而对于一致度距离可以直接计算。

在 CPHFLTS 的期望距离、方差距离和一致度距离的基础上，依然基于广义集成算子集成三类距离得到连续概率犹豫模糊语义标签 $\tilde{H}_{c1}$ 和 $\tilde{H}_{c2}$ 之间的组合距离为

$$d\left(\tilde{H}_{c1},\tilde{H}_{c2}\right)=\left\{\alpha_P\left[d_P\left(\tilde{H}_{c1},\tilde{H}_{c2}\right)\right]^p+\alpha_D\left[d_D\left(\tilde{H}_{c1},\tilde{H}_{c2}\right)\right]^p+\alpha_C\left[d_C\left(\tilde{H}_{c1},\tilde{H}_{c2}\right)\right]^p\right\}^{\frac{1}{p}} \tag{10.18}$$

式（10.18）中，$\alpha_P+\alpha_D+\alpha_C=1$，表示三类距离的权重，$p$ 为距离参数，$p\geqslant 1$。

10.4 基于语义标签距离测度的数据关联

在 10.3 节连续概率犹豫模糊语义标签距离测度的基础上，本节将其与 VIKOR 方法结合，形成一种 CPHFLTS-VIKOR 的关联方法。传统的 VIKOR 方法与 TOPSIS 方法有一定相似之处，都是一种基于理想点的决策方法，但是 VIKOR 方法并不是像 TOPSIS 方法那样通过计算方案与正负理想解之间的距离进行排序判定，而是利用一种折中优化的思想进行排序判定。自 VIKOR 方法提出以来，许多学者对其进行了拓展及改进，主要集中于将 VIKOR 方法拓展到不同的数据环境下，以及根据不同数据类型定义各方案与理想解之间的新距离测度来改进 VIKOR 方法。本节将 VIKOR 方法应用到连续概率犹豫模糊语义标签语境下，并利用定义的 CPHFLTS 之间的距离改进 VIKOR 方法，形成 CPHFLTS-VIKOR 方法。

假设有一决策层语义决策模型，融合中心得到各子系统上报的方案记为 $X=\{x_i\mid i=1,2,\cdots,m\}$，每个方案具有的属性集为 $C=\{c_j\mid j=1,2,\cdots,n\}$，记方案 x_i 在属性 c_j 下的语义描述为 f_{ij}，则所有方案的语义描述可以用一判断矩阵 $\boldsymbol{F}$ 表示

$$F=\begin{bmatrix} f_{11} & f_{12} & \cdots & f_{1n} \\ f_{21} & \ddots & & f_{2n} \\ \vdots & & f_{ij} & \vdots \\ & & \ddots & \\ f_{m1} & f_{m2} & \cdots & f_{mn} \end{bmatrix} \tag{10.19}$$

由于各子系统的方案可能不一致并且为了尽可能详细地描述语义信息，f_{ij} 用连续概率犹豫模糊语义标签表示

$$f_{ij}=\left\{\left[s_{Lij}^{(k)},s_{Uij}^{(k)}\right]|(p_{ij}^{(k)})\middle| s_{Lij}^{(k)},s_{Uij}^{(k)}\in\left[s_{-\tau},s_{\tau}\right],p_{ij}^{(k)}\geqslant 0,k=1,2,\cdots,\#f_{ij},\sum_{k=1}^{\#f_{ij}}p_{ij}^{(k)}\leqslant 1\right\} \tag{10.20}$$

现需要基于连续概率犹豫模糊语义标签信息判断哪种方案为最优方案，为此在传统的 VIKOR 方法的基础上形成 CPHFLTS-VIKOR 方法进行判定，具体步骤如下。

步骤 1：确定各方案关于各属性的正、负理想解。

如果属性 c_j 为效益型属性，正、负理想解分别为

$$f_j^+=\max_i\left\{f_{ij}\right\},\quad f_j^-=\min_i\left\{f_{ij}\right\} \tag{10.21}$$

如果属性 c_j 为成本型属性，正、负理想解分别为

$$f_j^+=\min_i\left\{f_{ij}\right\},\quad f_j^-=\max_i\left\{f_{ij}\right\} \tag{10.22}$$

步骤 2：基于连续概率犹豫模糊语义标签距离测度计算各方案的群体效能值和个体后悔值分别为

$$S_i=\sum_{j=1}^{n}\frac{w_j\cdot d\left(f_j^+,f_{ij}\right)}{d\left(f_j^+,f_j^-\right)} \tag{10.23}$$

$$R_i=\max_j\left\{\frac{w_j\cdot d\left(f_j^+,f_{ij}\right)}{d\left(f_j^+,f_j^-\right)}\right\} \tag{10.24}$$

式（10.23）和式（10.24）中，$\boldsymbol{w}=(w_1\ \ w_2\ \cdots w_n)^{\mathrm{T}}$ 为属性权重，满足 $0\leqslant w_j\leqslant 1$，$\sum_{j=1}^{n}w_j=1$，$d\left(f_j^+,f_{ij}\right)$ 为各语义方案与正理想解之间的连续概率犹豫模糊语义标签距离。

步骤 3：计算各方案的折中评判值 Q_i。

$$Q_i=\rho\frac{S_i-S^+}{S^--S^+}+(1-\rho)\frac{R_i-R^+}{R^--R^+} \tag{10.25}$$

式（10.25）中

$$\begin{aligned}&S^+=\min_i\{S_i\},\ S^-=\max_i\{S_i\}\\&R^+=\min_i\{R_i\},\ R^-=\max_i\{R_i\}\end{aligned} \tag{10.26}$$

ρ 为折中系数，表示最大效能值的权重，$0\leqslant\rho\leqslant1$。$\rho>0.5$ 时，表示以最大效能值为主，$\rho<0.5$ 时，表示以最小后悔值为主，$\rho=0.5$ 时，表示按最大效能值和最小后悔值的均衡为主，不失一般性，取 $\rho=0.5$。折中评判值 Q_i 越小，其对应的方案越优。

步骤 4：分别根据 S_i、R_i 和 Q_i 对方案进行排序，值越小，方案越优，可能存在 3 种排序结果。

步骤 5：确定最优折中方案。

记折中评判值 Q_i 中最小值对应的方案为 $x_{(1)}$，如果同时满足下述两个条件，则 $x_{(1)}$ 为最优方案。

条件 1：

$$Q(x_{(2)})-Q(x_{(1)})\geqslant\frac{1}{m-1} \tag{10.27}$$

式（10.27）中，$x_{(2)}$ 为 Q_i 中次小值对应的方案，$Q(x_{(1)})$ 和 $Q(x_{(2)})$ 分别为 $x_{(1)}$ 和 $x_{(2)}$ 的折中评判值。

条件 2：在 $x_{(1)}$ 对应的群体效能值 S_i 和个体后悔值 Q_i 的排序中，至少有一个最小值，即排序最优。

如果不能同时满足上述两个条件，则实施折中方案，这是 VIKOR 方法最关键的部分。

如果 $x_{(1)}$ 满足条件 1 不满足条件 2，则折中方案为 $x_{(1)}$ 和 $x_{(2)}$。

如果 $x_{(1)}$ 满足条件 2 不满足条件 1，则在满足 $Q(x_{(i)})-Q(x_{(1)})<\frac{1}{m-1}$ 的序号 i 中确定一个最大值 M，此时折中方案为 $x_{(i)},i=1,2,\cdots,M$。

基于语义标签距离测度的数据关联流程图如图 10.2 所示。

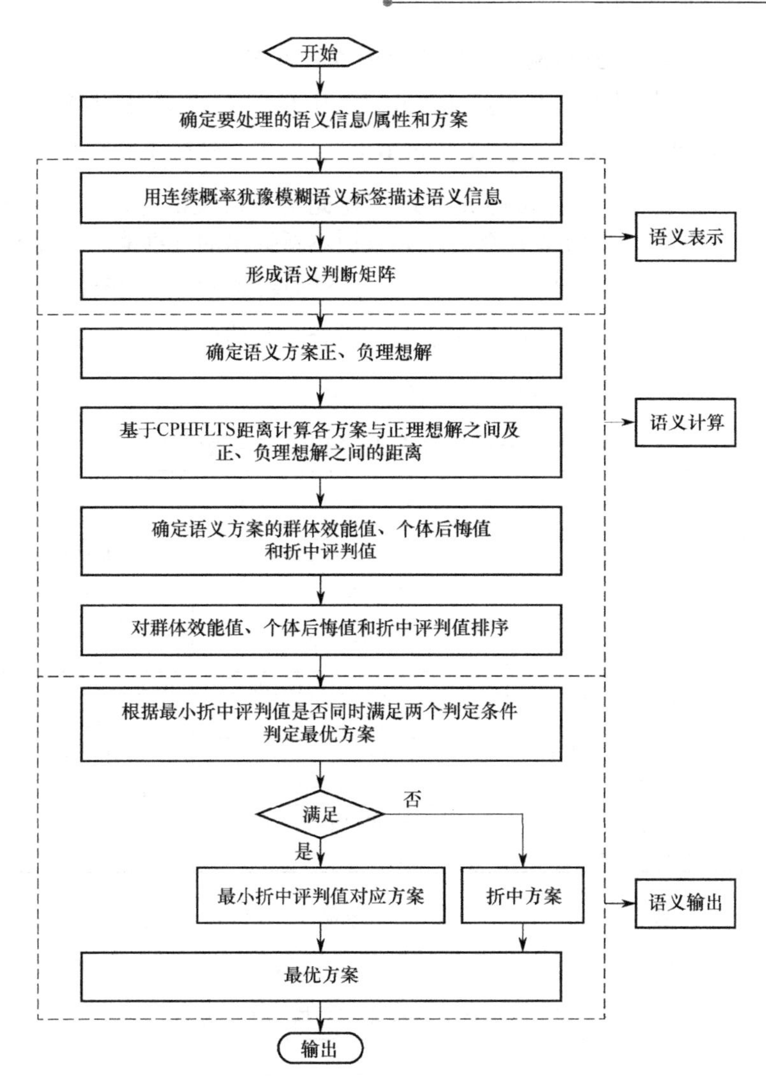

图 10.2　基于语义标签距离测度的数据关联流程图

10.5　仿真分析

10.5.1　多属性决策算例

本节用一融合中心的决策层多属性决策算例验证所提出的基于 CPHFLTS 距离测度的 CPHFLTS-VIKOR 方法。

某融合中心接收到组网系统中上报的5种方案$A=\{A_i \mid i=1,2,\cdots,5\}$，每种方案都具有3类属性$C=\{C_j \mid j=1,2,3\}$，其中$C_1$、$C_3$为效益型属性，$C_2$为成本型属性，属性权重为$\boldsymbol{w}=(0.35\ \ 0.35\ \ 0.3)^{\mathrm{T}}$，由于系统的不确定性，决策信息以语义形式表示，为了尽可能充分地描述此语义决策信息，在7语义标签$S=\{s_\alpha \mid \alpha=-3,-2,-1,0,1,2,3\}$条件下，采用本章提出的连续概率犹豫模糊语义标签表示语义信息。记方案A_i在属性C_j下的连续概率犹豫模糊语义标签为$\tilde{H}_{ij}$，具体语义标签数值如表10.1所示。融合中心的任务为判断最优方案，现根据提出的CPHFLTS-VIKOR方法进行判定。

表10.1　连续概率犹豫模糊语义标签数值表

方案	属性		
	C_1	C_2	C_3
A_1	$\{[s_{-2.5},s_{-1}]\|(0.2), [s_{1.6},s_2]\|(0.7)\}$	$\{[s_{-2},s_{-1.5}]\|(0.2), [s_{-1},s_{0.5}]\|(0.5), [s_0,s_{0.8}]\|(0.3)\}$	$\{[s_{0.5},s_1]\|(0.2), [s_{1.2},s_{1.8}]\|(0.2), [s_2,s_{2.7}]\|(0.5)\}$
A_2	$\{[s_{-1},s_{0.5}]\|(0.1), [s_{0.5},s_{1.2}]\|(0.2), [s_2,s_{2.5}]\|(0.6)\}$	$\{[s_{-2.5},s_{-2}]\|(0.7), [s_{-1},s_{-0.6}]\|(0.2)\}$	$\{[s_0,s_{0.8}]\|(0.3), [s_1,s_{1.8}]\|(0.3), [s_{2.2},s_{2.8}]\|(0.3)\}$
A_3	$\{[s_0,s_{1.5}]\|(0.3), [s_2,s_{2.4}]\|(0.6)\}$	$\{[s_{-2.4},s_{-1.8}]\|(0.5), [s_{-1},s_{0.5}]\|(0.3), [s_{1.5},s_{2.5}]\|(0.1)\}$	$\{[s_{-1},s_{-0.3}]\|(0.4), [s_{0.2},s_{0.8}]\|(0.3), [s_{1.4},s_{2.3}]\|(0.3)\}$
A_4	$\{[s_{-1},s_{-0.4}]\|(0.2), [s_{0.2},s_{0.8}]\|(0.3), [s_{1.5},s_{2.5}]\|(0.4)\}$	$\{[s_{-3},s_{-2}]\|(0.4), [s_{-1.5},s_{-0.5}]\|(0.3), [s_0,s_{0.5}]\|(0.3)\}$	$\{[s_{-0.5},s_{0.5}]\|(0.1), [s_{0.8},s_{1.6}]\|(0.3), [s_2,s_{2.5}]\|(0.5)\}$
A_5	$\{[s_{-1},s_{0.2}]\|(0.1), [s_{0.8},s_{1.6}]\|(0.3), [s_2,s_{2.5}]\|(0.5)\}$	$\{[s_{-1.8},s_{-1.2}]\|(0.3), [s_{-0.5},s_0]\|(0.3), [s_1,s_{2.2}]\|(0.3)\}$	$\{[s_1,s_2]\|(0.5), [s_2,s_3]\|(0.5)\}$

由表10.1数据得知，语义标签存在概率之和不为1的情况，因此首先进行概率规范化处理，得到规范化后的语义标签数值如表10.2所示。

表10.2　规范化后的连续概率犹豫模糊语义标签数值表

方案	属性		
	C_1	C_2	C_3
A_1	$\{[s_{-2.5},s_{-1}]\|(0.2), [s_{1.6},s_{2.2}]\|(0.7), [s_{-3},s_3]\|(0.1)\}$	$\{[s_{-2},s_{-1.5}]\|(0.2), [s_{-1},s_{0.5}]\|(0.5), [s_0,s_{0.8}]\|(0.3)\}$	$\{[s_{0.5},s_1]\|(0.2), [s_{1.2},s_{1.8}]\|(0.2), [s_2,s_{2.7}]\|(0.5), [s_{-3},s_3]\|(0.1)\}$
A_2	$\{[s_{-1},s_{0.5}]\|(0.1), [s_{0.5},s_{1.2}]\|(0.2), [s_2,s_{2.5}]\|(0.6), [s_{-3},s_3]\|(0.1)\}$	$\{[s_{-2.5},s_{-2}]\|(0.7), [s_{-1},s_{-0.6}]\|(0.2), [s_{-3},s_3]\|(0.1)\}$	$\{[s_0,s_{0.8}]\|(0.3), [s_1,s_{1.8}]\|(0.3), [s_{2.2},s_{2.8}]\|(0.3), [s_{-3},s_3]\|(0.1)\}$
A_3	$\{[s_0,s_{1.5}]\|(0.3), [s_2,s_{2.4}]\|(0.6), [s_{-3},s_3]\|(0.1)\}$	$\{[s_{-2.4},s_{-1.8}]\|(0.5), [s_{-1},s_{0.5}]\|(0.2), [s_{1.5},s_{2.5}]\|(0.1), [s_{-3},s_3]\|(0.2)\}$	$\{[s_{-1},s_{-0.3}]\|(0.4), [s_{0.2},s_{0.8}]\|(0.3), [s_{1.4},s_{2.3}]\|(0.3)\}$
A_4	$\{[s_{-1},s_{-0.4}]\|(0.2), [s_{0.2},s_{0.8}]\|(0.3), [s_{1.5},s_{2.5}]\|(0.4),[s_{-3},s_3]\|(0.1)\}$	$\{[s_{-3},s_{-2}]\|(0.4), [s_{-1.5},s_{-0.5}]\|(0.3), [s_0,s_{0.5}]\|(0.3)\}$	$\{[s_{-0.5},s_{0.5}]\|(0.1), [s_{0.8},s_{1.6}]\|(0.3), [s_2,s_{2.5}]\|(0.4), [s_{-3},s_3]\|(0.2)\}$
A_5	$\{[s_{-1},s_{0.2}]\|(0.1), [s_{0.8},s_{1.6}]\|(0.3), [s_2,s_{2.5}]\|(0.5), [s_{-3},s_3]\|(0.1)\}$	$\{[s_{-1.8},s_{-1.2}]\|(0.3), [s_{-0.5},s_0]\|(0.3), [s_1,s_{2.2}]\|(0.3), [s_{-3},s_3]\|(0.1)\}$	$\{[s_1,s_2]\|(0.5), [s_2,s_3]\|(0.5)\}$

步骤 1：按照属性遍历，确定语义标签的正、负理想解。

由于 C_1、C_3 为效益型属性，C_2 为成本型属性，因此 C_1、C_3 取最大值为正理想解，C_2 取最小值为正理想解，负理想解反之。根据连续概率犹豫模糊语义标签期望值区间比较方法，得到各属性的正、负理想解分别为

$C_1^+ = \{[s_0, s_{1.5}] \| (0.3), [s_2, s_{2.4}] \| (0.6), [s_{-3}, s_3] \| (0.1)\}$，

$C_1^- = \{[s_{-1}, s_{-0.4}] \| (0.2), [s_{0.2}, s_{0.8}] \| (0.3), [s_{1.5}, s_{2.5}] \| (0.4), [s_{-3}, s_3] \| (0.1)\}$，

$C_2^+ = \{[s_{-2.5}, s_{-2}] \| (0.7), [s_{-1}, s_{-0.6}] \| (0.2), [s_{-3}, s_3] \| (0.1)\}$，

$C_2^- = \{[s_{-1.8}, s_{-1.2}] \| (0.3), [s_{-0.5}, s_0] \| (0.3), [s_1, s_{2.2}] \| (0.3), [s_{-3}, s_3] \| (0.1)\}$，

$C_3^+ = \{[s_1, s_2] \| (0.5),\ [s_2, s_3] \| (0.5)\}$，

$C_3^- = \{[s_{-1}, s_{-0.3}] \| (0.4), [s_{0.2}, s_{0.8}] \| (0.3), [s_{1.4}, s_{2.3}] \| (0.3)\}$。

步骤 2：基于连续概率犹豫模糊语义标签距离测度计算各属性语义决策值与正理想解之间的距离，以及正、负理想解之间的距离分别为

$$d\left(C_j^+, \tilde{H}_{ij}\right) = \begin{bmatrix} 0.044\,4 & 0.108\,4 & 0.142\,1 \\ 0.036\,8 & 0.000\,0 & 0.161\,2 \\ 0.000\,0 & 0.084\,7 & 0.203\,0 \\ 0.074\,7 & 0.040\,7 & 0.161\,6 \\ 0.043\,9 & 0.133\,7 & 0 \end{bmatrix}$$

$$d\left(C_j^+, C_j^-\right) = \{0.074\,7, 0.133\,7, 0.203\,0\}$$

属性权重为 $\boldsymbol{w} = (0.35\ \ 0.35\ \ 0.3)^{\mathrm{T}}$，根据上述所得到的距离构造各语义方案的群体效能值和个体后悔值分别为

$$S = \{0.702\,0, 0.410\,5, 0.521\,8, 0.695\,4, 0.555\,7\}$$

$$R = \{0.283\,9, 0.238\,2, 0.300\,0, 0.350\,0, 0.350\,0\}$$

步骤 3：取 $\rho = 0.5$，根据折中评判值计算公式，计算各方案的折中评判值为

$$Q = \{0.704\,6, 0, 0.467\,4, 0.988\,7, 0.749\,1\}$$

步骤 4：分别根据群体效能值、个体后悔值和折中评判值对决策方案进行排序，结果为

$$S_2 < S_3 < S_5 < S_4 < S_1,$$

$$R_2 < R_1 < R_3 < R_4 = R_5,$$

$$Q_2 < Q_3 < Q_1 < Q_5 < Q_4。$$

步骤 5：确定最优折中方案。

由折中评判值 Q_i 排序得知，Q_i 中最小值对应的方案为 A_2，现判断 A_2 是否同时满足两个判定条件。

条件 1：Q_i 中次小值对应的方案为 A_3，因此计算条件 1 为

$$Q_3 - Q_2 = 0.4674 > \frac{1}{5-1} = 0.25,$$

得知 A_2 满足条件 1。

条件 2：判断 A_2 在群体效能值 S_i 和个体后悔值 Q_i 的排序，根据步骤 4 得知 A_2 对应的群体效能值 S_i 和个体后悔值 Q_i 均为最小值，排序均为最优，因此得知 A_2 满足条件 2。

综上，A_2 同时满足条件 1 和条件 2，因此根据 CPHFLTS-VIKOR 方法判定最优方案为 A_2。

上述计算过程仅为基于 CPHFLTS 的效能值距离测度计算，基于 CPHFLTS 的概率标签组合的计算过程可类似得出，最优方案同样为 A_2，识别结果与人为直觉相一致。综合基于两种距离测度的计算结果，验证了所提出的 CPHFLTS-VIKOR 方法的准确性。

10.5.2 与 TOPSIS 方法对比分析

TOPSIS 方法为一种经典的多属性决策方法，也可以应用到连续概率犹豫模糊语义标签的决策中，形成 CPHFLTS-TOPSIS 方法。TOPSIS 方法基本原理在前几章已经详细叙述，与 VIKOR 方法不同之处在于需要计算正、负理想解距离 $d\left(C^+,\tilde{H}_i\right)$ 和 $d\left(C^-,\tilde{H}_i\right)$，并构造接近度进行决策。本章提供现有文献中的两种接近度计算方法与 CPHFLTS-VIKOR 方法对比分析。

接近度一：

$$r_i = \frac{d\left(C^-,\tilde{H}_i\right)}{d\left(C^-,\tilde{H}_i\right) + d\left(C^+,\tilde{H}_i\right)} \tag{10.28}$$

接近度二：

$$CI_i = \frac{d\left(C^-,\tilde{H}_i\right)}{d_{\max}\left(C^-,\tilde{H}_i\right)} - \frac{d\left(C^+,\tilde{H}_i\right)}{d_{\min}\left(C^+,\tilde{H}_i\right)} \tag{10.29}$$

式（10.28）和式（10.29）中，

$$d\left(C^{-},\tilde{H}_{i}\right)=\sum_{j=1}^{3}w_{j}\cdot d\left(C_{j}^{-},\tilde{H}_{ij}\right) \tag{10.30}$$

$$d\left(C^{+},\tilde{H}_{i}\right)=\sum_{j=1}^{3}w_{j}\cdot d\left(C_{j}^{+},\tilde{H}_{ij}\right) \tag{10.31}$$

$$d_{\max}\left(C^{-},\tilde{H}_{i}\right)=\max_{i}\left\{d\left(C^{-},\tilde{H}_{i}\right)\right\} \tag{10.32}$$

$$d_{\min}\left(C^{+},\tilde{H}_{i}\right)=\min_{i}\left\{d\left(C^{+},\tilde{H}_{i}\right)\right\} \tag{10.33}$$

根据接近度的排序判定最优方法，接近度越大，越优。

在 10.5.1 节 CPHFLTS-VIKOR 方法的计算基础上，利用 CPHFLTS- TOPSIS 方法计算得到各属性语义值与负理想解之间的距离为

$$d\left(C_{j}^{-},\tilde{H}_{ij}\right)=\begin{bmatrix}0.032\,3 & 0.025\,7 & 0.061\,1\\ 0.040\,5 & 0.133\,7 & 0.041\,9\\ 0.074\,7 & 0.053\,5 & 0.000\,0\\ 0.000\,0 & 0.093\,7 & 0.045\,3\\ 0.034\,4 & 0.000\,0 & 0.203\,0\end{bmatrix},$$

两类接近度为

$$r=\left\{0.286\,5,0.545\,7,0.331\,3,0.343\,0,0.540\,0\right\},$$

$$CI=\left\{-0.475\,1,0.363\,1,-0.332\,0,-0.293\,7,0.345\,5\right\},$$

根据接近度 r 和接近度 CI 对识别方案进行排序均为

$$A_2 \succ A_5 \succ A_4 \succ A_3 \succ A_1,$$

因此，根据 CPHFLTS-TOPSIS 方法判定最优方案为 A_2。

对比 CPHFLTS-TOPSIS 方法和 CPHFLTS-VIKOR 方法的判决结果得知，两种方法均判定 A_2 为最优方案，验证了方法的准确性。为清晰对比两种决策效果，利用图 10.3 展示决策指标群体效能值、个体后悔值、折中评判值和接近度的变化。

由于群体效能值、个体后悔值、折中评判值是越小越优，接近度是越大越优，因此图中为 $1-S$，$1-R$，$1-Q$，r 和 CI 的排序变化趋势，通过图 10.3 可以看出，五类决策指标中，Q 值指标决策判定最为明显（最大值与次大值之间的差距明显），其次依次为 S 值，R 值，CI 值，r 值。主要原因在于，VIKOR 方法在决策中考虑了各属性的相对重要性，兼顾了群体与个体决策，在理想化的排序过程中逼近理想解，而 TOPSIS 方法则仅仅考虑正负理想解之间的距离，

没有考虑指标间的相对关系，主要取决于接近度指标，导致决策结果并不一定逼近理想解，因此如何定义合适的决策指标是 TOPSIS 方法今后的重要方向。

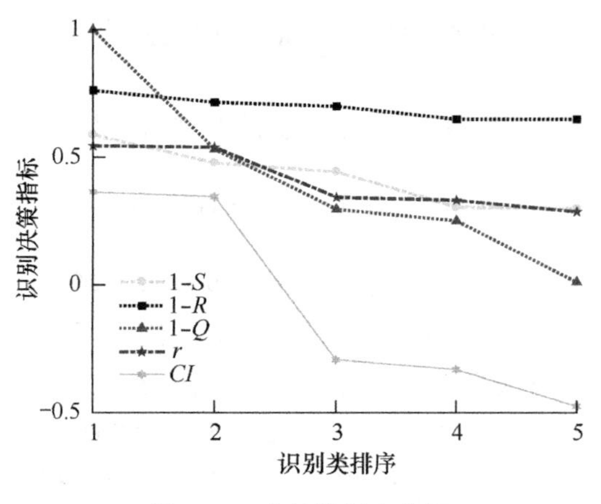

图 10.3　决策指标变化图

10.6　本章小结

本章主要研究语义数据的关联方法，为克服现有语义表示方法不能够描述"比 s_1 大 20%，比 s_4 小 60%的可能性为 0.6，比 s_2 大，但比 s_5 小 30%的可能性为 0.3"等更为广义和一般化的语义信息的局限性，本章拓展了现有语义描述框架，提出了全新的连续概率犹豫模糊语义标签（CPHFLTS）语义表示模型，能够描述比现有语义标签更为广义的语义信息。在 CPHFLTS 的基础上，为解决语义数据的关联问题，本节提出了两种 CPHFLTS 的距离测度，即基于标签效能值的 CPHFLTS 距离测度和基于概率标签组合的 CPHFLTS 距离测度。两种距离测度均解决了拓展型犹豫语义标签遇到的描述标签个数不一致问题，并且不需要人为延拓语义标签，提高了计算精度，另外通过定义 CPHFLTS 的数字特征，解决了概率标签的概率叠加计算问题。在两种距离测度的基础上，本章拓展了 VIKOR 方法，形成了 CPHFLTS-VIKOR 方法。结合多属性决策算例，验证了所提 CPHFLTS-VIKOR 方法在语义数据关联中的可行性；与拓展的 CPHFLTS-TOPSIS 方法的对比分析结果，论证了 CPHFLTS-VIKOR 方法的优越性。

第11章

异类数据的粒层转化

11.1 引言

第 6 章讲述了特征层区间数的关联方法，第 8 章至第 10 章分别讲述了决策层模糊型数据的关联方法。从粒计算的角度，这几章仅从单一粒层的视角讲述了数据的关联，但是涉及异类数据关联的复杂性问题时，就迫切需要能够综合处理异类数据的有效方法。在粒计算中，粒是指一群具有不可分辨关系、相似关系、临近关系或功能关系组成的集合[7]，而粒度是这些不确定集合之间的度量关系[8]，一方面通过粒化思想，将异类数据划分成各个子粒层进行独立计算，如第 6 章至第 10 章；另一方面，通过粒计算理论可以将不同粒层的数据在一定粒层之间进行相互转化[178]，实现异类数据之间的关联，如接下来的第 12 章至第 13 章。

特征层的数据关联和决策层的数据关联是异类数据关联中的两个重要方面，特征层和决策层这两个概念来源于信息融合，是信息融合中两个不同的功能结构。特征层的数据关联往往基于传感器测量到的目标属性信息进行关联，决策层的数据关联往往是基于给定目标（方案）的属性偏好程度进行关联，本章提到的粒层转化是指同一功能结构层上的转化，另外，下文中尽管在特征层和决策层都提到了实数粒层、区间粒层、三角模糊粒层，然而它们表示的物理意义是不同的，例如，在雷达探测问题上，某舰船雷达侦测到空中飞行目标的速度为 280 m/s，该速度为实数型，表征传感器测量的目标属性信息；在发热状诊断问题上，测量温度为 38.7℃，假设当数据归一后为 0.8，表征对发热的偏好程度，数值越大发热的可能性就越大。决策层的实数、区间数或三角模糊数一般为区间[0,1]上的数，表示支持或否定的偏好程度，特征层的实数、区间数或三角模糊数仅表示目标的属性信息，无偏好信息。鉴于此，本章分别从特征层和决策层的角度讲述粒层转化的过程。

11.2 异类数据的粒结构划分

结构化是粒计算的基本表示方法，是对信息进行分类整理的方式[7, 8]。通过结构化表示，可以将复杂的多元信息分解成可认知计算的粒结构，然后分析各粒结构进而实现对复杂信息的处理。利用基本粒结构对复杂多元信息进行表示的方法，称之为粒化。

在特征层上，多传感器异类数据是一个复杂的混合信息集，无法直接进行关联处理，为此基于粒化思想将其进行结构化表示。根据属性描述和粒概念划分，将异类数据粒划分为实数粒层、区间数粒层、三角模糊数粒层、序列数粒层、语义粒层和决策粒层六种粒结构。在决策层上，将多源异类数据划分为实数粒层、区间数粒层、三角模糊数粒层、直觉模糊数粒层、犹豫模糊数粒层和复杂模糊语义粒层六类粒结构。本节中不再区分具有相同名称的数据粒层，用统一的模型进行表达。

需要注意，特征层中包括了语义粒层和决策粒层，是因为这两种粒被转化到了特征层的区间数粒层上，因此将它们划归到特征层的粒度结构上。

记粒结构的三元组为

$$G=(U,P,V) \tag{11.1}$$

式（11.1）中，U 为数据论域，P 为属性集，V 为属性值域。

$$P=B\oplus S \tag{11.2}$$

式（11.2）中，B 为属性名称，S 为属性数据样式。异类数据的粒化即通过 S 的分类进行划分的。

$$S=\{S_R,S_I,S_T,S_S,S_L,S_D,S_A,S_H,S_C\} \tag{11.3}$$

分别表示实数粒层、区间数粒层、三角模糊数粒层、序列数粒层、语义粒层、决策粒层及直觉模糊数粒层、犹豫模糊数粒层和复杂模糊语义粒层等粒结构描述。

（1）实数粒层。

实数粒层描述 S_R 用实数 r 表示。

（2）区间数粒层。

根据区间数定义将区间数粒层描述 S_I 用区间数 $\tilde{a}$ 表示为

$$\tilde{a}=[a^-,a^+] \tag{11.4}$$

式（11.4）中，$a^- \leqslant a^+$。

（3）三角模糊数粒层。

记三角模糊数 $\tilde{c} = [c^L, c^M, c^U]$ 的隶属度函数为 $\mu_{\tilde{c}}(x): R \to [0,1]$，即

$$\mu_{\tilde{c}}(x) = \begin{cases} 0, & x \leqslant c^L \\ \dfrac{x - c^L}{c^M - c^L}, & c^L < x \leqslant c^M \\ \dfrac{x - c^U}{c^M - c^U}, & c^M < x \leqslant c^U \\ 0, & x > c^U \end{cases} \tag{11.5}$$

式（11.5）中，$c^L \leqslant c^M \leqslant c^U$。则三角模糊数粒层描述 S_T 用三角模糊数 $\tilde{c}$ 表示。

（4）序列数粒层。

根据序列表示方法将序列数粒层描述 S_S 用离散序列数据 $\boldsymbol{s}$ 表示为

$$\boldsymbol{s} = (s_1, s_2, \cdots, s_i, \cdots, s_N) \tag{11.6}$$

式（11.6）中，s_i 为序列的第 i 个取值，N 为序列的长度。

（5）语义粒层。

根据语义描述语言，将语义粒层描述 S_L 用语义有序标签集 H 表示为

$$H = \{h_i \mid i \in \{0, 1, \cdots, (L/2) - 1, L/2, (L/2) + 1, \cdots, L\}\} \tag{11.7}$$

式（11.7）中，h_i 为第 i 个有序语言标签，$L+1$ 为标签个数，L 一般为偶数。

（6）决策粒层。

根据信息可能的决策结果，将决策粒层描述 S_D 用决策集 D 表示为

$$D = \{d_1, d_2, \cdots, d_i, \cdots\} \tag{11.8}$$

式（11.8）中，d_i 为第 i 种决策结果。

（7）直觉模糊数粒层。

记直觉模糊数为

$$A(x) = \langle u, v \rangle \tag{11.9}$$

式（11.9）中，u，v 分别为 $A(x)$ 的隶属度和非隶属度，满足 $0 \leqslant u + v \leqslant 1$。则直觉模糊数粒层描述 S_A 用直觉模糊数 $A(x)$ 表示。

（8）犹豫模糊数粒层。

记犹豫模糊数为

$$h(x) = \bigcup \{\gamma \mid \gamma \in [0,1]\} \tag{11.10}$$

式（11.10）中，γ 为犹豫模糊数 $h(x)$ 的隶属度。则犹豫模糊数粒层描述 S_H 用犹豫模糊数 $h(x)$ 表示。

（9）复杂模糊语义粒层。

记描述复杂模糊语义的连续概率犹豫模糊语义标签为

$$\tilde{H}_c(p)=\left\{\tilde{h}_c^{(k)} \mid (p^{(k)}) \middle| \tilde{h}_c^{(k)} \in \overline{S}, p^{(k)} \geqslant 0, k=1,2,\cdots,\#\tilde{H}_c(p), \sum_{k=1}^{\#\tilde{H}_c(p)} p^{(k)} \leqslant 1\right\} \tag{11.11}$$

式（11.11）中，(k) 为语义标签下标表示，$\tilde{h}_c^{(k)} \mid (p^{(k)})$ 为具有概率 $p^{(k)}$ 的连续语义标签 $\tilde{h}_c^{(k)}$，$\#\tilde{H}_c(p)$ 为 $\tilde{H}_c(p)$ 中连续概率犹豫模糊语义标签的个数，$\tilde{h}_c^{(k)}$ 为连续区间语义元素。则连续概率犹豫模糊语义粒层描述 S_L 用连续概率犹豫模糊语义标签 $\tilde{H}_c(p)$ 表示。

11.3 异类数据的粒层转化

粒是基于层次存在的，是特定层次上研究的主体。相同粒层之间的粒与粒之间具有相交、分离等明确关系，即粒度（粒与粒之间的度量关系）可测性，而不同粒层的粒与粒之间的粒度计算非直接可测。所以在不同粒层之间直接计算九类粒层之间的粒度是很困难的，为此本文基于粒层统一的思想，根据粒层转化关系，提出一种粒层映射函数，将不同粒层统一到区间数粒层上来，这样不同粒层上的粒度计算就变成了统一粒层上的粒度计算问题。所以首先要解决粒层转化问题，即粒层映射函数的构造。

根据上述论述，在粒结构的基础上，增加粒层映射函数 f，形成粒层四元组

$$G=\{U,P,V,f\} \tag{11.12}$$

对不同粒层 $G_i=\{U_i,P,V_i,f_i\}$ 和 $G_j=\{U_j,P,V_j,f_j\}$ 定义粒层映射函数为

$$f:G_i \to G_j \tag{11.13}$$

本质上粒层转换函数是粒结构之间的映射关系

$$f:S_i \to S_j \tag{11.14}$$

上述映射关系描述了属性粒层之间的转化关系。

下面分别就特征层和决策层上的粒层转化过程展开讲述。

11.3.1　特征层的粒层统一

（1）实数粒层到区间数粒层的转化。

由于实数是区间数的特例，所以实数 r 的区间表示为

$$f_{RI}: S_R \to S_I \Rightarrow r_I = [r, r] \quad （11.15）$$

（2）三角模糊数粒层到区间数粒层的转化。

三角模糊数和区间数之间的转化可以根据三角模糊数的隶属度期望求得，记三角模糊数隶属度函数为 $\mu_{\tilde{c}}(x): R \to [0,1]$，即

$$\mu_{\tilde{c}}(x) = \begin{cases} 0, & x \leqslant c^L \\ \dfrac{x - c^L}{c^M - c^L}, & c^L < x \leqslant c^M \\ \dfrac{x - c^U}{c^M - c^U}, & c^M < x \leqslant c^U \\ 0, & x > c^M \end{cases} \quad （11.16）$$

三角模糊数 $\tilde{c} = [c^L, c^M, c^U]$ 的左右隶属度分别为

$$\mu_{\tilde{c}}^-(x) = \frac{x - c^L}{c^M - c^L} \quad （11.17）$$

$$\mu_{\tilde{c}}^+(x) = \frac{x - c^U}{c^M - c^U} \quad （11.18）$$

求得左右期望分别为

$$E[\mu_{\tilde{c}}^-(x)] = \frac{c^L + c^M}{2} \quad （11.19）$$

$$E[\mu_{\tilde{c}}^+(x)] = \frac{c^U + c^M}{2} \quad （11.20）$$

根据式（11.20），将三角模糊数 $\tilde{c} = [c^L, c^M, c^U]$ 用区间数表示为

$$\begin{aligned} f_{TI}: S_T \to S_I \Rightarrow \tilde{c}_I &= [E[\mu_{\tilde{c}}^-(x)], E[\mu_{\tilde{c}}^+(x)]] \\ &= [\frac{a^L + a^M}{2}, \frac{a^U + a^M}{2}] \end{aligned} \quad （11.21）$$

（3）序列数粒层到区间数粒层的转化。

序列数粒层到区间数粒层的转化不像实数粒和三角模糊粒一样具有明确的数学表示，所以必须根据序列数据本身的特性进行粒层转化，如何使转化后的区间数粒层充分有效地保留原始序列的特性是转化的根本，为此基于云区间

变换，提出了云特征区间转化方法，通过序列–云特征–区间实现了序列数粒层到区间数粒层的转化。

记序列数的均值为

$$\bar{\boldsymbol{s}}=\frac{1}{N}\cdot\sum_{i=1}^{N}s_i \tag{11.22}$$

一阶样本绝对中心距为

$$[\boldsymbol{s}]=\frac{1}{N}\cdot\sum_{i=1}^{N}\left|s_i-\bar{\boldsymbol{s}}\right| \tag{11.23}$$

有云特征期望为

$$E\text{x}=\bar{\boldsymbol{s}}=\frac{1}{N}\cdot\sum_{i=1}^{N}s_i \tag{11.24}$$

云特征熵为

$$E\text{n}=\sqrt{\frac{\pi}{2}}\cdot[\boldsymbol{s}]=\sqrt{\frac{\pi}{2}}\cdot\frac{1}{N}\cdot\sum_{i=1}^{N}\left|s_i-\bar{\boldsymbol{s}}\right| \tag{11.25}$$

可以根据云区间变换用云特征的 3·En 原则将序列 $\boldsymbol{s}$ 用区间数表示为

$$f_{SI}:S_S\rightarrow S_I\Rightarrow\tilde{s}_I=[E\text{x}-3\cdot E\text{n},E\text{x}+3\cdot E\text{n}]$$

$$=[\frac{1}{N}\cdot\sum_{i=1}^{N}s_i-3\cdot\sqrt{\frac{\pi}{2}}\cdot\frac{1}{N}\cdot\sum_{i=1}^{N}\left|s_i-\frac{1}{N}\cdot\sum_{i=1}^{N}s_i\right|,\frac{1}{N}\cdot\sum_{i=1}^{N}s_i+3\cdot\sqrt{\frac{\pi}{2}}\cdot\frac{1}{N}\cdot\sum_{i=1}^{N}\left|s_i-\frac{1}{N}\cdot\sum_{i=1}^{N}s_i\right|] \tag{11.26}$$

（4）语义粒层到区间数粒层的转化。

Herrera 教授及其团队在语义计算领域的研究成果为语义计算指明了方向，他提出一种基于语义标签的不确定性语言转化方法，其转化图如图 11.1 所示。利用基本语义标签将不确定性语言分类表示[172, 179, 180]。对于用语义有序标签集 H 描述的语义粒层 S_L，Herrera 教授利用语义转化图（7 个有序语言标签转化图参见图 11.1）实现不确定性语言与三角模糊数之间的转化，即

$$\tilde{c}_{LT}=[c^L,c^M,c^U]=[\max\{(i-1)/L,0\},i/L,\min\{(i+1)/L,1\}] \tag{11.27}$$

根据所述的三角模糊数与区间数之间的转化关系可以将语义有序标签集 S 描述的语义粒 S_L 用区间数表示为

$$\tilde{S}=[\frac{\max\{(i-1)/L,0\}+i/L}{2},\frac{\min\{(i+1)/L,1\}+i/L}{2}] \tag{11.28}$$

式（11.28）尽管实现了语义信息到区间数之间的转化，但是在计算中发现只要标签个数确定后，转化后的区间就不再变化了，例如 7 个语言标签转化后的区

间恒为[0,1/12]，[1/12,3/12]，[3/12,5/12]，[5/12,7/12]，[7/12,9/12]，[9/12,11/12]，[11/12,1]，这显然与语义描述信息的模糊性不符，比如有时候我们无法明确区分小和很小，所以转化后的区间应该是具有模糊性的，这归属于模糊概念与模糊数据之间的粒层转化问题，为此我们在有序语义标签的基础上提出一种云标签语义区间转化方法，利用云区间转化方法成功实现语义到模糊区间的转化。其中云标签语义区间转化图如图 11.2 所示。

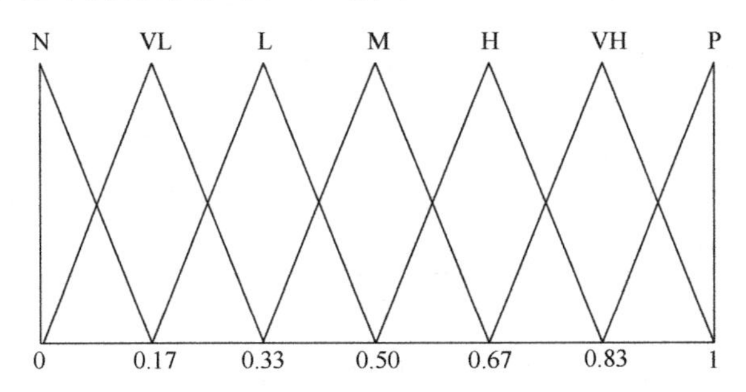

图 11.1　基于标签的不确定性语言转化图

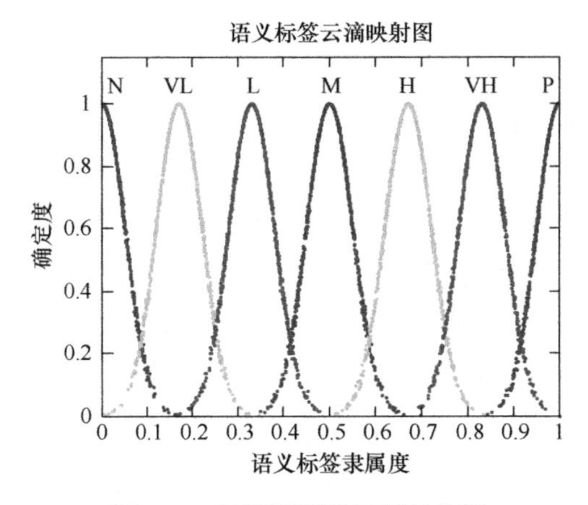

图 11.2　云标签语义区间转化图

云标签语义区间转化的思想与序列云区间变换类似，用区间 $[Ex-3\cdot En, Ex+3\cdot En]$ 表示语义标签，其中语义标签期望定义为

$$Ex_i = \frac{i}{L} \tag{11.29}$$

与有序语义标签区间变换不同的是，为了体现区间模糊性，云特征熵 En 是动态变化的，以适应相邻语义边界模糊的情况，但是不相邻的语义之间的界限是明确的，所以 En 满足

$$0 < En_i < \frac{1}{3L} \tag{11.30}$$

语义 H 的区间数转化可以描述为

$$\begin{aligned} f_{LI}: S_L \to S_I \Rightarrow \tilde{h}_{Ii} &= [Ex_i - 3 \cdot En_i, Ex_i + 3 \cdot En_i] \\ &= [\frac{i}{L} - 3 \cdot En_i, \frac{i}{L} + 3 \cdot En_i] \end{aligned} \tag{11.31}$$

式（11.31）中，为了保证转化后的区间在[0,1]范围内，边界语义标签的转化区间分别修正为 $[0, \frac{i}{L} + 3 \cdot En_0]$ 和 $[\frac{i}{L} - 3 \cdot En_L, 1]$。

这样通过上述的云标签语义区间转化方法[181]就可以将语义粒层转化到区间[0,1]上，但是区间[0,1]不能直接用于判定，所以还必须进行[0,1]区间与数据库区间的映射，即令对应的区间数据库表示为

$$I = [I^-, I^+] \tag{11.32}$$

与数据库映射后的语义 H 的区间转化表示为

$$\begin{aligned} f_{LI}: S_L \to S_I \Rightarrow \tilde{h}_{Ii} &= I^- + \Delta I \cdot [Ex_i - 3 \cdot En_i, Ex_i + 3 \cdot En_i] \\ &= [I^- + \Delta I \cdot (\frac{i}{L} - 3 \cdot En_i), I^- + \Delta I \cdot (\frac{i}{L} + 3 \cdot En_i)] \end{aligned} \tag{11.33}$$

式（11.33）中，ΔI 为数据库区间容量，

$$\Delta I = I^+ - I^- \tag{11.34}$$

通过式（11.33）就可以将语义粒层转化到区间粒层上。

（5）决策粒层到区间数粒层的转化。

决策粒层 G_D 和云区间数粒层 G_I 之间的转化实质上为决策集 S_D 和云滴特征集 S_I 之间的转化。可以采用与语义粒层转化类似的思想实施。不同之处在于，需要得知某属性维度上的决策信息先验分布，可以通过数据库进行模拟构造决策粒层的云分布。某属性决策信息的云分布如图 11.3 所示。

决策粒层转化的复杂之处在于属性决策信息的分布不是均匀的，决策量的分布可能是高斯的、梯形的、离散高斯的和不对称分布等。所以在进行决策量到区间数粒层转化的时候，不是采用“$3 \cdot En$ 规则”，这里提供一种隶属度 95% 的决策粒层区间转化方法，即认为决策粒层转化后的区间分布对原决策的隶属度至少在 95%以上，假设数据库决策对应数据区间仍表示为 $I = [I^-, I^+]$，区间分布左右隶属度分别记为 $\mu_D^-(x)$ 和 $\mu_D^+(x)$，若有

$$\mu_D^-(d^-) = \mu_D^-(d^+) = 95\% \tag{11.35}$$

则决策粒层到区间数粒层的转化可以表示为

$$f_{DI}: S_D \to S_I \Rightarrow \tilde{d}_i = [d^-, d^+] \tag{11.36}$$

通过上述分析可以分别将语义粒层和决策粒层转化到区间数粒层上，转化后的语义和决策区间数分别记为

$$I_L = [I_L^-, I_L^+] = [I^- + \Delta I \cdot (\frac{i}{L} - 3 \cdot En_i), I^- + \Delta I \cdot (\frac{i}{L} + 3 \cdot En_i)] \tag{11.37}$$

$$I_D = [I_D^-, I_D^+] = [d^-, d^+] \tag{11.38}$$

这样就将语义和决策信息统一到区间数粒度度量框架下，再结合区间多属性关联方法对转化后的语义和决策区间进行关联判定。

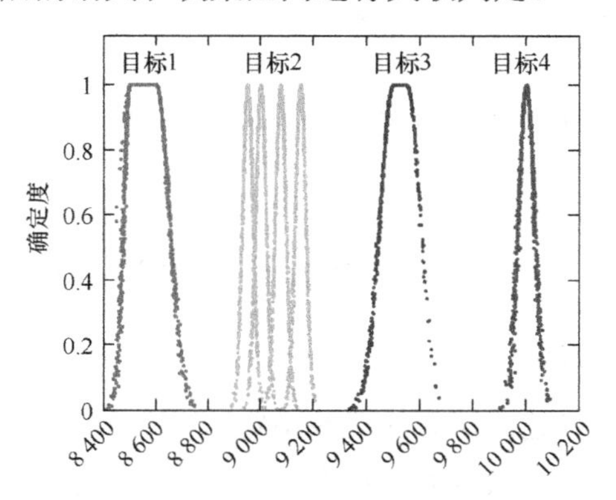

图 11.3　属性决策信息的云分布图

通过上述讨论，实现了实数粒层、三角模糊数粒层、序列数粒层、语义粒层和决策粒层到区间粒层的转化，将多传感器异类数据信息统一到区间数粒度度量框架下，这样就可以利用区间数粒度计算方法来完成多粒度异类数据之间的度量。

11.3.2　决策层的粒层统一

本节主要讨论决策层上的不同数据粒层到区间数粒层和犹豫模糊数粒层的转化。

1. 区间数粒层统一

决策层上的实数粒层和三角模糊数粒层到区间数粒层的转化过程，与特征层上的转化过程一样，不再赘述。

（1）直觉模糊数粒层到区间数粒层的转化。

根据直觉模糊数的含义与区间数之间的关系，直觉模糊数 $A(x) = \langle u, v \rangle$ 的

区间数粒层表示为

$$f_{AI}:S_A \to S_I \Rightarrow A_I(x)=[u,1-v] \tag{11.39}$$

（2）犹豫模糊数粒层到区间数粒层的转化。

根据犹豫模糊数的含义与区间数之间的关系，犹豫模糊数 $h(x)=\bigcup\{\gamma\mid\gamma\in[0,1]\}$ 的区间数粒层表示为

$$f_{HI}:S_H \to S_I \Rightarrow h_I(x)=\left[\min(\gamma),\max(\gamma)\right] \tag{11.40}$$

（3）复杂模糊语义粒层到区间数粒层的转化。

本文在第 10 章中的标签效能值、期望和方差的关系基础上，考虑利用其三个特征建立连续概率犹豫模糊语义标签与区间数之间的关系，基于概率分布的 3σ 原则，语义值的主体主要集中于以期望为中心的三倍方差区间内，因此对于连续概率犹豫模糊语义标签 $\tilde{H}_c(p)=\left\{\tilde{h}_c^{(k)}\mid(p^{(k)})\right\}$、其期望值 $E\left(\tilde{H}_c\right)$，方差 $D\left(\tilde{H}_c\right)$ 的区间数粒层表示为

$$f_{LI}:S_L \to S_I \Rightarrow \tilde{H}_I(p)=\left[E\left(\tilde{H}_c\right)-3D\left(\tilde{H}_c\right),E\left(\tilde{H}_c\right)+3D\left(\tilde{H}_c\right)\right] \tag{11.41}$$

2. 犹豫模糊数粒层统一

犹豫模糊数能够描述决策者的犹豫不定，能进行符合决策的认知计算，而现有的方法还没有涉及犹豫模糊数粒层的统一转化，为此本小节主要讨论由实数、区间数、三角模糊数、直觉模糊数 IFE、犹豫模糊数 HFE 和复杂模糊语义标签组成的多源异类数据的犹豫模糊数粒层统一转化问题。

记 X 上实数 $R(x)$、区间数 $I(x)$、三角模糊数 $\tilde{c}(x)$、直觉模糊数 $A(x)$、犹豫模糊数 $h(x)$ 和复杂模糊语义标签 $\tilde{H}_c(p)$ 分别为

$$\begin{cases} R(x)=a \\ I(x)=\left[a^-,a^+\right] \\ \tilde{c}(x)=\left[c^L,c^M,c^U\right] \\ A(x)=\langle u,v\rangle \\ h(x)=\bigcup\{\gamma\mid\gamma\in[0,1]\} \\ \tilde{H}_c(p)=\left\{\tilde{h}_c^{(k)}\mid(p^{(k)})\right\} \end{cases} \tag{11.42}$$

（1）实数粒层到犹豫模糊数粒层的转化。

实数 $R(x)$ 的犹豫模糊数粒层直接表示为

$$f_{RH}:S_R \to S_H \Rightarrow h_R(x)=\{a\} \tag{11.43}$$

（2）区间数粒层到犹豫模糊数粒层的转化。

区间数 $I(x)$ 的犹豫模糊数粒层直接表示为

$$f_{IH}: S_I \to S_H \Rightarrow h_I(x) = \{a^-, a^+\} \tag{11.44}$$

（3）三角模糊数粒层到犹豫模糊数粒层的转化。

根据区间数粒层到犹豫模糊数粒层的转化，同理得到三角模糊数 $\tilde{c}(x)$ 的犹豫模糊数粒层表示为

$$f_{TH}: S_T \to S_H \Rightarrow h_T(x) = \left\{c^L, c^M, c^U\right\} \tag{11.45}$$

（4）直觉模糊数粒层到犹豫模糊数粒层的转化。

Torra[18,19]给出了犹豫模糊数与直觉模糊数之间的关系，则对于给定的直觉模糊数 $A(x) = \langle u, v \rangle$，其犹豫模糊数粒层表示为

$$f_{IH}: S_I \to S_H \Rightarrow h_I(x) = \{u, 1-v\} \tag{11.46}$$

（5）复杂模糊语义粒层到犹豫模糊数粒层的转化。

对于复杂模糊语义标签，广义上讲其本身就是一类犹豫模糊集拓展样式，为此仅需将其中的概率与连续区间用某具体数值描述即可，而描述复杂语义的连续概率犹豫模糊语义标签的效能值即实现此功能，所以对于连续概率犹豫模糊语义标签 $\tilde{H}_c(p) = \left\{\tilde{h}_c^{(k)} \mid (p^{(k)})\right\}$，其期望值为 $Q\left(\tilde{h}_c^{(k)} \mid (p^{(k)})\right)$，则其犹豫模糊数粒层表示为

$$f_{LH}: S_L \to S_H \Rightarrow \tilde{H}_L(p) = \left\{Q\left(\tilde{h}_c^{(k)} \mid (p^{(k)})\right)\right\} \tag{11.47}$$

通过式（11.43）至式（11.47）实现了实数 $R(x)$、区间数 $I(x)$、三角模糊数 $\tilde{c}(x)$、直觉模糊数 $A(x)$、犹豫模糊数 $h(x)$ 和复杂模糊语义标签 $\tilde{H}_c(p)$ 组成的多源异类数据的犹豫模糊数粒层统一。

通过粒层转化实现多源异类数据的粒层统一，使得多粒度异类数据的粒度计算转化为目标粒层的粒度计算，降低了计算复杂度，为多源异类数据的决策层关联提供了思路。

11.4 粒层并行的数据关联

本节主要给出粒层并行计算的关联流程，为一种先粒度计算再集成的关联方法，以决策层上的数据关联为例，特征层上的数据关联可类似得到。

11.4.1 决策层异类数据的粒层并行粒度计算

首先对异类数据决策矩阵 $\boldsymbol{X}=(x_{ij})_{m\times n}$ 进行规范化处理，得到规范化后的决策矩阵 $\boldsymbol{R}=(r_{ij})_{m\times n}$，其中 r_{ij} 可以为异类数据中的任意样式。

$$r_{ij}=\begin{cases} a_{ij} & ,j\in R(x) \\ \left[a_{ij}^{-},a_{ij}^{+}\right] & ,j\in I(x) \\ \left[c_{ij}^{L},c_{ij}^{M},c_{ij}^{U}\right] & ,j\in \tilde{c}(x) \\ \left\langle u_{ij},v_{ij}\right\rangle & ,j\in A(x) \\ \bigcup\left\{\gamma_{ij}\mid\gamma_{ij}\in[0,1]\right\} & ,j\in h(x) \\ \left\{\tilde{h}_{cij}^{(k)}\mid(p^{(k)})\right\} & ,j\in \tilde{H}_c(p) \end{cases} \tag{11.48}$$

如果存在确定异类数据库，则计算各异类数据 r_{ij} 与数据库之间的粒度 g_{ij}；如果不存在异类数据库，则确定方案的正理想解 $\left(r_{ij}\right)^{+}$ 和负理想解 $\left(r_{ij}\right)^{-}$，然后计算异类数据 r_{ij} 与正理想解 $\left(r_{ij}\right)^{+}$ 和负理想解 $\left(r_{ij}\right)^{-}$ 之间的粒度 g_{ij}^{+} 和 g_{ij}^{-}。

如果属性权重 $\boldsymbol{w}=\left(w_1\ \ w_2\cdots w_n\right)^{\mathrm{T}}$ 已知，则可以基于 TOPSIS、VIKOR、TODIM 等决策方法，集成异类粒度进行决策关联判定。如果属性权重未知，则先利用线性规划方法确定最优权重后，再根据各种决策方法进行关联判定。

11.4.2 粒层并行的数据关联流程

基于粒层并行计算思想的异类数据关联步骤如下。

步骤 1：确定待识别异类数据集、数据库或理想解。

步骤 2：根据异类数据的粒度计算方法并行计算与数据库或理想解之间的粒度。

步骤 3：确定属性权重，并集成计算得到的异类数据的粒度。

步骤 4：选取决策方法进行关联判定。

粒层并行的数据关联流程如图 11.4 所示。

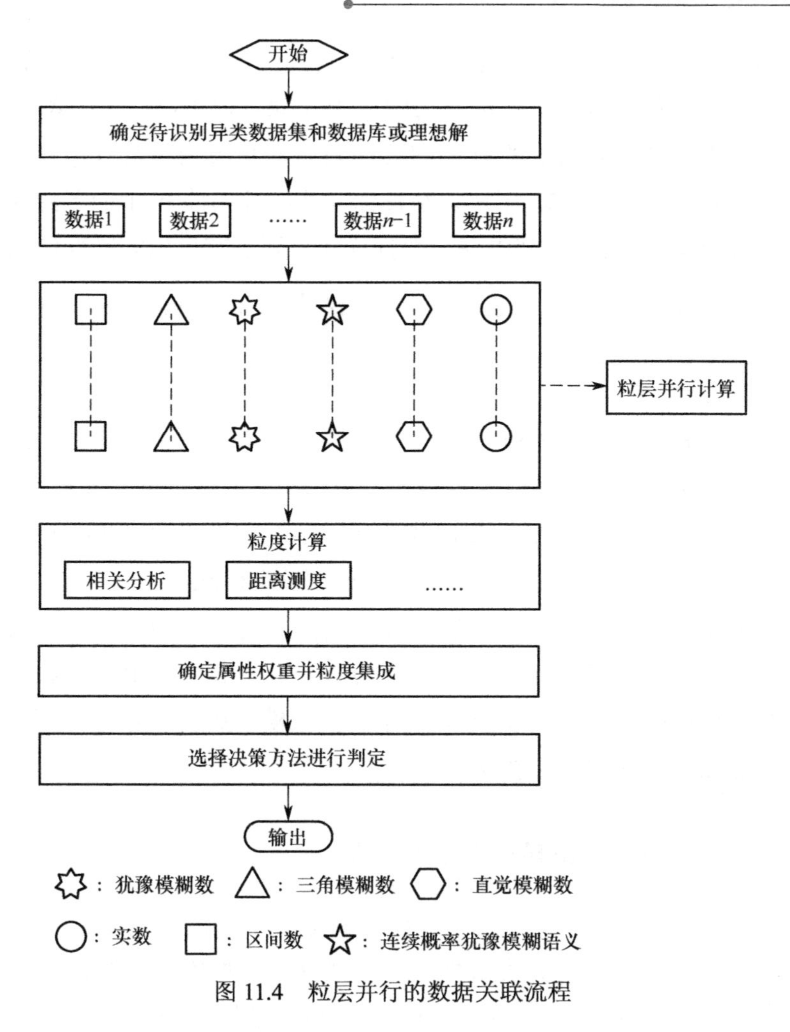

图 11.4　粒层并行的数据关联流程

11.5　粒层转化的数据关联

由于异类数据之间无法直接进行粒度计算处理，本节以决策层上的粒层转化为例，根据粒层统一思想将其统一到区间数粒层或者犹豫模糊数粒层进行统一的粒度计算，特征层上的数据关联可类比得到。

11.5.1　问题描述

以目标识别为例。

记待识别的多属性异类数据集为 $\boldsymbol{A}=\{A_1,A_2,\cdots,A_i,\cdots,A_m\}$，每类数据集具有 n 种特征属性 $\boldsymbol{P}=\{p_1,p_2,\cdots,p_j,\cdots,p_n\}$，其中属性值可以由实数 $R(x)$、区间数 $I(x)$、三角模糊数 $\tilde{c}(x)$、直觉模糊数 $A(x)$、犹豫模糊数 $h(x)$ 和复杂模糊语义标签 $\tilde{H}_c(p)$ 6 类数据组成。记待识别目标 A_i 在特征属性 p_j 上的多源异类数据统一用 x_{ij} 表示，x_{ij} 可能为其中任一数据样式，则所有目标的属性信息可以用一决策矩阵描述 $\boldsymbol{X}=(x_{ij})_{m\times n}$。令属性权重为 $\boldsymbol{w}=\left(w_1\ \ w_2 \cdots w_n\right)^{\mathrm{T}}$，满足 $0\leqslant w_j\leqslant 1$，$\sum_{j=1}^{n}w_j=1$。

首先基于粒层转化的思想，将异类数据统一转化到区间数粒层或犹豫模糊数粒层上，记决策矩阵 $\boldsymbol{X}=(x_{ij})_{m\times n}$ 经粒层转化得到的决策矩阵为 $\boldsymbol{Y}=(y_{ij})_{m\times n}$。其次对决策矩阵 $\boldsymbol{Y}=(y_{ij})_{m\times n}$ 进行规范化处理得到规范化后的决策矩阵 $\boldsymbol{R}=(r_{ij})_{m\times n}$。其中，$y_{ij}$ 和 r_{ij} 为区间或犹豫模糊数据样式。

记现有的目标数据库或理想解为 $\boldsymbol{B}=\{B_1,B_2,\cdots,B_k,\cdots,B_l\}$，同样每类数据集具有 n 种特征属性 $P=\{p_1,p_2,\cdots,p_j,\cdots,p_n\}$，其中属性值由区间数或犹豫模糊数组成。记数据集 B_k 在特征属性 p_j 上的犹豫模糊数表示为 z_{kj}，则数据库或理想解 $\boldsymbol{B}$ 的数据矩阵可表示为 $\boldsymbol{Z}=(z_{ij})_{l\times n}$。

11.5.2 粒层转化的数据关联流程

在异类数据统一到区间数或犹豫模糊数粒层基础上，基于数据间的粒度计算方法进行关联判定。记异类数据不确定集 $\boldsymbol{A}$ 和数据库或理想解 $\boldsymbol{B}$ 之间对应的数据集 A_i 和 B_k 之间的粒度关系为 $C(A_i,B_k)$，则以粒度关系作为判定指标，结合决策方法即可实现对异类不确定数据的关联判定。

综上讨论，基于粒层转化思想的决策层数据关联步骤如下。

步骤 1：确定待识别异类数据集和数据库或理想解。

步骤 2：基于粒层转化思想，将模糊数据统一到同一粒层。

步骤 3：基于统一粒层的粒度计算方法，计算转化后异类数据集与数据库对应数据之间的粒度。

步骤 4：根据步骤 3 计算得到的粒度，用决策方法进行关联判定。

粒层转化的数据关联流程如图 11.5 所示。

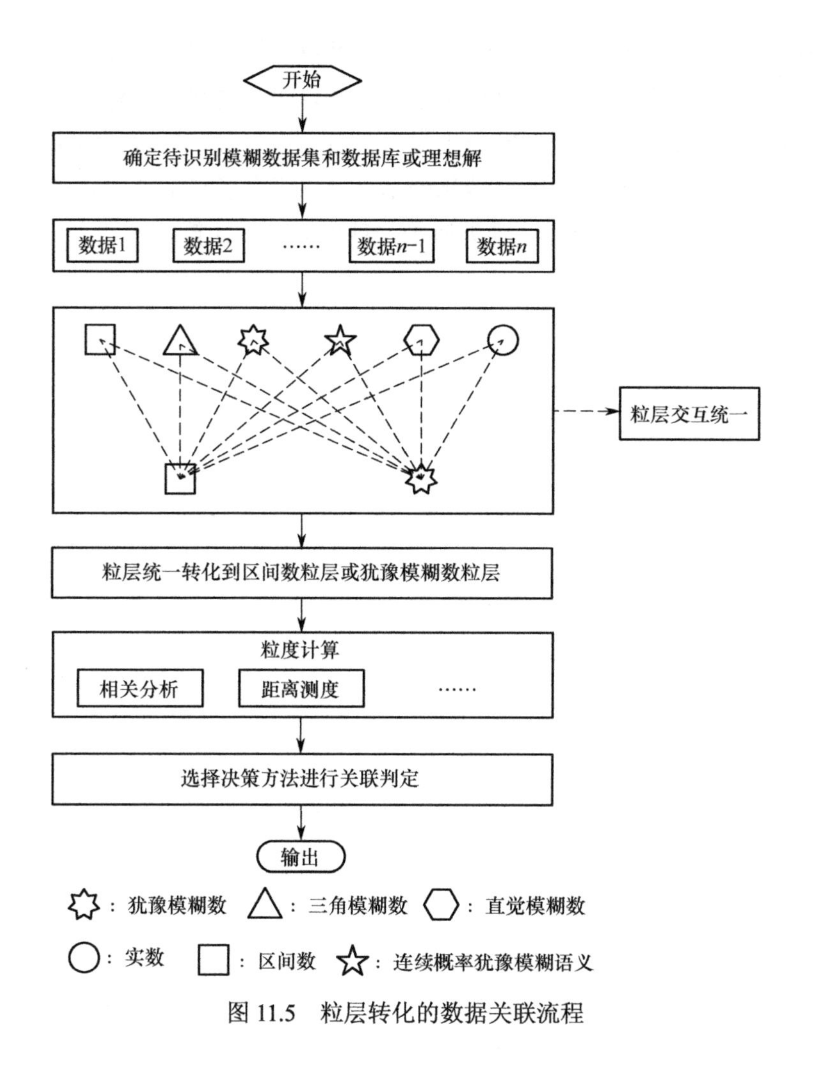

图 11.5　粒层转化的数据关联流程

11.6　本章小结

本章主要基于粒计算思想研究了异类数据的粒层转化和关联方法。针对异类数据之间无法直接关联处理的难题，基于粒化的思想将其进行粒层结构划分成多粒度数据，主要包括实数粒层、区间数粒层、三角模糊数粒层、序列数粒层、语义粒层、决策粒层和直觉模糊数粒层、犹豫模糊数粒层和复杂模糊语义粒层九类粒结构。进一步基于粒层转化的思想，研究了各类粒层结构之间的转化关系，主要将粒层结构统一到能够描述异类数据的区间粒层或犹豫模糊数粒层。一方面，研究了一种先计算再集成的方法，即粒层并行的异类数据关联流程。该方法主要先在各自数据粒层上进行并行粒度计算，最后利用决策方法进行关联判定。另一方面，在粒层转化的基础上，研究了基于粒层转化的异类数据关联流程，粒层转化的方法更类似于一种先集成再计算的方法。

第12章 序列数据和区间数据的关联

12.1 引言

序列数据是传感器量测数据中常见的数据表现形式之一，序列数据和区间数据的关联已经属于异类数据关联的范畴，可以按照第 11 章区间转化的方法关联，然而序列数据被认为是一种随着时间变化的时间序列[182]，随着量测时间的不同，序列数据可以分为短时序列和累积量测序列。对于短时序列而言，由于量测时间较短，一般认为短时序列在量测时间内描述的目标具有唯一性，可以直接用于关联判定。而累积量测序列是传感器累积量测一段时间后上报的数据，不能套用短时序列的关联方法，否则会增加计算时间，也会使得度量不准确，为了与第 11 章序列粒层转化的思路相区别，本章从短时序列和累积量测序列的角度，单独讲述序列数据和区间数据的关联问题。现有的文献[86, 87]一般都是序列—序列和区间—区间同类数据之间的关联方法，文献[183, 184]研究了区间正负理想解的问题，文献[185, 186]讨论了区间相似度计算以及相似度排序决策的内容，而文献[187, 188]致力于区间直觉模糊集的研究，文献[189, 190]则将区间相似度与证据理论结合起来进行决策，文献[191, 192]利用云距离进行区间决策，关于序列—区间异类数据的关联问题鲜有研究，所以有必要对序列—区间异类数据的关联方法开展研究。

12.2 短时序列数据与区间数据的关联

短时序列与区间数据库之间的异类关联问题，本质上是短时序列与区间数之间的度量问题，为此根据短时序列的性质，定义了一种新的短时序列与区间数之间的距离度量。

12.2.1 短时序列与区间数的距离

记短时序列数据为

$$\boldsymbol{s}=(s_1,s_2,\cdots,s_i,\cdots,s_n) \tag{12.1}$$

式（12.1）中，s_i为序列的第i个取值，n为序列的长度，因为仅考虑短时间内传感器量测的序列数据与区间数的距离，所以n的取值不大。对于短时序列数据而言，可以将其认为是若干个实数集，则可以根据区间数与实数之间的距离定义短时序列$\boldsymbol{s}$和区间数$\tilde{a}=[a^-,a^+]$之间的距离为

$$d(\tilde{a},\boldsymbol{s})=\frac{1}{n}\cdot\sum_{i=1}^{n}[\left|a^- - s_i\right|^p+\left|a^+ - s_i\right|^p]^{1/p} \tag{12.2}$$

证明：

（1）距离度量三公理的证明。

正定性显然成立。

证明齐次性。

$$\begin{aligned}d[\alpha\cdot(\tilde{a},\boldsymbol{s})]&=\frac{1}{n}\cdot\sum_{i=1}^{n}[\left|\alpha\cdot(a^- - s_i)\right|^p+\left|\alpha\cdot(a^+ - s_i)\right|^p]^{1/p}\\&=\frac{1}{n}\cdot\sum_{i=1}^{n}[\alpha^p\cdot\left|(a^- - s_i)\right|^p+\alpha^p\cdot\left|(a^+ - s_i)\right|^p]^{1/p}\\&=\frac{|\alpha|}{n}\cdot\sum_{i=1}^{n}[\left|(a^- - s_i)\right|^p+\left|(a^+ - s_i)\right|^p]^{1/p}\\&=|\alpha|\cdot d[(\tilde{a},\boldsymbol{s})]\end{aligned} \tag{12.3}$$

齐次性得证。

证明三角不等式性。

假设存在短时序列$\boldsymbol{s}^m=(s_1,s_2,\cdots,s_i,\cdots,s_m)$，$\boldsymbol{s}^n=(s_{m+1},s_{m+2},\cdots,s_{m+i},\cdots,s_{m+n})$，$\boldsymbol{s}^{m+n}=(s_1,s_2,\cdots,s_i,\cdots,s_{m+n})$，则

$$\begin{aligned}d(\tilde{a},\boldsymbol{s}^{m+n})&=\frac{1}{m+n}\cdot\sum_{i=1}^{m+n}[\left|a^- - s_i\right|^p+\left|a^+ - s_i\right|^p]^{1/p}\\&=\frac{1}{m+n}\cdot\left\{\sum_{i=1}^{m}[\left|a^- - s_i\right|^p+\left|a^+ - s_i\right|^p]^{1/p}+\sum_{i=m+1}^{m+n}[\left|a^- - s_i\right|^p+\left|a^+ - s_i\right|^p]^{1/p}\right\}<\\&\frac{1}{m}\cdot\sum_{i=1}^{m}[\left|a^- - s_i\right|^p+\left|a^+ - s_i\right|^p]^{1/p}+\frac{1}{n}\cdot\sum_{i=m+1}^{m+n}[\left|a^- - s_i\right|^p+\left|a^+ - s_i\right|^p]^{1/p}\\&=d(\tilde{a},\boldsymbol{s}^m)+d(\tilde{a},\boldsymbol{s}^n)\end{aligned} \tag{12.4}$$

三角不等式得证。

（2）序列数据分布性度量的证明。

从序列和区间度量的物理意义分析得知，如果序列点越集中于区间内部且集中于区间中点附近，则距离度量越小，所以需要对序列的分布情况进行证明。证明序列的分布性度量只需证明序列中的序列点的分布度量即可。不妨设区间宽度为 d，则根据本文定义的短时序列和区间数之间的距离计算得区间中点 s^m 与区间数的距离为

$$d(\tilde{a},s^m)=\left[\left(\frac{d}{2}\right)^p+\left(\frac{d}{2}\right)^p\right]^{1/p} \tag{12.5}$$

则区间中点外的其他序列点与区间数的距离可以表示为

$$d(\tilde{a},s_i)=\left[\left(\frac{d+\Delta}{2}\right)^p+\left(\frac{d-\Delta}{2}\right)^p\right]^{1/p} \tag{12.6}$$

式（12.6）中，Δ 为序列分布与区间中点的偏离程度，则分布性证明只需证明 Δ 的大小对距离度量影响即可。则对下式进行多项式展开得到

$$\begin{aligned}\left(\frac{d+\Delta}{2}\right)^p+\left(\frac{d-\Delta}{2}\right)^p &= C_p^0\cdot\left(\frac{d}{2}\right)^p\cdot\left(\frac{\Delta}{2}\right)^0+,\cdots,+C_p^i\cdot\left(\frac{d}{2}\right)^{p-i}\cdot\left(\frac{\Delta}{2}\right)^i+,\cdots,+C_p^p\cdot\left(\frac{d}{2}\right)^0\cdot\left(\frac{\Delta}{2}\right)^p+\\ &\quad C_p^0\cdot\left(\frac{d}{2}\right)^p\cdot\left(-\frac{\Delta}{2}\right)^0+,\cdots,+C_p^i\cdot\left(\frac{d}{2}\right)^{p-i}\cdot\left(-\frac{\Delta}{2}\right)^i+,\cdots,+C_p^p\cdot\left(\frac{d}{2}\right)^0\cdot\left(-\frac{\Delta}{2}\right)^p\\ &=\sum_{i=0}^{p}C_p^i\cdot\left(\frac{d}{2}\right)^{p-i}\cdot\left(\frac{\Delta}{2}\right)^i+\sum_{i=0}^{p}C_p^i\cdot\left(\frac{d}{2}\right)^{p-i}\cdot\left(-\frac{\Delta}{2}\right)^i\\ &=2\cdot\sum_{i=0}^{p}C_p^{2i}\cdot\left(\frac{d}{2}\right)^{q-2i}\cdot\left(\frac{\Delta}{2}\right)^{2i}\\ &=\left(\frac{d}{2}\right)^p+\left(\frac{d}{2}\right)^p+2\cdot\sum_{i=1}^{p}C_p^{2i}\cdot\left(\frac{d}{2}\right)^{q-2i}\cdot\left(\frac{\Delta}{2}\right)^{2i}\end{aligned} \tag{12.7}$$

式（12.7）表明偏离区间中点的序列数据点与区间数的距离可以表示为区间中点距离与一个与 Δ 有关的多项式叠加，并且此多项式是 Δ 的增函数，易知，序列数据点与区间中点的偏离程度越大，距离度量也越大，所以序列数据分布性度量问题得证。

综上所述，区序距离满足距离度量三公理和序列数据分布性度量。

12.2.2 基于灰关联的短时序列–区间异类数据关联

得到短时序列与区间数的距离度量之后，关联问题就变成一个多属性决策问题。为此，基于灰色关联理论，提出一种基于灰色关联度的短时序列与区间型数据之间的关联方法。

1．问题描述

记待识别目标多属性短时序列数据集为 $\boldsymbol{S}=\{\boldsymbol{s}_i=(s_j\mid j=1,2,\cdots,n)\mid i=1,2,\cdots,m\}$，特征属性集为 $\boldsymbol{P}=\{P_1,P_2,\cdots,P_i,\cdots,P_m\}$，其中 n 为序列长度，m 为序列序号，表示目标具有 m 种特征属性。目标数据库区间数据集合为 $\boldsymbol{I}=\{\boldsymbol{I}_1,\boldsymbol{I}_2,\cdots,\boldsymbol{I}_k,\cdots,\boldsymbol{I}_N\}$，其中 $\boldsymbol{I}_k$ 为目标区间数据集，$\boldsymbol{I}_k=\{I_{ki}=[I_{ki}^-,I_{ki}^+]\mid i=1,2,\cdots,m\}$，由对应特征属性的属性值区间组成。则短时序列与区间数关联的问题变成在特征属性集 $\boldsymbol{P}$ 下，序列集 $\boldsymbol{S}$ 和数据库目标区间数据集 $\boldsymbol{I}_k(k=1,2,\cdots,N)$ 的关联问题。

2．算法步骤

按式（12.2）计算序列 $\boldsymbol{s}_i(i=1,2,\cdots,m)$ 与区间数据集 $\boldsymbol{I}_k(k=1,2,\cdots,N)$ 之间的距离为

$$d(I_{ki},\boldsymbol{s}_i)=\frac{1}{n}\cdot\sum_{j=1}^{n}[\left|I_{ki}^- - s_j\right|^p+\left|I_{ki}^+ - s_j\right|^p]^{1/p},i=1,2,\cdots,m,k=1,2,\cdots,N \tag{12.8}$$

在实际计算过程中一般选取 $p=2$，即 Euclid 距离。

对距离进行归一化得到

$$D_{ik}=\frac{d(I_{ki},\boldsymbol{s}_i)-\min\limits_k\{d(I_{ki},\boldsymbol{s}_i)\}}{\max\limits_k(d(I_{ki},\boldsymbol{s}_i))-\min\limits_k\{d(I_{ki},\boldsymbol{s}_i)\}},i=1,2,\cdots,m,k=1,2,\cdots,N \tag{12.9}$$

由灰色关联理论[193]计算灰色关联系数为

$$\varepsilon_{ik}=\frac{\min\limits_i\min\limits_k\{D_{ik}\}+\rho\cdot\max\limits_i\max\limits_k\{D_{ik}\}}{D_{ik}+\rho\cdot\max\limits_i\max\limits_k\{D_{ik}\}} \tag{12.10}$$

式（12.10）中，ρ 为分辨系数，$\rho\in[0,1]$。

设属性权重向量为

$$\boldsymbol{\omega}=(\omega_1,\omega_2,\cdots,\omega_i,\cdots,\omega_m),\sum_{i=1}^{m}\omega_m=1 \tag{12.11}$$

多属性条件 $\boldsymbol{P}$ 下的短时序列数据集 $\boldsymbol{S}$ 和数据库目标区间数据集 $\boldsymbol{I}_k (k=1,2,\cdots,N)$ 的关联度为

$$\gamma_k = \omega_i \cdot \sum_{i=1}^{m} \varepsilon_{ik}, k=1,2,\cdots,N \tag{12.12}$$

通过上述处理可以得到多属性条件下的短时序列数据集 $\boldsymbol{S}$ 与数据库目标区间数据集 $\boldsymbol{I}_k (k=1,2,\cdots,N)$ 之间的关联度集合

$$\gamma = \{\gamma_k \mid k=1,2,\cdots,N\} \tag{12.13}$$

根据 γ_k 的大小，对其进行排序，按照最大关联度准则，

$$\gamma_k = \max_i(\gamma_i) \tag{12.14}$$

则判定待识别目标为区间数据库中第 k 类目标。

12.3 基于云变换的累积量测序列与区间数据的关联

由于累积量测序列长度较长，如果按照短时序列所定义的距离进行序列与区间数之间的度量，必然会增加计算时间也会使度量不准确，所以必须寻找新的度量方法。为此本节基于大数据统计的思想，考虑对累积量测序列进行区间转化，使得异类数据同型化，再从区间数理论的角度，利用区间关联度作为判别指标对同型化后的序列进行关联判定。其中，序列–区间同型转化是关键，文献[194]中给出了连续数据离散化的两种方法，等频率区间法和等距离区间法，实现了连续数据区间化，但是等频率和等距离都是主观给定的，没有考虑实际数据的分布情况，而且对序列数据区间化无能为力。为此，本节从序列数据的频率分布函数入手，提出了一种基于小云变换的序列–区间异类数据转化方法，充分利用原始数据，进行统计计算形成云簇，提取云簇特征进行区间表示，克服主观划定区间的思想，较好地实现了累积量测序列数据的区间转化。

12.3.1 序列–区间异类数据同型转化

对于累积量测序列数据 $\boldsymbol{Q}=(Q_1,Q_2,\cdots,Q_i,\cdots,Q_n)$ 和区间数 $\tilde{a}=[a^-,a^+]$，由于数据类型本身的异类性，无法直接进行关联，为此基于云变换实现累积量测序列数据 $\boldsymbol{Q}$ 到区间数 $\tilde{a}$ 之间的转换。

1．云变换

对于任意给定的序列数据，云变换就是利用某种数学规则对数据进行统计变换，通过云分布来表示离散的序列数据[194-196]。

定义 12.1 在云变换过程中，如果只用一个云来描述序列数据的分布，我们称之为大云变换。

定义 12.2 在云变换过程中，如果用若干个云的叠加形式来描述序列数据的分布，我们称之为小云变换。

（1）频率分布函数。

对于描述某种属性长度为 n 的累积量测序列 $\boldsymbol{Q}$，利用某种统计规则统计其中可能元素 $Q_i(i=1,2,\cdots,m,m\leqslant n)$ 出现的个数记为 y，则称 $y=f(Q_i)$ 为序列 $\boldsymbol{Q}$ 的频率分布函数，则有式（12.15）成立，序列数据及其频率分布函数示意图如图 12.1 所示。

$$\sum_{i=1}^{m} f(Q_i)=n \tag{12.15}$$

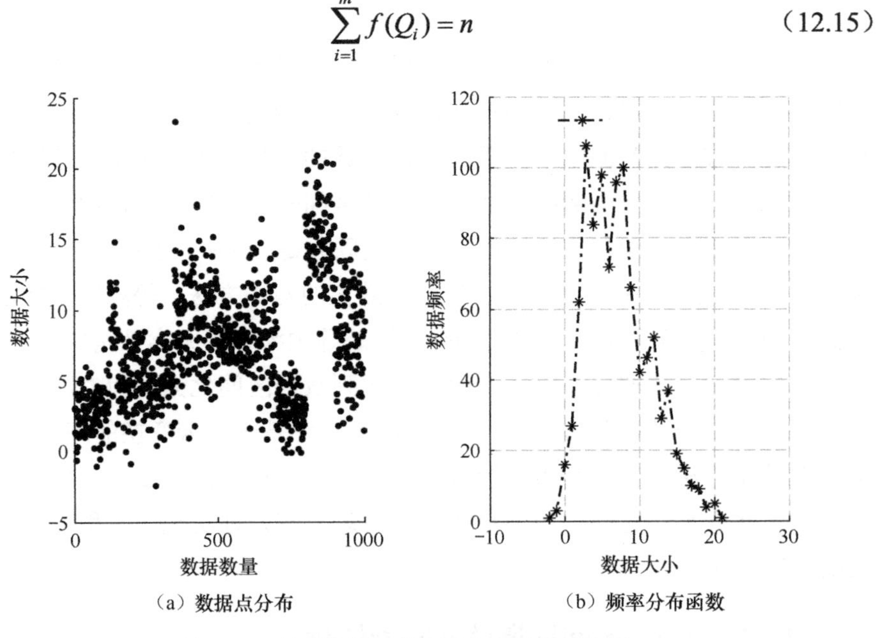

（a）数据点分布　　（b）频率分布函数

图 12.1　序列数据及其频率分布函数示意图

图 12.1（a）描述了长度为 1 000 的序列数据点实际分布，通过统计其中元素的频数得到图 12.1（b），其直观反映了序列数据的分布状况。频率分布函数为云变换的实施提供了数学基础。

（2）云模型。

云模型是李德毅院士及其团队提出的，是定性概念到定量表示的不确定性模型，反映了概念中的随机性和模糊性，对理解定性概念的内涵和外延具有重要意义，得到了广泛应用[7]。

设 U 是一个用精确数值表示的定量论域，C 是 U 上的定性概念，若定量数值 $x \in U$ 是定性概念 C 的一次随机实现，x 对 C 的确定度 $\mu(x) \in [0,1]$ 为具有稳定倾向的随机数

$$\mu : U \to [0,1] \qquad \forall x \in U, x \to \mu(x) \tag{12.16}$$

称 x 在论域 U 上的分布为云（Cloud），记为 $C(x)$，每一个 x 称为一个云滴。一般用期望 Ex（Expected Value）、熵 En（Entropy）和超熵 He（Hyper Entropy）3 个数字特征来描述云模型，分别表示了云滴分布的集中体现、不确定性和不确定性的不确定度量。

（3）云簇变换。

前文已经描述了云变换的内容，并定义了大、小云变换。云簇变换是利用小云变换实现的，目的是将长度为 n 的序列数据 $\boldsymbol{Q}$ 通过多次小云变换形成若干云的叠加，即云簇。李德毅院士在实施云变换的时候是对频率分布函数的峰值进行提取，将其作为变换后云的期望 Ex，并计算用于拟合频率分布函数 $f(Q_i)$ 的、以各 Ex 为期望的云模型的熵和超熵，形成云模型的三个数字特征和云分布函数，即产生了云，并去除已产生的云对应的分布函数，再对去除后的频率分布函数重复计算云特征，形成多个云组成的云簇。此过程中存在两个问题，一是云模型熵的计算是基于全局的，而产生的云是局部的，二是忽略了峰值外其他重要点的作用，无疑增加了云变换的误差。

为此，本节在此基础上对频率分布函数首先进行模糊检测，即认为频数在序列长度 5%以下的数据点是由于传感器测量误差产生的，不足以对云变换和后续的决策结果产生重要影响，可以不对其进行云变换处理，这样既减小了因计算所有点造成的计算量又避免了因模糊点产生的失真云，提高了计算效率和精度。其次对满足模糊检测的序列数据频数分布的每个可能值进行小云变换，即将可能值作为云期望 Ex，计算期望为 Ex 对应频数原始数据的熵和超熵，形成云特征即形成新云。在此过程中，小云变换形成云特征是按照逆云变换实施的，则云簇变换可以抽象为以下数学模型。

记描述某个属性的序列数据的频率分布函数经过模糊点检测后的分布为

$$F(\boldsymbol{Q}) \approx \sum_{i=1}^{l} g(Q_i) \tag{12.17}$$

式（12.17）中，$g(Q_i)$ 为基于云的分布函数，l 为满足模糊检测后剩下的序列可能值的个数即云变换后云的叠加个数，则 $0<l\leqslant m$，m 为序列 $\boldsymbol{Q}$ 中可能元素的个数。云变换的本质问题就是对云分布函数到云特征的求解问题，即

$$g(Q_i) \to c_i \bullet C(Ex_i, En_i, He_i) \tag{12.18}$$

式（12.18）中，c_i 为云变换的转换系数，表示转换云在云簇中所占的比例，即序列经云区间变换后得到的云簇区间权重，以保证序列变换为区间的保真性，也就是对于任意频率分布函数为 $F(Q_i)$ 的数据组 $\{F(Q_i)\}$，计算满足

$$\{F(Q_i)\} \to \bigcup_{i=1}^{l} c_i \bullet C(Ex_i, En_i, He_i) \tag{12.19}$$

变换的云特征 (Ex_i, En_i, He_i) 的过程，其中云变换的转换系数可以定义为

$$c_i = \frac{F(Q_i)}{\sum_{i=1}^{l} F(Q_i)} \tag{12.20}$$

2. 云簇区间化表示

通过云变换可以用多个云来表示序列数据的属性分布，而对于高斯云图所描述的云滴分布主要集中于以云期望值 Ex 为中心的某个区间内，云簇区间化表示正是基于这种思想，将离散的序列数据通过云变换得到描述序列属性的一系列区间值，实现了序列–区间异类数据的转化。对于高斯云而言，99.7%的云滴都落在区间 $[Ex-3\cdot En, Ex+3\cdot En]$ 内，即云的主要贡献都集中于区间 $[Ex-3\cdot En, Ex+3\cdot En]$ 内，所以用区间 $[Ex-3\cdot En, Ex+3\cdot En]$ 来描述云所表达的序列数据能够充分体现序列数据的属性特征。则序列–区间异类数据同型化的过程如图 12.2 所示。

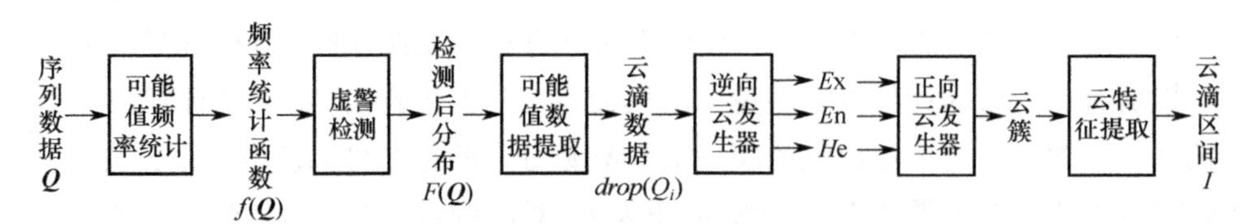

图 12.2　序列–区间异类数据同型化过程

对于描述某个属性的序列数据 $\boldsymbol{Q}$，首先对其进行统计计算形成序列数据频率分布函数

$$\boldsymbol{Q}=(Q_1,Q_2,\cdots,Q_i,\cdots,Q_n)\to f(\boldsymbol{Q}) \tag{12.21}$$

其次对频率分布函数进行模糊点检测，得到检测后的分布

$$f(\boldsymbol{Q})\to F(\boldsymbol{Q}) \tag{12.22}$$

再对检测后的频率分布函数所描述的数据实施云变换，形成云簇

$$F(\boldsymbol{Q})\to\bigcup_{i=1}^{l}c_i\bullet C(E\mathrm{x},E\mathrm{n},H\mathrm{e}) \tag{12.23}$$

最后对云簇进行特征提取，并区间化表示形成序列–区间异类数据的区间化表达形式

$$C(E\mathrm{x},E\mathrm{n},H\mathrm{e})\to[E\mathrm{x}-3\cdot E\mathrm{n},E\mathrm{x}+3\cdot E\mathrm{n}] \tag{12.24}$$

通过上述变换，可以用区间数据 I 来表示序列数据 $\boldsymbol{Q}$ ，即

$$\boldsymbol{Q}\to I=\bigcup_{i=1}^{l}c_i\bullet[E\mathrm{x}_i-3\cdot E\mathrm{n}_i,E\mathrm{x}_i+3\cdot E\mathrm{n}_i] \tag{12.25}$$

3. 云模式唯一性判断

云模型是建立在大数据环境下，通过统计规律得出云簇特征的，所以需要的序列数据量较大，是传感器量测累积一段时间后上报的，在累积过程中被测目标的模式可能发生改变，即上报序列描述的模式不唯一，所以在进行模式识别之前需要对序列数据云变换后形成的云区间所描述的模式进行唯一性判断。

记序列云变换后形成的云期望特征组为

$$\{E\mathrm{x}\}=\{E\mathrm{x}_i,i=1,2,\cdots,n\} \tag{12.26}$$

式（12.26）中，i 为变换后形成的区间个数。则可以通过云期望特征组的离散程度来对云模式进行唯一性判断，云期望特征组的离散程度可以用方差表示为

$$\mathrm{var}(E\mathrm{x})=\frac{1}{n-1}\cdot\sum_{i=1}^{n}(E\mathrm{x}_i-\overline{E\mathrm{x}})^2,i=1,2,\cdots,n \tag{12.27}$$

式（12.27）中，$\overline{E\mathrm{x}}$ 为云期望特征组的均值，

$$\overline{E\mathrm{x}}=\sum_{i=1}^{n}E\mathrm{x}_i \tag{12.28}$$

对于给定的门限 σ ，如果

$$\mathrm{var}(E\mathrm{x})<\sigma \tag{12.29}$$

则判断序列经云变换后的区间描述的目标模式唯一。

12.3.2 序列–区间异类数据的关联

序列–区间异类数据的关联问题本质上是传感器探测到的序列类型数据与数据库中的区间类型数据的关联处理问题，由于异类数据无法直接关联度量，所以首先利用云变换实现了序列–区间异类数据的同型转化形成了同型区间数，则关联问题就变成了一个区间多属性决策的问题，即对于由序列数据转化后的描述多属性的多区间数据和数据库中多属性区间数据的关联度问题。

1. 问题描述

假设多属性目标识别问题中，待识别目标集为$\boldsymbol{T}=\{T_1,T_2,\cdots,T_i,\cdots,T_m\}$，其中$m$为目标序号，表示待识别目标数目。待识别目标特征属性集为$\boldsymbol{P}=\{P_1,P_2,\cdots,P_l,\cdots,P_p\}$，表示每一类目标都具有$p$种特征属性。待识别目标$T_i(i=1,2,\cdots,m)$在目标特征属性$P_l(l=1,2,\cdots,p)$上的属性值为$\boldsymbol{S}_{il}$，其中$i=1,2,\cdots,m,\ l=1,2,\cdots,p$，则构成了待识别目标的属性值矩阵

$$\boldsymbol{S}=\begin{bmatrix} S_{11} & S_{12} & \cdots & S_{1p} \\ S_{21} & \ddots & & S_{2p} \\ \vdots & & S_{il} & \vdots \\ & & \ddots & \\ S_{m1} & S_{m2} & \cdots & S_{mp} \end{bmatrix} \tag{12.30}$$

式（12.30）中，$\boldsymbol{S}_{il}$为长度为n_{il}的序列数据，即

$$\boldsymbol{S}_{il}=(s_1,s_2,\cdots,s_{n_{il}}) \tag{12.31}$$

目标数据库中具有备选目标集为$\boldsymbol{U}=\{U_1,U_2,\cdots,U_j,\cdots,U_n\}$，其中$n$为备选目标序号，表示数据库中备选目标的容量。选择同样的目标特征属性集为$\boldsymbol{P}=\{P_1,P_2,\cdots,P_l,\cdots,P_p\}$，目标特征属性具有多种工作频道，设备选目标$U_j(j=1,2,\cdots,n)$在目标特征属性$P_l(l=1,2,\cdots,p)$上的工作频道种类为$N_{jl}(N_{jl}=1,2,\cdots)$，则构成了备选目标的工作频道矩阵

$$\boldsymbol{N}=\begin{bmatrix} N_{11} & N_{12} & \cdots & N_{1p} \\ N_{21} & \ddots & & N_{2p} \\ \vdots & & N_{jl} & \vdots \\ & & \ddots & \\ N_{n1} & N_{n2} & \cdots & N_{np} \end{bmatrix} \tag{12.32}$$

备选目标数据库是完备的，则备选目标的所有工作频道的组合形成了备选目标数据库中的工作模式

$$M=\sum_{j=1}^{n}\prod_{l=1}^{p}N_{jl} \tag{12.33}$$

令 $I_{jl}^{k}(k=1,2,\cdots,N_{jl})$ 表示备选目标 $U_j(j=1,2,\cdots,n)$ 在目标特征属性 $P_l(l=1,2,\cdots,p)$ 上的第 k 个工作频道下的属性值，则形成了备选目标数据库的属性特征值矩阵

$$\boldsymbol{I}=\begin{bmatrix} \boldsymbol{I}_{11} & \boldsymbol{I}_{12} & \cdots & \boldsymbol{I}_{1p} \\ \boldsymbol{I}_{21} & \ddots & & \boldsymbol{I}_{2p} \\ \vdots & & \boldsymbol{I}_{jl} & \vdots \\ & & \ddots & \\ \boldsymbol{I}_{n1} & \boldsymbol{I}_{n2} & \cdots & \boldsymbol{I}_{np} \end{bmatrix} \tag{12.34}$$

式（12.34）中，$\boldsymbol{I}_{jl}$ 为长度为 N_{jl} 的区间属性值，即

$$\boldsymbol{I}_{jl}=(I_{jl}^{1},I_{jl}^{2},\cdots,I_{jl}^{k},\cdots,I_{jl}^{N_{jl}}) \tag{12.35}$$

式（12.35）中，$I_{jl}^{k}(k=1,2,\cdots,N_{jl})$ 在数值上表现为区间值

$$I_{jl}^{k}=[I_{jl}^{k-},I_{jl}^{k+}] \tag{12.36}$$

序列–区间异类数据关联就是待识别目标工作模式的判定过程，即在多特征属性下，待识别目标的量测序列与备选目标数据库中已有工作频道的区间属性值的关联度量。

2．实现过程

不失一般性，首先为了消除待识别目标序列数据中因量纲不同造成的数据不可比性，对原始数据进行标准化处理，采用均值无量纲化生成，即对于序列 $X=(x(j),j=1,2,\cdots,k)$，标准化生成为

$$\overline{x}(j)=\frac{x(j)}{\frac{1}{n}\cdot\sum_{j=1}^{k}x(j)},\qquad j=1,2,\cdots,k \tag{12.37}$$

根据上节论述得知，关联的本质是序列–区间异类数据度量的问题，所以首先对序列–区间异类数据进行同型转化，以解决序列–区间异类数据的不可直接度量性。

（1）序列–区间同型化处理。

根据前文所述的累积量测序列云簇区间化表示，将待识别目标 $T_i(i=1,2,\cdots,m)$ 在目标特征属性 $P_l(l=1,2,\cdots,p)$ 上的属性值 $\boldsymbol{S}_{il}=(s_1,s_2,\cdots,s_{n_{il}})$，进行频数统计得到 $\boldsymbol{S}_{il}$ 的频率统计函数 $f(\boldsymbol{S}_{il})$，根据模糊检测规则得到频率统计函数 $F(\boldsymbol{S}_{il})$，利用云簇变换方法计算云簇特征，得到云簇，按照 $3\cdot En$ 准则提取云簇特征形成特征属性 P_l 下的序列–区间异类数据区间化表示为

$$\boldsymbol{S}_{il}\to\bigcup c_{il}\bullet[Ex_{il}-3\cdot \text{En}_{il},Ex_{il}+3\cdot \text{En}_{il}] \tag{12.38}$$

记

$$\text{Interval}_{il}=\bigcup c_{il}\bullet[Ex_{il}-3\cdot En_{il},Ex_{il}+3\cdot \text{En}_{il}] \tag{12.39}$$

对于多属性决策问题，重复上述方法可以得到第 i 个目标在特征属性 p 下的区间转化值

$$\text{Interval}_i=\text{Interval}_{i1}\vee\text{Interval}_{i2}\vee,\cdots,\vee\text{Interval}_{ip},i=1,2,\cdots,m \tag{12.40}$$

（2）同型区间关联度计算。

为实现区间多属性识别判定，本节从区间关联度的角度出发，计算多属性区间关联度，以此作为指标进行关联判定。文献[38, 207]给出了序列 $X_0=(x_0(j),j=1,2,\cdots,k)$ 和 $X_i=(x_i(j),j=1,2,\cdots,k)$ 之间的灰关联系数为

$$r(x_0(j),x_i(j))=\frac{\min\limits_i\min\limits_j|x_0(j)-x_i(j)|+\rho\cdot\max\limits_i\max\limits_j|x_0(j)-x_i(j)|}{|x_0(j)-x_i(j)|+\rho\cdot\max\limits_i\max\limits_j|x_0(j)-x_i(j)|} \tag{12.41}$$

关联度为

$$\gamma(X_0,X_i)=\frac{1}{k}\cdot\sum_{j=1}^{k}r(x_0(j),x_i(j)) \tag{12.42}$$

同理可以参照序列关联度给出区间关联度。对于区间化后的第 i 个待识别目标属性值集 $\textbf{Interval}_i$ 和数据库中的目标工作模式类的区间数据属性值集 $\boldsymbol{I}_j=\{[\boldsymbol{I}_j^-,\boldsymbol{I}_j^+],j=1,2,\cdots,n\}$，选取对应属性 P_l 下的待识别目标区间值 Interval_{il} 和数据库中的区间数据组

$$\{\boldsymbol{I}_{jl}\}=\{[I_{jl}^{k-},I_{jl}^{k+}],j=1,2,\cdots,n,l=1,2,\cdots,p,k=1,2,\cdots,N_{jl}\} \tag{12.43}$$

式（12.43）中，中 $\boldsymbol{I}_{jl}$ 具有 $N_j=1,2,\cdots,\prod\limits_{l=1}^{p}N_{jl}$ 种工作模式。计算 Interval_{il} 与 $\{\boldsymbol{I}_{jl}\}$ 中第 N_j 种工作模式对应属性 P_l 下的区间 $I_{jl}^{N_j}=[I_{jl}^{N_j-},I_{ijl}^{N_j+}]$ 之间的区间距离度量为

$$D_{ijl}(N_j)=\bigcup_{\text{num}(cl)} c_{ij}\cdot\{[(Ex_{il}-3\cdot \text{En}_{il})-I_{jl}^{N-}]^p+[(Ex_{il}+3\cdot En_{il})-I_{jl}^{N+}]^p\}^{\frac{1}{p}}$$

$$i=1,2,\cdots,m,\ j=1,2,\cdots,n,\ l=1,2,\cdots,p,\ N_j=1,2,\cdots,\prod_{l=1}^{p}N_{jl}$$

（12.44）

式（12.44）中，$\text{num}(cl)$ 为序列转化的云区间个数，一般选取 $p=2$ 进行计算，即加权 Euclid 距离。则待识别目标属性特征参数集 Interval_i 和数据库中的目标某种工作模式类在属性 P_l 条件下的区间关联系数可以表示为

$$\varepsilon_{ijl}(N_j)=\frac{\min_j\min_l\{D_{ijl}(N_j)\}+\rho\cdot\max_j\max_l\{D_{ijl}(N_j)\}}{D_{ijl}(N_j)+\rho\cdot\max_j\max_l\{D_{ijl}(N_j)\}} \tag{12.45}$$

式（12.45）中，ρ 为分辨系数，$\rho\in[0,1]$。则多属性条件下的待识别目标和数据库中的目标某种工作模式类的区间关联度为

$$\gamma_{ij}(N_j)=\varepsilon_{ij1}(N_j)\vee\varepsilon_{ij1}(N_j)\vee,\cdots,\varepsilon_{ijl}(N_j)\vee,\cdots,\varepsilon_{ijp}(N_j) \tag{12.46}$$

（3）区间关联度权重确定。

在实际计算中，对于多属性组合运算 $\vee$ 常采用加权融合的方法进行计算，权重的确定可以根据特征属性在关联过程中的重要程度，利用 Delphi 调查法、AHP 法、熵权法等来确定，这里不再讨论。

设权重向量为

$$\boldsymbol{\omega}=(\omega_1,\omega_2,\cdots,\omega_l,\cdots,\omega_p),\sum_{l=1}^{p}\omega_l=1 \tag{12.47}$$

多属性条件下的区间关联度加权组合为

$$\gamma_{ij}(N_j)=\omega_l\cdot\sum_{l=1}^{p}\varepsilon_{ijl}(N_j) \tag{12.48}$$

（4）基于区间关联度的判定。

通过上述处理可以得到 p 个多属性条件下的第 i 个待识别目标与目标数据库第 j 个目标 N_j 种工作模式之间的区间关联度 $\gamma_{ij}(N_j)$，则第 i 个待识别目标与目标数据库中所有目标工作模式之间的区间关联度集为

$$\{\gamma_i(N)\}=\{\gamma_{ij}(N_j),i=1,2,\cdots,m,j=1,2,\cdots,n,N_j=1,2,\cdots,\prod_{l=1}^{p}N_{jl},N=1,2,\cdots,\sum_{j=1}^{n}N_j\}$$

（12.49）

将其作为关联判定的指标，根据判决准则

$$\gamma_{i\mathrm{Rec(max)}} = \max\{\gamma_i(N), N = 1, 2, \cdots, \sum_{j=1}^{n}\prod_{l=1}^{p} N_{jl}\} \qquad (12.50)$$

$$\gamma_{i\mathrm{Rec(second)}} = \max\{\gamma_i(N), N = 1, 2, \cdots, \sum_{j=1}^{n}\prod_{l=1}^{p} N_{jl} \text{且} N \neq \mathrm{Rec(max)}\} \qquad (12.51)$$

使得

$$\gamma_{i\mathrm{Rec(max)}} - \gamma_{i\mathrm{Rec(second)}} > \sigma_1 \qquad (12.52)$$

$$\gamma_{i\mathrm{Rec(max)}} > \sigma_2 \qquad (12.53)$$

式（12.52）和式（12.53）中，σ_1表示正确识别模式类关联度至少要超过疑似识别模式类关联度的门限，σ_2表示正确识别模式类关联度至少应超过的门限。σ_1、σ_2可以这样定以满足自适应识别

$$\sigma_1 = \max\{\frac{\sum_{N=1}^{\sum_{j=1}^{n}\prod_{l=1}^{p} N_{jl}} \gamma_{iN}}{\sum_{j=1}^{n}\prod_{l=1}^{p} N_{jl}}, \gamma_{i\mathrm{Rec(second)}}\} \qquad (12.54)$$

$$\sigma_2 = \sum_{\substack{N=1 \\ N\neq \mathrm{Rec(max)}, \\ \mathrm{Rec(second)}}}^{\sum_{j=1}^{n}\prod_{l=1}^{p} N_{jl}} \gamma_i(N) \qquad (12.55)$$

如果满足上述判决准则，则可以判定待识别目标为目标数据库中第j类目标的Rec(max)工作模式。

3. 算法流程

序列–区间异类数据关联步骤如下。

步骤 1：输入描述待识别目标的序列类型数据$S_{il} = (s_1, s_2, \cdots, s_{n_{il}})$，$l = 1, 2, \cdots, p$。

步骤 2：数据标准化处理并对各序列数据内的可能值进行频数统计形成描述各属性的频率分布函数$f(S_{il})$。

步骤 3：对各频率分布函数进行模糊点检测。

步骤 4：对检测后的各频率分布函数的可能值的原始数据进行逆云变换形成各自云簇。

步骤 5：提取各云簇特征并根据$3 \cdot En$准则形成多属性维度下的目标序列

数据区间转化值 Interval_i。

步骤 6：计算转化后的描述待识别目标属性区间值 Interval_i 与数据库中对应属性区间模式的区间关联度。

步骤 7：以区间关联度作为关联指标，利用自适应关联准则进行关联判定。

步骤 8：输出描述待识别目标多属性的关联结果。

序列–区间异类数据识别流程如图 12.3 所示。

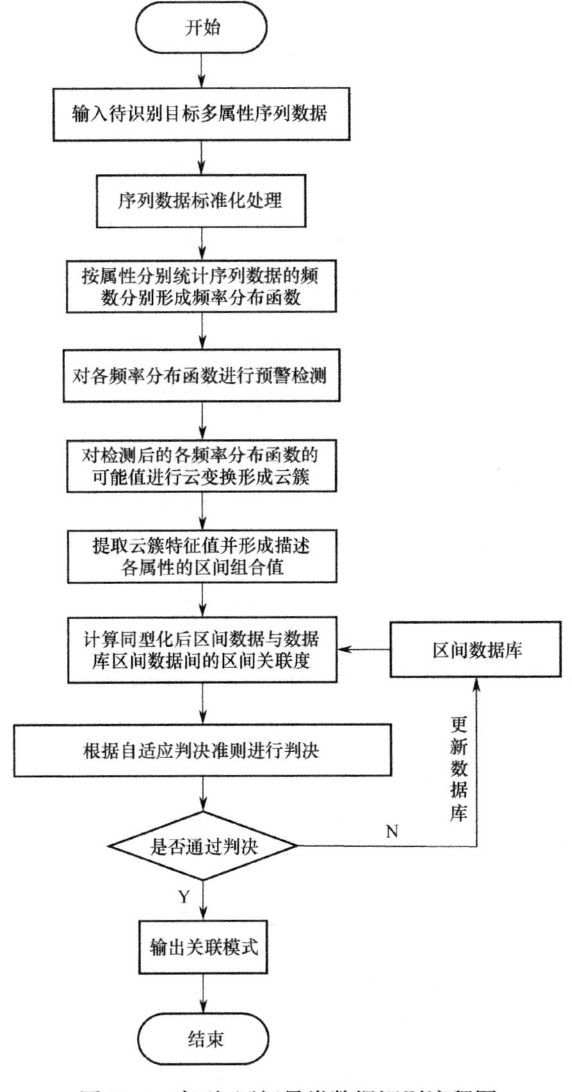

图 12.3 序列–区间异类数据识别流程图

12.4 仿真分析

12.4.1 短时序列–区间异类数据关联仿真

实验中待识别目标短时序列采用序列长度为 10 的传感器量测数据，目标特征属性为 P_1、P_2 和 P_3，待识别目标量测数据如表 12.1 所示。

表 12.1 待识别目标量测数据表

属性	目标短时序列数据
P_1/MHz	9 850,9 925,10 000,10 215,10 050,9 950,9 880,10 100,9 975,9 980
P_2/μs	45,100,350,250,480,520,150,380,450,400
P_3/μs	2.5,4.5,3.8,4.0,5.0,3.2,2.8,5.5,4.6,3.6

现要在 3 种特征属性下判定短时序列目标数据在数据库中的归属问题，其中数据库区间数据如表 12.2 所示。

表 12.2 数据库区间数据

目标类	属性		
	P_1/MHz	P_2/μs	P_3/μs
1	（9 700,9 900）	（1,100）	（0.5,2.0）
2	（9 900,10 200）	（50,500）	（1.0,5.0）
3	（9 300,9 500）	（100,1 000）	（10.0,20.0）
4	（10 200,10 500）	（10,200）	（5.0,12.0）
5	（9 500,9 700）	（500,2 000）	（2.0,8.0）

按定义的短时序列与区间数之间的距离计算 3 种属性下待识别目标与数据库各目标之间的距离如表 12.3 所示。

表 12.3 各属性下距离

目标类	距离		
	P_1/MHz	P_2/μs	P_3/μs
1	314.473 2	386.5	3.981 4
2	265.123 0	389.7	3.344 7
3	850.093 7	745.4	17.160 8
4	552.385 1	356.4	4.658 0
5	573.878 1	1 703.5	8.157 7

由灰色关联理论计算待识别目标与数据库 5 类之间的关联系数为

$$\boldsymbol{\varepsilon}_{ik}=\begin{bmatrix}0.8556 & 0.9156 & 0.9572\\ 1.0000 & 1.0000 & 0.9529\\ 0.3333 & 0.3333 & 0.6339\\ 0.5045 & 0.5894 & 1.0000\\ 0.4865 & 0.8403 & 0.3333\end{bmatrix}$$

设属性权重向量为（1/3,1/3,1/3），3 种属性条件下的目标短时序列数据与数据库 5 类目标集之间的关联度计算为

$$\gamma=(0.9095 \quad 0.9843 \quad 0.4335 \quad 0.6980 \quad 0.5534)$$

根据γ的大小，对其进行排序，按照最大关联度准则，判定短时序列目标数据为区间数据库中第 2 类目标。

12.4.2　累积量测序列–区间异类数据关联仿真

假设待识别目标具有 3 种特征属性，分别记为P_1、P_2和P_3，累积量测序列长度为 1 000。数据库中的备选目标也具有 3 种区间特征属性，并且每类特征属性具有 4 种工作频道，对于每一类备选目标而言具有$4\times4\times4$种工作模式，数据库见 12.4.1 节，现要判定待识别目标属于在备选数据库中的哪一类目标的哪种工作模式。

仿真数据序列 data 按下式产生[197]。

$$\text{data}=a+\alpha\cdot b \tag{12.56}$$

式（12.56）中，a为服从均匀分布的离散序列值，b为服从高斯分布的离散序列值，α为高斯分布的标准差，可以用来描述量测误差。

1．关联仿真实验

实验中按照 12.3 节所述的序列–区间异类数据关联算法，首先对待识别目标的序列数据进行标准化处理，再统计其可能值形成 3 种特征属性上的频率分布函数如图 12.4 所示。

其次对频率分布函数进行模糊点检测，在此基础上，分别对检测后的分布函数进行云变换形成 3 种特征属性上的云簇图，如图 12.23 所示。

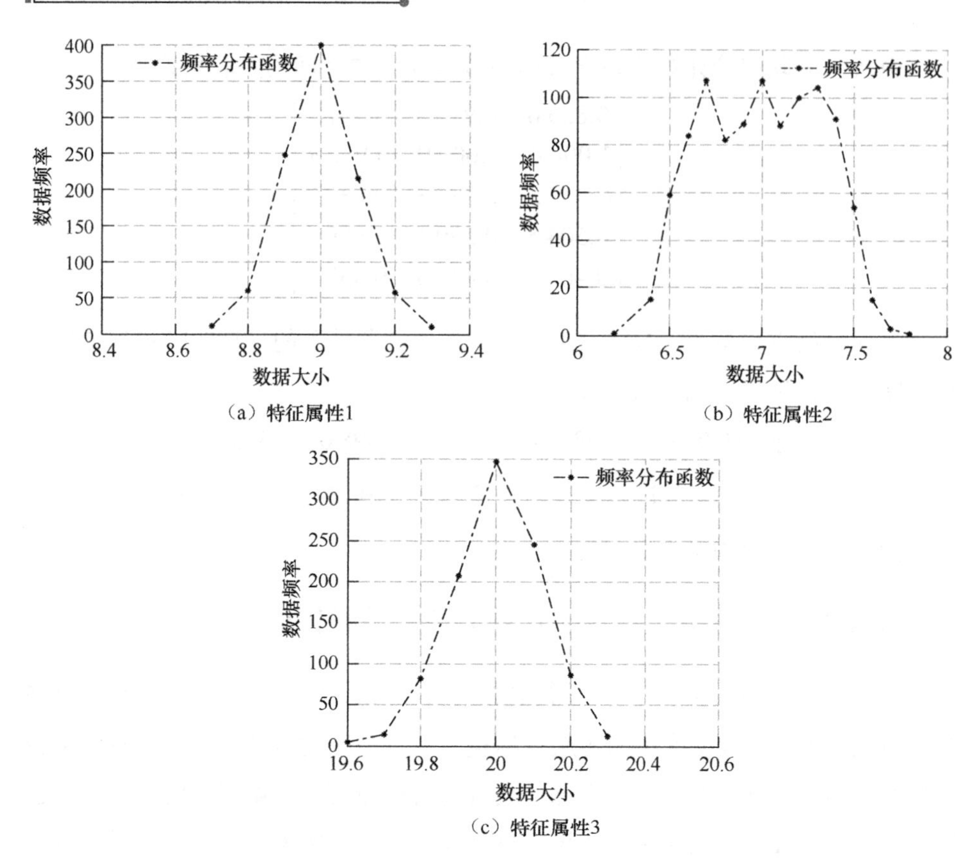

图 12.4　3 种特征属性上的频率分布函数图

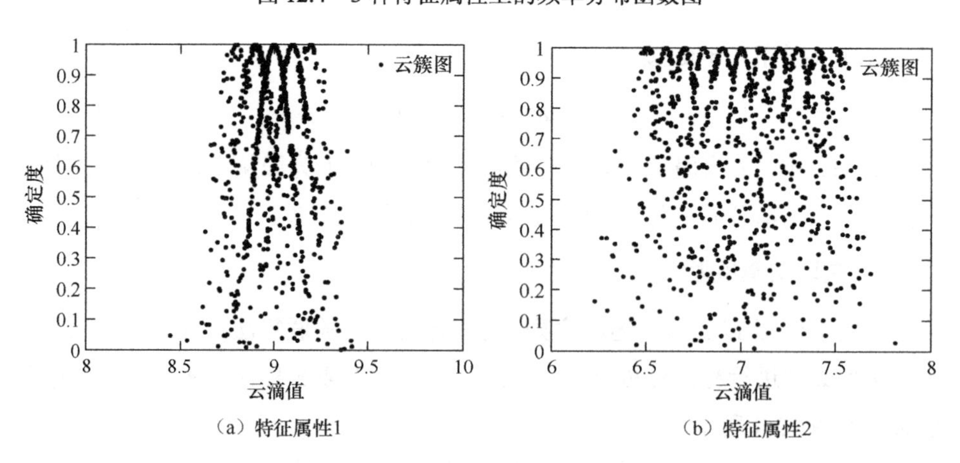

图 12.5　3 种特征属性上的云簇图

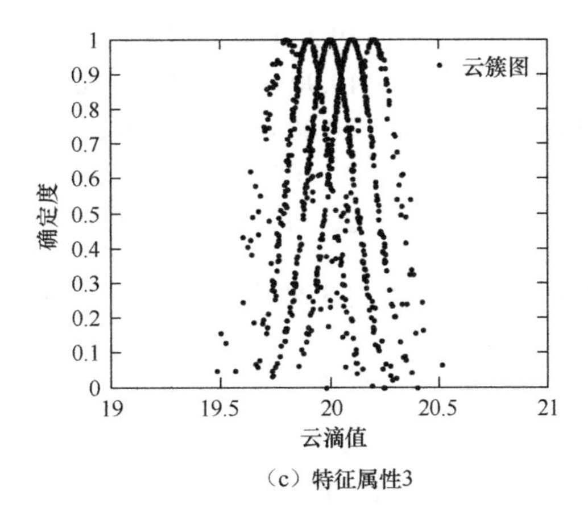

（c）特征属性3

图 12.5　3 种特征属性上的云簇图（续）

图 12.5 中 3 个云簇图中分别包含了 5、11、5 个子云图。说明 3 种特征属性序列数据分别有 5、11、5 组可能值通过模糊点检测，也表明 3 种特征属性序列值转化后的区间分别由 5、11、5 个子区间组成。

对云簇图进行云特征提取得到 3 种特征属性对应的云特征为

$$[Ex_1, En_1, He_1]=\begin{bmatrix} 8.8000 & 0.0994 & 0.0395 \\ 8.9000 & 0.1015 & 0.0091 \\ 9.0000 & 0.0952 & 0.0226 \\ 9.1000 & 0.0984 & 0.0135 \\ 9.2000 & 0.0892 & 0.0132 \end{bmatrix}$$

$$[Ex_2, En_2, He_2]=\begin{bmatrix} 6.5000 & 0.0856 & 0.0029 \\ 6.6000 & 0.0911 & 0.0214 \\ 6.7000 & 0.0993 & 0.0258 \\ 6.8000 & 0.0955 & 0.0119 \\ 6.9000 & 0.0984 & 0.0346 \\ 7.0000 & 0.0920 & 0.0190 \\ 7.1000 & 0.0858 & 0.0154 \\ 7.2000 & 0.0978 & 0.0093 \\ 7.3000 & 0.0979 & 0.0142 \\ 7.4000 & 0.0886 & 0.0143 \\ 7.5000 & 0.1065 & 0.0234 \end{bmatrix}$$

$$[Ex_3, En_3, He_3] = \begin{bmatrix} 19.800\,0 & 0.115\,0 & 0.011\,3 \\ 19.900\,0 & 0.102\,3 & 0.013\,0 \\ 20.000\,0 & 0.101\,9 & 0.006\,7 \\ 20.100\,0 & 0.097\,5 & 0.015\,7 \\ 20.200\,0 & 0.128\,7 & 0.019\,8 \end{bmatrix}$$

对云特征进行区间化生成得到 3 种特征属性对应的序列–区间异类数据转化子区间为

$$\boldsymbol{I}_1 = \begin{bmatrix} 8.501\,9 & 9.098\,1 \\ 8.595\,6 & 9.204\,4 \\ 8.714\,3 & 9.285\,7 \\ 8.804\,9 & 9.395\,1 \\ 8.932\,4 & 9.467\,6 \end{bmatrix}, \quad \boldsymbol{I}_2 = \begin{bmatrix} 6.243\,1 & 6.756\,9 \\ 6.326\,7 & 6.873\,3 \\ 6.402\,2 & 6.997\,8 \\ 6.513\,5 & 7.086\,5 \\ 6.604\,8 & 7.195\,2 \\ 6.723\,9 & 7.276\,1 \\ 6.842\,6 & 7.357\,4 \\ 6.906\,6 & 7.493\,4 \\ 7.006\,4 & 7.593\,6 \\ 7.134\,3 & 7.665\,7 \\ 7.180\,6 & 7.819\,4 \end{bmatrix}, \quad \boldsymbol{I}_3 = \begin{bmatrix} 19.454\,9 & 20.145\,1 \\ 19.593\,0 & 20.207\,0 \\ 19.694\,4 & 20.305\,6 \\ 19.807\,4 & 20.392\,6 \\ 19.813\,8 & 20.586\,2 \end{bmatrix}$$

3 种特征属性对应的序列–区间异类数据云转化系数即区间组合权重向量分别为

$$\boldsymbol{c}_1 = (0.060\,0, 0.247\,0, 0.399\,0, 0.216\,0, 0.057\,0),$$

$$\boldsymbol{c}_2 = \begin{pmatrix} 0.059\,0, 0.084\,0, 0.107\,0, 0.082\,0, 0.089\,0, 0.107\,0, \\ 0.088\,0, 0.100\,0, 0.104\,0, 0.091\,0, 0.054\,0 \end{pmatrix},$$

$$\boldsymbol{c}_3 = (0.083\,0, 0.207\,0, 0.346\,0, 0.246\,0, 0.087\,0),$$

则 3 种特征属性对应的序列–区间异类数据云转化区间加权组合为

$$\text{Interval}_1 = \bigcup c_1 \cdot I_1, \quad \text{Interval}_2 = \bigcup c_2 \cdot I_2, \quad \text{Interval}_3 = \bigcup c_3 \cdot I_3$$

按照多属性区间关联规则计算转化后的待识别目标多属性区间值，其与数据库中的区间参数值之间的区间关联度变化，如图 12.6 所示。

图 12.6 中横坐标表示备选目标数据库中的目标工作模式标号，纵坐标为区间关联度大小。按照关联度大小对工作模式排序，得到工作模式排序为

Xuhao= {5　6　1　2　21　22　17　18　13　14　29　30　9　10　25　26　37　38　33　34　53　54　49　50　7　3　8　4　23　19　24　20　45　46　61　62　41　42　57　58　15　16　31　32　11　12　27　28　39　35　40　36　55　51　56　52　47　48　63　64　43　44　59　60}

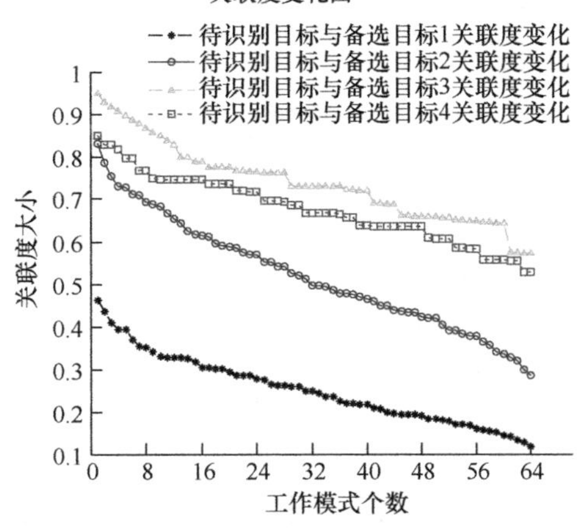

图 12.6　区间关联度变化图

通过图 12.6 和工作模式排序得知，待识别目标与备选数据库中的第 3 类目标的第 5 类工作模式的区间关联度最大，利用判别准则对其进行关联判定，得到所输入的待识别目标被关联为数据库中第 3 类目标的第 5 种工作模式。

2．误差、数据利用率和复杂度分析

通过云变换实施序列–区间异类数据转换过程无疑引入计算误差，只有误差在合理范围内变换才是有效的，而且变换后的区间数据在多大程度上是否反映了序列数据原有的特性，也就是转化数据利用率的问题须引起注意，由于云变换是对大数据的统计特性分析，所以变换的复杂度也是值得考虑的问题。

误差分析采用长度为 1 000 的某属性序列在实施 50 次云变换后得到的云特征的均值和均方误差来衡量，均值变化和均方误差变化图分别如图 12.7 和图 12.8 所示。

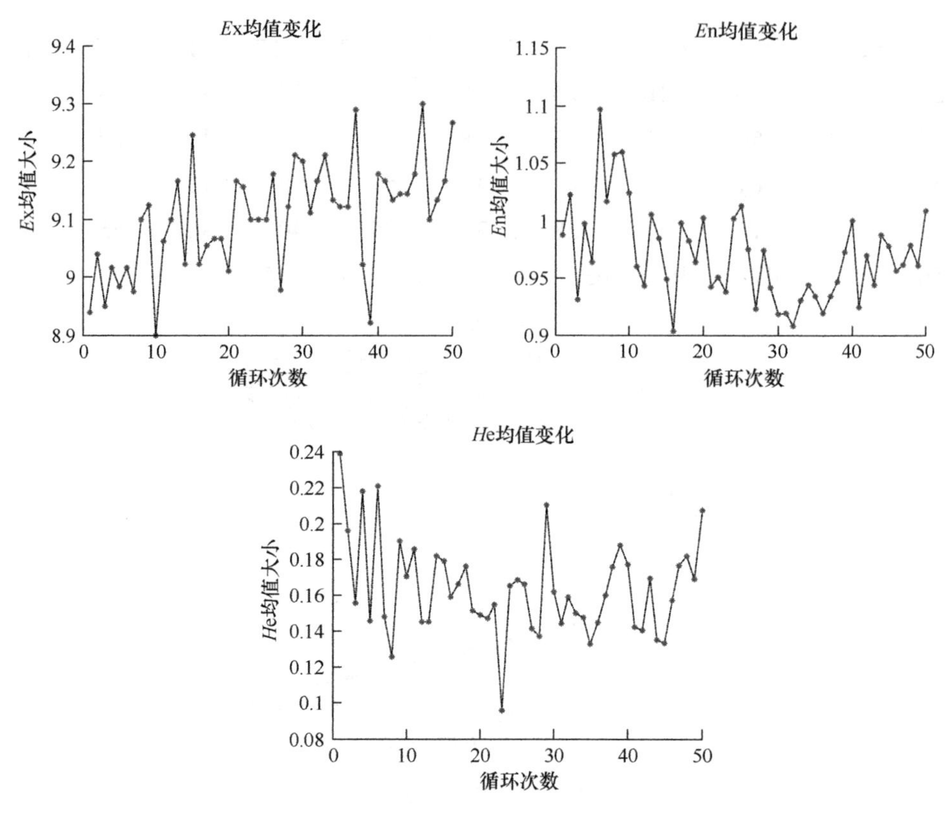

图 12.7 属性云特征的均值变化图

图 12.7 三幅图分别为云变换后的三个云特征的均值变化图，通过数值分析得知，均值无剧烈跳变，变化在合理范围内，比如 *E*x 均值变化在 9.1 附近波动。

图 12.8 三幅图分别为云变换后的三个云特征的均方误差值变化图，误差变化值相对云特征值本身变化很小，均控制在 1%左右，比如 var(*E*12)=0.08/9.1=0.88%。通过图 12.7 和图 12.8 的误差分析图可知，通过云变换后的计算误差很小，在合理范围之内，验证了云变换的有效性。

对于某属性序列经云变换后的区间数据利用率定义为

$$\zeta = \frac{\sum_{i=1}^{l} F(Q_i)}{n} \tag{12.57}$$

式（12.57）中，$\sum_{i=1}^{l} F(Q_i)$ 为频率函数中通过虚警检测的数据点频数之和，l 为变换后的区间个数，n 为属性序列的长度，上式表示了虚警检测后转化为区间数据所利用的数据点在原来序列数据点中所占的比例。

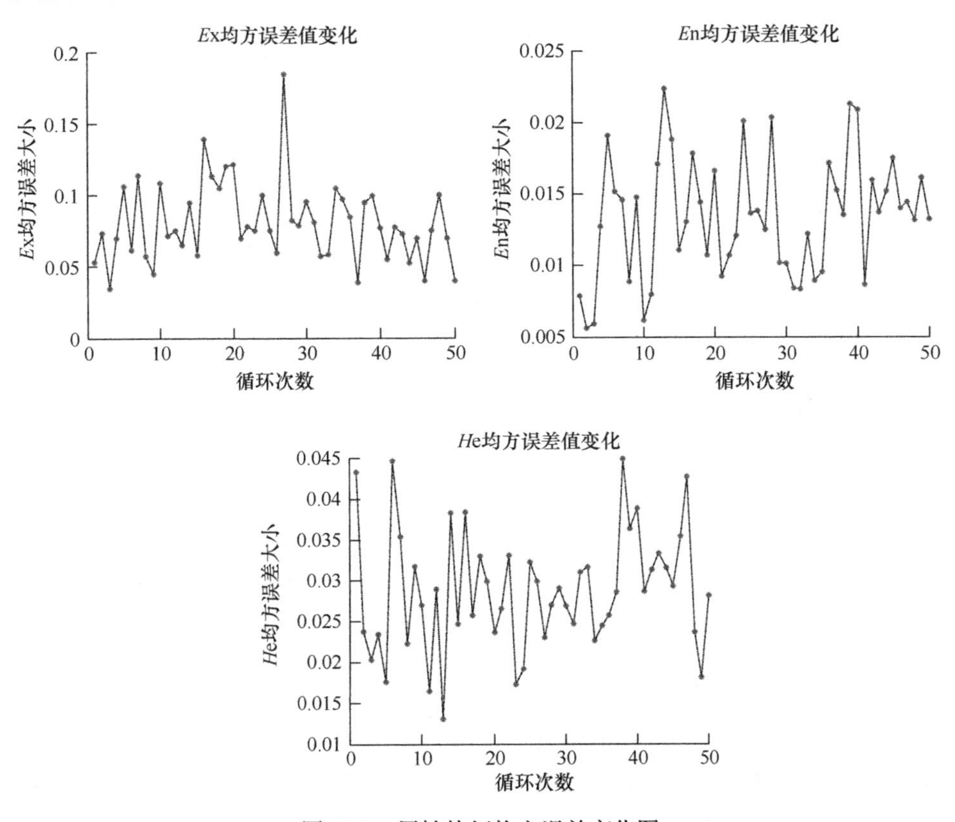

图 12.8 属性特征均方误差变化图

则按照数据利用率的定义，3 种特征属性的数据利用率分别为 97.9%、96.5%、96.9%。数据利用率均达到了 95%以上，说明经过云变换后的区间数能够充分反映序列数据所描述的原有属性信息，验证了云变换的数据有效性。

设置两组长度可变的序列，第一组序列长度从 200 增加到 2 000，第二组序列长度从 10 000 变化到 60 000，两组变化步长均设置为 200，算法复杂度以这两组可变序列的运算时间来衡量，结果如图 12.9 所示。

由图 12.9 得知，随着序列长度的增长，算法的计算时间增加，但是在序列长度从 200 变化到 2 000 过程中，运算时间只增加了 1 s 左右，变化不明显。在序列长度 10 000 变化到 60 000 过程中，运算时间增速变快，但是数值上仍未超过 1 min，通过上述时间的变化特性可知，算法的时间复杂度不高，在允许范围之内，其中运算时间主要是在云图的积累上消耗的，频率统运和算法区间运算消耗的时间很小，验证了本文算法在时间运算上的合理性。

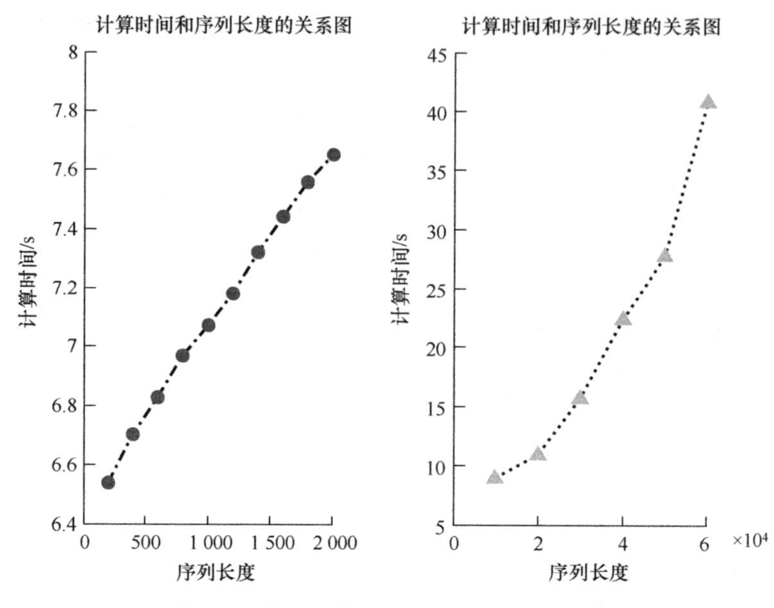

图 12.9　算法运算时间随序列长度的变化图

3. 大小云变换性能对比

本文定义大、小云变换的概念，文中针对序列–区间异类数据转换实施了小云变换，得到了较好的实验效果，由于大云变换理论上相对小云变换简单，有必要对比分析两种云变换的性能，以改进算法的有效性。在同样的仿真环境下，通过大云变换对 3 种特征属性的实施序列–区间异类数据转换后的云图如图 12.10 所示。

与小云变换不同的是，图 12.10 中 3 种特征属性的云图中分别仅存在一个概念云图，通过提取云特征得到的转化区间分别为

$$I_1=[8.696\,1\ ,\ 9.299\,0]，\ I_2=[5.999\,7\ ,\ 8.012\,4]，\ I_3=[19.656\,6\ ,20.349\,2]$$

在大云变换和小云变换条件下，计算的关联度对比图如图 12.11 所示。

由图 12.11 得知，小云变换后得到的关联度在数值上要比经过大云变换后的关联度要高，说明了小云变换的计算精度要高于大云变换，主要是因为小云变换是大云变换的精细处理，所以在计算精度上要更高，尤其是对大数据长序列的处理，而在短序列处理情况下，小云变换由于频率统计过于离散而受限，此时可以实施大云变换来辅助解决。

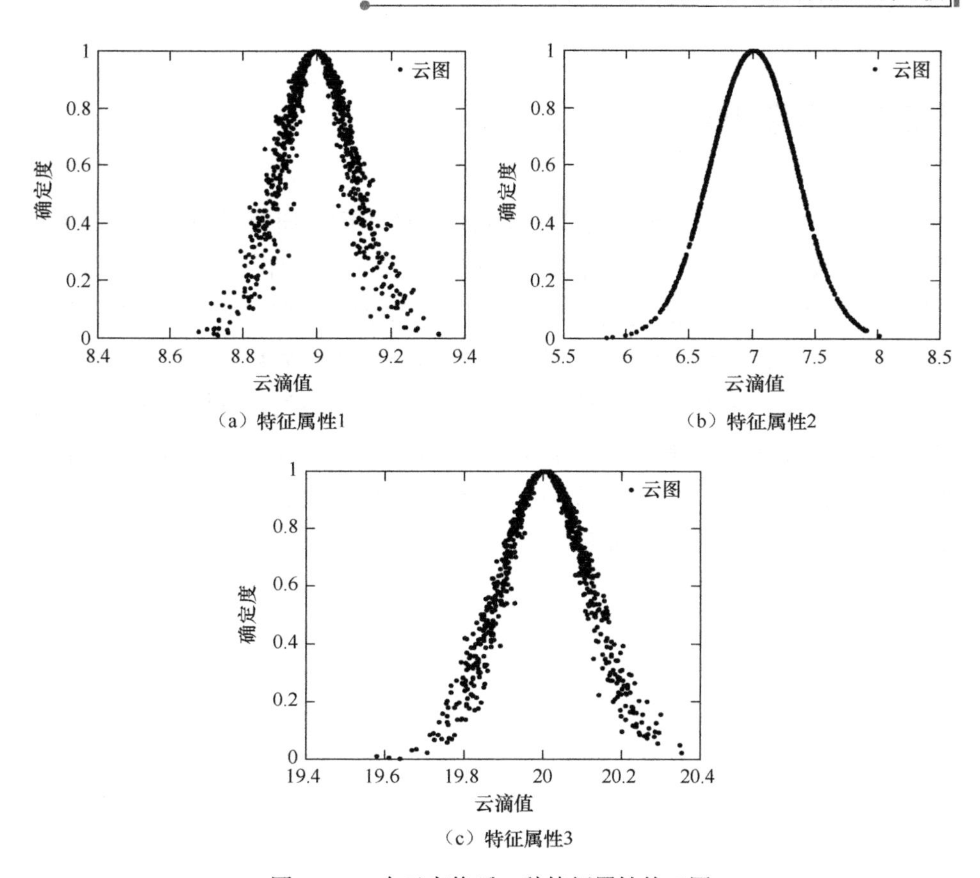

图 12.10　大云变换后 3 种特征属性的云图

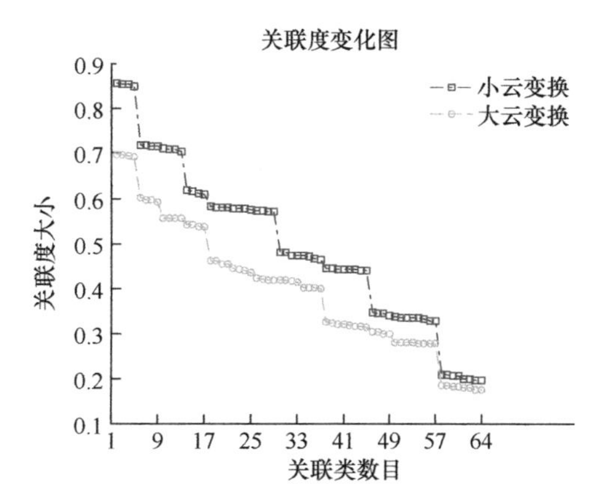

图 12.11　大小云变换关联度对比图

12.5 本章小结

针对序列–区间异类数据关联中序列长度的不同，研究了短时序列和累积量测序列的数据关联算法。对于短时序列，定义了新的序列–区间度量方法，并结合灰色关联方法完成关联。对于累积量测序列的关联，基于云变换利用多个云特征区间化表示累积量测序列，使得序列–区间异类数据的度量转化为区间之间的度量，并利用区间多属性关联方法，实现了序列云变换后的区间数据的关联，并从云变换效率、误差分析、算法复杂度等方面进行了讨论。为目标多属性序列–区间异类数据的关联问题提供了一种可行的解决方法，在传感器序列数据的关联领域具有重要意义。

第13章

多源异类数据的关联

13.1 引言

本章在第 11 章的研究基础上，针对多传感器目标识别领域常见的实数、区间数、三角模糊数、序列数、不确定性语言和决策信息组成的异类数据，根据粒计算理论将其分别进行粒化形成各类数据粒层，通过粒层转化方法，将异类数据统一到区间数粒层，之后在统一的区间数粒层上进行异类数据的关联。目标属性权重在数据关联结果有重要的作用，不同的属性权重设置会产生不同的关联结果，甚至相反的关联结果。第 12 章中的区间关联度判决方法，需要事先已知属性的权重，当权重信息未知时，该方法就不适用了。为此针对权重信息未知的情况，本章提出了一种新的灰靶决策方法进行异类数据的关联。灰靶决策理论[198-206]作为灰色系统理论在没有标准模式的情况下解决多属性决策的重要理论方法，主要通过构造靶心作为标准模式，计算各属性与靶心的靶心距对各方案进行排序。而灰靶决策在靶心标准模式形成过程中是利用已有的决策矩阵来实现的，无疑具有人为性，极大地限制了其应用。为此，本章改进了灰靶决策的形成规则，提出一种基于关联系数的靶心形成方法，解决了靶心构造的随机性，并讨论了现有的靶心距决策[198-206]存在的问题，提出一种新的靶心距决策方法。

此外，第 11 章提到的粒层转化方法是有局限性的，该方法只能针对相同的功能结构层，即只能完成特征层或决策层的异类数据的粒层转化，而对特征层数据和决策层数据共存时，就涉及到如何把特征层数据转化为决策层数据，即把多传感器的身份量测信息，转化成决策者对目标的偏好信息。为此，提出了基于信任区间交互式多属性决策的异类数据关联方法，该方法首先把特征层上的多传感器量测数据转化成决策层上的直觉模糊型数据，然后在决策层上完成关联，作为特征层数据和决策层数据信息转化的纽带和桥梁，结合第 11 章决策层上的粒层转化方法，可以实现混合功能结构层上的异类数据关联。

13.2 基于靶心距的异类数据关联

13.2.1 问题描述

记待识别目标集为 $\boldsymbol{A}=\{A_1,A_2,\cdots,A_i,\cdots,A_m\}$，其中 $A_i(i=1,2,\cdots,m)$ 为第 i 个目标，m 为目标序号，表示待识别目标数目。记待识别目标特征属性集为 $\boldsymbol{B}=\{B_1,B_2,\cdots,B_j,\cdots,B_n\}$，其中 $B_j(j=1,2,\cdots,n)$ 为第 j 种特征属性，n 为特征属性序号，表示每一类目标都具有 n 种特征属性。记属性值类型集为 $\boldsymbol{P}=\{P_1,P_2,\cdots,P_r,\cdots,P_{\text{num}}\}$，其中 $P_r(r=1,2,\cdots,\text{num})$ 为第 r 类属性值类型，num 为属性值类型序号，表示特征属性具有 num 种数据类型。设目标 A_i 关于特征属性 B_j 值类型为 P_r，记为 x_{ij}^r，则目标集 $\boldsymbol{A}$ 关于属性集 $\boldsymbol{B}$ 在属性值类型集 $\boldsymbol{P}$ 下构成的属性值矩阵为

$$\boldsymbol{X}=\left[x_{ij}^r\right]_{m\times n} \tag{13.1}$$

根据第 11 章粒层统一原理，将异类数据粒层统一到区间数粒层得到转化后的区间数据矩阵为

$$\tilde{\boldsymbol{X}}=\left[\tilde{x}_{ij}\right]_{m\times n} \tag{13.2}$$

式（13.2）中，$\tilde{x}_{ij}=[\tilde{x}_{ij}^-,\tilde{x}_{ij}^+]$ 为粒转化后的区间数据。

记数据库中有备选目标集为 $\boldsymbol{U}=\{U_1,U_2,\cdots,U_l,\cdots,U_M\}$，其中 M 为备选目标序号，表示数据库中备选目标的容量。目标特征属性集为 $\boldsymbol{B}=\{B_1,B_2,\cdots,B_j,\cdots,B_n\}$，对于备选目标 $U_l(l=1,2,\cdots,M)$ 在属性 $B_j(j=1,2,\cdots,n)$ 上具有 k_{lj} 种工作状态取值，构成了备选目标的工作状态取值矩阵

$$\boldsymbol{K}=\left[k_{lj}\right]_{M\times n} \tag{13.3}$$

目标 U_l 在多属性集 $\boldsymbol{B}$ 下的工作模式为

$$mode_l=\prod_{j=1}^{n}k_{lj} \tag{13.4}$$

假设备选目标数据库完备，则备选目标的所有工作模式为

$$mode = \sum_{l=1}^{M} mode_l = \sum_{l=1}^{M}\prod_{j=1}^{n} k_{lj} \tag{13.5}$$

记备选目标 $U_l(l=1,2,\cdots,M)$ 在目标特征属性 $B_j(j=1,2,\cdots,n)$ 上的第 k 个工作状态的属性值为 $I_{lj}^k(k=1,2,\cdots,k_{lj})$，其中 I_{lj}^k 为区间数据，记为

$$I_{lj}^k = [I_{lj}^{k-}, I_{lj}^{k+}] \tag{13.6}$$

备选目标 U_l 在特征属性 B_j 下的属性值向量可以表示为

$$\boldsymbol{I}_{lj} = (I_{lj}^1 \ \ I_{lj}^2 \cdots I_{lj}^k \cdots I_{lj}^{k_{lj}}) \tag{13.7}$$

则形成了备选目标数据库的属性值矩阵

$$\boldsymbol{I} = \left[\boldsymbol{I}_{lj}\right]_{M\times n} \tag{13.8}$$

式（13.8）中，$\boldsymbol{I}_{lj}$ 为长度为 k_{lj} 的区间向量。

在经过粒层统一将异类数据统一到区间粒层之后，利用异类数据转化后的区间数据 $\tilde{\boldsymbol{X}}$ 和数据库中的区间属性模式 $\boldsymbol{I}$ 之间的粒度即可完成关联工作，为此本章提出了一种新的灰靶决策方法用于关联判别。

13.2.2　新的灰靶决策方法

文献[38]指出灰靶理论是处理模式序列的灰关联分析理论，经过多年的发展，灰靶理论主要应用于模式关联、多属性决策等领域。通过构造标准模式形成靶心，尽管解决了标准模式模糊条件下的模式关联问题，但是灰靶决策最大的问题在于靶心是基于决策矩阵构造的，而目前文献中的决策矩阵都是已知的，主要由决策者给出，这无疑具有很大的偶然性，极大地限制了其应用。

1．基于关联系数决策矩阵靶心的构造

本节研究实数、三角模糊数、序列数、语义和决策粒层转化后的区间数与数据库的关联问题，对于转化后的目标异类数据

$$\tilde{\boldsymbol{X}} = \left[\tilde{\boldsymbol{x}}_1, \tilde{\boldsymbol{x}}_2, \cdots, \tilde{\boldsymbol{x}}_m\right] \tag{13.9}$$

式（13.9）中，$\tilde{\boldsymbol{x}}_i(i=1,2,\cdots,m)$ 表示目标 i 转化后的数据向量。

数据库中的目标工作模式区间数据集

$$\boldsymbol{I} = [\boldsymbol{I}_1, \boldsymbol{I}_2, \cdots, \boldsymbol{I}_M] \tag{13.10}$$

式（13.10）中，$\boldsymbol{I}_l$ 为数据库中目标 U_l 的所有工作模式属性值数据集，共有 $mode_l$ 种工作模式

$$\boldsymbol{I}_l=\{\boldsymbol{I}_{l1}\otimes\boldsymbol{I}_{l2}\otimes,\cdots,\otimes\boldsymbol{I}_{ln}\}(l=1,2,\cdots,M) \tag{13.11}$$

决策的目的就是判定 $\tilde{\boldsymbol{x}}_i$ 在 $\boldsymbol{I}$ 中工作模式的分类问题。此时决策矩阵未知，如果直接根据决策者给出决策矩阵，即等同于给出了决策结果，则再根据靶心进行决策就没有意义，所以传统的灰靶决策无法很好地解决此类问题。为此，提出基于关联系数决策矩阵靶心构造的方法，计算目标异类数据 $\tilde{\boldsymbol{x}}_i$ 和 $\boldsymbol{I}$ 中所有工作模式之间的关联系数，以此形成关联系数决策矩阵，并基于关联系数决策矩阵构造靶心。

首先基于区间关联度计算转化后的区间数 $\tilde{\boldsymbol{x}}_i$ 与区间数据库 I_{lj}^k 之间的距离为

$$d_{ilj}^{rk}=d(\tilde{x}_{ij},I_{lj}^k)=\left[(\tilde{x}_{ij}^- - I_{lj}^{k-})^p+(\tilde{x}_{ij}^+ - I_{lj}^{k+})^p\right]^{1/p} \tag{13.12}$$

为了消除属性量纲对结果的影响，必须先对距离度量进行无量纲化处理得到 D_{ilj}^{rk}，

$$D_{ilj}^{rk}=\frac{d_{ilj}^{rk}-\min\limits_l\{d_{ilj}^{rk}\}}{\max\limits_l(d_{ilj}^{rk})-\min\limits_l\{d_{ilj}^{rk}\}}\quad(i=1,2,\cdots,m,j=1,2,\cdots,n,l=1,2,\cdots,M) \tag{13.13}$$

根据灰关联[207]的思想可以求得 x_{ij}^r 与数据库中区间数据 I_{lj}^k 之间的关联系数为

$$\xi_i(x_{ij}^r,I_{lj}^k)=\frac{\min\limits_l\min\limits_j\{D_{ilj}^{rk}\}+\rho\cdot\max\limits_l\max\limits_j\{D_{ilj}^{rk}\}}{D_{ilj}^{rk}+\rho\cdot\max\limits_l\max\limits_j\{D_{ilj}^{rk}\}} \tag{13.14}$$

$$(i=1,2,\cdots,m,j=1,2,\cdots,n,l=1,2,\cdots,M)$$

式（13.14）表示第 i 个待识别目标在第 j 个特征属性上的第 r 种数据类型与数据库中第 l 个目标在第 j 个特征属性上的第 k 个工作状态之间的关联程度，则可以根据关联系数 $\xi_i(x_{ij}^r,I_{lj}^k)$ 形成关联系数矩阵为

$$\boldsymbol{\xi}_i=\begin{bmatrix}\xi_i(x_{i1}^r,I_{11}^k) & \xi_i(x_{i2}^r,I_{12}^k) & \cdots & \xi_i(x_{in}^r,I_{1n}^k)\\ \xi_i(x_{i1}^r,I_{21}^k) & \ddots & & \xi_i(x_{in}^r,I_{2n}^k)\\ \vdots & & \xi_i(x_{ij}^r,I_{lj}^k) & \vdots\\ & & \ddots & \\ \xi_i(x_{i1}^r,I_{M1}^k) & \xi_i(x_{i2}^r,I_{M2}^k) & \cdots & \xi_i(x_{in}^r,I_{Mn}^k)\end{bmatrix} \tag{13.15}$$

记 $\xi_i(x_{ij}^r,I_{lj}^k)$ 对应的 k_{lj} 个工作状态关联系数向量为

$$\xi_{i[k_{lj}]}=(\xi_i(x_{ij}^r,I_{lj}^1),\xi_i(x_{ij}^r,I_{lj}^2),\cdots,\xi_i(x_{ij}^r,I_{lj}^{k_{lj}}))\tag{13.16}$$

根据关联系数矩阵可以构造多属性集 $\boldsymbol{B}$ 下的第 i 个待识别目标与数据库中所有工作模式 *mode* 之间的关联决策矩阵为

$$\boldsymbol{S}_i=\begin{bmatrix}\xi_{i[k_{11}]} & \otimes & \xi_{i[k_{12}]} & \otimes & \cdots & \otimes & \xi_{i[k_{1n}]}\\ \oplus & \oplus & \oplus & \ddots & & & \oplus\\ \xi_{i[k_{21}]} & \otimes & \xi_{i[k_{22}]} & & & & \xi_{i[k_{2n}]}\\ \oplus & \oplus & & & \xi_{i[k_{lj}]} & & \oplus\\ \vdots & \vdots & \vdots & & & & \vdots\\ \oplus & \oplus & & & & \ddots & \oplus\\ \xi_{i[k_{M1}]} & \otimes & \xi_{i[k_{M2}]} & \otimes & \cdots & \otimes & \xi_{i[k_{Mn}]}\end{bmatrix}\tag{13.17}$$

式（13.17）中，$\otimes$ 为目标属性模式的乘运算，$\oplus$ 为目标属性模式的加运算，关联决策矩阵 $\boldsymbol{S}_i$ 表征了第 i 个待识别目标与数据库中所有工作模式 *mode* 之间的关联程度。根据关联系数决策矩阵可以求得待识别目标对应的每个属性的关联系数最优的向量组合，根据此思想定义关联系数靶心。

定义 13.1　关联系数正靶心

记关联决策矩阵中某属性列关联系数向量为

$$\boldsymbol{S}_{ij}=(\xi_{i[k_{1j}]}\oplus\xi_{i[k_{2j}]}\oplus\cdots\oplus\xi_{i[k_{Mj}]})(i=1,2,\cdots,m,j=1,2,\cdots,n)\tag{13.18}$$

记 $\boldsymbol{S}_{ij}$ 最大值为

$$\xi_{ij}^+=\max\{\xi_{i[k]}\,|\,1\leqslant k\leqslant\sum_{l=1}^{M}k_{lj}\}(i=1,2,\cdots,m,j=1,2,\cdots,n)\tag{13.19}$$

称 ξ_{ij}^+ 为第 i 个待识别目标在属性 j 上的最优关联度，定义多属性向量

$$\boldsymbol{\xi}_i^+=\left(\xi_{i1}^+\ \ \xi_{i2}^+\cdots\xi_{in}^+\right)\tag{13.20}$$

为第 i 个待识别目标在数据库中的关联系数正靶心。

定义 13.2　关联系数负靶心

同理定义负靶心，记 $\boldsymbol{S}_{ij}$ 最小值为

$$\xi_{ij}^-=\min\{\xi_{i[k]}\,|\,1\leqslant k\leqslant\sum_{l=1}^{M}k_{lj}\}(i=1,2,\cdots,m,j=1,2,\cdots,n)\tag{13.21}$$

称 ξ_{ij}^- 为第 i 个待识别目标在属性 j 上的最劣关联度，定义多属性向量

$$\boldsymbol{\xi}_i^-=\left(\xi_{i1}^-\ \ \xi_{i2}^-\cdots\xi_{in}^-\right)\tag{13.22}$$

为第 i 个待识别目标在数据库中的关联系数负靶心。

由于关联系数正\负靶心本身就是一种相似程度，所以正负靶心计算时不用考虑有关文献中的效益型、成本型属性，直接按照定义计算即可。关联系数正负靶心分别为区间数据库中与待识别目标异类数据关联程度最高和最低的组合，以此作为标准，根据靶心决策思想进行决策。

2. 靶心距决策

根据正、负靶心的定义可知与正靶心越接近则越接近于正确关联结果，反之离负靶心越远关联结果越准确。所以首先定义正负靶心距的概念，根据正负靶心距进行关联判别。

定义 13.3 正靶心距

记关联决策矩阵中任一工作模式对应的关联系数行向量为

$$\boldsymbol{S}_{i[k]}=(\xi_{i[k_{l1}]}\ \ \xi_{i[k_{l2}]}\cdots\xi_{i[k_{ln}]})(i=1,2,\cdots,m,l=1,2,\cdots,M,k=1,2,\cdots,\sum_{l=1}^{M}\prod_{j=1}^{n}k_{lj})\tag{13.23}$$

则定义 $\boldsymbol{S}_{i[k]}$ 与正靶心 ξ_i^+ 之间的距离为正靶心距

$$d(\boldsymbol{S}_{i[k]},\xi_i^+)=[\sum_{j=1}^{n}(\xi_{i[k_{lj}]}-\xi_{ij}^+)^p]^{1/p}(i=1,2,\cdots,m,l=1,2,\cdots,M,k=1,2,\cdots,\sum_{l=1}^{M}\prod_{j=1}^{n}k_{lj})\tag{13.24}$$

定义 13.4 负靶心距

同理定义 $\boldsymbol{S}_{i[k]}$ 与负靶心 ξ_i^- 之间的距离为负靶心距

$$d(\boldsymbol{S}_{i[k]},\xi_i^-)=[\sum_{j=1}^{n}(\xi_{i[k_{lj}]}-\xi_{ij}^-)^p]^{1/p}(i=1,2,\cdots,m,l=1,2,\cdots,M,k=1,2,\cdots,\sum_{l=1}^{M}\prod_{j=1}^{n}k_{lj})\tag{13.25}$$

可以计算出正负靶心距为

$$R=d(\xi_i^+,\xi_i^-)=[\sum_{j=1}^{n}(\xi_{ij}^+-\xi_{ij}^-)^p]^{1/p}\tag{13.26}$$

所有的关联系数决策矩阵组成的决策空间为以正负靶心为圆心、正负靶心距为半径的两椭球相交部分即

$$\begin{cases}[\sum_{j=1}^{n}(\xi_{i[k_{lj}]}-\xi_{ij}^+)^p]^{1/p}<R\\[\sum_{j=1}^{n}(\xi_{i[k_{lj}]}-\xi_{ij}^-)^p]^{1/p}<R\end{cases}\tag{13.27}$$

根据靶心距的定义可以得到关联决策矩阵中任一模式对应的靶心距，以此进行靶心距决策。经典的靶心距决策方法是正靶心距排序法，以最小正靶心距对应的模式作为决策结果，即

$$\mathrm{Rec}(i)=\{k\mid\min_{k}\{d(\boldsymbol{S}_i(t)_{[k]},\boldsymbol{\xi}_i^{+})\}\},i=1,2,\cdots,m \tag{13.28}$$

但是这种靶心距决策方法未考虑到如图 13.1 所示，正靶心距相等负靶心距不等的情况，图中给出了决策靶球空间的切面图作为示意，其中 $d_1^+=d_2^+$，但是 $d_1^-\neq d_2^-$，显然决策结果应该不同，所以有必要对正靶心距排序法进行改进。

文献[208]提供了一种基于正靶心距投影的方法，利用正靶心距投影 d_k^* 进行决策，判定 d_k^* 较小模式为决策结果，但是此方法对于图 13.2 所示的情况无能为力，其中 $d_1^*=d_2^*$，但是 $d_1^+\neq d_2^+$，若根据正靶心距投影法判定两种模式地位相同显然是不合理的。

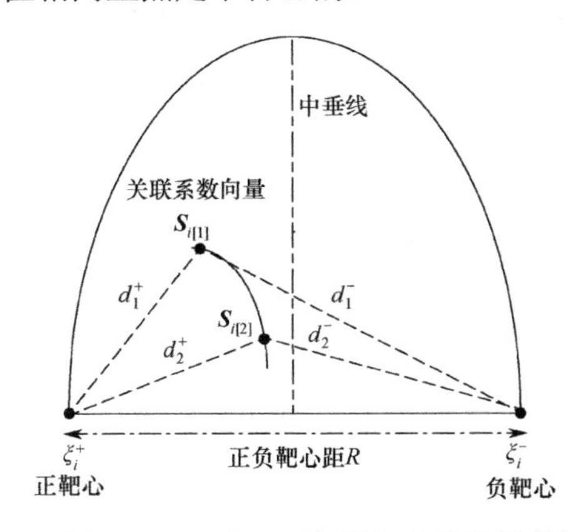

图 13.1　正靶心距相等但决策结果明显应该不同的情况示意图

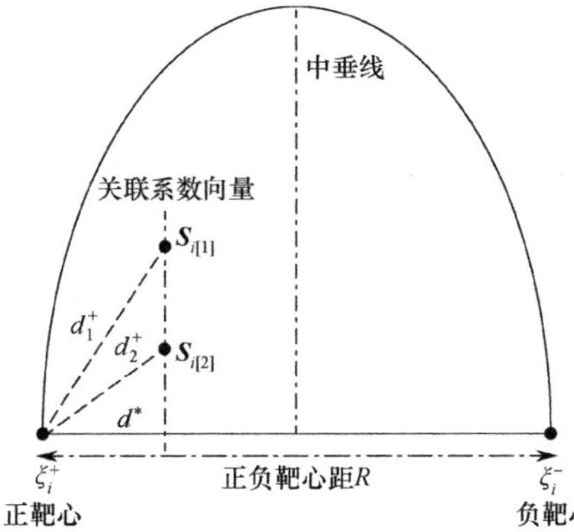

图 13.2　正靶心距投影相等但决策结果明显应该不同的情况示意图

针对正靶心距投影法可能出现的靶心投影法，文献[208]又进行了改进，利用改进的靶心综合距离进行决策，即

$$d_k^0=\frac{d_k^*}{d_k^*+d_k^+} \tag{13.29}$$

式（13.29）中，

$$d_k^*=d_k^+\cdot\cos\theta=\frac{(d_k^+)^2+R^2-(d_k^-)^2}{2d_k^-} \tag{13.30}$$

式（13.30）中，θ 为正靶心连线与正负靶心连线之间的夹角，根据靶心综合距离 d_k^0 排序，认为 d_k^0 较大的对应的模式为决策结果，但是从本质上该方法的实

用性值得商榷。

证明：

$$d_k^0 = \frac{d_k^*}{d_k^* + d_k^+}$$

等式右侧同除以 d_k^* 得到

$$d_k^0 = \frac{1}{1+\dfrac{d_k^+}{d_k^*}} = \frac{1}{1+\dfrac{1}{\cos\theta}} \tag{13.31}$$

证毕。

由式（13.31）可知，靶心综合距法的本质上是根据正靶心连线与正负靶心连线之间的夹角 θ 大小进行决策的，只要 θ 大小相同，决策结果就一致，这显然不能适用于图 13.3 所示情况，而且此方法利用 θ 进行决策的思想必然会产生较大的决策误差。

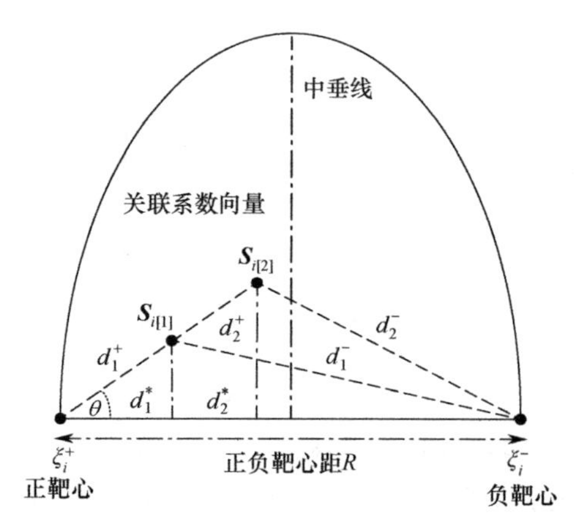

图 13.3 正负靶心连线之间的夹角相等但决策结果明显应该不同的情况示意图

文献[209]等考虑了正靶心距排序法可能出现的问题，提出增加负靶心距指标共同进行决策的思想，综合正负靶心距，定义了决策贴近度进行决策，即

$$\eta_k = \frac{d_k^-}{d_k^- + d_k^+} \tag{13.32}$$

根据决策贴近度 η_k 排序，认为 η_k 较大的对应的模式为决策结果。但是根据式（13.31）的证明方法同理可以得到

$$\eta_k = \frac{1}{1+\dfrac{d_k^+}{d_k^-}} \tag{13.33}$$

由式（13.33）可知，决策贴近度本质上是根据正负靶心距的比值大小进行决策的，而决策靶球空间内存在正负靶心距比值为定值的曲线，即满足

$$\frac{d_k^+}{d_k^-} = \alpha \tag{13.34}$$

所以决策贴近度方法在处理如图 13.4 所示的情况时，不能做出正确的决策结果。

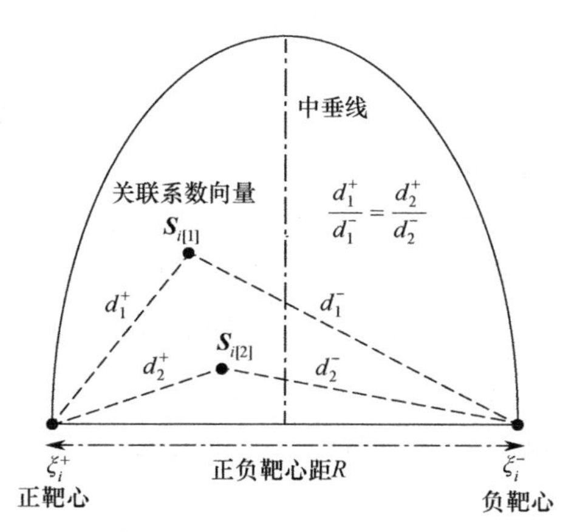

图 13.4　决策贴近度相等但决策结果明显应该不同的情况示意图

正确的决策模式应该是正靶心距越小，同时负靶心距越大对应的模式，根据此思想文献[210]等提供了一种目标优化模型，假设决策模式关联系数 $\boldsymbol{S}_{i[k]}$ 以优属度 μ_k 从属于正靶心，则决策模式就会以 $1-\mu_k$ 从属于负靶心，为确定最佳优属度向量

$$\boldsymbol{\mu} = (\mu_1, \mu_2, \cdots, \mu_{mode}) \tag{13.35}$$

根据最小平方和原则，定义优化函数为

$$F(\mu_k) = [\mu_k \cdot d_k^+]^2 + [(1-\mu_k)\cdot d_k^-]^2 \tag{13.36}$$

并建立优化模型为

$$\min\{F(\mu_k)\}\ \text{s.t.}\ 0<\mu_k<1 \tag{13.37}$$

为使 μ_k 达到最优，计算偏导数，令

$$\frac{\partial F(\mu_k)}{\partial \mu_k} = 0 \tag{13.38}$$

即

$$2\mu_k \cdot (d_k^+)^2 - 2(1-\mu_k)\cdot(d_k^-)^2 = 0 \tag{13.39}$$

解得最佳优属度为

$$\mu_k = \frac{(d_k^-)^2}{(d_k^-)^2 + (d_k^+)^2} \tag{13.40}$$

则根据最佳优属度进行识别决策，判定 μ_k 较大的对应的模式为关联结果。但是式（13.40）又可以写为

$$\mu_k = \frac{1}{1+\left(\dfrac{d_k^+}{d_k^-}\right)^2} \tag{13.41}$$

所以此方法从本质上讲与式（13.33）是类似的，依然是根据正负靶心距的比值大小进行决策的，依然解决不了图 13.4 所示的情况，所以需要一种合理的靶心距决策方法，为此，综合上述几种决策方法，从决策概率准确性的角度，正负靶心距比值法精度要高于靶心距排序法、投影法和综合距离法，特别是投影法和综合距离法易出现较大误差，工程上应避免使用。所以，在正负靶心距比值法的基础之上进行修正，以正靶心距越小、负靶心距越大为决策目标，附加正负靶心距之差进行约束，给出一种新的靶心距决策方法，如定理 13.1 所述。

定理 13.1 设 d_k^+ 和 d_k^- 分别为正靶心距和负靶心距，则新的靶心距决策方法为正负靶心距之差约束下的正负靶心距比值的极值求解问题，即

$$\max\{\frac{d_k^-}{d_k^- + d_k^+}\}$$
$$\text{s.t.}\begin{cases} \min\{d_k^+ - d_k^-\} \\ 0 < d_k^+ < \dfrac{R}{2} \\ \dfrac{R}{2} < d_k^- < R \end{cases} \tag{13.42}$$

证明：

令

$$\frac{d_1^+}{d_1^-} = \frac{d_2^+}{d_2^-} = \alpha < 1$$

且

$$d_1^+ \neq d_2^+$$

则

$$d_1^+ = \alpha \cdot d_1^-, \quad d_2^+ = \alpha \cdot d_2^-$$

那么

$$d_1^+ - d_1^- = (\alpha - 1) \cdot d_1^-$$
$$d_2^+ - d_2^- = (\alpha - 1) \cdot d_2^-$$

又因为

$$d_1^+ \neq d_2^+ \Rightarrow d_1^- \neq d_2^-$$

所以

$$d_1^+ - d_1^- \neq d_2^+ - d_2^-$$

证毕。

通过上述证明得知，在正负靶心距比值相等的情况下，附加正负靶心距差值进行约束满足靠近正靶心、远离负靶心的最优决策思想，并且决策模式唯一。同理可以证明正负靶心距差值相等（即一条双曲线）的情况下，正负靶心距比值不会相等的命题，这里不再赘述。

3．灰靶决策步骤

通过上述讨论得知，在得到关联系数正负靶心距的条件下，可以按照式（13.42）所述的靶心距决策方法对异类数据进行关联决策[211]，整个决策步骤如下。

步骤 1：输入待识别目标异类数据 $\boldsymbol{X}$ 和区间数据库目标工作模式数据 $\boldsymbol{I}$ 。

步骤 2：基于粒层转化思想将异类数据统一到区间数粒层上，并计算统一后的多属性区间数据与数据库中各个对应属性区间型数据的距离度量 d_{ilj}^{rk} 。

步骤 3：基于灰色关联理论以距离度量 d_{ilj}^{rk} 形成相对应的关联系数，并产生关联决策矩阵 $\boldsymbol{S}_i$ 。

步骤 4：根据关联决策矩阵 $\boldsymbol{S}_i$ 计算关联系数正负靶心，形成多属性正负靶心向量 $\boldsymbol{\xi}_i^+$ 和 $\boldsymbol{\xi}_i^-$ 。

步骤 5：计算关联决策矩阵 $\boldsymbol{S}_i$ 中对应的每个模式与正负靶心之间的距离形成正靶心距 $d(\boldsymbol{S}_{i[k]}, \boldsymbol{\xi}_i^+)$ 和负靶心距 $d(\boldsymbol{S}_{i[k]}, \boldsymbol{\xi}_i^-)$ 。

步骤 6：以正负靶心距为决策指标，根据新的灰靶决策方法进行关联。

步骤 7：输出待识别目标在数据库工作模式的关联结果。

13.3.3 仿真分析

假设数据库中具有四类目标U_1、U_2、U_3、U_4，每类目标均具有B_1、B_2、B_3三种特征属性，其中U_1在B_1、B_2、B_3三种特征属性上分别具有3、2、2种工作状态取值，则U_1一共可以形成$3\times2\times2$种工作模式，每种工作模式的属性值为区间数据。与U_1工作模式类似，U_2、U_3和U_4分别具有$3\times3\times3$、$4\times3\times3$和$4\times4\times4$种工作模式，则4类目标组成了数据库中的139种工作模式数据，编号1～139，数据库工作模式数据范围如表13.1所示。

表13.1 工作模式数据范围表

属性	已知目标			
	U_1	U_2	U_3	U_4
B_1/MHz	[9 700,9 900]	[9 900,10 500]	[7 000,9 700]	[10 500,12 000]
B_2/μs	[0.5,5.0]	[5.0,10.0]	[1.0,10.0]	[10.0,20.0]
B_3/μs	[1,100]	[300,500]	[1,500]	[500,1 000]

每类目标的工作状态取值均从表13.1中随机产生，例如U_1在属性B_1上的三种工作状态取值是从[9 700,9 900]中随机产生3组区间数据形成，再组合其他属性上的工作状态取值形成工作模式。

待识别目标数据是从数据库中随机抽取并叠加随机噪声，经过混合属性变换处理产生的。实验中随机选取4组数据作为待识别目标数据，如表13.2所示。其中属性B_1、B_2、B_3均为异类数据组成，具体数据分别从对应的区间数据库中随机抽取产生。

表13.2 待识别目标属性的异类量测数据表

属性	量测目标			
	A_1	A_2	A_3	A_4
B_1/MHz	$[a1_-, a1_+]$	H	$(a31,a32,a33,a34)$	$[a4_-,a4_+]$
B_2/μs	$(b11,b12,b13,b14)$	$[b2_-,b2_+]$	$[b3^L,b3^M,b3^U]$	d_9
B_3/μs	VH	$c2$	VL	$(c41,c42,c43,c44)$

1．关联仿真实验

实验中按照灰靶决策步骤，计算待识别目标A_1、A_2、A_3、A_4与数据库中139种工作模式区间数据之间的距离度量，再根据距离度量按式（13.16）和式（13.17）形成对应的关联系数，并产生4个待识别目标的关联决策矩阵

$\boldsymbol{S}_1$、$\boldsymbol{S}_2$、$\boldsymbol{S}_3$、$\boldsymbol{S}_4$，每个关联决策矩阵均为139×3维的；根据每个关联决策矩阵计算关联系数正负靶心如表 13.3 所示。

表 13.3　正负靶心数据表

属性	正负靶心							
	ξ_1^+	ξ_1^-	ξ_2^+	ξ_2^-	ξ_3^+	ξ_3^-	ξ_4^+	ξ_4^-
B_1 /MHz	1.000 0	0.333 3	1.000 0	0.333 3	0.976 5	0.387 6	0.990 4	0.413 7
B_2 /μs	1.000 0	0.333 3	1.000 0	0.333 3	0.919 5	0.340 1	0.951 6	0.426 1
B_3 /μs	1.000 0	0.333 3	0.999 5	0.498 6	1.000 0	0.412 7	1.000 0	0.333 3

按照式（13.26）计算得到正负靶心距为$R_1=1.1547$，$R_2=1.0676$，$R_3=1.0136$，$R_4=1.0262$，根据式（13.27）和式（13.28）计算 4 个关联决策矩阵中每种工作模式与对应正负靶心之间的距离，分别得到 4 组正负靶心距，每组数据含有 139 个正负靶心距，以此为决策指标，根据文中提出的灰靶决策方法得到关联结果编号排序为

Xuhao1= {77　109　78　110　93　94　85　125　117　79　86　126　111　118　89　81　76　101　121　113　108　95　90　……3　10　9　53　41　63　12　11　62　45　44}，

Xuhao2= {43　45　44　61　63　40　52　62　70　42　54　46　72　41　53　71　48　47　58　64　49　67　14　……101　86　125　117　85　94　110　93　78　109　77}，

Xuhao3= {132　100　135　136　128　124　26　35　29　38　17　116　20　104　103　96　92　84　25　34　139　28　131　……4　3　63　10　9　41　12　11　62　45　44}，

Xuhao4= {9　10　1　5　2　6　11　12　3　7　4　8　59　60　50　58　65　51　68　66　69　49　64　……126　125　95　111　79　94　93　110　78　109　77}。

根据结果编号排序可以判定待识别目标 1～4 分别工作在数据库中的第 77、43、132 和 9 种工作模式下，分别对应目标U_4的第 2 种工作模式，目标U_3

的第 4 工作种模式，目标U_4的第 57 种工作模式和目标U_1的第 9 种工作模式。关联结果的贴近度变化图如图 13.5 所示。

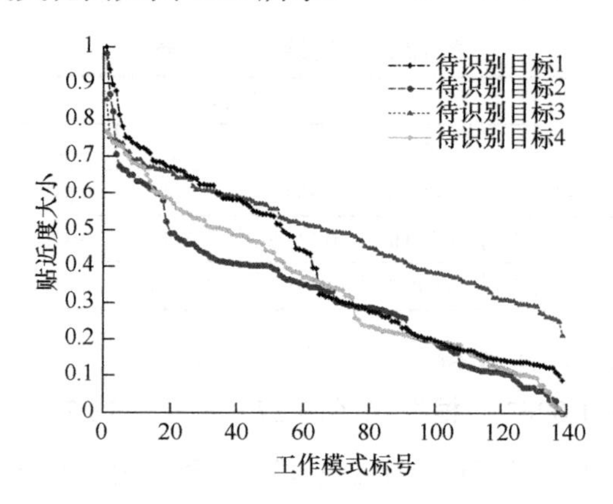

图 13.5　关联结果的贴近度变化图

图 13.5 中横坐标为备选目标数据库中的目标工作模式标号，纵坐标为贴近度大小。由图 13.5 得知关联目标结果的贴近度接近于 1，满足靠近正靶心、远离负靶心的决策思想，关联结果准确。

2. 靶心距决策对比分析

13.2.2 节讨论了几种靶心距决策的内容，这里通过实验仿真进一步对比分析。对于正靶心距排序相等和靶心距投影相等造成的识别结果不易区分显而易见，不再重复讨论。以实验中贴近度和靶心投影综合距离的变化图为例进行分析，关联结果的贴近度变化图如图 13.6 所示。

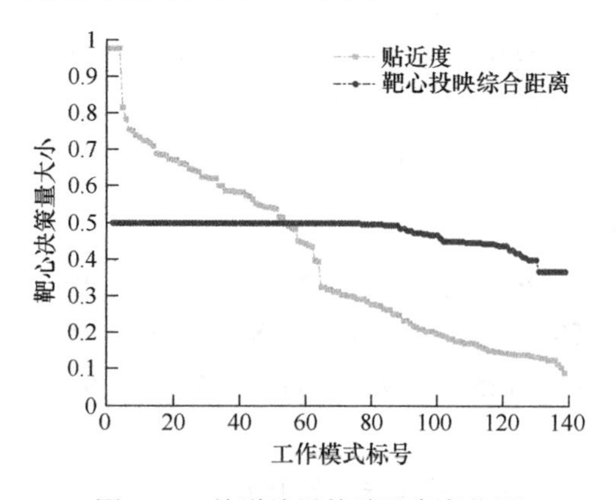

图 13.6　关联结果的贴近度变化图

由图 13.6 得知，靶心投影综合距离曲线接近于 0.5，这是因为此方法利用正靶心连线与正负靶心连线之间的夹角 θ 进行判决，此时 $\theta \to 1$，即代表此方法的决策点落在正负靶心连线之上，但是并未成功区分靶心连线上点与正负靶心的距离大小，导致曲线区分度不明显，也得不到正确的关联结果。而贴近度法区分度明显，关联结果相对合理，但是具体分析数据发现，贴近度最大值对应三种正负靶心距情况，正负靶心距分别为 0.291 6/1.215 0、0.2689 2/1.120 5 和 0.318 0/1.325 0，对应第 75、78 和 82 种工作模式，造成了关联结果有 3 类无法区分，此时则按照式（13.42）给出的靶心决策方法就可以成功区分，关联结果为第 82 种工作模式，所以本文所提靶心决策方法在靶心距决策中具有精度高、区分度好的优点。

3. 与灰关联决策性能对比

按照本文所述内容，根据灰关联决策法也可以对转化后的区间数据进行关联，得到关联结果，但是灰关联决策法在计算关联度时受属性权重影响较大，会造成关联结果不稳定，而本文方法决策只与靶心距有关，不会因权重变化而改变，稳定性要优于灰关联决策法，贴近度和关联度变化图如图 13.7 所示。

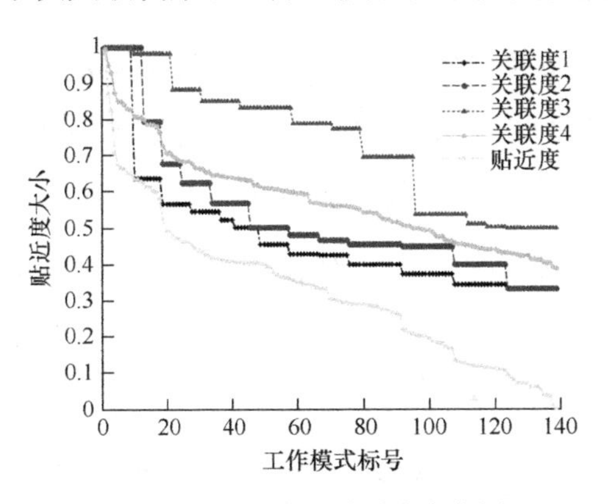

图 13.7 贴近度和关联度变化图

图 13.7 描述了仿真实验中待识别目标 U_2 的关联情况，其中利用四组不同属性权重的关联度与本文所述的灰靶决策方法对比，由图 13.7 得知，在属性权重不同时，关联度决策法得到的关联结果也会随之改变，具体对应的关联结果编号部分排序为

Xuhao1= {40 41 42 43 44 45 46 47…121 125 129 133 137}，

Xuhao2= {52 44 45 43 53 54 61 62…111 124 125 126 127},

Xuhao3= {14 17 20 23 26 29 32 35…121 125 129 133 137},

Xuhao4= {45 43 44 61 40 52 70 63…110 93 78 109 77}。

分别对应了数据库中第 40，52，14 和 45 种工作模式，而根据本文的灰靶决策方法得到的关联结果为第 43 种工作模式。所以，在权重未知的情况下，如果利用灰关联决策会造成关联结果的不稳定性，而本文的灰靶决策方法无论权重怎样变化，关联结果只与数据本身得到的靶心距有关，而且关联结果层析分明，达到一定精度，实现了稳定关联。

13.3 基于信任区间交互式多属性的异类数据关联

13.3.1 问题描述

设目标数据库有 m 类已知目标，记第 i 个目标为 $R_i\ (i=1,2,\cdots,m)$，其中每类目标有 n 个特征属性，记第 j 个特征属性为 $F_j\ (j=1,2,\cdots,n)$。假设目标 R_i 在特征属性 F_j 上有 n_{ij} 个取值，计 $\theta_{ij}^k\ (k=1,2,\cdots,n_{ij})$ 表示目标 R_i 在特征属性 F_j 上的第 k 个取值，每个取值称作一个工作模式，所以第 i 类目标共有 $\prod_{j=1}^{n} n_{ij}$ 个工作模式，则 m 类目标共有 $\sum_{i=1}^{m}\prod_{j=1}^{n} n_{ij}$ 个工作模式。θ_{ij}^k 的取值类型为实数、区间数或序列数，记 $\theta_{ij}=\theta_{ij}^1\otimes\theta_{ij}^2\otimes\cdots\otimes\theta_{ij}^{n_{ij}}$，则所有的特征属性值就构成了量测矩阵 $\boldsymbol{\Theta}=\left[\theta_{ij}\right]_{m\times n}$。记 $\boldsymbol{w}=\left[w_1\ \ w_2\ \cdots\ w_n\right]^{\mathrm{T}}$ 为特征属性权重向量，$w_j\ (j=1,2,\cdots,n)$ 表示特征属性 F_j 的重要程度，满足 $\sum_{j=1}^{n} w_j=1$，$0\leqslant w_j\leqslant 1$，$w_j$ 的值可以是已知的，也可以是未知的。

设有 s 个待识别目标，记第 l 个待识别目标为 $A_l\ (l=1,2,\cdots,s)$，每个待识别目标有 $n+p$ 个广义特征属性（n 表示传感器特征属性的数量，p 表示决策专家的数量)，记第 j 个特征属性为 $F_j\left(j=1,2,\cdots,n,n+1,\cdots,n+p\right)$，假设目标 A_l 在特征属性 F_j 上的取值为 x_{lj}， x_{lj} 的取值类型为实数、区间数、序列数和直觉模糊数，则待识别目标的特征属性量测矩阵为 $\boldsymbol{X}=\left[x_{lj}\right]_{s\times(n+p)}$，称传感器的特征属性值为特征层信息，专家的经验知识为决策层信息，本文研究的异类数据目标识别实质上为特征层与决策层的数据关联[212, 213]。

定义 13.5　实数与区间数的距离

设实数 a 与区间数 $\bar{b}=\left[b^l,b^u\right]$，则它们之间的距离可定义为

$$d\left(a,\bar{b}\right)=\left[\frac{1}{2}\left(\left|a-b^l\right|^p+\left|a-b^u\right|^p\right)\right]^{1/p} \tag{13.43}$$

定义 13.6　区间数之间的距离

设区间 $\bar{a}=\left[a^l,a^u\right]$ 与区间数 $\bar{b}=\left[b^l,b^u\right]$，则它们之间的距离定义为

$$d\left(a,\bar{b}\right)=\left[\frac{1}{2}\left(\left|a^l-b^l\right|^p+\left|a^u-b^u\right|^p\right)\right]^{1/p} \tag{13.44}$$

定义 13.7　序列数之间的距离

设存在两个序列数，分别为 $\tilde{a}=\left\{a_1,a_2,\cdots,a_i,\cdots a_n\right\}$ 和 $\tilde{b}=\left\{b_1,b_2,\cdots,b_i,\cdots b_n\right\}$，其中 $i=1,2,\cdots,n$， a_i 和 b_i 分别为序列中的第 i 个取值，且满足条件 $a_i\leqslant a_{i+1}$， $b_i\leqslant b_{i+1}$，即两个序列按升序排列，每个序列中的元素个数相同，按下式定义两个等长升序列的距离

$$d\left(\tilde{a},\tilde{b}\right)=\left(\frac{1}{n}\sum_{i=1}^{n}\left|a_i-b_i\right|^p\right)^{1/p} \tag{13.45}$$

定义13.8　序列数与区间数之间的距离

设有区间数据 $\bar{a}=\left[a^l,a^u\right]$ 和 $\tilde{b}=\left\{b_1,b_2,\cdots,\ b_i,\cdots b_n\right\}$， $i=1,2,\cdots,n$， b_i 为序列中的第 i 个取值，它们之间的距离按下式定义

$$d\left(\bar{a},\tilde{b}\right)=\left[\frac{1}{n}\sum_{i=1}^{n}\frac{1}{2}\left(\left|a^l-b_i\right|^p+\left|a^u-b_i\right|^p\right)\right]^{1/p} \tag{13.46}$$

基于专家知识的直觉模糊数的隶属度表征已知信息或证据对目标的支持程度，相反，非隶属度表征反对程度；而传感器给出的为目标某特征属性上的测量值，表征目标的外延性质，因此需将异构传感器的测量值转化成对目标的支持或反对程度，与直觉模糊数构成同种数据模式，该部分见 13.3.3 节

13.3.2 信任区间的构建定理

考虑一个 MADM 问题，有$M>1$个备选方案A_i及$N\geqslant 1$个评价准则，构成$M\times N$得分矩阵$\boldsymbol{S}=\left[S_{ij}\right]$，矩阵$\boldsymbol{S}$的第$j$列$\boldsymbol{s}_j=\left[S_{1j}\quad S_{2j}\quad \cdots\quad S_{Mj}\right]^{\mathrm{T}}$表示所有备选方案$A_i$在准则$C_j$上的评价值。对于每列$s_j$中的元素值$S_{ij}$都取实数值，且都有相同的量纲，不同准则上的量纲一般不同。便于研究，假设每个准则C_j为效益型，即S_{ij}值越大，排序越好。

定理 13.2[214]：考虑准则C_j及一个评价值向量$\boldsymbol{s}_j=\left[S_{1j}\quad S_{2j}\quad \cdots\quad S_{Mj}\right]^{\mathrm{T}}$，其中$S_{ij}\in R$，辨识框架$\Theta=\{A_1,A_2,\cdots,A_M\}$，对于$\Theta$中的任意一个命题$A_i$，按下式定义其正证据支持和负证据支持

$$\operatorname{Sup}_j\left(A_i\right)=\sum_{k\in\{1,\cdots,M\}\mid S_{kj}\leqslant S_{ij}}\left|S_{ij}-S_{kj}\right| \tag{13.47}$$

$$\operatorname{Inf}_j\left(A_i\right)=-\sum_{k\in\{1,\cdots,M\}\mid S_{kj}\geqslant S_{ij}}\left|S_{ij}-S_{kj}\right| \tag{13.48}$$

令$A_{\max}^j=\max_i \operatorname{Sup}_j\left(A_i\right)$，$A_{\min}^j=\min_i \operatorname{Inf}_j\left(A_i\right)$如果$A_{\max}^j$和$A_{\min}^j$都不为零，则下面的不等式成立，

$$\frac{\operatorname{Sup}_j\left(A_i\right)}{A_{\max}^j}\leqslant 1-\frac{\operatorname{Inf}_j\left(A_i\right)}{A_{\min}^j} \tag{13.49}$$

$\operatorname{Sup}_j\left(A_i\right)$称为$A_i$的正支持，衡量在准则$C_j$上$A_i$优势于其他备选方案的程度，$\operatorname{Inf}_j\left(A_i\right)$称为$A_i$的负支持，衡量在准则$C_j$上$A_i$劣势于其他备选方案的程度。区间$\left[0,\operatorname{Sup}_j\left(A_i\right)\right]$的长度则反映了$A_i$作为最优方案的最大支持程度，即肯定程度；区间$\left[\operatorname{Inf}_j\left(A_i\right),0\right]$的长度则反映了$A_i$作为最优方案的最大反对程度，即否定程度。

在准则C_j上选择方案A_i的信任区间为

$$\left[\operatorname{Bel}_{ij}\left(A_i\right),1-\operatorname{Bel}_{ij}\left(\bar{A}_i\right)\right]=\left[\frac{\operatorname{Sup}_j\left(A_i\right)}{A_{\max}^j},1-\frac{\operatorname{Inf}_j\left(A_i\right)}{A_{\min}^j}\right] \tag{13.50}$$

式（13.50）中，$\operatorname{Bel}_{ij}\left(A_i\right)=\dfrac{\operatorname{Sup}_j\left(A_i\right)}{A_{\max}^j}$表示对$A_i$的信任程度，$\operatorname{Bel}_{ij}\left(\bar{A}_i\right)=\dfrac{\operatorname{Inf}_j\left(A_i\right)}{A_{\min}^j}$表示对$A_i$的不否定程度。

13.3.3 决策模型的确立

1. 创建特征层数据的信任区间

本节的信息系统由两部分信息组成：传感器侦测的数值型数据和基于专家知识的直觉模糊决策信息，从表现形式上，一部分是特征层信息，另一部分是决策层信息。通过对两部分信息的融合处理，确定待识别目标在目标数据库中的目标类别或工作模式。因为直觉模糊数已经是决策层的信息，无须进行建模。本节主要确定特征层数据的决策模型，将待识别目标各个特征属性上的量测值，与数据库中已知目标的特征属性通过某种方式进行关联，得到待识别目标的隶属程度或关联程度。

记第 l 个待识别目标 A_l 的异类特征属性值向量为 $\boldsymbol{X}_l=[x_{l1},x_{l2},\cdots,x_{ln}]$，目标数据库中第 i 个目标 R_i 的异类特征属性值向量为 $\boldsymbol{\Theta}_i=[\theta_{i1},\theta_{i2},\cdots,\theta_{in}]$，$\theta_{ij}=\theta_{ij}^1\otimes\theta_{ij}^2\otimes\cdots\theta_{ij}^k\cdots\otimes\theta_{ij}^{n_{ij}}$，$k=1,2,\cdots,n_{ij}$，通过第 13.3.1 节中定义的距离测度，计算第 l 个待识别目标特征属性数据 x_{lj} 与目标数据库中 θ_{ij}^k 之间的距离，记为 $d_{lij}^k(x_{lj},\theta_{ij}^k)$，为消除不同特征属性量纲和量测值数量级对关联结果的影响，采用区间值化的方法，对得到的距离 d_{ij}^k 进行规范化处理，得

$$D_{lij}^k(x_{lj},\theta_{ij}^k)=\frac{d_{lij}^k(x_{lj},\theta_{ij}^k)-\min\limits_i\min\limits_k\left\{d_{lij}^k(x_{lj},\theta_{ij}^k)\right\}}{\max\limits_i\max\limits_k\left\{d_{lij}^k(x_{lj},\theta_{ij}^k)\right\}-\min\limits_i\min\limits_k\left\{d_{lij}^k(x_{lj},\theta_{ij}^k)\right\}}\tag{13.51}$$

根据灰关联方法，求解待识别目标与数据库中目标在各特征属性上的灰关联系数，

$$\xi_{li}(x_{lj},\theta_{ij}^k)=\frac{\min\limits_i\min\limits_j\min\limits_k\{D_{lij}^k(x_{lj},\theta_{ij}^k)\}+\rho\cdot\max\limits_i\max\limits_j\max\limits_k\{D_{lij}^k(x_{lj},\theta_{ij}^k)\}}{D_{lij}^k(x_{lj},\theta_{ij}^k)+\rho\cdot\max\limits_i\max\limits_j\max\limits_k\{D_{lij}^k(x_{lj},\theta_{ij}^k)\}}\tag{13.52}$$

式（13.52）中，$\rho\in[0,1]$ 为分辨系数，一般取 0.5。$\xi_{li}(x_{lj},\theta_{ij}^k)$ 表示在特征属性 j 上，第 l 个待识别目标 A_l 的量测值与目标数据库中第 i 个目标 R_i 的第 k 个工作模式的关联系数，其值越大，代表在特征属性 F_j 上，待识别目标 A_l 识别为目标 R_i 的可能性就越大，$\xi_{li}(x_{lj},\theta_{ij}^k)$ 可以形成关联系数矩阵

$$\boldsymbol{\xi}_l=\left[\xi_{li}(x_{lj},\theta_{ij})\right]_{m\times n}\tag{13.53}$$

式（13.53）中，$\xi_{li}(x_{lj},\theta_{ij})=\left(\xi_{li}(x_{lj},\theta_{ij}^1)\ \ \xi_{li}(x_{lj},\theta_{ij}^2)\ \cdots\ \xi_{li}(x_{lj},\theta_{ij}^{n_{ij}})\right)$，式（13.53）

为典型的 MADM 问题的描述矩阵，矩阵中的元素都为效益型，即 ξ_l 中的元素值越大，选定为该目标的可能性就越大。

因为区间数据、序列型数据本身代表了数据的不确定性，如果仅仅用式（13.53）的关联系数矩阵作为决策信息系统，存在以下两方面的问题：一是原信息中的不确定部分丢失了，可能会造成关联结果的错误分类，二是关联系数为实数类型，无法与基于专家知识的直觉模糊信息进行融合。鉴于以上两方面的原因，根据定理 13.2 构造目标的信任区间，对式（13.53）中的关联系数矩阵进行深层次不确定信息的挖掘，记备选目标 R_i 在特征属性 F_j 上第 k 个工作模式上的信任区间为 $\mathrm{BP}_{ij}^k=\left[\mathrm{Bel}_{ij}^k\left(R_i\right),\mathrm{Pl}_{ij}^k\left(R_i\right)\right]$，在特征属性 F_j 上的信任区间向量记为 $\mathbf{BP}_{ij}=\left(\mathrm{BP}_{ij}^1\ \mathrm{BP}_{ij}^2\ \cdots\ \mathrm{BP}_{ij}^{n_{ij}}\right)$。

2. 直觉模糊信息与信任区间的等价关系

记有限非空集合 X，对一个直觉模糊数 $\widehat{a}=\left(\mu_a,v_a\right)$，$\mu_a$ 为 x 对 X 的隶属度，v_a 为 x 对 X 的非隶属度，满足“$0\leqslant\mu_a\leqslant1$，$0\leqslant v_a\leqslant1$，且 $0\leqslant\mu_a+v_a\leqslant1$”约束条件，称 $\pi_a=1-\mu_a-v_a$ 为 x 对 X 的犹豫度，显然 $0\leqslant\pi_a\leqslant1$，衡量直觉模糊信息的不确定性，犹豫度越大，直觉模糊信息描述的不确定性就越大，同样，可以用 $\left[\mu_a,1-v_a\right]$ 描述直觉模糊信息，表示隶属度的上限和下限，图形表示见图 13.8。

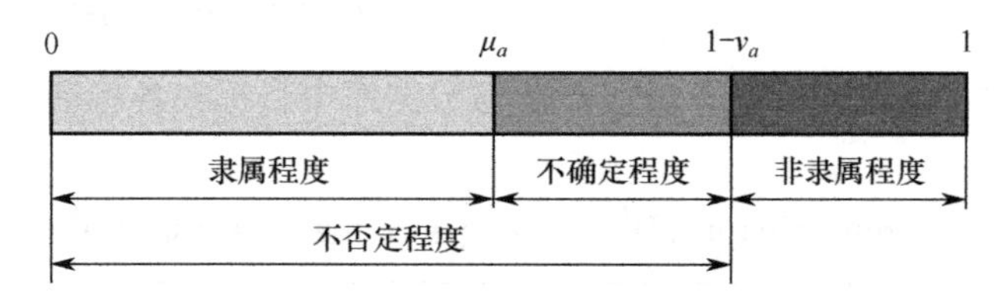

图 13.8　直觉模糊信息的图形表示

对于信任区间 $\mathrm{BP}=\left[\mathrm{Bel}(A),1-\mathrm{Bel}\left(\overline{A}\right)\right]$ 而言，同样满足“$0\leqslant\mathrm{Bel}(A)\leqslant1$，$0\leqslant\mathrm{Bel}\left(\overline{A}\right)\leqslant1$，且 $0\leqslant\mathrm{Bel}(A)+\mathrm{Bel}\left(\overline{A}\right)\leqslant1$”的约束条件，$\mathrm{Bel}(A)$ 表示对 A 的信任程度，为信任程度的下限值，$\mathrm{Bel}\left(\overline{A}\right)$ 表示对 A 的拒绝程度，$1-\mathrm{Bel}\left(\overline{A}\right)$ 表示不否定 A 的信任程度，为信任程度的上限值，信任区间的几何表示如图 13.9 所示。

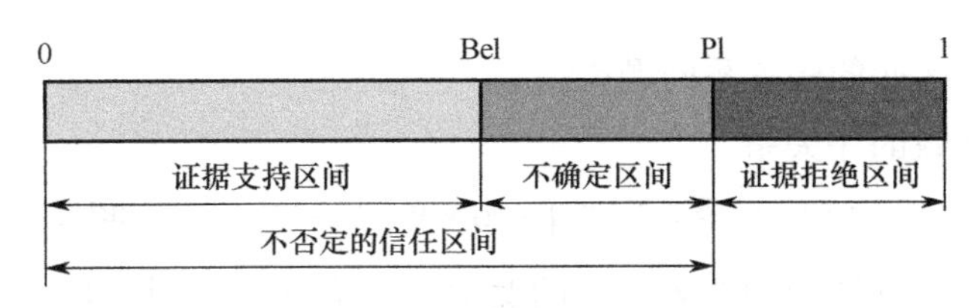

图 13.9 信任区间的几何表示

所以，认为以直觉模糊数表示的信息和以信任区间表示的信息具有等价关系，即

$$\mathrm{Bel}(A)=\mu_a，\ \mathrm{Pl}(A)=1-\nu_a。$$

为了与 BF-TOPSIS 方法中获取的信任区间 BP 相区别，记由直觉模糊决策信息得到的信任区间为 IBP，因此可得到传感器数据信息和专家决策信息的信任区间决策矩阵模型，记为

$$\mathbf{IBP}_{m\times(n+p)}=\begin{bmatrix} \mathbf{BP}_{11} & \mathbf{BP}_{12} & \cdots & \mathbf{BP}_{1n} & \mathbf{IBP}_{1n+1} & \mathbf{IBP}_{1n+2} & \cdots & \mathbf{IBP}_{1n+p} \\ \mathbf{BP}_{21} & \ddots & & \mathbf{BP}_{2n} & \mathbf{IBP}_{2n+1} & \ddots & \cdots & \mathbf{IBP}_{2n+p} \\ \vdots & & \mathbf{BP}_{ij} & \vdots & \vdots & \mathbf{IBP}_{in+k} & & \vdots \\ & & \ddots & & & & \ddots & \\ \mathbf{BP}_{m1} & \mathbf{BP}_{m2} & \cdots & \mathbf{BP}_{mn} & \mathbf{IBP}_{mn+1} & \mathbf{IBP}_{mn+2} & \cdots & \mathbf{IBP}_{mn+p} \end{bmatrix} \tag{13.54}$$

13.3.4 信任区间交互式多属性决策

由于理想点逼近（TOPSIS）方法涉及正理想参考点和负理想参考点的选择，当排序对象数量增加或减少时，两个参考点会发生变化，尤其当不同对象的数据存在冲突时，会造成文献[214-216]中的排序反转。交互式多属性（TODIM）是基于前景理论建立的多属性决策方法，描述比较方案之间的优势度。通过对所有决策方案互相比较，建立方案之间的优势度，进而得到某方案相对其他方案的总体优势度，对总体优势度排序进行识别决策判定，能够克服 TOPSIS 方法的局限。

1. 基于二次距离的信任区间交互式多属性方法

TODIM 方法中涉及两个评价值的序关系，即评价值大小的比较，所以信任区间交互式多属性（Belief Interval based TODIM，BI-TODIM）方法首先要

解决的是信任区间的序关系问题[37]。

（1）区间数的序关系。

记 $\overline{x}=\left[x^l,x^u\right]=\left\{x\,|\,x^l\leqslant x\leqslant x^u\right\}$，用 $\mathrm{wid}\left(\overline{x}\right)=x^u-x^l$、$\mathrm{rad}\left(\overline{x}\right)=\mathrm{wid}\left(\overline{x}\right)/2$、$\mathrm{mid}\left(\overline{x}\right)=\left(x^l+x^u\right)/2$ 分别代表区间的宽度、半径和中点。通过关系符 $<$ 或 $>$ 能够对两个实数进行比较，但是对两个区间数比较，就不这么简单了，尤其当两个区间存在交叉时。作这样一种解释，把区间数作为两点边界之间的一个点，其比较关系认为是在这两个区间内的两点之间的比较。

定义 13.9 设区间内的点服从均匀分布，记 $W=\mathrm{wid}\left(\overline{x}\right)\mathrm{wid}\left(\overline{y}\right)$，针对不同的情况，可以得到比较关系的概率，分别为

情况 1：$x^l<x^u<y^l<y^u$，$\overline{x}<\overline{y}$ 的概率 $P\left(\overline{x}<\overline{y}\right)=1$；

情况 2：$y^l<y^u<x^l<x^u$，$\overline{x}<\overline{y}$ 的概率 $P\left(\overline{x}<\overline{y}\right)=0$；

情况 3：$x^l<y^l<x^u<y^u$，$\overline{x}<\overline{y}$ 的概率

$$P\left(\overline{x}<\overline{y}\right)=\frac{1}{W}\left[\mathrm{wid}(a)\mathrm{wid}(b)+\mathrm{wid}(a)\mathrm{wid}(c)+\left(\mathrm{wid}(b)^2/2\right)+\mathrm{wid}(b)\mathrm{wid}(c)\right] \tag{13.55}$$

式（13.55）中，$a=\left[x^l,y^l\right]$，$b=\left[y^l,x^u\right]$，$c=\left[x^u,y^u\right]$，特别地，当 $x^l=y^l$ 时，有 $\mathrm{wid}(a)=0$，当 $y^l=x^u$，有 $\mathrm{wid}(b)=0$，当 $x^u=y^u$，有 $\mathrm{wid}(c)=0$；

情况 4：$x^l<y^l<y^u<x^u$，$\overline{x}<\overline{y}$ 的概率 $P\left(\overline{x}<\overline{y}\right)=\dfrac{1}{W}\left[\mathrm{wid}(a)\mathrm{wid}(b)+\left(\mathrm{wid}(b)^2/2\right)\right]$，其中，$a=\left[x^l,y^l\right]$，$b=\left[y^l,y^u\right]$，特别地，当 $x^l=y^l$ 时，有 $\mathrm{wid}(a)=0$；

情况 5：$y^l<x^l<y^u<x^u$，$\overline{x}<\overline{y}$ 的概率 $P\left(\overline{x}<\overline{y}\right)=\dfrac{1}{W}\left(\mathrm{wid}(b)^2/2\right)$，其中，$b=\left[x^l,y^u\right]$，特别地，当 $x^l=y^u$ 时，有 $\mathrm{wid}(b)=0$；

情况 6：$y^l<x^l<x^u<y^u$，$\overline{x}<\overline{y}$ 的概率 $P\left(\overline{x}<\overline{y}\right)=\dfrac{1}{W}\left(\mathrm{wid}(b)\mathrm{wid}(c)+(\mathrm{wid}(b)^2/2)\right)$，其中，$b=\left[x^l,x^u\right]$，$c=\left[x^u,y^u\right]$，特别地，当 $x^u=y^u$ 时，有 $\mathrm{wid}(a)=0$；

定义 13.10 对任意两个区间数 $\overline{x}=\left[x^l,x^u\right]$ 和 $\overline{y}=\left[y^l,y^u\right]$，当且仅当 $x^l=y^l,x^u=y^u$ 时，$\overline{x}=\overline{y}$；当 $\overline{x}\neq\overline{y}$ 时，若 $P\left(\overline{x}<\overline{y}\right)\geqslant 0.5$ 时，则有 $\overline{x}<\overline{y}$，否

则，$\bar{x} > \bar{y}$，按此方式定义的“<”或“>”称作区间数的序关系。

（2）基于二次距离的 BI-TODIM 方法。

以两个信任区间的距离作为衡量两个信任区间的相异程度，为与前文中定义的区间距离相区别，本文称决策矩阵构造过程中使用的距离为一次距离，目的是完成数据的粗处理，在这里，使用 Wassertein 距离测度[217, 218]计算两个信任区间 BP_{ij} 与 BP_{kj} 的距离 $d_W\left(\mathrm{BP}_{ij},\mathrm{BP}_{kj}\right)$，称为二次距离，目的是完成目标的精识别，因此称本文决策方法为基于二次距离的 BI-TODIM（Belief Interval based TODIM）方法，详细步骤如下。

以工作模式的形式，重新定义信息决策系统，设共有 p 个工作模式，工作模式 $B_i\left(i=1,2,\cdots,p\right)$ 在特征属性 $F_j(j=1,2,\cdots,n)$ 的信任区间为 BP_{ij}，模式 B_i 与模式 B_k 的之间的 Wassertein 距离为 $d_W\left(\mathrm{BP}_{ij},\mathrm{BP}_{kj}\right)$。

步骤 1：按特征属性值遍历，计算工作模式 B_i 对 B_k $\left(i \neq k\right)$ 关于特征属性 F_j 的优势度 Φ_{ik}^j，计算式如下

$$\Phi_{ik}^j = \begin{cases} d_W\left(\mathrm{BP}_{ij},\mathrm{BP}_{kj}\right), & \mathrm{BP}_{ij} > \mathrm{BP}_{kj} \\ 0, & \mathrm{BP}_{ij} = \mathrm{BP}_{kj} \\ -r \cdot d_W\left(\mathrm{BP}_{ij},\mathrm{BP}_{kj}\right), & \mathrm{BP}_{ij} < \mathrm{BP}_{kj} \end{cases} \tag{13.56}$$

式（13.56）中，r 为损耗衰减系数，表示决策者对损失规避的程度，r 的取值越大，对损失规避的程度越小，反之越大。

步骤 2：根据特征属性的权重 w_j，用 GWA 算子集成得到各工作模式之间的优势度 Φ_{ik}

$$\Phi_{ik} = \left[\sum_{j=1}^{n} w_j\left(\Phi_{ik}^j\right)^{\lambda}\right]^{\frac{1}{\lambda}} \tag{13.57}$$

式（13.57）中，λ 为集成系数，因为 Φ_{ik}^j 可能存在负的取值，所以 λ 取值为奇数。

步骤 3：按下式计算每类目标每个工作模式的全局前景值 η_i

$$\eta_i = \frac{\sum_{k=1}^{m}\Phi_{ik} - \min\limits_i\left\{\sum_{k=1}^{m}\Phi_{ik}\right\}}{\max\limits_i\left\{\sum_{k=1}^{m}\Phi_{ik}\right\} - \min\limits_i\left\{\sum_{k=1}^{m}\Phi_{ik}\right\}},\quad i=1,2,\cdots,m \tag{13.58}$$

步骤 4：对全局前景值 η_i 进行排序，判定其工作模式为最大前景值对应的工作模式，对应的目标类别为待识别目标的所属类别。

2. 未知权重值的确定

如果事先知道每个特征属性在关联过程中的重要程度，则可以根据先验知识直接对权重赋值。本节主要研究未知权重的求解方法。在 13.3.2 节已经解释直觉模糊信息与信任区间的等价关系，因此，根据直觉模糊信息的熵方法求解未知权重。

设论域 $X=\{x_1,x_2,\cdots,x_n\}$，A 是论域 X 上的一个直觉模糊集，则 A 的直觉熵为[96]，

$$E(A)=\sum_{i=1}^{n}\left(1-u_A(x_i)-v_A(x_i)\right) \tag{13.59}$$

根据熵理论[219]，如果某特征属性的熵越小，对决策者而言，就越能提供更多有用的信息，那么该特征属性分配的权重就应该越大，反之就应该越小，可根据下面的公式计算各特征属性的权重

$$w_k=\frac{1-H_k}{m-\sum_{k=1}^{m}H_k} \tag{13.60}$$

式（13.60）中，$w_k\in[0,1]$，满足 $\sum_{k=1}^{m}w_k=1$，$H_k=\frac{1}{n}E(F_k)=\frac{1}{n}\sum_{i=1}^{n}\left(1-u_{R_i}^{F_k}-v_{R_i}^{F_k}\right)$，满足 $0\leqslant H_k\leqslant 1$。

下面给出本文求解算法流程示意图，如图 13.10 所示。

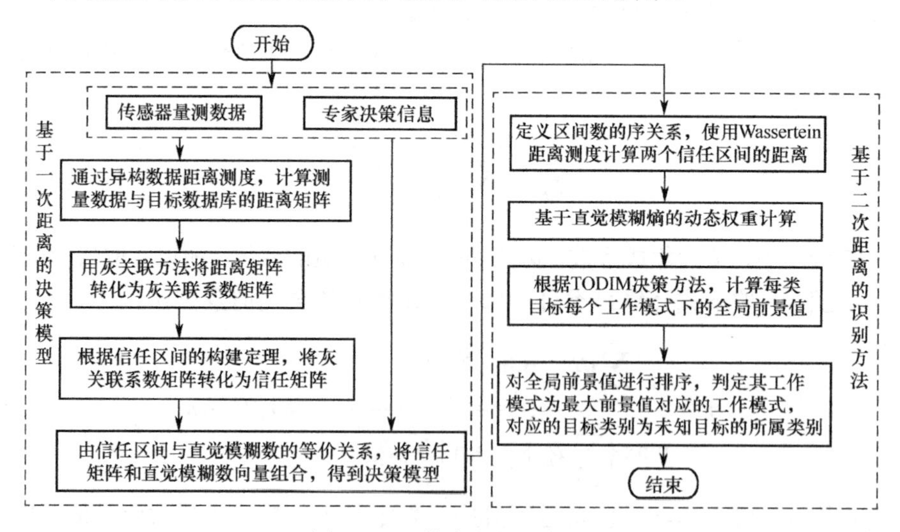

图 13.10　算法流程示意图

13.3.5　仿真实验

1．算例分析

采用文献[18]中的算例 5，将本文方法与文献[18]中的 BF-TOPSIS1/2/3 方法进行对比验证，取 $r=2$，验证结果见表 13.4 所示。表中运行时间是决策方法在相同计算机配置下的程序运行时间，仅作为方法复杂度的比较分析，不作为方法的实际运行时间。

从表 13.4 中的结果可知，BF-TOPSIS3 方法出现了排序反转的问题，其算法复杂度高出 BF-TOPSIS1/2 方法一个数量级；本文方法在备选方案的排序是一致的，算法复杂度上比 BF-TOPSIS1/2 方法降低了 2 个数量级，有效地解决了 BF-TOPSIS 方法的排序反转和运行时间长的问题[215, 216]。

表 13.4　本文方法及 BF-TOPSIS1/2 的验证结果

排序方法	备选方案集	排序结果	运行时间/s
本文方法	$\{A_1, A_2, A_3\}$	$A_1 \succ A_2 \succ A_3$	0.002 273
BF-TOPSIS1		$A_1 \succ A_2 \succ A_3$	0.283 336
BF-TOPSIS2		$A_1 \succ A_2 \succ A_3$	0.298 217
BF-TOPSIS3		$A_1 \succ A_2 \succ A_3$	16.978 442
本文方法	$\{A_1, A_2, A_3, A_4\}$	$A_1 \succ A_2 \succ A_4 \succ A_3$	0.003 306
BF-TOPSIS1		$A_1 \succ A_2 \succ A_4 \succ A_3$	0.663 752
BF-TOPSIS2		$A_1 \succ A_2 \succ A_4 \succ A_3$	0.789 059
BF-TOPSIS3		$A_2 \succ A_1 \succ A_4 \succ A_3$	21.255 864

2．与传统分类方法的比较

选取 KNN[220]（K Nearest Neighbor）、LST-KSVC[221]（Least Squared Twin K-class Support Vector Classification）、FGGCA[222]（Fuzzy Granular Gravitational Clustering Algorithm）、WLTSVM[223]（Weighted Linear Loss Twin Support Vector Machine）等传统分类方法，与本文方法进行分类性能比较，以验证本文方法的分类效果。传统的分类方法不能够处理本文所提出的异类数据，为能够客观地进行比较分析，本文在 UCI 公开数据库（http://archive.ics.uci.edu/ml）中抽取了三组公开数据集（Iris、Wine、Glass）进行验证。本文方法的相关参数见下面目标识别算例仿真的参数 2。五种方法的分类结果见表 13.5 所示。

对表 13.5 中的结果进行比较，本文对 Iris 的分类效果只优于 KNN 分类器，与 FGGCA（97.2%）的分类精度相当，较 LST-KSVC、WLTSVM 低 2%和 1%；对 Wine 的分类精度为 96.2%，高于 KNN 和 LST-KSVC，低于 FGGCA 和 WLTSVM；对 Glass 的分类精度最高，而且要显著地优于 KNN、LST-KSVC 和 FGGCA 的分类精度。表明本文方法在分类问题上能够取得令人十分满意的效果，验证了本文方法的正确性。

表 13.5　分类结果比较

分类方法	数据集		
	Iris	Wine	Glass
KNN	95.33%	72.47%	74.29%
LST-KSVC	99.27%	94.27%	65.76%
FGGCA	97.22%	97.10%	93.65%
WLTSVM	98.00%	96.40%	49.91%
BI-TODIM	97.1%	96.2%	**94.7%**

3. 目标识别算例仿真

以雷达辐射源信号识别为应用对象，设目标数据库中共有 5 类雷达，分别为 R_1、R_2、R_3、R_4 和 R_5，每类目标包括 F_1、F_2、F_3、F_4（射频频率（RF）、脉冲重复周期（PRI）、脉宽（PW）、相像系数（Cr））等 4 种特征属性，目标 R_1 类在每种特征属性上分别具有 2、3、2、2 种工作模式，因此 R_1 共有 $2\times3\times2\times2=24$ 类工作模式，以此类推，R_2、R_3、R_4 和 R_5 分别有 $4\times3\times2\times2=48$、$2\times3\times3\times2=36$、$4\times2\times2\times2=32$、$2\times2\times2\times3=24$ 种工作模式。目标数据库工作模式的数据取值范围见表 13.6 所示。

表 13.6　工作模式的数据取值范围

类别	特征属性			
	RF/MHz	PRI/μs	PW/μs	Cr
R_1	[4 940,5 160]	[3 680,3 750]	[0.6,1.2]	[0.380 0,0.404 1]
R_2	[5 420,5 520]	[3 600,3 680]	[0.2,0.5]	[0.662 6,0.673 1]
R_3	[5 100,5 420]	[3 580,3 650]	[1.6,2.0]	[0.162 2,0.229 4]
R_4	[5 160,5 220]	[3 730,3 800]	[0.9,1.4]	[0.658 7,0.698 1]
R_5	[5 520,5 620]	[3 450,3 550]	[1.2,1.5]	[0.777 6,0.809 8]

假设目标数据库中特征量测值类型是固定不变的，依次为区间数、序列数、区间数、实数，序列的长度设置为 6，目标数据库从表 13.6 中的数据中随机产生。

待识别目标特征属性量测值类型是随着工作环境、传感器性能等因素而变化的，仿真时，从数据库的工作模式中，随机截取并叠加随机噪声，经过混合属性变换处理产生，并且包含专家的经验知识。设有 3 个待识别目标，每个特征属性量测值类型都不相同，具体地，目标 A_1 的量测值类型依次为区间数、序列数、区间数、实数，目标 A_2 的量测值类型依次为序列数、序列数、实数、区间数，目标 A_3 的量测值类型依次序列数、序列数、区间数、区间数。专家的经验知识直接给出了对 R_i 类及其他类的直觉模糊数，表征对该类的支持程度和否定程度。

参数设置：损耗衰减系数 $r=2$，灰关联因子 $\rho=0.5$，集成系数 $\lambda=1$，距离参数 $p=1$。

（1）待识别目标的单次识别结果分析。

随机选取待识别目标 1 的工作模式序号为 145，随机选取待识别目标 2 的工作模式序号为 10，随机选取待识别目标 3 工作模式序号为 52，通过本文方法，前景值按降序排列对应的工作模式分别为 $\{145,140,144,149,\cdots,1,8,2,18,7,11,12\}$，$\{10,7,8,2,1,11,9,\cdots,157,158,161,160,159\}$，$\{52,50,51,49,48,46,47,\cdots,13,6,5,20,18,19,17\}$，根据排序结果，分别判决为 R_5 类、R_1 类和 R_2 类，各待识别目标前景值的变化曲线如图 13.11 所示。

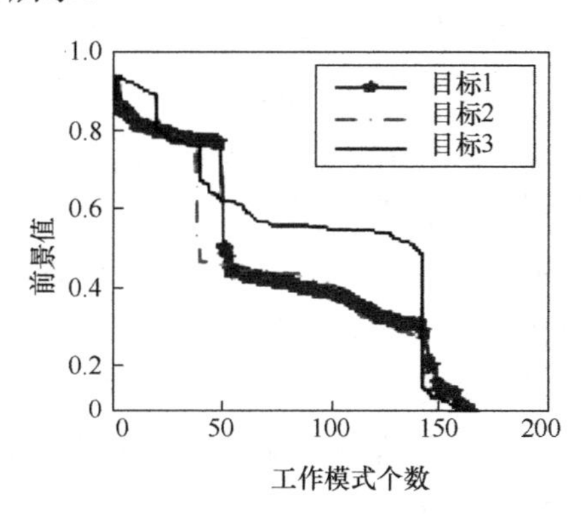

图 13.11　待识别目标 1/2/3 的前景值变化曲线

从图 13.11 可知，本文方法计算的前景值区分度高，从前景值排序上，可见本文方法关联结果准确。

（2）待识别目标的多次正确识别率分析。

进行 1 000 次蒙特卡罗实验，采用本文方法及 BF-TOPSIS1 方法，分别在本文权重计算方法、等权重 $w_1 = \left(\frac{1}{5}\ \frac{1}{5}\ \frac{1}{5}\ \frac{1}{5}\ \frac{1}{5}\right)$ 及权重 $w_2 = \left(\frac{2}{5}\ \frac{0.5}{5}\ \frac{1.5}{5}\ \frac{0.5}{5}\ \frac{0.5}{5}\right)$ 上进行仿真，参数 1 下关联结果的正确率如表 13.7 所示。

表 13.7　参数 1 下关联结果的正确率

目标	本文方法			BF-TOPSIS1 方法		
	本文权重	权重 1	权重 2	本文权重	权重 1	权重 2
1	97.3%	91.8%	60.6%	87.2%	86%	33.6%
2	94.4 %	86.8%	38%	79.6%	79.6%	27.9%
3	97.1%	92.3%	52.4%	88.7%	87.8%	33.2%

改变参数设置，当损耗衰减系数 $r = 0.4$，灰关联因子 $\rho = 0.8$，集成系数 $\lambda = 1$，距离参数 $p = 3$ 时，参数 2 下关联结果的正确率如表 13.8 所示。

表 13.8　参数 2 下关联结果的正确率

目标	本文方法			BF-TOPSIS1 方法		
	本文权重	权重 1	权重 2	本文权重	权重 1	权重 2
1	99.8%	99.6%	68%	91.4%	90.7%	30.8%
2	98.6%	94.6%	47.4%	81.6%	79.2%	28.8%
3	99.2%	99%	60.8%	91.4%	90.3%	29.4%

对表 13.7 和表 13.8 的结果进行比较分析，在参数设置方面，对两种方法而言，参数 2 的关联结果优于参数 1 的关联结果。在权重设置方面，对两种方法而言，本文权重和权重 1 要显著优于权重 2 的关联结果，本文权重的关联结果略优于权重 1 的关联结果；本文方法在本文权重和权重 1 上的关联结果优于 BF-TOPSIS1 方法；两种方法在权重 2 上的关联结果都大幅降低，TOPSIS1 方法的关联结果约为本文方法的 50%，说明权重 2 的设置是不合理的。从仿真对比结果可以得到以下结论：本文的权重算法能够利用现有的数据信息对属性权重进行优化；对模型的参数进行合理的优化，能够提高关联精度；本文方法对权重的适应性要优于 BF-TOPSIS1 方法。

13.4　本章小结

本章从信息融合功能结构的角度，分别就同一功能结构上的异类数据关联问题和不同功能结构上的异类数据关联问题展开研究。具体地，首先以特征层上的异类数据关联为研究对象，基于粒层转化思想，将异类数据统一到区间数粒层上，使得不等粒度异类数据之间的度量转化为区间数之间的度量。在粒层统一的基础上，提出了一种新的灰靶决策方法，计算了转化后的待识别目标区间数据与数据库目标工作模式之间的关联系数，形成了关联系数决策矩阵，并基于决策矩阵形成正、负靶心，计算正负靶心距，分析了现有的靶心距决策方法的不足，给出了一种切合实际的靶心距决策方法，最后结合新的靶心距决策方法对异类数据进行关联。仿真实验验证了新的灰靶决策方法异类数据关联上的有效性和稳定性。决策层上的异类数据关联可参照特征层的异类数据关联研究思路，本文不再详述。

完成相同功能结构上的异类数据关联后，我们希望能够实现不同功能结构上的异类数据关联，即特征层和决策层的异类数据关联问题，为此本章提出了基于信任区间交互式多属性的关联方法，该方法作为不同功能结构之间的纽带，真正实现了异类数据的关联。其关联过程可分成两个阶段：第一阶段为计算基于一次距离测度的目标信任区间，并结合专家的经验知识，形成决策模型，包括实–实、实–区、区–区、区–序及序–序等异构数据距离测度的定义，计算目标的信任区间，根据信任区间与直觉模糊区间的等价关系，形成了异类数据目标识别的决策模型，目的是完成传感器量测信息和专家经验知识的预处理；第二阶段为基于二次距离的结果判别，包括对 BF-TOPSIS 方法局限性的分析，定义区间数的序关系，提出了 BI-TODIM 的决策方法以及如何确定未知权重的大小，目的是完成异类数据的关联。该方法解决了 BF-TOPSIS 方法中备选方案排序翻转及决策效率低的不足，仿真实验表明本文方法有较高的关联效率、较高的关联精度及较高的关联稳定性。

第14章 决策层数据的融合

14.1 引言

本质上，由模糊信息组成的异类数据本身就是一类不确定数据，本章在前几章基于模糊信息的决策层异类数据关联技术基础上，探讨决策层的不确定数据融合方法。

现有的决策层数据融合本质上是一个多属性决策的过程，通过对来自各异类传感器的决策信息、获取的情报信息、决策者的决策信息等进行综合决策给出判定结果。融合流程可以归纳描述为：按照属性将各类子决策方案进行划分，形成决策矩阵，对决策矩阵进行度量、集成、排序等给出决策结果，具体如图 14.1 所示。

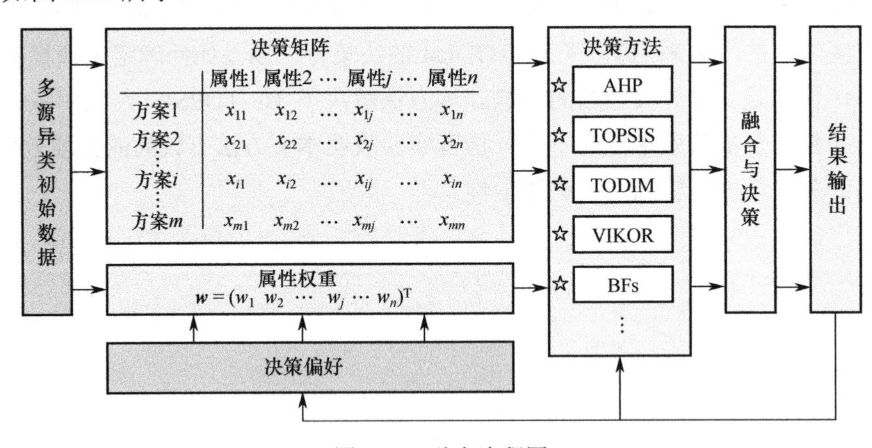

图 14.1 融合流程图

第 7 章至第 10 章分别研究了决策层模糊信息的 TOPSIS、TODIM 和 VIKOR 等方法并提出了改进样式，尽管上述几种方法都能够从不同的角度解决不确定信息的融合决策问题，但是当属性为混合交叠的情况时，上述几种方法则无法处理。而信度函数理论作为不确定数据融合的一种重要方法既能够处理单类属性又能够处理多类属性条件下的多属性决策问题，因此相对于 TOPSIS、TODIM 和 VIKOR 等方法在处理不确定数据融合方面要更广义，所以本章主要研究基于信度函数理论的不确定数据融合方法。

信度函数理论的目的是通过融合、集成或组合带有不确定信息的信度对辨识框架下的辨识类进行判定。判定的结果理应为某确定的目标单类，而不是一个依然分不清的复合类，如果为复合类，则需进一步融合判定。现有的信度组合规则中往往会出现复合类的决策结果，为解决此类问题，本章分别从信度 BBA 和信度区间的角度，提出信度函数的集成规则。

现有信度BBA组合规则主要存在Zadeh悖论和"零点一票否决"问题[224, 225]，其原因在于这些组合规则本质上为广义乘性集成算子，易受零信度影响，为此本章考虑从广义加性集成算子的角度定义信度 BBA 的集成规则，称之为互补信度集成规则。该集成规则基于加性集成算子融合定义的互补信度，克服了对冲突信度的敏感性，更能够体现群决策融合的思想。在互补信度集成规则的基础上，为更好地适应不确定信息的融合，本章利用信度区间描述不确定信息，并基于直觉模糊集成算子提出了信度区间集成规则，将不确定信息的两类描述方法：模糊集和信度函数理论巧妙地结合，为利用成熟的模糊集成算子理论定义信度集成规则开辟了道路，实现了优势互补与共享。最后将所提出的信度集成规则成功应用于多传感器目标识别问题中。

14.2　信度函数理论

信度函数（Belief Functions，BFs）又称证据理论（Evidence Theory）或 Dempster-Shafer 理论（Dempster-Shafer Theory，DST），相比传统概率论，BFs 能够处理不确定信息的融合问题，已经成为不确定性信息决策领域重要的定量分析方法。

14.2.1　信度函数模型

记 Shafer 模型下，互斥且完备的辨识框架 $\Theta=\{\theta_1,\theta_2,\cdots,\theta_i,\cdots,\theta_n\}$，$\Theta$ 中所有子集生成的集合称为 Θ 的幂集，记为 2^Θ，其中 $|\Theta|$ 为集合 Θ 的势，表示集

合中元素的个数，2^{Θ} 中包含空集 $\varnothing$，单子集 θ_i 和复合子集 $\left\{\bigcup\theta_i \mid 1<i\leqslant n\right\}$。

记辨识框架 Θ 上的任意命题 A 的基本信度赋值（Basic Belief Assignment，BBA）或 mass 函数为其幂集 2^{Θ} 到[0,1]上的映射 $m:2^{\Theta}\to[0,1]$，满足

$$\begin{cases}0\leqslant m(A)\leqslant 1\\ \sum\limits_{A\in 2^{\Theta}} m(A)=1\\ m(\varnothing)=0\end{cases} \tag{14.1}$$

如果 $m(A)>0$，称 A 为 $m(\cdot)$ 的焦元；如果 $m(A)=\max\{m(\cdot)\}$，则称 A 为主焦元，所有焦元集合构成了 $m(\cdot)$ 的核，记为 $\kappa(m)$。$m(A)$ 的含义实际为幂集空间子集属于命题 A 的基本信度，命题 A 可以是单类（单集）也可以是复合类（复合集）。

Smets 等人[226-228]提出了著名的 TBM 模型，定义了 Pignistic 概率函数。记辨识框架 Θ 上的信度对幂集空间命题的 BBA 为 m，$\mathrm{BetP}_m:\Theta\to[0,1]$ 为 Pignistic 概率函数，满足

$$\mathrm{BetP}_m(A)=\sum_{A\subseteq B,\forall B\in 2^{\Theta}}\frac{|A\cap B|}{|B|}\frac{m(B)}{1-m(\varnothing)}=\sum_{A\subseteq B,\forall B\in 2^{\Theta}}\frac{1}{|B|}\frac{m(B)}{1-m(\varnothing)},m(\varnothing)\neq 1 \tag{14.2}$$

式（14.2）中，$|B|$ 为焦元的势。$\mathrm{BetP}_m(A)$ 将复合类焦元的信度平均分配给了其包含的单类，是在香农信息熵意义下实现 BBA 到概率分布的转换。

14.2.2 Dempster 组合规则

记同一辨识框架下，两条独立可靠信度的 BBA 为 $m_1(\cdot)$ 和 $m_2(\cdot)$，称 $m(\cdot)=m_1(\cdot)\oplus m_2(\cdot)$ 为经典的 Dempster 组合规则，满足

$$m(A)=\begin{cases}\dfrac{\sum\limits_{B\cap C=A} m_1(B)m_2(C)}{1-k}, & A\neq\varnothing\\ 0, & A=\varnothing\end{cases} \tag{14.3}$$

式（14.3）中，k 为两条信度的冲突程度

$$k=\sum_{B\cap C=\varnothing} m_1(B)m_2(C)=1-\sum_{B\cap C\neq\varnothing} m_1(B)m_2(C) \tag{14.4}$$

当 $k=1$ 时，表示两条信度完全冲突，此时不能用经典的 Dempster 组合规则进行融合，并且当 $k\to 1$ 时，经典的 Dempster 组合规则融合后往往会产生违背直觉的结果，因此如何处理冲突信度是信度函数的一个重要研究方向。

14.2.3　现有改进的组合规则

由于传统的 Dempster 组合规则在 Zadeh 悖论等信度冲突条件下的融合效果不佳，许多学者对信度组合规则进行了改进。

（1）Yager 的组合规则。

Yager 认为冲突是不可靠的，将其信度分配给整个辨识框架Θ。

记同一辨识框架Θ下，两条独立可靠信度的 BBA 为$m_1(\cdot)$和$m_2(\cdot)$，$A,B,C\subseteq 2^{\Theta}$，称$m_{\mathrm{Y}}(\cdot)=m_1(\cdot)\oplus m_2(\cdot)$为 Yager 组合规则，满足

$$m_{\mathrm{Y}}(A)=\begin{cases}\sum\limits_{B\cap C=A} m_1(B)m_2(C), A\neq\varnothing\\ 0, \quad A=\varnothing\\ m_1(\Theta)m_2(\Theta)+\sum\limits_{B\cap C=\varnothing} m_1(B)m_2(C), A=\Theta\end{cases} \tag{14.5}$$

（2）Dubois 和 Prade 的组合规则（DP 组合规则）。

Dubois 和 Prade 认为高冲突条件下只有一个信度是可信的，将冲突信度分配给焦元的交集或并集。

记同一辨识框架Θ下，两条独立可靠信度的 BBA 为$m_1(\cdot)$和$m_2(\cdot)$，$A,B,C\subseteq 2^{\Theta}$，称$m_{\mathrm{DP}}(\cdot)=m_1(\cdot)\oplus m_2(\cdot)$为 DP 组合规则，满足

$$m_{\mathrm{DP}}(A)=\begin{cases}0, \quad A=\varnothing\\ \sum\limits_{B\cap C=A} m_1(B)m_2(C)+\sum\limits_{B\cap C=\varnothing, B\cup C=A} m_1(B)m_2(C), A\neq\varnothing\end{cases} \tag{14.6}$$

（3）Smets 的组合规则。

Smets 将冲突信度分配给空集$\varnothing$，是归一化的 Dempster 组合规则。

记同一辨识框架Θ下，两条独立可靠信度的 BBA 为$m_1(\cdot)$和$m_2(\cdot)$，$A,B,C\subseteq 2^{\Theta}$，称$m_{\mathrm{S}}(\cdot)=m_1(\cdot)\oplus m_2(\cdot)$为 Smets 组合规则，满足

$$m_{\mathrm{S}}(A)=\begin{cases}\sum\limits_{B\cap C=\varnothing} m_1(B)m_2(C), \quad A=\varnothing\\ \sum\limits_{B\cap C=A} m_1(B)m_2(C), \quad A\neq\varnothing\end{cases} \tag{14.7}$$

（4）Lefevre 的组合规则。

Lefevre 定义了分配系数将冲突信度进行再分配。

记同一辨识框架Θ下，两条独立可靠信度的 BBA 为$m_1(\cdot)$和$m_2(\cdot)$，$A,B,C\subseteq 2^{\Theta}$，称$m_{\mathrm{L}}(\cdot)=m_1(\cdot)\oplus m_2(\cdot)$为 Lefevre 组合规则，满足

$$m_{\mathrm{L}}(A)=\begin{cases}w_m(\varnothing)\cdot\sum\limits_{B\cap C=\varnothing}m_1(B)m_2(C), & A=\varnothing\\ \sum\limits_{B\cap C=A}m_1(B)m_2(C)+w_m(A)\cdot\sum\limits_{B\cap C=\varnothing}m_1(B)m_2(C), & A\neq\varnothing\end{cases}\tag{14.8}$$

式（14.8）中，$w_m(\cdot)$ 为分配系数

$$\sum_{A\subset 2^{\Theta}}w_m(A)=1,0\leqslant w_m(A)\leqslant 1\tag{14.9}$$

（5）PCR5 的组合规则。

Smarandache 和 Dezert 将信度函数拓展为 DSmT，也利用分配系数分配冲突信度。

记同一辨识框架 Θ 下，两条独立可靠信度的 BBA 为 $m_1(\cdot)$ 和 $m_2(\cdot)$，$A,B,C\subseteq 2^{\Theta}$，称 $m_{\mathrm{PCR5}}(\cdot)=m_1(\cdot)\oplus m_2(\cdot)$ 为 PCR5 组合规则，满足

$$m_{\mathrm{PCR5}}(A)=\begin{cases}\sum\limits_{A\cap X=\varnothing}\left[\dfrac{m_1(A)^2m_2(X)}{m_1(A)+m_2(X)}+\dfrac{m_2(A)^2m_1(X)}{m_2(A)+m_1(X)}\right]+\sum\limits_{B\cap C=A}m_1(B)m_2(C), & A\neq\varnothing\\ 0, & A=\varnothing\end{cases}\tag{14.10}$$

上述组合规则对冲突的处理方法都是对冲突信度进行再分配，无论是分配给整个识别框架、交集、并集、空集或者是按比例分配，这些分配方法都具有任意性，缺乏理论支撑，无法评判哪种分配方式更优，在某些条件下会产生不合理的结果。此外，上述组合规则除了 Smets 组合规则满足交换律和结合律，其余仅满足结合律，没有保留 Dempster 组合规则具有交换律和结合律的优点，因此有必要研究新的组合规则进行冲突信度融合。

14.3 互补信度集成

广义上讲，组合规则是一类信息集成算子。当前信息集成的方法主要基于加性策略和乘性策略，Dempster 组合规则可以看成是一种归一化的类几何集成算子，采用的是乘性策略，这种算子集成结果易受某个集成个体的影响，在信度理论框架内即为冲突信度的影响。

针对现有组合规则在冲突信度融合过程中存在的缺点，本节提出一种新的信度集成规则，不再直接采用 Dempster 组合规则中的乘性算子处理目标信度，而是利用一种逆向方式计算目标信度的融合结果，称之为互补信度集成规则，

由于新的组合规则是基于集成算子实施的，因此从更广义的角度，本章统称其为信度集成规则。

14.3.1　互补信度的概念

记 Shafer 模型下，互斥且完备的辨识框架 $\Theta=\{\theta_1,\theta_2,\cdots,\theta_i,\cdots,\theta_n\}$，单子集 θ_i 的 BBA 为 $m(\theta_i)$，称 $\overline{\theta}_i=\{\theta_1,\theta_2,\cdots,\theta_j,\cdots,\theta_n \mid j\neq i\}$ 为 θ_i 在辨识框架 Θ 上的互补集。

定义 14.1　记辨识框架 Θ 上的信度幂集空间单类命题的 BBA 为 $m(\cdot)$，定义 $m_{\sum}(\overline{\theta}_i)$ 为 θ_i 在辨识框架 Θ 上的互补信度 BBA，满足

$$m_{\sum}(\overline{\theta}_i)=1-m(\theta_i) \tag{14.11}$$

互补信度 BBA 描述了辨识框架上给定命题之外的所有单类命题的信度之和。

14.3.2　基于互补信度的集成规则

定义 14.2　记辨识框架 Θ 上的两条信度幂集空间单类命题的 BBA 分别为 $m_1(\cdot)$ 和 $m_2(\cdot)$，$A,B,C\subseteq\Theta$，$[m_1\oplus m_2]$ 为信度集成规则，满足

$$\begin{aligned}m(A)&=[m_1\oplus m_2](A)\\&=\frac{1-\sum\limits_{B\cap C=A}m_{1\sum}(\overline{B})\cdot m_{2\sum}(\overline{C})}{\sum\limits_{B\cap C\neq\varnothing}\left[1-\sum\limits_{B\cap C\neq\varnothing}m_{1\sum}(\overline{B})\cdot m_{2\sum}(\overline{C})\right]}\\&=\frac{1-\sum\limits_{B\cap C=A}(1-m_1(B))\cdot(1-m_2(C))}{\sum\limits_{B\cap C\neq\varnothing}\left[1-\sum\limits_{B\cap C\neq\varnothing}(1-m_1(B))\cdot(1-m_2(C))\right]}\end{aligned} \tag{14.12}$$

上述集成规则无论在开世界还是闭世界条件下都是适用的，并且通过上述集成规则可以很好地解决 Zadeh 悖论，得到合乎直觉的融合结果。

如果辨识框架 Θ 上存在多条信度 $m_i,i=1,2,\cdots$，则信度集成规则用下式表示

$$m(A)=\frac{1-\sum\limits_{\bigcap_{i=1}B_i=A}\prod\limits_{i=1}m_{i\sum}(\overline{B}_i)}{\sum\limits_{\bigcap_{i=1}B_i\neq\varnothing}\left[1-\sum\limits_{\bigcap_{i=1}B_i\neq\varnothing}\prod\limits_{i=1}m_{i\sum}(\overline{B}_i)\right]}=\frac{1-\sum\limits_{\bigcap_{i=1}B_i=A}\prod\limits_{i=1}(1-m_i(B_i))}{\sum\limits_{\bigcap_{i=1}B_i\neq\varnothing}\left[1-\sum\limits_{\bigcap_{i=1}B_i\neq\varnothing}\prod\limits_{i=1}(1-m_i(B_i))\right]} \tag{14.13}$$

通过上式得知，互补信度集成规则既满足交换律又满足结合律。

对比本章提出的互补信度集成规则和 Dempster 组合规则，虽然两者都是将多维信度融合为一维判决，但是其区别主要在于集成方式的不同，Dempster 组合规则是将目标信度直接集成融合，从直观上更易理解，但是其缺点在于集成信度中只要出现某个偏差较大的信度（即冲突信度），则融合结果往往就会出现悖论，即“一票否决”现象。而本章提出的互补信度集成规则没有直接集成目标信度，而是先利用定义的互补信度进行融合，再转化为目标信度的判决，这种方法受集成信度中的某个信度影响较小，是由所有信度共同作用决定的，体现了一种平均集成的效果，有效地克服了冲突信度对融合结果的影响。其核心在于：①融合公式中，分子不轻易为 0，保证了融合结果不轻易受某个冲突信度影响。除非所有集成信度对目标命题的信度为 0，分子才为 0，这与直觉是相符的。②融合公式中，分母的归一化处理，保证了融合结果由所有信度共同作用得到，不出现悖论。比如当信度冲突度较大时，某条信度对目标命题的信度恒为 1，导致此时无论其余信度如何，目标命题融合的分子恒为 1，如果不归一化则会出现悖论。但是通过归一化处理，其余信度的融合信度就会将这种冲突平均化，体现了综合集成决策的思想。通过下例可清楚地解释这种现象。

例 14.1 辨识框架$\Theta=\{\theta_1,\theta_2,\theta_3\}$，两条独立信度分别为

$$
\begin{aligned}
&m_1(\theta_1)=1\\
&m_2(\theta_1)=0.2, m_2(\theta_2)=0.5, m_2(\theta_3)=0.3\\
&m_3(\theta_1)=0.3, m_3(\theta_2)=0.3, m_3(\theta_3)=0.4
\end{aligned}
$$

由于$m_1(\theta_1)=1$，导致在信度集成过程中目标θ_1的集成分子恒为 1（$1-(1-1)\times(1-0.2)\times(1-0.3)=1$），与$m_2(\theta_1)$和$m_3(\theta_1)$无关。此时$\theta_2$和$\theta_3$各自的信度集成占主导作用，决定了最终的融合结果，实际上$m_2(\theta_1)$和$m_3(\theta_1)$的作用间接体现在了θ_2和θ_3各自的信度集成过程中，其集成分子分别为$1-(1-0)\times(1-0.5)\times(1-0.3)=0.65$和$1-(1-0)\times(1-0.3)\times(1-0.4)=0.58$，最后通过归一化综合集成，得到通过本章提出的互补信度集成规则的计算结果为

$$
m(\theta_1)=0.448\,4, m(\theta_2)=0.291\,5, m(\theta_3)=0.260\,1
$$

上述计算结果符合实际直觉。

本节提出的互补信度集成规则是一种归一化的类平均集成算子，这种算子在集成过程中更能体现一种群决策的思想，更类似于加性平均策略，因此可以有效地弱化冲突信度对结果的影响，在信度集成过程中更贴近实际。

14.3.3　考虑信度权重的集成规则

在实际应用过程中，不同信度的权重往往不同，比如在信息融合过程中，不同传感器的地位不一样，上报信息的重要程度往往是要考虑的，这就产生了带有权重信息的信度集成规则。

定义 14.3　记辨识框架 Θ 上的两条信度对幂集空间单类命题的 BBA 分别为 $m_1(\cdot)$ 和 $m_2(\cdot)$，$A,B,C \subseteq \Theta$，两条信度的权重分别为 w_1 和 w_2，$w_1+w_2=1$，$[m_1 \oplus m_2]_w$ 为加权信度集成规则，满足

$$m(A)=[m_1 \oplus m_2]_w(A)$$
$$=\frac{1-\sum\limits_{B\cap C=A} m_{1\sum}(\bar{B})^{w_1}\cdot m_{2\sum}(\bar{C})^{w_2}}{\sum\limits_{B\cap C\neq\varnothing}\left[1-\sum\limits_{B\cap C\neq\varnothing} m_{1\sum}(\bar{B})^{w_1}\cdot m_{2\sum}(\bar{C})^{w_2}\right]} \tag{14.14}$$
$$=\frac{1-\sum\limits_{B\cap C=A}\left(1-m_1(B)^{w_1}\right)\cdot\left(m_2(C)^{w_2}\right)}{\sum\limits_{B\cap C\neq\varnothing}\left[1-\sum\limits_{B\cap C\neq\varnothing}\left(1-m_1(B)^{w_1}\right)\cdot\left(1-m_2(C)^{w_2}\right)\right]}$$

同样，如果辨识框架 Θ 上存在多条信度 $m_i, i=1,2,\cdots$，则加权信度集成规则修正为

$$m(A)=$$
$$\frac{1-\sum\limits_{\bigcap\limits_{i=1} B_i=A}\prod\limits_{i=1} m_{i\sum}(\bar{B}_i)^{w_i}}{\sum\limits_{\bigcap\limits_{i=1} B_i\neq\varnothing}\left[1-\sum\limits_{\bigcap\limits_{i=1} B_i\neq\varnothing}\prod\limits_{i=1} m_{i\sum}(\bar{B}_i)^{w_i}\right]}=\frac{1-\sum\limits_{\bigcap\limits_{i=1} B_i=A}\prod\limits_{i=1}\left(1-m_i(B_i)\right)^{w_i}}{\sum\limits_{\bigcap\limits_{i=1} B_i\neq\varnothing}\left[1-\sum\limits_{\bigcap\limits_{i=1} B_i\neq\varnothing}\prod\limits_{i=1}\left(1-m_i(B_i)^{w_i}\right)\right]},\sum_{i=1} w_i=1 \tag{14.15}$$

这里给出一种信度权重判定的准则，利用信度冲突度决定信度权重，若某条信度与其他信度的冲突度较大，则在集成过程中此条信度的权重理应减小，即信度权重与信度冲突度成反比关系，为此定义信度权重为归一化的信度冲突度的倒数。

定义 14.4　记辨识框架 Θ 上的信度冲突度为 $\mathrm{conf}_i, i=1,2,\cdots,n$，$w_i, i=$

$1,2,\cdots,n$ 为信度权重，满足下列表达式

$$w_i=\begin{cases}\dfrac{1/\mathrm{conf}_i}{\sum\limits_{i=1}^{n}1/\mathrm{conf}_i}, & \mathrm{conf}_i\neq 0\\ \dfrac{1}{n}, & \mathrm{conf}_i=0\end{cases} \tag{14.16}$$

实际上如果 $\mathrm{conf}_i=0,i=1,2,\cdots,n$，可以去掉信度权重，直接利用不带有信度权重的互补信度集成规则进行融合。

14.3.4 修正的信度集成规则

上述讨论的互补信度集成规则都是在信度命题为单类命题时的集成规则，如果信度命题存在复合类命题则上述集成规则可能出现矛盾。

例 14.2 辨识框架 $\Theta=\{\theta_1,\theta_2\}$，两条独立信度分别为

$$m_1(\theta_1)=0.6,m_1(\theta_2)=0.2,m_1(\theta_1\theta_2)=0.2$$
$$m_2(\theta_1)=0.2,m_2(\theta_2)=0.4,m_2(\theta_1\theta_2)=0.4$$

此时，存在 $\theta_1\theta_2$ 的复合类命题的信度，如果利用之前定义的互补信度集成规则进行融合，这会有下述结果。

利用集成规则融合 θ_1 的信度，集成公式中的分子为

$$1-\begin{bmatrix}(1-0.6)\times(1-0.2)+(1-0.6)\times(1-0.4)+\\(1-0.2)\times(1-0.2)+(1-0.2)\times(1-0.4)\end{bmatrix}=-0.68$$

分子为负数，显然是错误的，此时之前定义的互补信度集成规则失效。为此需要对信度集成规则进行修正，以能够合理地集成复合类命题。

由于提出的互补信度集成规则在单类命题集成时的融合结果较好，为此寻求将复合类命题转化为单类命题之后再利用集成规则进行融合，而 TBM 模型为复合类命题与单类命题之间的转化构建了桥梁，因此，基于 TBM 模型修正存在复合类命题的信度集成规则。

定义 14.5 记辨识框架 Θ 上的两条信度对幂集空间命题的 BBA 分别为 $m_1(\cdot)$ 和 $m_2(\cdot)$，$A,B,C\subseteq\Theta$，$[m_1\oplus m_2]_T$ 为信度集成规则，满足

$$m(A)=[m_1\oplus m_2]_T(A)=\frac{1-\left(1-\mathrm{BetP}_{m_1}(A)\right)\cdot\left(1-\mathrm{BetP}_{m_2}(A)\right)}{\sum\limits_{B\cap C\neq\varnothing}\left[1-\left(1-\mathrm{BetP}_{m_1}(B)\right)\cdot\left(1-\mathrm{BetP}_{m_2}(C)\right)\right]} \tag{14.17}$$

式（14.17）中，$\mathrm{BetP}_{m_1}(A)$ 和 $\mathrm{BetP}_{m_2}(A)$ 分别为单类命题 A 在信度 m_1 和 m_2 条件

下的 Pignistic 概率转换，

$$\mathrm{BetP}_{m_1}(A)=\sum_{A\subseteq B,\forall B\in 2^{\Theta}}\frac{|A\cap B|}{|B|}\frac{m_1(B)}{1-m_1(\varnothing)}=\sum_{A\subseteq B,\forall B\in 2^{\Theta}}\frac{1}{|B|}\frac{m_1(B)}{1-m_1(\varnothing)},m_1(\varnothing)\neq 1 \tag{14.18}$$

$$\mathrm{BetP}_{m_2}(A)=\sum_{A\subseteq B,\forall B\in 2^{\Theta}}\frac{|A\cap B|}{|B|}\frac{m_2(B)}{1-m_2(\varnothing)}=\sum_{A\subseteq B,\forall B\in 2^{\Theta}}\frac{1}{|B|}\frac{m_2(B)}{1-m_2(\varnothing)},m_2(\varnothing)\neq 1 \tag{14.19}$$

通过式（14.17）得知，修正的集成规则首先将信度中的复合类命题信度通过 Pignistic 概率转换为其包含的单类命题的 Pignistic 概率，之后再利用提出的互补信度集成规则对转化后的单类命题进行信度融合。上述方法在单类命题、复合类命题以及单类与复合类命题共同存在的信度融合过程中都是适用的，是一种广义的信度集成规则。

同样，如果辨识框架 Θ 上存在多条信度 $m_i,i=1,2,\cdots$，则修正的信度集成规则表示为

$$m(A)=\frac{1-\prod_{i=1}\left(1-\mathrm{BetP}_{m_i}(A)\right)}{\sum_{\bigcap_{i=1}B_i\neq\varnothing}\left[1-\prod_{i=1}\left(1-\mathrm{BetP}_{m_i}(B_i)\right)\right]} \tag{14.20}$$

14.3.3 节中带有权重信息的信度集成规则修正为下述表达式

$$m(A)=\frac{1-\left(1-\mathrm{BetP}_{m_1}(A)\right)^{w_1}\cdot\left(1-\mathrm{BetP}_{m_2}(A)\right)^{w_2}}{\sum_{B\cap C\neq\varnothing}\left[1-\left(1-\mathrm{BetP}_{m_1}(B)\right)^{w_1}\cdot\left(1-\mathrm{BetP}_{m_2}(C)\right)^{w_2}\right]},w_1+w_2=1 \tag{14.21}$$

$$m(A)=\frac{1-\prod_{i=1}\left(1-\mathrm{BetP}_{m_i}(A)\right)^{w_i}}{\sum_{\bigcap_{i=1}B_i\neq\varnothing}\left[1-\prod_{i=1}\left(1-\mathrm{BetP}_{m_i}(B_i)\right)^{w_i}\right]},\sum_{i=1}w_i=1 \tag{14.22}$$

14.4　信度区间集成

14.3 节主要基于信度的 BBA 提出了互补信度集成规则进行信度融合，而在信度函数理论当中，信度函数和似然函数与 BBA 一样都能够描述信度的赋

值大小，然而现有文献中对信度函数的研究主要基于 BBA 进行，忽略了信度函数和似然函数。而相比 BBA，信度函数和似然函数构成的信度区间更能够准确地描述信息的不确定性[229]，不必进行概率转换处理复合类焦元信度，因此为了更好地保留初始信度，本节从信度区间的角度提出信度函数理论的集成规则。

14.4.1 信度函数的信度区间表示

Shafer 在 BBA 的基础上定义了信度函数和似然函数，对于幂集空间 2^{Θ} 上的命题 A 、 B ，令 $A \subset B$ ，记 $\mathrm{Bel}(B)$ 和 $\mathrm{Pl}(B)$ 分别为命题 B 的信度和似然度，信度函数和似然函数为 B 到其信度 $\mathrm{Bel}(B)$ 和似然度 $\mathrm{Pl}(B)$ 上的映射：

$$\mathrm{Bel}: 2^{\Theta} \to [0,1], \mathrm{Bel}(B) = \sum_{A \subset B} m(A) \tag{14.23}$$

$$\mathrm{Pl}: 2^{\Theta} \to [0,1], \mathrm{Pl}(B) = \sum_{A \cap B \neq \varnothing} m(A) = 1 - \mathrm{Bel}(\bar{A}), m(\varnothing) = 0 \tag{14.24}$$

式（14.24）中， $\bar{A}$ 是命题 A 在幂集空间的补集；易知 $\mathrm{Bel}(B) \leqslant \mathrm{Pl}(B)$ ，并称 $[\mathrm{Bel}(B), \mathrm{Pl}(B)]$ 为命题 B 的不确定信度区间。$\mathrm{Pl}(B) - \mathrm{Bel}(B)$ 表示 B 的不确定性，信度函数正是通过信度区间描述不确定信息而解决传统概率论不能解决的不确定信息处理的问题。如果 $\mathrm{Pl}(B) = \mathrm{Bel}(B)$ ，则信度函数退化为概率形式。

本质上 BBA，信度函数和似然函数之间具有等价转换关系。

$$m(B) = \sum_{A \subset B} (-1)^{|B-A|} \mathrm{Bel}(A) \tag{14.25}$$

由式（14.25）可知用信度函数和似然函数作为基本特征描述信度函数理论与用 BBA 是一致的，但信度区间更能够准确地描述信息的不确定性，不确定信息的信度区间如图 14.2 所示。如果用 BBA 描述不确定信息，只能获知其支持信度，不能得知其不确定区间，在信度集成时必然会损失不确定信息，而由信度函数和似然函数构成的信度区间则能够很好地表示不确定区域，在信度集成时实现不确定信息的无损集成。

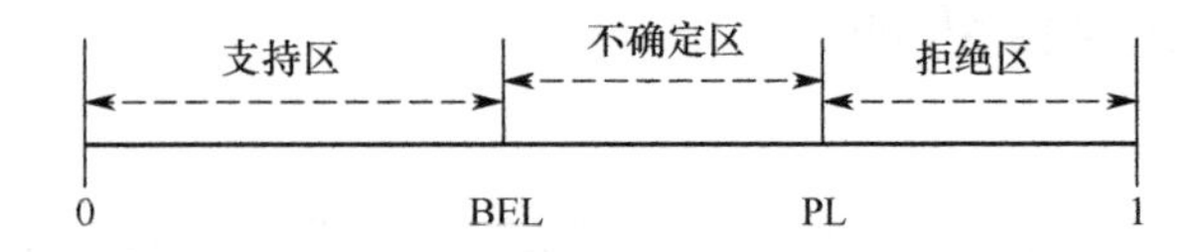

图 14.2　不确定信息的信度区间

14.4.2　信度区间集成规则

信度区间集成的目的是将 n 维信度融合得到 1 维信度，这与集成算子的功能一致，将多源信息从 n 维集成到 1 维。因此，从集成算子的角度寻求信度区间集成规则。而直觉模糊集利用其隶属度和非隶属度函数描述不确定信息，并且其隶属度和非隶属度函数可以转化为不确定性区间，所以考虑从直觉模糊集成算子的角度定义信度区间集成规则。

Xu[230]和 Yager[99]定义了直觉模糊集成算子，之后又相继产生了各种各样的直觉模糊集成样式，其中直觉模糊加权平均算子（IFWA）是一类加性算子，与信度区间集成的目的一致，因此基于 IFWA 定义信度区间集成规则。

记论域 $X=\{x_1,x_1,\cdots,x_n\}$ 上的一组直觉模糊数 $\alpha_i=<u_{\alpha_i},v_{\alpha_i}>,i=1,2,\cdots,n$，$u_{\alpha_i}$ 和 v_{α_i} 分别为隶属度和非隶属度函数，记 α_i 的 IFWA 算子为 n 到 1 维映射：$T^n\to T$

$$\mathrm{IFWA}(\alpha_1,\alpha_2,\cdots,\alpha_n)=\mathop{\oplus}_{i=1}^{n}w_i\alpha_i=\langle 1-\prod_{i=1}^{n}(1-u_{\alpha_i})^{w_i},\prod_{i=1}^{n}{v_{\alpha_i}}^{w_i}\rangle \tag{14.26}$$

式（14.26）中，$\boldsymbol{w}=(w_1\ \ w_2\ \cdots\ w_n)^{\mathrm{T}}$ 为 α_i 的权重，满足 $0\leqslant w_i\leqslant 1$ 和 $\sum_{i=1}^{n}w_i=1$。

为定义信度区间的集成规则，首先将 IFWA 转化为其区间样式

$$\mathrm{IFWA}(\alpha_1,\alpha_2,\cdots,\alpha_n)=\mathop{\oplus}_{i=1}^{n}w_i\alpha_i=\left[1-\prod_{i=1}^{n}(1-u_{\alpha_i})^{w_i},1-\prod_{i=1}^{n}{v_{\alpha_i}}^{w_i}\right] \tag{14.27}$$

基于上述集成算子，定义信度区间集成规则如下。

定义 14.6　记辨识框架 $\Theta=\{\theta_1,\theta_2,\cdots,\theta_i,\cdots,\theta_m\}$ 下的信度区间 $\mathrm{BI}_i=[\mathrm{Bel}_i,\mathrm{Pl}_i]$，$i=1,2,\cdots,n$，其中信度函数 $\mathrm{Bel}_i:2^\Theta\to[0,1]$，似然函数 $\mathrm{Pl}_i:2^\Theta\to[0,1]$，定义 BIWA 为 n 维区间到 1 维区间的映射：$[0,1]^n\to[0,1]$

$$\mathrm{BIWA}(\mathrm{BI}_1,\mathrm{BI}_2,\cdots,\mathrm{BI}_n)=\mathop{\oplus}_{i=1}^{n}w_i\mathrm{BI}_i(\theta_j)=\left[1-\prod_{i=1}^{n}(1-\mathrm{Bel}_i(\theta_j))^{w_i},1-\prod_{i=1}^{n}(1-\mathrm{Pl}_i(\theta_j))^{w_i}\right] \tag{14.28}$$

则 BIWA 为信度区间加权平均集成算子，本章简称为信度区间集成规则，式（14.28）中，$\boldsymbol{w}=(w_1\ \ w_2\ \cdots\ w_n)^{\mathrm{T}}$ 为信度区间权重，满足 $0\leqslant w_i\leqslant 1$，$\sum_{i=1}^{n}w_i=1$。

信度区间集成规则既满足交换律也满足结合律，保持了 Dempster 组合规则的优良特性，下面结合一个算例对信度区间集成规则进行说明。

例 14.3 Zadeh 悖论，记辨识框架为$\Theta=\{\theta_1,\theta_2,\theta_3\}$，$\Theta$上两条独立信度的BBA分别为

$$m_1(\theta_1)=0.99, m_1(\theta_3)=0.01,$$
$$m_2(\theta_2)=0.99, m_2(\theta_3)=0.01。$$

利用提出的信度区间集成规则对 Zadeh 悖论进行融合，得到

$$\oplus \mathrm{BI}(\theta_1)=[0.99,0.99], \oplus \mathrm{BI}(\theta_2)=[0.99,0.99], \oplus \mathrm{BI}(\theta_3)=[0.0199,0.0199]。$$

而利用 Dempster 组合规则的计算结果为

$$m(\theta_1)=0, m(\theta_2)=0, m(\theta_3)=1。$$

从上述计算结果得知，信度区间集成规则很好地解决了 Zadeh 悖论。

例 14.4 记辨识框架为$\Theta=\{\theta_1,\theta_2,\theta_3\}$，$\Theta$上的三条独立信度的 BBA 分别为

$$m_1(\theta_1)=0.6, m_1(\theta_3)=0.3, m_1(\theta_1\theta_2)=0.1,$$
$$m_2(\theta_1)=0.4, m_2(\theta_2)=0.3, m_2(\theta_3)=0.2, m_2(\theta_1\theta_3)=0.1,$$
$$m_3(\theta_1)=0.5, m_3(\theta_3)=0.3, m_3(\theta_2\theta_3)=0.1, m_3(\theta_1\theta_2\theta_3)=0.1。$$

利用信度区间集成规则进行信度融合，具体步骤如下。

首先，利用信度区间表示 BBA，得到

$$\mathrm{BI}_1(\theta_1)=[0.6,0.7], \mathrm{BI}_1(\theta_2)=[0,0.1], \mathrm{BI}_1(\theta_3)=[0.3,0.3],$$
$$\mathrm{BI}_2(\theta_1)=[0.4,0.5], \mathrm{BI}_2(\theta_2)=[0.3,0.3], \mathrm{BI}_2(\theta_3)=[0.2,0.3],$$
$$\mathrm{BI}_3(\theta_1)=[0.5,0.6], \mathrm{BI}_3(\theta_2)=[0,0.2], \mathrm{BI}_3(\theta_3)=[0.3,0.5]。$$

假设各信度无权重区分，可以不考虑权重信息，则基于信度区间集成规则对上述各信度进行融合，得到

$$\mathrm{BIWA}(\mathrm{BI}_1(\theta_1), \mathrm{BI}_2(\theta_1), \mathrm{BI}_3(\theta_1))=[0.88,0.94],$$
$$\mathrm{BIWA}(\mathrm{BI}_1(\theta_2), \mathrm{BI}_2(\theta_2), \mathrm{BI}_3(\theta_2))=[0.3,0.496],$$
$$\mathrm{BIWA}(\mathrm{BI}_1(\theta_3), \mathrm{BI}_2(\theta_3), \mathrm{BI}_3(\theta_3))=[0.51,0.72]。$$

通过上述结果得知，信度区间集成规则的结果合理，不受“零点一票否决”现象的影响。“零点一票否决”即如果某一信度区间逼近[0, 0]，无论其他信度区间为何，集成结果均逼近[0, 0]。例如上例中的$\mathrm{BI}_1(\theta_2)=[0,0.1]$和$\mathrm{BI}_3(\theta_2)=[0,0.2]$，信度区间集成规则很好地处理了此类零点信度区间，而现有 Dempster 组合规则等基于乘性算子的融合方法则不能处理此类问题。

尽管直接通过 IFWA 算子类比得到的 BIWA 信度区间集成规则相对现有信度融合方法能够很好地解决冲突问题，但是经研究发现其仍存在悖论。

例 14.5　记辨识框架为 $\Theta=\{\theta_1,\theta_2,\theta_3\}$，$\Theta$ 上的三条独立信度的 BBA 分别为

$$m_1(\theta_1)=1,$$

$$m_2(\theta_1)=0, m_2(\theta_2)=0.6, m_2(\theta_3)=0.2, m_2(\theta_2\theta_3)=0.2,$$

$$m_3(\theta_1)=0, m_3(\theta_2)=0.7, m_3(\theta_2\theta_3)=0.2, m_3(\theta_1\theta_3)=0.1。$$

利用信度区间集成规则融合上述信度，首先，利用信度区间表示 BBA，得到

$$\text{BI}_1(\theta_1)=[1,1], \text{BI}_1(\theta_2)=[0,0], \text{BI}_1(\theta_3)=[0,0],$$

$$\text{BI}_2(\theta_1)=[0,0], \text{BI}_2(\theta_2)=[0.6,0.8], \text{BI}_2(\theta_3)=[0.2,0.4],$$

$$\text{BI}_3(\theta_1)=[0,0.1], \text{BI}_3(\theta_2)=[0.7,0.9], \text{BI}_3(\theta_3)=[0,0.3]。$$

假设各信度无权重区分，基于信度区间集成规则融合上述信度区间得到

$$\oplus\text{BI}(\theta_1)=[1,1]，\ \oplus\text{BI}(\theta_2)=[0.88,0.98]，\ \oplus\text{BI}(\theta_3)=[0.2,0.58]。$$

如果按上述结果将 θ_1 判定为识别类，显然是不合理的，直觉上，最佳识别类为 θ_2。此例中信度间是高冲突的，尤其是信度 1 和信度 2、3 之间。尽管信度 1 完全支持 θ_1，但是信度 2、3 并没有支持 θ_1，反而强烈支持 θ_2。此悖论类似于新的 Zadeh 悖论，但是又与 Zadeh 悖论不同。信度区间集成规则很好地解决了“零点一票否决”问题和 Zadeh 悖论，但是不能解决此类问题。为了与“零点一票否决”问题对应，本节称此问题为“一点一票否决”，即如果某一信度区间逼近[1, 1]，无论其他信度区间为何，集成结果均逼近[1, 1]，这显然是不合理的，与直接将 IFWA 算子类比得到的 BIWA 信度区间集成规则的定义中，易受完全信度 1 的影响有关。为此，必须对 BIWA 信度区间集成规则进行改进以解决“一点一票否决”问题。

14.4.3　修正的信度区间集成规则

文献[231-234]中也考虑了基于区间集成算子的信度集成方法，但是上述文献的方法不能解决“零点一票否决”问题和 Zadeh 悖论，而 BIWA 信度区间集成规则能够解决这两类问题，但是会遇到“一点一票否决”的新问题，为此修正的信度区间集成规则必须解决这三类问题。另外，通过例 14.4 得知经过 BIWA 信度区间集成规则融合后的区间信度脱离了原信度区间的范围，即融合结果与未融合的信度区间之间没有交集。比如 θ_1 的融合信度区间为[0.88,0.94]，而 θ_1 的三个初始信度区间与之没有交集，本节称之为“偏离”问题。进一步，文献[231-234]中信度融合后的结果的总信度之和不为 1，同样 BIWA 信度区间集成规则融合后的所有单类焦元的信度之和也不为 1，本节称之为“求和”问题。

因此，为了修正所提出的 BIWA 信度区间集成规则必须在其已经解决“零点一票否决”问题和 Zadeh 悖论的基础上，还要解决“一点一票否决”问题、“偏离问题”和“求和”问题。

为了解决上述问题，本节对信度区间集成规则实施了一个归一化的过程进行修正。

定义 14.7 记辨识框架 $\Theta=\{\theta_1,\theta_2,\cdots,\theta_i,\cdots,\theta_m\}$ 下的信度区间 $\mathrm{BI}_i=[\mathrm{Bel}_i,\mathrm{Pl}_i]$，$i=1,2,\cdots,n$，其中信度函数 $\mathrm{Bel}_i:2^{\Theta}\to[0,1]$，似然函数 $\mathrm{Pl}_i:2^{\Theta}\to[0,1]$，定义 mBIWA 为 n 维区间到 1 维区间的映射：$[0,1]^n\to[0,1]$

$$\mathrm{mBIWA}(\mathrm{BI}_1,\mathrm{BI}_2,\cdots,\mathrm{BI}_n)=\mathop{\oplus}_{i=1}^{n}w_i\mathrm{BI}_i(\theta_j)$$
$$=\left[\frac{1-\prod_{i=1}^{n}(1-\mathrm{Bel}_i(\theta_j))^{w_i}}{\sum_{j=1}^{m}\left[1-\prod_{i=1}^{n}(1-\mathrm{Bel}_i(\theta_j))^{w_i}\right]},1-\frac{\prod_{i=1}^{n}(1-\mathrm{Pl}_i(\theta_j))^{w_i}}{\sum_{j=1}^{m}\prod_{i=1}^{n}(1-\mathrm{Pl}_i(\theta_j))^{w_i}}\right] \tag{14.29}$$

则 mBIWA 为修正后的信度区间集成规则，其中 $\boldsymbol{w}=(w_1\ \ w_2\cdots w_n)^{\mathrm{T}}$ 为信度区间权重，满足 $0\leqslant w_i\leqslant 1$ 和 $\sum_{i=1}^{n}w_i=1$。

如果信度区间权重 $\boldsymbol{w}=(\frac{1}{n}\ \ \frac{1}{n}\cdots\frac{1}{n})^{\mathrm{T}}$，则修正后的信度区间集成规则为

$$\mathrm{mBIWA}(\mathrm{BI}_1,\mathrm{BI}_2,\cdots,\mathrm{BI}_n)=\mathop{\oplus}_{i=1}^{n}\frac{1}{n}\mathrm{BI}_i(\theta_j)$$
$$=\left[\frac{1-\prod_{i=1}^{n}(1-\mathrm{Bel}_i(\theta_j))^{\frac{1}{n}}}{\sum_{j=1}^{m}\left[1-\prod_{i=1}^{n}(1-\mathrm{Bel}_i(\theta_j))^{\frac{1}{n}}\right]},1-\frac{\prod_{i=1}^{n}(1-\mathrm{Pl}_i(\theta_j))^{\frac{1}{n}}}{\sum_{j=1}^{m}\prod_{i=1}^{n}(1-\mathrm{Pl}_i(\theta_j))^{\frac{1}{n}}}\right] \tag{14.30}$$

如果不用考虑信度区间权重，则修正后的信度区间集成规则为

$$\mathrm{mBIWA}(\mathrm{BI}_1,\mathrm{BI}_2,\cdots,\mathrm{BI}_n)=\mathop{\oplus}_{i=1}^{n}\mathrm{BI}_i(\theta_j)$$
$$=\left[\frac{1-\prod_{i=1}^{n}(1-\mathrm{Bel}_i(\theta_j))}{\sum_{j=1}^{m}\left[1-\prod_{i=1}^{n}(1-\mathrm{Bel}_i(\theta_j))\right]},1-\frac{\prod_{i=1}^{n}(1-\mathrm{Pl}_i(\theta_j))}{\sum_{j=1}^{m}\prod_{i=1}^{n}(1-\mathrm{Pl}_i(\theta_j))}\right] \tag{14.31}$$

如果仅有两条信度区间融合，则修正后的信度区间集成规则为

$$\mathrm{mBIWA}(\mathrm{BI}_1,\mathrm{BI}_2)=w_1\mathrm{BI}_1(\theta_j)\oplus w_2\mathrm{BI}_2(\theta_j)=$$

$$\left[\frac{1-(1-\mathrm{Bel}_1(\theta_j))^{w_1}\cdot(1-\mathrm{Bel}_2(\theta_j))^{w_2}}{\sum_{j=1}^{m}\left[1-(1-\mathrm{Bel}_1(\theta_j))^{w_1}\cdot(1-\mathrm{Bel}_2(\theta_j))^{w_2}\right]},1-\frac{(1-\mathrm{Pl}_1(\theta_j))^{w_1}\cdot(1-\mathrm{Pl}_2(\theta_j))^{w_2}}{\sum_{j=1}^{m}(1-\mathrm{Pl}_1(\theta_j))^{w_1}\cdot(1-\mathrm{Pl}_2(\theta_j))^{w_2}}\right] \tag{14.32}$$

注：在修正的 mBIWA 信度区间集成规则归一化融合过程中，如果融合后的信度区间似然函数小于信度函数，则将其修正为信度函数表示，此时信度区间与信度函数等价。

通过归一化进程使得融合后的信度区间的信度函数之和为 1，保持了信度函数理论的基本原则。并且成功解决了“一点一票否决”的冲突问题，主要原因在于通过归一化，即使其中某个信度区间为[1, 1]导致归一化的分子为 1，但是此时由其他信度组成的分母就起了决定作用，能够将这种冲突进行分解弱化，使得融合结果不再恒为[1, 1]，体现了信度群决策的思想。另外，修正的信度区间集成规则通过归一化保证了融合后的信度区间不再轻易向[1, 1]聚焦，而是与初始信度之间存在一定的交集。

利用修正的 mBIWA 信度区间集成规则对例 14.5 重新计算，可得下述计算结果。

$\mathrm{BI}_1\oplus\mathrm{BI}_2(\theta_1)=[0.56,1]$， $\mathrm{BI}_1\oplus\mathrm{BI}_2(\theta_2)=[0.33,0.75]$，

$\mathrm{BI}_1\oplus\mathrm{BI}_2(\theta_3)=[0.11,0.25]$， $\mathrm{BI}_1\oplus\mathrm{BI}_2\oplus\mathrm{BI}_3(\theta_1)=[0.38,1]$，

$\mathrm{BI}_1\oplus\mathrm{BI}_2\oplus\mathrm{BI}_3(\theta_2)=[0.54,0.95]$， $\mathrm{BI}_1\oplus\mathrm{BI}_2\oplus\mathrm{BI}_3(\theta_3)=[0.08,0.08]$，

经过 mBIWA 信度区间集成规则融合后的结果比初始的 BIWA 信度区间集成规则要更合理，结果与事实相符，证明了修正后的 mBIWA 信度区间集成规则融合的准确性。

14.4.4　基于信度区间集成规则的决策

在 14.4.3 节得到信度区间融合结果的基础上，本节对其进行判定。由于通过 mBIWA 信度区间集成规则得到的融合结果仍为一信度区间，为此可以基于区间排序准则对其进行判定，则在文献[99]定义的区间比较的可能度基础上进行区间排序比较。

记经 mBIWA 信度区间集成规则融合后的两个信度区间分别为 $\mathrm{BI}_a=[\mathrm{Bel}_a,\mathrm{Pl}_a]$ 和 $\mathrm{BI}_b=[\mathrm{Bel}_b,\mathrm{Pl}_b]$，$\mathrm{P}(\mathrm{BI}_a \geqslant \mathrm{BI}_b)$ 为可能度，满足

$$\mathrm{P}(\mathrm{BI}_a \geqslant \mathrm{BI}_b)=\max\left\{1-\max\left\{\frac{\mathrm{Pl}_b-\mathrm{Bel}_a}{\mathrm{Pl}_a-\mathrm{Bel}_a+\mathrm{Pl}_b-\mathrm{Bel}_b},0\right\},0\right\} \tag{14.33}$$

进一步，如果融合得到一系列信度区间 $\mathrm{BI}_{c1},\mathrm{BI}_{c2},\cdots,\mathrm{BI}_{cn}$，定义可能度为

$$p_{ij}=\mathrm{P}(\mathrm{BI}_{ci} \geqslant \mathrm{BI}_{cj})=\max\left\{1-\max\left\{\frac{\mathrm{Pl}_{cj}-\mathrm{Bel}_{ci}}{\mathrm{Pl}_{ci}-\mathrm{Bel}_{ci}+\mathrm{Pl}_{cj}-\mathrm{Bel}_{cj}},0\right\},0\right\} \tag{14.34}$$

式（14.34）中，$1\leqslant i,j\leqslant n$。

通过区间信度之间可能度的计算，可以得到一个 $n\times n$ 的可能度矩阵

$$\boldsymbol{P}=(p_{ij})_{n\times n}=\begin{bmatrix} p_{11} & \cdots & p_{1j} & \cdots & p_{1n} \\ \vdots & \ddots & & & \vdots \\ p_{i1} & & p_{ij} & & p_{in} \\ \vdots & & & \ddots & \vdots \\ p_{n1} & \cdots & p_{nj} & \cdots & p_{nn} \end{bmatrix} \tag{14.35}$$

满足 $p_{ij}+p_{ji}=1$，$p_{ii}=0.5$。可能度矩阵反映了融合后单类焦元信度的大小比较关系，可以将其看作反映决策者偏好的偏好矩阵，计算其中任一单类被其他类支持的偏好分数 p_i

$$p_i=\sum_{j=1}^{n}p_{ij} \tag{14.36}$$

利用偏好分数 p_i 进行决策，判定 p_i 最大值对应的单类为决策结果。

14.5 仿真分析

本节首先采用一目标识别算例对 mBIWA 信度区间集成规则进行验证，其次将提出的互补信度集成规则和 mBIWA 信度区间集成规则应用于多传感器目标识别问题，并与现有方法详细对比分析。

14.5.1 信度区间集成规则的算例验证

假设一目标识别问题，数据采用文献[231]中的公开数据，融合中心获取 4 条目标基本信度 E_1、E_2、E_3 和 E_4，可能的识别目标确定为 A_1、A_2 和 A_3，各目标信度的 BBA 如表 14.1 所示。

表 14.1　4 条目标信度的 BBA

信度源	BBAs
E_1	$m_1(A_1)=0.41, m_1(A_2)=0.29, m_1(A_1,A_2)=0.3$
E_2	$m_2(A_1)=0.58, m_2(A_2)=0.07, m_2(A_1,A_3)=0.35$
E_3	$m_3(A_1)=0.3, m_3(A_2)=0.15, m_3(A_1,A_2)=0.2, m_3(A_1,A_3)=0.35$
E_4	$m_4(A_1)=0.2, m_4(A_2)=0.3, m_4(A_1,A_3)=0.5$

假设信度权重均为 1/4，利用所提出的mBIWA 信度区间集成规则对目标进行决策。

首先，利用信度区间表示各信度 BBA，可得

$\mathrm{BI}_1(A_1)=[0.41,0.71],\mathrm{BI}_1(A_2)=[0.29,0.59],\mathrm{BI}_1(A_3)=[0,0]$，

$\mathrm{BI}_2(A_1)=[0.58,0.93],\mathrm{BI}_2(A_2)=[0.07,0.07],\mathrm{BI}_3(A_3)=[0,0.35]$，

$\mathrm{BI}_3(A_1)=[0.3,0.85],\mathrm{BI}_3(A_2)=[0.15,0.35],\mathrm{BI}_3(A_3)=[0,0.35]$，

$\mathrm{BI}_4(A_1)=[0.2,0.7],\mathrm{BI}_4(A_2)=[0.3,0.3],\mathrm{BI}_4(A_3)=[0,0.35]$。

其次，利用mBIWA 信度区间集成规则依次融合信度 E_1 与 E_2、E_3 和 E_4，可得

$\mathrm{BI}_1\oplus\mathrm{BI}_2(A_1)=[0.749\,2,0.816\,9]$，　$\mathrm{BI}_1\oplus\mathrm{BI}_2(A_2)=[0.250\,8,0.618\,8]$，

$\mathrm{BI}_1\oplus\mathrm{BI}_2(A_3)=[0,0.564\,4]$；

$\mathrm{BI}_1\oplus\mathrm{BI}_2\oplus\mathrm{BI}_3(A_1)=[0.767\,8,0.779\,0]$，

$\mathrm{BI}_1\oplus\mathrm{BI}_2\oplus\mathrm{BI}_3(A_2)=[0.232\,2,0.617\,0]$，

$\mathrm{BI}_1\oplus\mathrm{BI}_2\oplus\mathrm{BI}_3(A_3)=[0,0.604\,0]$；

$\mathrm{BI}_1\oplus\mathrm{BI}_2\oplus\mathrm{BI}_3\oplus\mathrm{BI}_4(A_1)=[0.704\,9,0.736\,1]$，

$\mathrm{BI}_1\oplus\mathrm{BI}_2\oplus\mathrm{BI}_3\oplus\mathrm{BI}_4(A_2)=[0.295\,1,0.625\,7]$，

$\mathrm{BI}_1\oplus\mathrm{BI}_2\oplus\mathrm{BI}_3\oplus\mathrm{BI}_4(A_3)=[0,0.638\,2]$。

通过上述融合结果，根据 14.4.4 节的可能度判定准则，判定最佳类为 A_1，并且具有至少 70.49%的信度，至多 73.61%的信度，因此信度区间的不确定性很低，证明了mBIWA 信度区间集成规则通过融合能够降低决策的不确定性。

进一步将mBIWA 信度区间集成规则与文献[231]的方法进行对比，文献[231]直接利用区间乘性策略融合区间信度，并将权重赋给信度顺序。通过文献[231]计算得到的 A_1、A_2 和 A_3 的区间信度分别为[0.014 3, 0.392 9]，[0.000 9, 0.004 3]和[0, 0]。可知文献[231]的计算结果的信度值很小，都趋向[0, 0]，且融合后的信度函数之和也不为 1，融合结果与初始信度之间偏差较大且无交集，例如

[0.014 3, 0.392 9]与[0.58, 0.93]、[0.30, 0.85]、[0.41, 0.71]和[0.20, 0.70]之间无交集，说明了其方法主要存在“零点一票否决”问题“偏离问题”和“求和”问题。而本章提出的mBIWA信度区间集成规则则成功地克服上述三类问题，得到了合理的融合结果。

14.5.2 信度集成规则的目标识别

假设多传感器系统对空中目标进行侦察识别，得到三类可能的识别目标，分别记为 A、B、C，融合中心融合来自5类传感器（S1-S5）的辨识结果进行融合判决。即辨识框架为 $\Theta=\{A,B,C\}$，融合信度为 $m_1,\cdots,m_5$。五类传感器的辨识结果用BBA表示，如表14.2所示，数据为文献[235-237]中的公开数据。

表14.2　5个传感器独立判决BBA

BBA	A	B	C	AC
m_1	0.41	0.29	0.3	0
m_2	0	0.9	0.1	0
m_3	0.58	0.07	0	0.35
m_4	0.55	0.1	0	0.35
m_5	0.6	0.1	0	0.3

现利用本章提出的互补信度集成规则和mBIWA信度区间集成规则与Dempster组合规则[238]、李烨方法[239]、向阳方法[240]、孙全方法[241]、张山鹰加权分配冲突法[242]、Yager组合规则[243]、DP组合规则[244]、Smets组合规则[226]、Lefevre组合规则[245]、PCR5规则[246]、Murphy方法[247]、Deng等人方法[248]和Han等人方法[249]对上述信度进行融合对比分析，融合过程中对信度进行逐个融合，即首先融合 m_1 和 m_2，再依次增加一个信度直至5个信度融合完毕，得到的融合结果如表14.3所示。

表14.3　不同的集成规则融合对比表

融合规则	m_1, m_2	m_1, m_2, m_3	m_1, m_2, m_3, m_4	m_1, m_2, m_3, m_4, m_5
Dempster组合规则	$m(A)$=0 $m(B)$=0.896 9 $m(C)$=0.103 1	$m(A)$=0 $m(B)$=0.657 5 $m(C)$=0.342 5	$m(A)$=0 $m(B)$=0.332 1 $m(C)$=0.667 9	$m(A)$=0 $m(B)$=0.142 2 $m(C)$=0.857 8
李烨方法	$m(A)$=0 $m(B)$=0.896 9 $m(C)$=0.103 1	$m(A)$=0 $m(B)$=0.776 8 $m(C)$=0.223 2	$m(A)$=0 $m(B)$=0.665 4 $m(C)$=0.334 6	$m(A)$=0 $m(B)$=0.570 0 $m(C)$=0.430 0

（续表）

融合规则	m_1, m_2	m_1, m_2, m_3	m_1, m_2, m_3, m_4	m_1, m_2, m_3, m_4, m_5
向阳方法	$m(A)$=0 $m(B)$=0.896 9 $m(C)$=0.103 1	$m(A)$=0 $m(B)$=0.776 8 $m(C)$=0.050 8 $m(AC)$=0.172 4	$m(A)$=0.222 2 $m(B)$=0.364 0 $m(C)$=0.041 7 $m(AC)$=0.372 1	$m(A)$=0.578 8 $m(B)$=0.075 7 $m(C)$=0.013 0 $m(AC)$=0.332 5
孙全方法	$m(A)$=0.071 5 $m(B)$=0.468 6 $m(C)$=0.009 8 $m(\Theta)$=0.360 1	$m(A)$=0.374 7 $m(B)$=0.140 1 $m(C)$=0.050 1 $m(AC)$=0.179 4 $m(\Theta)$=0.255 6	$m(A)$=0.656 4 $m(B)$=0.060 3 $m(C)$=0.021 9 $m(AC)$=0.198 0 $m(\Theta)$=0.063 4	$m(A)$=0.831 0 $m(B)$=0.023 0 $m(C)$=0.008 0 $m(AC)$=0.111 5 $m(\Theta)$=0.026 5
张山鹰加权分配冲突法	$m(A)$=0.205 $m(B)$=0.595 $m(C)$=0.2	$m(A)$=0.428 4 $m(B)$=0.332 5 $m(C)$=0.135 0 $m(AC)$=0.104 1	$m(A)$=0.592 8 $m(B)$=0.216 3 $m(C)$=0.091 1 $m(AC)$=0.099 8	$m(A)$=0.715 3 $m(B)$=0.158 1 $m(C)$=0.059 2 $m(AC)$=0.067 4
Yager 组合规则	$m(A)$=0 $m(B)$=0.261 $m(C)$=0.03 $m(\Theta)$=0.709	$m(A)$=0.411 2 $m(B)$=0.067 9 $m(C)$=0.010 5 $m(AC)$=0.248 2 $m(\Theta)$=0.262 2	$m(A)$=0.650 8 $m(B)$=0.0330 13 $m(C)$=0.0036 7 $m(AC)$=0.1786 33 $m(\Theta)$=0.1338 72	$m(A)$=0.773 23 $m(B)$=0.016 69 $m(C)$=0.001 1 $m(AC)$=0.093 75 $m(\Theta)$=0.115 23
DP 组合规则	$m(A)$=0 $m(B)$=0.261 $m(C)$=0.03 $m(AB)$=0.369 $m(AC)$=0.041 $m(BC)$=0.299	$m(A)$=0.366 95 $m(B)$=0.065 03 $m(C)$=0.115 15 $m(AB)$=0.151 38 $m(AC)$=0.031 75 $m(BC)$=0.002 1 $m(\Theta)$=0.267 64	$m(A)$=0.631 161 5 $m(B)$=0.048 615 $m(C)$=0.041 037 5 $m(AB)$=0.072 461 5 $m(AC)$=0.168 119 $m(BC)$=0.011 515 $m(\Theta)$=0.027 090 5	$m(A)$=0.750 386 4 $m(B)$=0.015 968 2 $m(C)$=0.015 765 75 $m(AB)$=0.092 285 15 $m(AC)$=0.083 185 35 $m(BC)$=0.004 103 75 $m(\Theta)$=0.038 305 4
Smets 组合规则	$m(A)$=0 $m(B)$=0.261 $m(C)$=0.03 $m(\varnothing)$=0.709	$m(A)$=0 $m(B)$=0.018 27 $m(C)$=0.010 5 $m(\varnothing)$=0.971 23	$m(A)$=0 $m(B)$=0.001 827 $m(C)$=0.003 675 $m(\varnothing)$=0.994 498	$m(A)$=0 $m(B)$=0.000 182 7 $m(C)$=0.001 102 5 $m(\varnothing)$=0.998 714 8
Lefevre 组合规则	$m(A)$=0.177 25 $m(B)$=0.438 25 $m(C)$=0.207 25 $m(\varnothing)$=0.177 25	$m(A)$=0.310 587 $m(B)$=0.179 642 $m(C)$=0.218 282 $m(AC)$=0.145 744 5 $m(\varnothing)$=0.145 744 5	$m(A)$=0.394 547 945 $m(B)$=0.132 983 845 $m(C)$=0.191 418 345 $m(AC)$=0.166 030 22 $m(\varnothing)$=0.115 019 645	$m(A)$=0.459 968 040 2 $m(B)$=0.118 173 274 2 $m(C)$=0.162 300 393 2 $m(AC)$=0.154 683 955 7 $m(\varnothing)$=0.104 874 889 7

（续表）

融合规则	m_1, m_2	m_1, m_2, m_3	m_1, m_2, m_3, m_4	m_1, m_2, m_3, m_4, m_5
PCR5 规则	$m(A)$=0.148 4 $m(B)$=0.738 6 $m(C)$=0.113 0	$m(A)$=0.388 4 $m(B)$=0.473 4 $m(C)$=0.055 1 $m(AC)$=0.083 1	$m(A)$=0.593 6 $m(B)$=0.279 1 $m(C)$=0.024 0 $m(AC)$=0.103 3	$m(A)$=0.775 2 $m(B)$=0.137 0 $m(C)$=0.008 2 $m(AC)$=0.079 6
Murphy 方法	$m(A)$=0.096 4 $m(B)$=0.811 9 $m(C)$=0.091 7	$m(A)$=0.497 4 $m(B)$=0.449 7 $m(C)$=0.079 4 $m(AC)$=0.009 0	$m(A)$=0.936 2 $m(B)$=0.114 7 $m(C)$=0.041 0 $m(AC)$=0.008 1	$m(A)$=0.962 0 $m(B)$=0.021 0 $m(C)$=0.013 8 $m(AC)$=0.003 2
Deng 等人方法	$m(A)$=0.096 4 $m(B)$=0.811 9 $m(C)$=0.091 7	$m(A)$=0.497 4 $m(B)$=0.405 4 $m(C)$=0.088 8 $m(AC)$=0.008 4	$m(A)$=0.908 9 $m(B)$=0.044 4 $m(C)$=0.037 9 $m(AC)$=0.008 9	$m(A)$=0.982 0 $m(B)$=0.003 9 $m(C)$=0.010 7 $m(AC)$=0.003 4
Han 等人方法	$m(A)$=0.096 4 $m(B)$=0.811 9 $m(C)$=0.091 7	$m(A)$=0.518 8 $m(B)$=0.380 2 $m(C)$=0.092 6 $m(AC)$=0.008 4	$m(A)$=0.924 6 $m(B)$=0.030 0 $m(C)$=0.036 2 $m(AC)$=0.009 2	$m(A)$=0.984 4 $m(B)$=0.002 3 $m(C)$=0.009 9 $m(AC)$=0.003 4
互补信度集成规则	$m(A)$=0.2399 $m(B)$=0.5436 $m(C)$=0.2165	$m(A)$=0.4669 $m(B)$=0.3302 $m(C)$=0.2029	$m(A)$=0.5357 $m(B)$=0.2493 $m(C)$=0.2149	$m(A)$=0.5736 $m(B)$=0.2105 $m(C)$=0.2159
mBIWA 信度区间集成规则	BI(A)=[0.239 9,0.543 0] BI(B)=[0.543 6,0.945 0] BI(C)=[0.216 5,0.512 0]	BI(A)=[0.462 2,0.920 1] BI(B)=[0.390 8,0.872 2] BI(C)=[0.147 0,0.207 7]	BI(A)=[0.558 7,0.987 5] BI(B)=[0.333 0,0.819 7] BI(C)=[0.108 4,0.192 8]	BI(A)=[0.612 0,0.998 3] BI(B)=[0.305 2,0.777 3] BI(C)=[0.082 8,0.224 4]

注：Lefevre 组合规则和张山鹰加权分配冲突法计算过程中分配系数根据目标焦元平均分配冲突信息。

通过表 14.3 的融合结果得知，通过融合 5 类传感器的信度，除 Dempster 组合规则、李烨方法和 Smets 组合规则外，其余集成规则均判定融合结果为 A 类目标。Smets 组合规则、李烨方法与 Dempster 组合规则一样，当冲突信度存在时，其乘性策略会导致“一票否决”现象，因此当信度 m_2 与其他信度具有较大冲突时，融合 m_1 与 m_2 会导致焦元 A 信度为 0，不管其他信度如何，焦元 A 的信度不再改变。并且 Smets 组合规则将冲突信息完全赋给空集，会导致在逐步融合过程中，冲突的信度越来越大，根本无法做出判决，融合失效。因此在冲突信度存在的条件下，Smets 组合规则、李烨方法与 Dempster 组合规则得不到正确结果，此时应避免采用 Smets 组合规则、李烨方法与 Dempster 组合规则进行融合。

对比通过融合得到正确结果的向阳方法、孙全方法、张山鹰加权分配冲突法方法、Yager 组合规则、DP 组合规则、Lefevre 组合规则、PCR5 规则、Murphy 方法、Deng 等人方法和 Han 等人方法和本章提出的互补信度集成规则和 mBIWA 信度区间集成规则，除本章集成规则外，其余集成规则都在融合过程中出现了新焦元及复合类焦元的信度，使得分类识别问题变得更为复杂，融合的目的是通过 5 类传感器上报的独立判决在已知可能目标 A、B、C 中识别出真实目标，而不是通过融合后还存在不知是 A 类或者 C 类目标的复合类情况，并且孙全方法、Yager 组合规则、DP 组合规则和 Lefevre 组合规则还出现了新的复合识别类Θ，AB，BC，$\varnothing$等情况，尽管这些复合类都在辨识框架内，但是与实际分类识别情况不符。本章集成规则却很好地克服了上述缺点，在融合过程中分类识别目标清晰明了，结果正确。

此外，当冲突信度m_2存在时，仅通过融合m_1与m_2，向阳方法、Yager 组合规则和 DP 组合规则并没有及时解决冲突融合问题，而是通过逐步地附加信度才得到正确结果。 相比之下，孙全方法、张山鹰加权分配冲突法、Lefevre 组合规则、PCR5 规则和本章提出的信度集成规则就及时地处理了冲突信度，避免出现违背常理的结果。并且相比 PCR5 规则，本章方法的收敛速度快，在融合到信度m_3时就得到了正确识别类，而 PCR5 规则则需融合到m_4再得到正确的结果。此外，相比其他集成规则，本章方法计算量小，易于实现。

因此通过上述算例对比分析得知，本章方法具有简单、清晰、准确、稳定和快速识别的优势。

为进一步对比上述融合方法的识别效果，将识别目标 A 在融合步骤中每一步的融合结果在图 14.3 中展示。

由图 14.3 可清晰得知，本章提出的 mBIWA 信度区间集成规则的融合优势，一方面体现在及时处理冲突信度，不出现悖论，当仅融合m_1和m_2时，可以保持信度区间为[0.239 9,0.543 0]。另一方面具有较快收敛速度的稳定性，当融合到m_3时，融合结果就趋于稳定，而其他方法则需要融合到m_4或m_5才能够稳定。另外相比孙全方法、Yager 组合规则、Lefevre 组合规则和 DP 规则等融合产生新的焦元Θ、$\varnothing$、AB 和 BC 等方法，mBIWA 信度区间集成规则具有运算量小、实现了快速计算的优点。

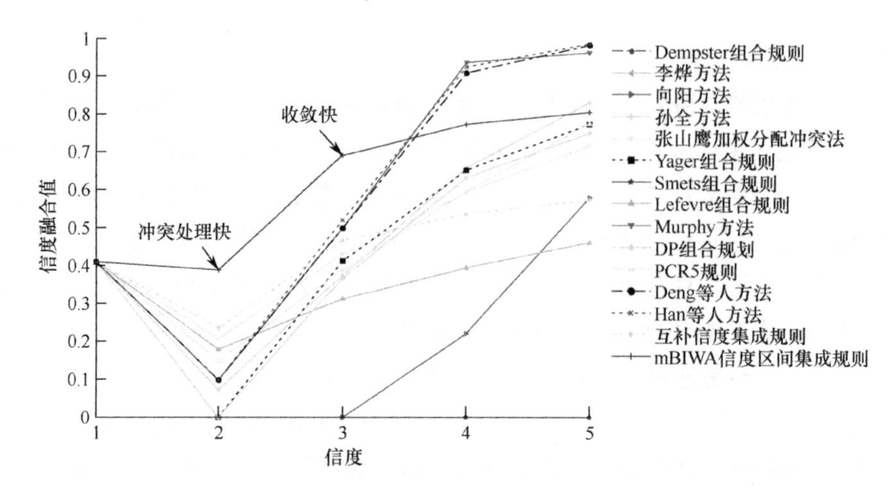

图 14.3　目标 A 在不同融合方法下的融合结果（作图时信度区间取其区间中值计算）

14.5.3　基于概率转换的对比分析

此外，由于互补信度集成规则在融合复合类信度时先进行概率转换，因此没有出现新焦元及复合类焦元的结果，而其他方法均出现。为进一步对比在经概率转换后其他方法的融合性能，将表 14.2 数据进行概率转化后再依次进行融合。通过分析文中所述的集成规则发现，除 Dempster 组合规则、向阳方法、张山鹰加权分配冲突法和 PCR5 规则四种集成规则外，其余集成规则无论是否经过概率转换都会出现新焦元、复合类焦元或者空集的结果，因此仅对这四种集成规则进行对比分析，结果如表 14.4 所示。

表 14.4　概率转换后四种集成规则融合对比表

融合规则	m_1, m_2	m_1, m_2, m_3	m_1, m_2, m_3, m_4	m_1, m_2, m_3, m_4, m_5
Dempster 组合规则	$m(A)$=0 $m(B)$=0.896 9 $m(C)$=0.103 1	$m(A)$=0 $m(B)$=0.776 8 $m(C)$=0.223 2	$m(A)$=0 $m(B)$=0.665 4 $m(C)$=0.334 6	$m(A)$=0 $m(B)$=0.570 0 $m(C)$=0.430 0
向阳方法	$m(A)$=0 $m(B)$=0.896 9 $m(C)$=0.103 1	$m(A)$=0 $m(B)$=0.776 8 $m(C)$=0.223 2	$m(A)$=0 $m(B)$=0.665 4 $m(C)$=0.334 6	$m(A)$=0 $m(B)$=0.570 0 $m(C)$=0.430 0
张山鹰加权分配冲突法	$m(A)$=0.205 $m(B)$=0.595 $m(C)$=0.2	$m(A)$=0.480 0 $m(B)$=0.332 5 $m(C)$=0.187 5	$m(A)$=0.602 5 $m(B)$=0.216 3 $m(C)$=0.181 2	$m(A)$=0.678 3 $m(B)$=0.158 1 $m(C)$=0.165 6
PCR5 规则	$m(A)$=0.148 4 $m(B)$=0.738 6 $m(C)$=0.113 0	$m(A)$=0.487 1 $m(B)$=0.438 3 $m(C)$=0.074 6	$m(A)$=0.703 4 $m(B)$=0.230 9 $m(C)$=0.065 7	$m(A)$=0.853 8 $m(B)$=0.097 6 $m(C)$=0.048 6

通过对比，也能够得到一些有趣的结果。比如经过 Pignistic 概率转换后融合的 Dempster 组合规则和向阳方法的计算结果与不需要经过 Pignistic 概率转换后融合的李烨方法一致，通过分析不难发现其中的关系，即向阳方法、李烨方法在进行冲突信度分配时采用的都是一种 Jaccard 分配系数进行分配，其本质与 Pignistic 概率转换是一致的，因此李烨方法本身即经过 Pignistic 概率转换后的 Dempster 组合规则。此外，概率转换后的 Dempster 组合规则和向阳方法没有得到正确的识别结果，也没能处理信度冲突的“一票否决”问题。而张山鹰加权分配冲突法和 PCR5 规则与表 14.3 中的本章方法一致得到了正确的结果，由于这两种方法本质上是一种按比例分配冲突信度的方法，尽管得到正确的结果，但是不满足结合律。而本章方法是按另一种思路，基于集成算子的思想进行信度融合的。

14.6　本章小结

本章以决策层不确定性数据融合为研究对象，研究了信度函数的融合方法，首先分析了现有信度组合规则的不足，主要存在 Zadeh 悖论，主观分配冲突信息修正 Dempster 组合规则和“零点一票否决”的问题。为此，分别从信度 BBA 和信度区间的角度提出信度函数的集成规则。基于信度 BBA 的集成规则称之为互补信度集成规则，一方面解决了冲突信度的融合，不会出现 Zadeh 悖论，另一方面不再存在“零点一票否决”的现象。既满足交换律又满足结合律，从广义角度讲更类似于一类“加性集成算子”，因此克服了对冲突信度的敏感性，更能够体现群决策融合的思想，并且将冲突信度转化为证据权重直接融合处理，并没有主观分配冲突信度，得到的结果更客观合理。为了更好地实现不确定信息的融合，提出了信度区间集成规则，该集成规则基于直觉模糊集成算子的思想构造，并进行规范化处理，既解决了信度融合过程中遇到的“零点一票否决”问题和 Zadeh 悖论，更解决了“一点一票否决”问题、“偏离”问题和“求和”问题。通过多传感器融合识别算例及多种集成规则融合的全面详细的对比分析，可以看到互补信度集成规则和信度区间集成规则具有运算量小、准确度高、稳定性好和收敛快速的优点。

第15章 回顾与展望

15.1 研究回顾

本书较为深入地研究了有关异类数据关联和融合的问题，取得了一些有意义的研究结果，为多源信息融合、智能推理决策提供了有力的技术支撑和丰富的参考资料。主要内容包括以下几方面。

1）异步航迹抗差关联

航迹关联是多传感器多目标跟踪的前提和基础，将带有系统误差的异步航迹进行“直接”关联是对异类数据关联研究的初心。第3章分别基于区间数灰关联度和序列离散度，从航迹的分叉与合并、区间序列的分段划分等方面研究了复杂情况异步雷达航迹的直接关联问题。第4章对系统误差进行区间描述，定义了系统误差下雷达航迹的相似度量，讨论了异步雷达航迹抗差关联的串行处理方式和直接处理方式。第5章针对雷达和ESM异类传感器的航迹关联问题，研究了异地配置的雷达与ESM的异步航迹关联、异地配置的雷达与ESM航迹抗差关联、修正极坐标下的雷达与ESM的关联、同地配置的雷达与ESM航迹抗差关联等。

2）单一粒层的数据关联

以具体的航迹关联问题为基础，第6章至第10章研究了区间数、直觉模糊数、犹豫模糊数等异类数据的相似性度量问题。第6章按照区间距离和相似度的关系将区间理论和证据理论结合起来，在证据理论框架下完成未知目标的识别判定。第7章提取直觉模糊特征，提出了直觉模糊集的去模糊化距离测度。针对犹豫模糊数相关系数和距离的局限性，第8章、第9章定义了犹豫模糊集之间的三种基本相关系数、犹豫模糊集之间的三种距离，并集成得到综合相关系数、特征距离，对犹豫模糊数进行相似性判断。第10章扩展了现有的语义表示模型，提出了连续概率犹豫模糊语义标签的概念，定义了基于标签效能值的 CPHFLTS 距离测度和基于概率标签组合的 CPHFLTS 距离测度，并进行关联和融合。

3）不同粒层数据的粒层转化与数据关联

粒层转化是把异类数据按层级统一的过程。第 11 章研究的粒层转化是在各自功能结构层上进行的，主要包括特征层上的粒层统一、决策层上的区间数粒层统一和犹豫模糊数粒层统一，提出了粒层并行的数据关联流程和粒层转化的数据关联流程。第 12 章研究了通过云变化将序列用云簇区间化表示，实现累积量测序列和区间数的同型转化，计算未知目标属性区间值与数据库对应属性区间模式的区间关联度，利用自适应关联准则进行关联判定。第 13 章根据第 11 章的异类数据的粒层转化思路，将异类数据统一到区间数粒层，基于灰关联系数构造靶心距并进行关联决策。对于特征层数据和决策层数据共存的关联问题，提出了基于信任区间交互式多属性的异类数据关联方法。

4）决策层数据的融合

第 14 章提出了互补信度的概念，定义了信度区间的集成规则，基于互补信度的集成规则和考虑信度权重的集成规则，用信度区间表示信度函数，研究了决策融合问题。

15.2　方向展望

异类数据的关联和融合仍有许多值得关注和研究的问题：

（1）本书的研究主要涉及区间、直觉模糊、犹豫模糊、语义等异类数据，对于如图像、语音、文本等更为复杂的异类异构数据的拓展和推广，是否会有新的特点？

（2）本书在粒计算理论框架下研究了异类数据的粒层转化，关于粒计算的不同粒化、其他粒度计算和粒层分类及与智能方法的结合，是否会有新的情况？

（3）本书在信度区间集成规则的构造过程中，仅采用了 IFWA 算子，基于多粒度模糊规则、并行或混合式融合结构、信度集成规则融合的一致性评估等，是否会有新的突破？

参 考 文 献

[1] 何友, 王国宏, 关欣等. 信息融合理论及应用[M]. 北京: 电子工业出版社, 2010.
[2] Ronald PS.Mahler. Advances in Statistical Mulisource-Multitarget Information Fusion[M]. 北京: 国防工业出版社, 2017.
[3] 潘泉. 多源动态系统融合估计[M]. 北京: 科学出版社, 2018.
[4] 刘准钆, 潘泉, Jean Dezert, 等. 不确定数据信任分类及融合[M]. 北京: 科学出版社, 2016.
[5] 李德毅, 于剑, 马少平, 等. 人工智能导论[M]. 北京: 中国科学技术出版社, 2018.
[6] 关欣, 衣晓，胡丽芳, 等. 冲突证据推理与融合[M]. 北京: 电子工业出版社, 2020.
[7] 王国胤, 李德毅, 姚一豫, 等. 云模型与粒计算[M]. 北京:科学出版社, 2013.
[8] 张清华, 王国胤, 胡军. 多粒度知识获取与不确定性度量[M]. 北京: 科学出版社, 2013.
[9] 文成林, 徐晓滨. 多源不确定信息融合理论及应用[M]. 北京: 科学出版社, 2012.
[10] 刘大有, 杨博, 朱允刚, 等. 不确定性知识处理的基本理论与方法[M]. 北京: 科学出版社, 2014.
[11] 吴江, 黄登仕. 区间数排序方法研究综述[J]. 系统工程, 2004, 22(8): 1-4.
[12] 孙海龙, 姚卫星. 区间数排序方法评述[J]. 系统工程学报, 2010, 25(3): 304.
[13] 胡启洲, 张卫华. 区间数理论的研究及应用[M]. 北京: 科学出版社, 2010.
[14] Zadeh L A. Fuzzy sets[J]. Information and Control, 1965, 8(3): 338-353.
[15] Zadeh L A. The concept of a linguistic variable and its applications to approximate reasoning[J] Information Sciences, Part I, II, III 1975, 8, 8, 9: 199-249, 301-357, 43-80.
[16] Yager R R. On the theory of bags[J]. International Journal of General Systems, 1986, 13(1): 23-37.
[17] Atanassov K T. Intuitionistic fuzzy sets[J]. Fuzzy Sets and Systems, 1986, 20(1): 87-96.
[18] Torra V. Hesitant fuzzy sets[J]. International Journal of Intelligent Systems. 2010, 25: 29-539.
[19] Torra V, Narukawa Y. On hesitant fuzzy sets and decision[C]. The 18th IEEE International Conference on Fuzzy Systems, Jeju Island, Korea, 2009: 1378-1382.
[20] 徐泽水. 犹豫模糊集理论及应用[M]. 北京: 科学出版社, 2019.
[21] Zhu B, Xu Z S, Xia M M. Dual hesitant fuzzy sets[J]. Journal of Applied Mathematics, 2012, 2012:1-13.
[22] Pawlak Z. Rough sets[J]. International Journal of Computer and Information Sciences, 1982, 11: 341-356.
[23] 黄友澎, 周永丰, 谭秀湖, 等. 基于 B 型灰色关联度的纯方位航迹关联算法[J]. 武汉理工大学学报, 2009, 33(5): 988-991.
[24] 吴顺祥. 灰色粗糙集模型及其应用[M]. 北京: 科学出版社, 2009.
[25] Zheng J, Wang Y M, Lin Y, et al. Hybrid multi-attribute case retrieval method based on intuitionistic fuzzy and evidence reasoning[J]. Journal of Intelligent & Fuzzy Systems, 2019,

36(1): 271-282.
[26] Fan Z P, Li Y H, Wang X, et al. Hybrid similarity measure for case retrieval in CBR and its application to emergency response towards gas explosion[J]. Expert Systems with Application, 2014, 41(5): 2526-2534.
[27] Wang S C, Wang Y N. Uncertainty measurement for a hybrid Information system with images: an application in attribute reduction[J]. IEEE Access, 2020, 8: 180491-180509.
[28] 邱保志，张瑞霖，李向丽. 基于残差分析的混合属性数据聚类算法[J]. 自动化学报，2020, 46(7): 1420-1432.
[29] Huang Y. Heterogeneous data clustering considering multiple user-provided constraints[J]. International Journal of Computers Communications & Control, 2019, 14(2): 170-182.
[30] Cheng J, Feng Y X, Lin ZQ, et al. Anti-vibration optimization of the key components in a turbo-generator based on heterogeneous axiomatic design[J]. Journal of Cleaner Production, 2017, 141: 1467-1477.
[31] Wang G , Wu L J, Liu Y S, et al. A decision-making method for complex system design in a heterogeneous language information environment[J]. Journal of Engineering Design, 2021, 32(6): 271-299.
[32] Alkhamisi A O, Saleh M. Ontology and clustering based heterogeneous data sources integration[J]. International Journal of Advanced Trends in Computer Science and Engineering, 2020, 9(4): 4733-4739.
[33] Zadeh L A. Toward a theory of fuzzy information granulation and its centrality in human reasoning and fuzzy logic [J]. Fuzzy Sets and Systems, 1997, 90(2): 111-127.
[34] 苗夺谦，王国胤，刘清. 粒计算：过去、现在和展望[M]. 北京：科学出版社, 2007.
[35] 熊树洁. 粒计算在私有数据保护中的应用研究[D]. 江西:南昌大学, 2010.
[36] 孙贵东. 基于多粒度模糊信息的融合识别方法研究[D]. 海军航空大学, 2018.
[37] 时宝. 泛函分析引论及其应用[M]. 北京：国防工业出版社, 2009.
[38] 邓聚龙. 灰理论基础[M]. 武汉：华中科技大学出版社, 2002.
[39] 谢维信，裴继红，李良群. 模糊信息处理与应用[M]. 北京：科学出版社, 2018.
[40] Chen N, Xu Z S, Xia M M. Correlation coefficients of hesitant fuzzy sets and their applications to clustering analysis[J]. Applied Mathematical Modeling, 2013, 37: 2197-2211.
[41] Liu H C, Xu Z C, Zeng X J. Novel correlation coefficients between hesitant fuzzy sets and their application in decision making[J]. Knowledge-Based Systems, 2015, 82: 115-127.
[42] Xia M M, Xu Z S. Hesitant fuzzy information aggregation in decision making[J]. International Journal of Approximate Reasoning, 2011, 52(3): 395-407.
[43] Liao H C, Xu Z S, Zeng X J. Hesitant fuzzy linguistic VIKOR method and its application in qualitative multiple criteria decision making[J]. IEEE Transactions on Fuzzy Systems, 2015, 23(5): 343-1355.
[44] Liao H C, Xu Z S, Xia M M. Multiplicative consistency of hesitant fuzzy preference relation and its application in group decision making[J]. International Journal of Information Technology & Decision Making, 2014, 13(1): 47-76.
[45] Chen N, Xu Z S, Xia M M. The ELECTRE I multi-criteria decision making method based on hesitant fuzzy sets[J]. International Journal of Information Technology & Decision Making,

2015, 14(3): 621-657.
[46] Xu Z S, Xia M M. Distance and similarity measures for hesitant fuzzy sets[J]. Information Sciences, 2011, 181(11): 2128-2138.
[47] Xu Z S, Xia M M. On distance and correlation measures of hesitant fuzzy information[J]. International Journal of Intelligent Systems, 2011, 26:410-425.
[48] 王国胤. 云模型与粒计算[M]. 北京: 科学出版社, 2012.
[49] 潘泉, 梁彦, 杨峰, 等. 现代目标跟踪与信息融合[M]. 北京: 国防工业出版社, 2009: 65-77.
[50] Zhu H, Han C, Han H, et al. The algorithm and simulations for the asynchronous track association[C]. Information Fusion, Sixth International Conference of. IEEE, 2003.
[51] 朱洪艳, 韩崇昭, 韩红. 分布式多传感信息融合系统的异步航迹关联方法[J]. 控制理论与应用, 2004, 21(3): 453-456.
[52] Kaplan L, Bar-Shalom Y, Blair W. Assignment costs for multiple sensor track-to-track association[J]. IEEE Transactions on Aerospace and Electronic Systems, 2008, 44(2): 655-677.
[53] 徐亚圣, 丁赤飚, 任文娟, 等. 基于直方统计特征的多特征组合航迹关联[J]. 雷达学报, 2019,8(1): 25-35.
[54] Cheng C, Wang J F. Algorithm for multi-sensor asynchronous track-to-track fusion[C]. Advances in Neural Networks-ISNN 2009, 6th International Symposium on Neural Networks, ISNN 2009, Wuhan, China, May 26-29, 2009, Proceedings, Part III. DBLP, 2009.
[55] Cheng C. Asynchronous multisensor track association algorithm and simulation[J]. Procedia Environmental Sciences, 2011, 10(part-PB): 0-1114.
[56] 衣晓, 韩健越, 张怀巍, 等. 基于区实混合序列相似度的异步不等速率航迹关联算法[J]. 航空学报, 2015, 36(4): 1212-1220.
[57] 关欣, 孙贵东, 衣晓,等. 基于不等长序列相似度挖掘的数据关联算法[J]. 控制与决策, 2015, 30(6): 1033-1038.
[58] 孙贵东, 关欣, 衣晓, 等. 基于多模型的不等长序列数据关联算法[J]. 北京航空航天大学学报, 2017, 43(8): 1640-1646.
[59] 衣晓, 杜金鹏. 基于分段序列离散度的异步航迹关联算法[J]. 航空学报, 2020, 41(7): 265-274.
[60] 衣晓, 张怀巍, 曹昕莹, 等. 基于区间灰数的分布式多目标航迹关联算法[J]. 航空学报, 2013, 34(2): 352-360.
[61] Zheng Z W, Zhu Y S. New least squares registration algorithm for data fusion[J]. IEEE Transactions on Aerospace and Electronic Systems, 2004, 40(4): 1410-1416.
[62] Qi L, Dong K, Liu Y, et al. Anti-bias track-to-track association algorithm based on distance detection[J]. IET Radar, Sonar & Navigation, 2017, 11(2): 269-276.
[63] 齐林, 熊伟, 何友. 基于距离分级聚类的机载雷达航迹抗差关联算法[J]. 电子学报, 2018, 46(06): 1475-1481.
[64] 何友, 宋强, 熊伟. 基于傅里叶变换的航迹对准关联算法[J]. 航空学报, 2010, 31(2): 356-362.
[65] 何友, 宋强, 熊伟. 基于相位相关的航迹对准关联技术[J]. 电子学报, 2010, 38(12): 2718-2723.

[66] 吴泽民，任姝婕，刘熹. 基于拓扑序列法的航迹关联算法[J]. 航空学报，2009，30(10): 1937-1942.
[67] Zhu H Y, Wang W, Wang C. Robust track-to-track association in the presence of sensor biases and missed detections[J]. Information Fusion, 2016, 27: 33-40.
[68] 宋强，熊伟，马强. 基于目标不变信息量的模糊航迹对准关联算法[J]. 系统工程与电子技术, 2011, 33(1): 190-195.
[69]宋强，熊伟，何友. 基于复数域拓扑描述的航迹对准关联算法[J]. 宇航学报, 2011, 32(3): 560-566.
[70] 王学敏，王国宏，陈垒. 基于归一化互相关的航迹关联算法[C]. 西安：第三届信息融合大会, 2011: 181-188.
[71] 周威，衣晓，杨卫国. 基于区间相离度的异步航迹抗差关联算法[J]. 指挥控制与仿真, 2019, 41(6): 52-58.
[72] 衣晓，杜金鹏，张天舒. 多局部节点异步抗差航迹关联算法[J]. 航空学报, 2021, 42(06): 504-514.
[73] Wang G H, Mao S Y, He Y, et al. Triple-threshold radar-to-ESM correlation algorithm when each radar track is specified by different number of measurements[J]. Iee Proceedings Radar Sonar & Navigation, 2000, 147(4): 177-181.
[74] 陈中华，王国宏，刘德浩，等. 基于几何法的雷达与ESM航迹关联算法[J]. 电光与控制, 2012, 19(04): 10-12, 22.
[75] 朱必浩，冯新喜，鹿传国，等. 基于定位原理的雷达与 ESM 航迹关联算法[J]. 火力与指挥控制, 2012, 37(2): 49-51.
[76] 宋振宇，张翔宇，张光轶. 系统误差对异地配置的雷达和ESM航迹关联的影响[J]. 电光与控制, 2014, 21(3): 42-46.
[77] 张翔宇，王国宏，王娜，等. 系统误差下异地配置的雷达和电子支援测量航迹关联[J]. 电光与控制, 2012, 19(3): 30-35+43.
[78] Wang G H, Zhang X Y, Tan S C. Effect of biased estimation on radar-to-ESM track association[J]. Journal of Systems Engineering and Electronics, 2012, 23(2): 188-194.
[79]衣晓，杜金鹏. 异地配置的雷达与电子支援措施异步航迹关联[J]. 系统工程与电子技术, 2020, 43(4): 954-960.
[80] 关欣，彭彬彬，衣晓. 修正极坐标系下雷达与 ESM 航迹对准关联[J]. 航空学报，2017, 38(5): 320668-320668.
[81] Kay S M. 统计信号处理基础-估计与检测理论[M]. 罗鹏飞，张文明，刘忠等译. 北京：电子工业出版社, 2011.
[82]关欣，彭彬彬，衣晓. 基于区间重合度的雷达与ESM航迹关联算法[J]. 雷达科学与技术, 2017, 15(1):61-67.
[83] 彭彬彬，关欣. 基于空间分布信息的雷达与 ESM 航迹灰色关联算法[J]. 电光与控制, 2017, 24(6): 34-38.
[84] 何友，修建娟，关欣. 雷达数据处理及应用[M].北京：电子工业出版社, 2013.
[85] 衣晓，杜金鹏. 雷达与电子支援措施异步抗差航迹关联算法[J]. 电子与信息学报，2021, 43(7): 1947-1953.
[86] Yang R N, Zhang Z X, Shi Peng. Exponential stability on stochastic neural networks with

discrete interval and distributed delays[J]. IEEE Transactions on Neural Networks, 2010, 21(1): 169-175.

[87] Li D F. TOPSIS-based nonlinear-programming methodology for multiattribute decision making with interval- valued intuitionistic fuzzy sets[J]. IEEE Transactions on Fuzzy Systems, 2010, 18(2): 299-311.

[88] Pimentel B A, De Souza RMCR. Possibilistic clustering methods for interval-valued data[J]. International Journal of Uncertainty, Fuzziness, and Knowledge-based Systems, 2014, 22(2): 263-291.

[89] Sato-Ilic M. Symbolic clustering with interval-valued data[J]. Procedia Computer Science, 2011, 6: 358-363.

[90] 曾文艺, 于福生, 李洪兴. 区间值模糊推理[J]. 模糊系统与数学, 2007, 2l(1): 68-74.

[91] 关欣, 孙贵东, 等. 基于区间数和证据理论的雷达辐射源参数识别[J]. 系统工程与电子技术, 2014, 36(7): 363-367.

[92] 郭强, 何友. 基于云模型的 DSm 证据建模及雷达辐射源识别方法[J]. 电子与信息学报, 2015, 38(7):1779-1785.

[93] 刘海军, 柳征, 姜文利, 等. 一种基于云模型的辐射源识别方法[J]. 电子与信息学报, 2009, 31(9): 2079-2083.

[94] Wang G Y, Xu C L, Li D Y. Generic normal cloud model[J]. Information Sciences, 2014, 280:1-15.

[95] 邢清华, 刘付显. 直觉模糊集隶属度与非隶属度函数的确定方法[J]. 控制与决策, 2009, 24(3): 393-397.

[96] Song Y F, Wang X D, Wu W H, et al. Uncertainty measure for Atanassov's intuitionistic fuzzy sets[J]. Applied Intelligence, 2017, 46(4): 757-774.

[97] Luo X, Li W M, Zhao W. Intuitive distance for intuitionistic fuzzy sets with applications in pattern recognition[J]. Applied Intelligence, 2018, 48(9): 2792-2808

[98] YE J. Fuzzy decision-making method based on the weighted correlation coefficient under intuitionistic fuzzy environment[J]. European Journal of Operational Research, 2010, 205(1): 202-204.

[99] Xu Z S, Yager R R. Some geometric aggregation operators based on intuitionistic fuzzy sets[J]. International Journal of General Systems, 2006, 35(4): 417-433.

[100] 李双明, 关欣, 赵静, 等. 一种参数区间交叉类型的目标识别方法[J]. 北京航天航空大学学报, 2020, 46(7): 1307-1316.

[101] Dong H B, Li T, Ding R, et al. A novel hybrid genetic algorithm with granular information forfeature selection and optimization[J]. Applied Soft Computing, 2018 ,65: 33-46.

[102] Chen L H, Tu C C. Dual Bipolar measures of Atanassov's intuitionistic fuzzy sets[J]. IEEE Transactions on Fuzzy Systems, 2014, 22(4): 966-982.

[103] Xu Z S, Chen J. A nover view of distance and similarity measures of intuitionistic fuzzy sets[J]. International Journal of Uncertainty, Fuzziness and Knowledge-based systems, 2008, 16: 529-555.

[104] Li Y H, Olson D L, Qin Z. Similarity measures between intuitionistic fuzzy (vague) sets: A comparative analysis[J]. Pattern Recognition Letters, 2007, 28: 278-285.

[105] Papakostas G A, Hatzimichailidis A G, Kaburlasos V G. Distance and similarity measures between intuitionistic fuzzy sets: A comparative analysis from a pattern recognition point of view[J]. Pattern Recognition Letters, 2013, 34: 1609-1622.

[106] Zhang H, Yu L. New distance measures between intuitionistic fuzzy sets and interval-valued fuzzy sets[J]. Information Sciences, 2013, 245: 181-196.

[107] Chen S M, Chang C H. A novel similarity between Atanassov's intuitionistic fuzzy sets based on transformation techniques with applications to pattern recognition[J]. Information Sciences, 2015, 291: 96-114.

[108] Chen S M, Cheng S H, Lan T C. A novel similarity measure between intuitionistic fuzzy sets based on the centroid points of transformed fuzzy numbers with applications to pattern recognition[J]. Information Sciences, 2016, 343/344: 15-40.

[109] Boran F E, Akay D. A biparametric similarity measure on intuitionistic fuzzy sets with applications to pattern recognition[J]. Information Sciences, 2014, 255: 45-57.

[110] Pal N R, Bustince H, Pagola M, et al. Uncertainties with Atanassov's intuitionistic fuzzy sets: fuzziness and lack of knowledge[J]. Information Sciences, 2013, 228: 61-74.

[111] Quirós P, Alonso P, Bustince H, et al. An entropy measure definition for finite interval-valued hesitant fuzzy sets[J]. Knowledge-Based Systems, 2015, 84: 121-133.

[112] Nguyen H. A new knowledge-based measure for intuitionistic fuzzy sets and its application in multiple attribute group decision making[J]. Expert Systems with Applications, 2015, 42:8766-8774.

[113] Nguyen H. A novel similarity/dissimilarity measure for intuitionistic fuzzy sets and its application in pattern recognition[J]. Expert Systems with Applications, 2016, 45: 97-107.

[114] Nguyen H. A new interval-valued knowledge measure for interval-valued intuitionistic fuzzy sets and application in decision making[J]. Expert Systems with Applications, 2016, 56: 143-155.

[115] Song Y F, Wang X D, Lei L, et al. A new similarity measure between intuitionistic fuzzy sets and its application to pattern recognition[J]. Applied Intelligence , 2015, 42:252-261.

[116] Szmidt E, Kacprzyk J. Distances between intuitionistic fuzzy sets[J]. Fuzzy Sets and Systems, 2000, 114: 505-518.

[117] Li D F, Cheng C T. New similarity measures of intuitionistic fuzzy sets and application to pattern recognitions[J]. Pattern Recognition Letters, 2002, 23(1-3): 221-225.

[118] Mitchell H B. On the Dengfeng-Chuntian similarity measure and its application to pattern recognitions[J]. Pattern Recognition Letters, 2003, 24(16): 3101-3104.

[119] Liang Z Z, Shi P F. Similarity measures on intuitionistic fuzzy sets[J]. Pattern Recognition Letters, 2003, 24(15): 2687-2693.

[120] Hung W L, Yang M S. Similarity measures of intuitionistic fuzzy sets based on Hausdorff distance[J]. Pattern Recognition Letters, 2004, 25(14): 1603-1611.

[121] Wang W, Xin X. Distance measure between intuitionistic fuzzy sets[J]. Pattern Recognition Letters, 2005, 26(13): 2063-2069.

[122] Hatzimichailidis A G , Papakostas G A, Kaburlasos V G. A novel distance measure of intuitionistic fuzzy sets and its application to pattern recognition problems[J]. International

Journal of Intelligent Systems, 2012, 27: 396-409.

[123] Chen S M. Measures of similarity between vague sets[J]. Fuzzy Sets and Systems, 1995, 74(2): 217-223.

[124] Hong D H, Kim C. A note on similarity measures between vague sets and between elements[J]. Information Sciences, 1999, 115(1-4): 83-96.

[125] Li F, Xu Z Y. Measures of similarity between vague sets[J]. Journal of Software, 2001, 12(6): 922-927.

[126] Chen S M, Randyanto Y. A novel similarity measure between intuitionistic fuzzy sets and its applications[J]. International Journal of Pattern Recognition and Artificial Intelligence, 2013, 27(7): 1350021.

[127] Du W S, Hu B Q. Aggregation distance measure and its induced similarity measure between intuitionistic fuzzy sets[J]. Pattern Recognition Letters, 2015, 60/61: 65-71.

[128] Rodríguez R M, Xu Z S, Martínez L. Hesitant fuzzy information for information fusion in decision making[J]. Information Fusion, 2018, 42: 62-63.

[129] Tong X, Yu L Y. MADM based on distance and correlation coefficient measures with decision-maker preferences under a hesitant fuzzy environment[J]. Soft Computing, 2016, 20(11): 4449-4461.

[130] Meng F Y, Chen X H. Correlation coefficients of hesitant fuzzy sets and their application based on fuzzy measures[J]. Cognitive Computation, 2015, 7: 445-463.

[131] Guan J, Zhou D, Meng F Y. Distance measure and correlation coefficient for linguistic hesitant fuzzy sets and their application[J]. Informatica, 2017, 28(2): 237-268.

[132] Liao H C, Xu Z S, Zeng X J, et al. Qualitative decision making with correlation coefficients of hesitant fuzzy linguistic term sets[J]. Knowledge-Based Systems, 2015, 76: 127-138.

[133] Ebrahimpour M K, Eftekhari M. Ensemble of feature selection methods: A hesitant fuzzy sets approach[J]. Applied Soft Computing, 2017, 50: 300-312.

[134] Sun G D, Guan X, Yi X, et al. Synthetic correlation coefficient between hesitant fuzzy sets with applications [J]. International Journal of Fuzzy Systems, 2018, 20(6): 1968-1985.

[135] Li D Q, Zeng W Y, Zhao Y B. Note on distance measure of hesitant fuzzy sets[J]. Information Sciences, 2015, 321:103-115.

[136] Li D Q, Zeng W Y, Li J H. New distance and similarity measures on hesitant fuzzy sets and their applications in multiple criteria decision making[J]. Engineering Applications of Artificial Intelligence, 2015, 40: 11-16.

[137] Li C Q, Zhao H, Xu Z S. Kernel c-means clustering algorithms for hesitant fuzzy information in decision making[J]. International Journal of Fuzzy Systems, 2018, 20(1): 141-154

[138] Xu Z S, Zhang X L. Hesitant fuzzy multi-attribute decision making based on TOPSIS with incomplete weight information[J]. Knowledge-Based Systems, 2013, 52: 53-64.

[139] Zhang X L, Xu Z S. Novel distance and similarity measures on hesitant fuzzy sets with applications to clustering analysis[J]. Journal of Intelligent & Fuzzy Systems, 2015, 28: 2279-2296.

[140] Sun G D, Guan X, Yi X, et al. An innovative TOPSIS approach based on hesitant fuzzy correlation coefficient and its applications[J]. Applied Soft Computing, 2018, 68: 249-267.

[141] Sun G D, Guan X, Yi X, et al. Improvements on Correlation Coefficients of Hesitant Fuzzy Sets and Their Applications[J]. Cognitive Computation, 2019, 11(4): 529-544.

[142] 李双明, 关欣, 孙贵东. 基于犹豫模糊集的不等长序列识别方法及应用[J]. 通信学报, 2021, 42(7): 41-51.

[143] Zhang X L, Xu Z S. The TODIM analysis approach based on novel measured functions under hesitant fuzzy environment[J]. Knowledge-Based Systems, 2014, 61: 48-58.

[144] Wei G W, Lin R, Wang H J. Distance and similarity measures for hesitant interval-valued fuzzy sets[J]. Journal of Intelligent & Fuzzy Systems, 2014, 27: 19-36.

[145] Singh P. A new method for solving dual hesitant fuzzy assignment problems with restrictions based on similarity measure[J]. Applied Soft Computing, 2014, 24: 559-571.

[146] Su Z, Xu Z S, Liu H F, et al. Distance and similarity measures for dual hesitant fuzzy sets and their applications in pattern recognition[J]. Journal of Intelligent & Fuzzy Systems, 2015, 29: 731-745.

[147] Farhadinia B. Information measures for hesitant fuzzy sets and interval-valued hesitant fuzzy sets[J]. Information Sciences, 2013, 240: 129-144.

[148] Farhadinia B, Xu Z S. Distance and aggregation-based methodologies for hesitant fuzzy decision making[J]. Cognitive Computation, 2017, 9: 81-94.

[149] Liu Y, Liu J, Hong Z Y. A multiple attribute decision making approach based on new similarity measures of interval-valued hesitant fuzzy sets[J]. International Journal of Computational Intelligence Systems, 2018, 11:15-32.

[150] Liu D H, Chen X H, Peng D. Distance measures for hesitant fuzzy linguistic sets and their applications in multiple criteria decision making[J]. International Journal of Fuzzy Systems, 2018, 20(4): 2111-2121.

[151] Zeng W Y, Li D Q, Yin Q. Distance and similarity measures between hesitant fuzzy sets and their application in pattern recognition[J]. Pattern Recognition Letters, 2016, 84: 267-271.

[152] Zhao N, Xu Z S, Ren Z L. Some approaches to constructing distance measures for hesitant fuzzy linguistic term sets with applications in decision-making[J]. International Journal of Information Technology & Decision Making, 2018, 17(1): 103-132.

[153] Peng D H, Gao C Y, Gao Z F. Generalized hesitant fuzzy synergetic weighted distance measures and their application to multiple criteria decision-making[J]. Applied Mathematical Modeling, 2013, 37(8): 5837-5850.

[154] Ren Z L, Xu Z S, Wang H. Dual hesitant fuzzy VIKOR method for multi-criteria group decision making based on fuzzy measure and new comparison method[J]. Information Sciences, 2017, 388-389: 1-16.

[155] Hu J H, Yang Y, Zhang X L, et al. Similarity and entropy measures for hesitant fuzzy sets[J]. International transactions in operational research, 2018, 25: 857-886.

[156] Zhang H Y, Yang S Y. Inclusion measure for typical hesitant fuzzy sets, the relative similarity measure and fuzzy entropy[J]. Soft Computing, 2016, 20(4): 1277-1287.

[157] Liao H C, Xu Z S, Zeng X J. Distance and similarity measures for hesitant fuzzy linguistic term sets and their application in multi-criteria decision making[J]. Information Sciences, 2014, 271: 125-142.

[158] Liao H C, Xu Z S. Approaches to manage hesitant fuzzy linguistic information based on the cosine distance and similarity measures for HFLTSs and their application in qualitative decision making[J]. Expert Systems with Applications, 2015, 42: 5328-5336.

[159] Kobza V, Janiš V, Montes S. Divergence measures on hesitant fuzzy sets[J]. Journal of Intelligent & Fuzzy Systems, 2017, 33: 1589-1601.

[160] Zhang F W, Chen S Y, Li J B, et al. New distance measures on hesitant fuzzy sets based on the cardinality theory and their application in pattern recognition[J]. Soft Computing, 2018, 22: 1237-1245.

[161] Wang J Q, Wu J T, Wang J, et al. Multi-criteria decision-making methods based on the Hausdorff distance of hesitant fuzzy linguistic numbers[J]. Soft Computing, 2016, 20(4): 1621-1633.

[162] Farhadinia B. Distance and similarity measures for higher order hesitant fuzzy sets[J]. Knowledge-Based Systems, 2014, 55: 43-48.

[163] Farhadinia B, Herrera-Viedma E. Sorting of decision-making methods based on their outcomes using dominance-vector hesitant fuzzy-based distance[J]. Soft Computing, 2019, 23(04): 1109-1121.

[164] Hu J H, Zhang X L, Chen X H, et al. Hesitant fuzzy information measures and their applications in multi-criteria decision making[J]. International Journal of Systems Science, 2015, 47(1): 62-76.

[165] Meng F Y, Chen X H. A hesitant fuzzy linguistic multi-granularity decision making model based on distance measures[J]. Journal of Intelligent & Fuzzy Systems, 2015, 28: 1519-1531.

[166] Wang J, Wang J Q, Zhang H Y, et al. Distance-based multi-criteria group decision-making approaches with multi-hesitant fuzzy linguistic information[J]. International Journal of Information Technology & Decision Making, 2017, 16(4): 1069-1099.

[167] Zhou H, Wang J Q, Zhang H Y. Multi-criteria decision making approaches based on distance measures for linguistic hesitant fuzzy sets[J]. Journal of the Operational Research Society, 2018, 69(5): 661-675.

[168] Peng D H, Wang T D, Gao C Y, et al. Enhancing relative ratio method for MCDM via attitudinal distance measures of interval-valued hesitant fuzzy sets[J]. Internal Journal of Machine Learning & Cybernetics, 2017, 8(4): 1347-1368.

[169] Chen J J, Huang X J, Tang J. Distance measures for higher order dual hesitant fuzzy sets[J]. Computational and Applied Mathematics, 2018, 37(2): 1784-1806.

[170] Zhang X L, Xu Z S. Hesitant fuzzy QUALIFLEX approach with a signed distance-based comparison method for multiple criteria decision analysis[J]. Expert Systems with Applications, 2015, 42: 873-884.

[171] Zhang F W, Li J B, Chen J H, et al. Hesitant distance set on hesitant fuzzy sets and its application in urban road traffic state identification[J]. Engineering Applications of

Artificial Intelligence, 2017, 61: 57-64.

[172] Wan S P, Li D F. Atanassov's intuitionistic fuzzy programming method for heterogeneous multi-attribute group decision making with Atanassov's intuitionistic fuzzy truth degrees[J]. IEEE Transactions on Fuzzy Systems, 2014, 22(2): 300-312.

[173] Huang H C, Yang X J. Pairwise comparison and distance measure of hesitant fuzzy linguistic term sets[J]. Mathematical Problems in Engineering, 2014, 2014: 1-8.

[174] Herrera F, Martínez L. A 2-tuple fuzzy linguistic representation model for computing with words[J]. IEEE Transactions on Fuzzy Systems, 2000, 8: 746-752.

[175] Rodríguez R M, Martínez L, Herrera F. Hesitant fuzzy linguistic terms sets for decision making[J]. IEEE Transactions on Fuzzy Systems, 2012, 20: 109-119.

[176] Pang Q, Wang H, Xu Z S. Probabilistic linguistic term sets in multi-attribute group decision making[J]. Information Sciences, 2016, 369: 128-143.

[177] Liao H C, Wu X L, Liang X D, et al. A continuous interval-valued linguistic ORESTE method for multi-criteria group decision making[J]. Knowledge-Based Systems, 2018, 153: 65-77.

[178] Salehi S, Selamat A, Fujita H. Systematic mapping study on granular computing[J]. Knowledge-Based Systems, 2015, 80: 78-97.

[179] Li D F, Wan S P. Fuzzy linear programming approach to multi-attribute decision making with multiple types of attribute values and incomplete weight information[J]. Applied Soft Computing, 2013, 13(11): 4333-4348.

[180] Li D F, Wan S P. Fuzzy heterogeneous multi-attribute decision making method for outsourcing provider selection[J]. Expert Systems with Applications, 2014, 41: 3047-3059.

[181] 孙贵东, 关欣, 衣晓, 等. 基于云映射的多粒度语义决策属性识别[J]. 航空学报, 2015, 36(10): 3349-3358.

[182] 蒋嵘. 时间序列挖掘中的研究与应用[D]. 南京, 解放军理工大学, 2000.

[183] 胡丽芳, 关欣, 何友. 一种新的灰色多属性决策方法[J]. 控制与决策, 2012, 27(6): 896-898.

[184] 万树平. 不确定多传感器目标识别的区间相离度法[J]. 控制与决策, 2009, 27(9): 1306-1309.

[185] 任晓彧, 杨锡怀, 邹家兴, 等. 基于组合相似度的混合多指标信息聚类分析方法[J]. 东北大学学报(自然科学版), 2010, 31(11): 1657-1630.

[186] 丁传明, 黎放, 齐欢. 一种基于相似度的混合型多属性决策方法[J]. 系统工程与电子技术, 2007, 29(5): 737-740.

[187] Zhang J J, Wu D H, Olson D L. The method of grey related analysis to multiple attribute decision making problems with interval numbers[J]. Mathematical and Computer Modelling, 2005, 42(9/10): 991-998.

[188] Z Xu M, Liu G, Yang N L. Application of interval analysis and evidence theory to fault location [J]. IET Electric Power Applications, 2009, 3, (1): 77-84.

[189] 万树平. 基于幂均算子的区间型多属性决策方法[J]. 控制与决策, 2009, 24(11): 1673-1676.

[190] 关欣, 何友, 衣晓. 基于 D-S 推理的灰关联雷达辐射源识别方法研究[J]. 武汉大学学

报(信息科学版), 2005, 30(3): 274-277.
[191] 阎岩，唐振民. 基于含熵期望曲线的云模型相关性度量方法[J]. 华中科技大学学报（自然科学版）, 2009, 27(9): 1306-1309.
[192] 任剑. 基于云模型的语言随机多准则决策方法[J]. 计算机集成制造系统, 2012, 18(12): 2792-2797.
[193] Deng J L. Introduction to grey system theory[J]. Journal of Grey System, 1989, 1(1): 1-24.
[194] 杜鹢，李德毅. 基于云的概念划分及其在关联采掘上的应用[J]. 软件学报，2001, 12(2): 196-203.
[195] 李德毅, 刘常昱, 杜鹢, 等. 不确定性人工智能[J]. 软件学报, 2004, 15(11): 1583-1594.
[196] 孟晖，王树良，李德毅. 基于云变换的概念提取及概念层次构建方法[J]. 吉林大学学报(工学版), 2010, 40(3): 782-787.
[197] 关欣，孙贵东，衣晓，等. 累积量测序列的区间云变换及识别[J]. 控制与决策，2015, 30(8): 1345-1355.
[198] Chen S W, Li G , Xu Q S. Grey target theory based equipment condition monitoring and wear mode recognition[J]. Wear, 2006, 260 (4, 5): 438-449
[199] Luo D, Wang X. The multi-attribute grey target decision method for attribute value within three-parameter interval grey number[J]. Applied Mathematical Modelling, 2012, 6(5): 1957-1963
[200] Zhu J J, Hipel K W. Multiple stages grey target decision making method with incomplete weight based on multi-granularity linguistic label[J]. Information Sciences, 2012, 212(1): 15-32.
[201] Deng J L. Grey entropy and grey target decision making[J]. Journal of Grey System, 2010, 22(1): 1-4.
[202] Liu S F, Lin Y. Grey Information: Theory and Practical Applications[M]. London: Springer-Verlag, 2006.
[203] Liu L, Chen J H, Wang G M, et al. Multi-attributed decision making for mining methods based on grey system and interval numbers[J]. Journal of Central South University, 2013, 20(4): 1029-1033.
[204] Martinez L, Espinilla M, Perez L G . A linguistic multigranular sensor evaluation model for olive oil[J]. International Journal of Computational Intelligence Systems, 2008, 1(2): 148-158.
[205] Perez I J, Cabrerizo F J, Herrera-Viedma E. A mobile decision support system for dynamic group decision making problems[J]. IEEE Transactions on Systems, Man and Cybernetics-Part A: Systems and Humans, 2010, 40(6): 1244-1256.
[206] Wang J, Xu Y J, Li Z. Research on project selection system of pre-evaluation of engineering design project bidding[J]. International Journal of Project Management, 2009, 27(6): 584-599.
[207] 刘思峰, 党耀国. 灰色系统理论及其应用[M]. 北京：科学出版社, 2010.
[208] 罗党. 基于正负靶心的多目标灰靶决策模型[J]. 控制与决策, 2013, 28(2): 241-246.
[209] 陈霄. 基于指数型模糊数的多属性决策模型及其应用[J]. 计算机工程与应用，2013, 49(15): 116-118.
[210] 党耀国, 刘思峰. 灰色预测与决策模型研究[M]. 北京：科学出版社, 2009.

[211] 关欣, 孙贵东, 衣晓, 等. 基于关联系数靶心距的混合多属性识别研究 [J]. 航空学报, 2015, 36(7): 2431-2443.

[212] 李双明, 关欣, 衣晓, 等. 用于异质信息的信任区间交互式多属性识别方法[J]. 电子与信息学报, 2021, 43(5): 1282-1288.

[213] 李双明, 关欣, 刘傲. 基于直觉模糊折扣算子的异类数据融合方法[J]. 系统工程与电子技术, 2021, 43(2): 311-317.

[214] Dezert J, Han D Q, Yin H L. A new Belief Function based approach for multi-criteria decision-making support[C]. International Conference on Information Fusion, Heidelberg, Germany, July, IEEE, 2016:782-789.

[215] Barzilai J, Golany B. AHP rank reversal, normalization and aggregation rules[J]. INFOR, 1994, 32(2): 57-63.

[216] Pavlicic D. Normalization affects the results of MADM methods[J]. Yugoslav Journal of Operations Research, 2001, 11(2): 251-265.

[217] Verde R, Irpino A. A new interval data distance based on the wasserstein metric[J]. Data Analysis, Machine Learning and Applications, 2008: 705-712.

[218] Irpino A, Verde R. Dynamic clustering of interval data using a wasserstein-based distance[J], Pattern Reco. Letters, 2008, 29: 1648-1658.

[219] Bustince H, Barrenechea E, Pagola M, et al. A historical account of types of fuzzy sets and their relationships[J]. IEEE Transactions on Fuzzy Systems, 2016, 24(1): 179-194.

[220] Aci M, Avcu M. K nearest neighbor reinforced expectation maximization method[J]. Expert Systems with Applications, 2011, 38: 12585-12591.

[221] Nie Q F, Jin L Z, Fei S M, et al. Neural network for multi-class classification by boosting composite stumps[J]. Neurocomputing, 2015, 149: 949-956.

[222] Sanchez M A, Castillo O, Castro J R. Fuzzy granular gravitational clustering algorithm for multivariate data[J]. Information Sciences, 2014, 279: 498-511.

[223] Shao Y H, Chen W J, Wang Z, et al. Weighted linear loss twin support vector machine for large-scale classification[J]. Knowledge-Based Systems, 2015, 73: 276-288.

[224] Sun G D, Guan X, Yi X, et al. Innovative conflict measurement based on the modified weighted union kernel correlation coefficient [J]. IEEE Access, 2018, 6: 30458-30472.

[225] 吴斌, 衣晓, 李双明. 一种区间距离的冲突证据组合方法[J]. 兵工学报, 2020, 41(6): 1140-1150.

[226] Smets P. Analyzing the combination of conflicting belief functions[J]. Information Fusion, 2007, 8: 387-412.

[227] Smets P. The combination of evidence in the transferable belief mode[J]. IEEE Transactions on Pattern Analysis and Machine Intelligence, 1990, 12(5): 447-458.

[228] Smets P, Kennes R. The transferable belief model[J]. Artificial Intelligence, 1994, 66(2): 191-234.

[229] Sun G D, Guan X, Yi X, et al. Belief intervals aggregation [J]. International Journal of Intelligent Systems, 2018, 33(12): 2427-2447.

[230] Xu Z S. Intuitionistic fuzzy aggregation operators[J]. IEEE Transactions on Fuzzy Systems, 2007, 15(6): 1179-1187.

[231] Jiang W, Hu W W. An improved soft likelihood function for Dempster-Shafer belief structures[J]. International Journal of Intelligent Systems, 2018, 33(6): 1264-1282.

[232] Dymova L, Sevastianov P. The operations on intuitionistic fuzzy values in the framework of Dempster-Shafer theory[J]. Knowledge-Based Systems. 2012, 35:132-143.

[233] Sevastianov P, Dymova L. Generalised operations on hesitant fuzzy values in the framework of Dempste-Shafer theory[J]. Information Sciences, 2015, 311: 39-58.

[234] Dymova L, Sevastianov P. The operations on interval-valued intuitionistic fuzzy values in the framework of Dempster-Shafer theory[J]. Information Sciences, 2016, 360: 256-272.

[235] Wang J W, Xiao F Y, Deng X Y, et al. Weighted evidence combination based on distance of evidence and entropy function[J]. International Journal of Distributed Sensor Networks, 2016, 12(7): 3218784.

[236] Zhang Z J, Liu T H, Chen D, et al. Novel algorithm for identifying and fusing conflicting data in wireless sensor networks[J]. Sensors, 2014, 14: 9562-9581.

[237] Zhang Y, Liu Y, Zhang Z J, et al. A weighted evidence combination approach for target identification in wireless sensor networks[J]. IEEE Access, 2017, 5: 21585-21596.

[238] Shafer G. A mathematical theory of evidence, Princeton, NJ: Princeton University Press 1976.

[239] 李烨，王亚刚，许晓鸣. 证据融合的聚焦与冲突处理研究[J]. 系统工程与电子技术，2012, 34(6): 1113-1119.

[240] 向阳，史习智. 证据理论合成规则的一点修正[J]. 上海交通大学学报，1999, 33(3): 357-360.

[241] 孙全，叶秀清，顾伟康. 一种新的基于证据理论的合成公式[J]. 电子学报, 2000, 28(8): 117-119.

[242] 张山鹰，潘泉，张洪才. 证据推理冲突问题研究[J]. 航空学报, 2001, 22(4): 369-372.

[243] Yager R R. On the Dempster-Shafer framework and new combination rules[J]. Information Sciences, 1987, 41(2): 93-137.

[244] Dubois D, Prade H. Representation and combination of uncertainty with belief functions and possibility measures[J]. Computational Intelligence, 1988, 4(3): 244-264.

[245] Lefevre E, Colot O, Vannoorenberghe P. Belief functions combination and conflict management[J]. Information Fusion, 2002, 3(2): 149-162.

[246] Meng F Y, Chen X L, Zhang Q. Correlation coefficients of interval-valued hesitant fuzzy sets and their application based on the shapley function[J]. International Journal of Intelligent Systems, 2016, 31(1): 17-43.

[247] Murphy C. Combining of belief functions when evidence conflicts[J]. Decision Support Systems, 2000, 29(1): 1-9.

[248] Deng Y, Shi W K, Zhu Z F, et al. Combining belief functions based on distance of evidence[J]. Decision Support Systems, 2004, 38(3): 489-493.

[249] Han D Q, Deng Y, Han C Z, et al. Weighted evidence combination based on distance of evidence and uncertainty measure[J]. Journalof Infrared and Millimeter Waves, 2011, 30(5): 396-400.